八仙山森林昆虫

李后魂　郝淑莲　胡冰冰　刘国泉　赵铁建　编著

科 学 出 版 社

北 京

内 容 简 介

本书是对天津八仙山国家级自然保护区的重要昆虫资源的记述，为《八仙山昆虫图册》系列丛书之二。记录了分布在八仙山的主要森林昆虫10目107科716种，提供了各物种的鉴别特征、寄主植物或相关习性，以及分布情况，同时给出了成虫彩色图版。书末附有八仙山已记载昆虫12目157科1237种的完整名录。

本书可为各类学生、大自然爱好者、相关农林生产和科研工作者等提供参考。

图书在版编目 (CIP) 数据

八仙山森林昆虫/李后魂等编著. —北京：科学出版社，2020.6
（八仙山昆虫图册）
ISBN 978-7-03-064993-5

Ⅰ. ①八… Ⅱ. ①李… Ⅲ. ①森林昆虫学–天津–图集 Ⅳ. ①S718.7-64

中国版本图书馆 CIP 数据核字（2020）第 072249 号

责任编辑：韩学哲 / 责任校对：郑金红
责任印制：肖　兴 / 封面设计：刘新新

科　学　出　版　社 出版
北京东黄城根北街 16 号
邮政编码：100717
http://www.sciencep.com
北京九天鸿程印刷有限责任公司 印刷
科学出版社发行　各地新华书店经销
＊
2020 年 6 月第 一 版　　开本：720×1000 1/16
2020 年 6 月第一次印刷　　印张：27 1/2
字数：554 000
定价：418.00 元
(如有印装质量问题，我社负责调换)

ILLUSTRATED HANDBOOK OF INSECTS
MT. BAXIAN STATE NATURE RESERVES, TIANJIN

FOREST INSECTS OF MT. BAXIAN

Houhun Li, Shulian Hao,

Bingbing Hu, Guoquan Liu, Tiejian Zhao

Science Press

Beijing

前　言

　　天津八仙山国家级自然保护区是森林生态与自然资源型保护区，坐落在天津市蓟州东北部燕山山脉中段南翼，属于中生代"燕山构造运动"隆起的褶皱山，与河北省兴隆遵化相接壤，东西宽 8.7 km，南北长 10.8 km，地理位置为 N40°7′24″–40°13′53″，E117°30′35″–117°36′24″。

　　保护区位于天津市蓟州下营镇，包括古强峪林场和原小港乡，东临世界遗产清东陵，西接天津市蓟州中上元古界国家级自然保护区，南望天津市水源于桥水库，北眺河北兴隆雾灵山国家级自然保护区。保护区总面积 5360 hm²，其中核心区西起中上元古界自然保护区东界，东至县界，南起古长城沿山梁至聚仙峰东部与县界相接，北至县界，核心区面积 1614 hm²，占保护区总面积的 30.1%。缓冲区北为古长城以南，西临中上元古界保护区，东至县界和小港乡东界至丈烟台村北，南至马营公路，道古峪、船仓峪、古强峪、赤霞峪、杨家沟、石头营以北，缓冲区面积 1659 hm²，占保护区面积的 31.0%。实验区西起中上元古界东界，东至东陵路，北接缓冲区边界，南至小港乡南界，实验区面积 2087 hm²，占保护区面积的 38.9%。森林总面积为 3892 hm²，其中天然林 2682 hm²，人工林 1210 hm²。

　　保护区所在地，在顺治二年被划定为清东陵的"风水禁地"，并"禁民行居樵垦"，苍松翠柏，古树参天，林海茫茫，鸟兽众多，属原始森林面貌。清末宣统二年，因无力支付军饷，以致开禁以林代饷，致使各地木商蜂拥砍伐，原始森林遭到破坏。后逐渐在原地萌生出天然次生林。新中国成立后，于 1954 年建立国有林场，几经更迭，至 1995 年 11 月国务院批准建立"天津八仙山国家级自然保护区"到现在。经过数十年封山育林和养护，生态环境逐渐好转，森林植被得以恢复，森林覆盖率达到 95% 左右，形成华北地区少见的保留有原始森林特性的天然次生林区。

　　保护区地处天津市地势最高、群峰汇集的区域，海拔多在 500–800 m，其主峰——聚仙峰（蝈蝈笼子）海拔 1052 m，是天津市的最高峰，另有 800 m 以上的山峰 45 座。保护区属于暖温带季风性大陆气候区，年平均气温 10.1℃。7 月份平均气温 23.4℃，极端最高气温 34.5℃；1 月份平均气温 –7.2℃，极端最低气温 –21℃。全年日平均气温稳定在 10℃ 以上的天数为 190 天左右，全年 10℃ 以上的积温为 3800–3900℃。年平均降水量 680–750 mm，多集中在 7–8 月份，年蒸发量 1250–1300 mm。夏季相对湿度 60%–80%，无霜期 195 天。保护区分布着大面积集中连片的天然次生蒙古栎林和落叶阔叶杂木林，是天津市唯一保留着原始森林特性、以暖温带落叶阔叶林为主的天然林保护区。保护区植被类型丰富，已知植物 143 科 550 属 1197 种，其中蒙古栎、鹅耳枥、杜鹃、油松、核桃楸、野大豆等为关键植物种类。这里气候、土壤及地形等优越的自然生态条件，以及丰富的植被资源为各类动物的生息繁衍创造了优越的条件。保护区动物资源中已知哺乳类动物 13 科 27 种，鸟类 13 目 44 科 137 种，两栖爬行类 3 目 8 科 24 种，鱼类 2 目 3 科 7 种。保护区内列入国家级和天津级的珍稀、濒危和重点保护的野生动植物有 90 余种。

保护区的昆虫资源十分丰富。1985–1988 年天津林业局组织考察并记录 13 目 82 科 257 种（许宁，1990）。南开大学鳞翅目研究室于 2004–2005 年承担天津市林业局有关"天津市林业有害生物普查"和八仙山保护区管理局"野外综合考察"项目时对八仙山昆虫进行过两年的考察，共记载昆虫 9 目 73 科 514 种。在此基础上，随后进一步的考察中八仙山的昆虫增加到 11 目 132 科 901 种（李庆奎，2009），其中鳞翅目昆虫 35 科 484 种（李后魂等，2009），此后还通过多次昆虫学教学实习、短期补充调查等增加了种类。

在多年相互帮助、合作研究的基础上，南开大学生命科学学院已将八仙山国家级自然保护区作为重要的科研、教学实习基地，保护区也将南开大学作为主要的技术支撑单位，双方协商就保护区的昆虫等资源进行长期的合作研究。

为使公众进一步了解八仙山国家级自然保护区的主要资源和重要作用，我们筹划编撰了《八仙山昆虫图册》系列丛书。第一册《八仙山蝴蝶》已由科学出版社于 2009 年 11 月出版。

本书是系列丛书之二。共记载了八仙山昆虫 10 目 107 科 716 种（不包括蝶类）。提供了各物种的主要特征、寄主植物以及国内外分布和成虫彩色图版。其分类系统主要根据《昆虫分类》（郑乐怡和归鸿，1999），鳞翅目主要依据 Nieukerken 等（2011），鞘翅目主要依据 Lawrence 和 Slipinski（1995）。物种分布重点突出天津并在括号内提供八仙山等具体地点，对天津市以外的分布则主要区分国内（以顿号分隔）和国外（以逗号分隔）的概略情况。另外，书末提供了八仙山已记载昆虫 12 目 157 科 1237 种的完整名录。由于昆虫类群多样，保护区生态类型复杂，对整个保护区的昆虫资源进行的调查和研究还不够充分，有待进一步补充完善。

本书的编写主要由郝淑莲和李后魂完成。照片主要由李后魂、郝淑莲、胡冰冰在野外调查和室内依据标本拍摄，郝淑莲、胡冰冰进行了后期处理。刘国泉、赵铁建等在野外工作和出版等方面进行了协调与支持。河北大学的任国栋教授、石福明教授，南开大学的刘国卿教授，中国科学院动物研究所的薛大勇研究员，江西师范大学魏美才教授，东北林业大学的韩辉林副研究员，中国科学院上海昆虫博物馆的朱卫兵副研究员，重庆师范大学于昕副教授，山西农业大学赵青副教授，天津自然博物馆杨春旺副研究员在相关类群的鉴定、标本出借以及生态照片提供等方面给予了重要帮助。南开大学鳞翅目研究室的师生在野外考察、标本采集与鉴定研究等方面均有不同程度的参与，这项历时多年的工作能够完成离不开他们的贡献。

本书受到国家自然科学基金项目（No. 31672372 & No. 31872267），生态环境部生物多样性调查、观测和评估项目，天津市宣传文化"五个一批"人才项目（2016）和天津文博科研项目（TCHM2016007）的部分支持。在此一并致谢。

李后魂

2019 年 3 月于天津

目　　录

鳞翅目 LEPIDOPTERA ·· 163

自 然 环 境

1. 地质

　　天津八仙山国家级自然保护区属于燕山纬向（东西向）褶皱隆起带，由呈东西走向的隆起带和断裂带组成。如：石洞沟断裂、庙台沟断裂及道古峪—石头营断裂等。同时，新华夏构造与燕山纬向构造呈切穿关系，并呈现北东、北北东的断裂。如：黑水河断裂、太平沟断裂等。燕山纬向褶皱隆起带造成保护区山高、坡陡、峡谷深邃且巍峨险峻的山地面貌。新华夏构造则形成了岭谷相向、平行排列的山地形态。

　　保护区地层多样，太古宇地层、远古宇地层和新生界地层并存。从石洞沟至明安梁一带的太古宇地层是迄今所知世界上最古老的地层之一，距今 35 亿–36 亿年。蓟州北部的中、上元古界地层包括了中元古界长城系、蓟州系和上元古界青白口系；在保护区管界内分布最多的地层是中元古界长城系。而新生界地层在保护区仅能见到薄层的第四系残积、坡积、洪积和风积物。

2. 地貌

　　天津八仙山国家级自然保护区坐落于燕山山脉中段南侧，属中生代"燕山构造运动"褶皱、隆起的褶皱山。由于隆起的幅度与岩性的差异，山的外形明显不同。北部太古宇片麻岩和元古宇长城系常州沟组石英岩分布区隆起幅度大，岩石致密坚硬，抗侵蚀风化能力强，呈现出山峰高耸、峡谷深邃的中山、低山面貌。南部边缘长城系串岭沟组页岩分布区隆起幅度较小，岩石松软，抗侵蚀风化能力弱，表现为平缓、浑圆、开阔的丘陵与台地状。保护区的地貌一方面受"燕山构造运动"南北向挤压褶皱作用的影响，构成山地多为东西走向且向南倾斜；另一方面受东西向、北西西向、北北西向和北东向、北北东向断裂构造的影响，形成以聚仙峰地区为中心，向四周辐射的岭谷相间的地貌结构。保护区最高峰聚仙峰海拔 1052 m，是天津市境内的最高峰。区境内海拔 500 m 以上的面积 868.61 hm^2，占保护区总面积的 82.8%，500 m 以上的山峰 156 座；其中 500–800 m 的面积为 699.01 hm^2，占保护区总面积的 66.7%，500–800 m 的山峰 111 座。

3. 气候

八仙山保护区地处 N40°7′24″–40°13′53″的北半球中纬度地区，属于太平洋与亚欧大陆的过渡带。其气候属于暖温带湿润季风类型，是在太阳辐射、大气环流和地理因素的长期共同作用下形成的。保护区内四季分明、雨热同季、冬夏季风向更替明显；春季温暖，多风少雨，万木复苏，百花争艳，鸟语花香；夏季高温，多云多雨，绿涛起伏，林海苍茫；秋季温凉，天高气爽，红叶满山，景色诱人；冬季寒冷，雨雪稀少，阔叶凋落，松柏常青。保护区年平均降水量 968.5 mm，是华北地区的多雨、暴雨中心，也是天津市唯一降水量大于蒸发量的地区。集中在夏季（6–8 月），占全年降水量的 70%左右，并多以暴雨形式降落，同时这三个月又是全年的高温期。这种降水与高温相配合的"雨热同季"非常有利于森林的生长和动物的繁育。

4. 水文

八仙山保护区是天津市地层最古老、断层最多、地势最高、地形最复杂、降水最多、森林覆盖率最大并保留着原始森林特性的中山、低山区。以上各种自然因素的相互影响、相互制约、共同作用，便形成了天津市蓟州北部山区河网最稠密、水潭最多、瀑布最多、泉流最多、地表水资源最丰富的独特区域。

保护区的河流以聚仙峰为发源地，流向四周呈放射状水系，属于桥水库（翠屏湖）流域的淋河水系。由于保护区河流众多、河床坡度陡、比降大、汛期洪水激流冲刷刨蚀作用强，在主要河床内形成许多深浅、大小不等的水潭。这些水潭是陆栖动物饮水的重要水源及水生动物生息繁育的重要生存环境。同时，保护区夏季降水量大而集中，加上保护区河流沟谷多、坡度大的地形，在河床裂点便产生了众多瀑布和泉流。

5. 土壤

土壤是植物生长发育的物质基础，是动物及土壤微生物栖息繁衍的庇护所。八仙山保护区的土壤是八仙山的地形、成土母质、气候、水文、生物、成土时间等多种自然条件综合作用的结果。保护区的土壤分为棕壤土类和褐土土类两个类型。

海拔 800 m 以上中山区，气候温凉多雨，自然植被茂密，以蒙古栎为优势种，覆盖率达 95%以上。林下土壤为发育良好的棕壤，是华北暖温带地带性土壤类型的典型代表。土壤表层为枯枝落叶层，中层为黑色或灰褐色腐殖质层，下部为棕色淋溶层。这些区域的土壤呈微酸性。褐土是八仙山保护区分布最广、面积最大的土壤类型，是华北暖温带具有代表性的地带性土壤类型。保护区内分布着淋溶褐土和粗骨性褐土两个亚类：淋溶褐土在海拔 800 m 以下的地区到处都是，是保护区最主要的土壤类型；粗骨性褐土主要分布在保护区边界，这些地区的植被遭到严重破坏，土壤侵蚀较严重，有机质含量低。

生 物 资 源

1. 植物

　　八仙山保护区地质类型多样，生态环境复杂，造就了区内生物资源丰富多样。保护区内生长着热带、暖温带、温带、寒带等多种植物。据记载，保护区共有植物 143 科 550 属 1197 种，其中高等植物 1100 余种。蒙古栎、栓皮栎、槲栎、鹅耳枥、油松、杜鹃、核桃楸、独根草、野大豆为其代表性物种；黄檗、核桃、核桃楸、野大豆、地锦草、猫眼草和京大戟共 7 种被列为国家重点保护植物。保护区内主要植被类型有：油松林、落叶阔叶杂木林、蒙古栎林、栓皮栎林、辽东栎林、榆木林、山杨林、核桃楸林、栾树林、枫树林、白蜡林、丁香林、悬钩子林等。

　　保护区内藤本植物种类多、数量大、穿插攀缘林中，形成特殊的密林景观。著名的野生猕猴桃漫山遍野，藤蔓上一簇簇果实碧绿翠滴，营养价值和药用价值均很高，被誉为"水果之王"。区内花卉繁多，春季迎春花、山杏花、山桃花、山梨花、迎红杜鹃漫山遍野，夏季东陵八仙花、中华秋海棠、山梅花、丁香花、照山白竞相怒放，石竹花、旋覆花、角蒿花、野菊花、紫薇花姹紫嫣红。区内生长着丹参、桔梗、知母、柴胡、玉竹、沙参、百合、藿香等 200 多种名贵中草药。林下和山阴沟谷潮湿之处有多种蕨类和苔藓、地衣等植物，森林中还繁生着多种食用菌。

2. 动物

　　气候、土壤和地形等优越的自然生态条件以及丰富的植被资源为各类动物的生息繁衍提供了良好的生态环境。保护区动物资源种类多样，已记载脊椎动物 24 目 68 科 195 种，其中兽类 6 目 13 科 27 种，鸟类 13 目 44 科 137 种，两栖类 1 目 4 科 7 种，爬行类 2 目 4 科 17 种，鱼类 2 目 3 科 7 种；无脊椎动物 12 目 151 科 962 种，其中昆虫 11 目 132 科 901 种，蜘蛛 19 科 61 种（李庆奎，2009）。

　　保护区内保留着原始森林特征，在华北其他地区已经灭绝或濒临灭绝的动物，在这里仍能正常生存：如热带、亚热带的庐山珀蜡、蓝尾石龙子、王锦蛇、山噪鹛等，寒带的北鳅等都在这里"安家落户"。在保护区兽类动物中，属于国家重点保护动物 2 种、三有动物（有益的或有重要经济、科研价值的陆生野生动物）12

种，天津市重点保护动物 8 种，CITES 附录兽类 3 种；鸟类动物中，属于濒危及国家重点保护动物 18 种，天津市重点保护动物 14 种；两栖爬行类中虽缺乏国家重点保护动物，但属于三有动物的仍不少，其中两栖类 5 种，爬行类 15 种。在 2006 年天津市人民政府公布的《天津市重点保护野生动物名录》中，两栖类共 7 种，保护区有 6 种，占 85.71%；爬行类 19 种，保护区 14 种，占 78.95%。由此可见，八仙山自然保护区是天津市最重要的两栖爬行动物栖息地。

昆虫记述

昆虫隶属于节肢动物门 Arthropoda 昆虫纲 Insecta。昆虫是动物界中最大的一个类群，无论是种类和个体数量，还是生物量和基因数，在生物多样性中都占有十分重要的地位。全世界现存昆虫可能有 1000 万种，占地球上生物种数的一半以上。但目前已定名的昆虫约 100 万种，占动物界已知种类的 2/3。昆虫与人类的关系密切而复杂，有些昆虫给人类造成深重的灾难，有些种类给人类提供丰富的资源。

关于天津昆虫的报道非常零散。天津八仙山国家级自然保护区的昆虫报道始于 1985–1988 年天津市林业局组织的考察活动，许宁（1990）记录了 13 目 82 科 257 种。南开大学鳞翅目研究室在 2004–2005 年承担天津市林业局"天津市林业有害生物普查"和八仙山保护区管理局"野外综合考察"项目时，对八仙山昆虫进行了两年的考察，共记载 9 目 73 科 514 种昆虫。2006–2008 年，天津自然博物馆对八仙山的综合生物资源进行了考察。结合许宁（1990）的调查结果和南开大学鳞翅目研究室的调查结果，在《天津八仙山国家级自然保护区生物多样性考察》中共记载 11 目 132 科 901 种昆虫（李庆奎，2009），其中包括鳞翅目昆虫 35 科 484 种（李后魂等，2009）。本书记载了八仙山昆虫 10 目 107 科 716 种（不包括蝶类）。

蜻蜓目 ODONATA

多为大、中型昆虫。半变态。大多数蜻蜓体长 30.0–90.0 mm，少数种类可达 150.0 mm，有的种类十分纤细，体长不足 20.0 mm。颜色多艳丽。头大，复眼大而突出，占头部的大部分，单眼 3 个。触角短小，刚毛状，3–7 节。咀嚼式口器，上颚发达。前胸较细；中、后胸合并，称合胸。两对翅膜质透明，翅多横脉，常有翅痣。腹部细长，雄性交合器生在腹部第 2、3 节腹面。世界分布，尤以热带地区为多。已知约 5000 种，中国记载约 350 种和亚种。

雄虫性成熟时，把精液藏入交合器中。交配时，雄虫用腹部末端的肛附器抓住雌虫头顶或前胸背板，雄前雌后，一起飞行；有时雌虫把腹部弯向下前方，将腹部后方的生殖孔紧贴到雄虫的交合器上，进行受精；许多蜻蜓没有产卵器。雌虫常在池塘上方盘旋，或沿小溪往返飞行，在飞行中将卵撒落水中；有的种类贴近水面飞行，用尾点水，将卵产到水里。绝大多数稚虫水生，通常年生 1 代，有的种类 3–5 年才完成 1 代。稚虫靠吃水中小动物长大；它们有的栖在水底，有的附着在水体上层的水草上，后者能以蚊虫的孑孓为食。成虫多在开阔地上空飞翔，黄昏时出来捕食蚊类、小型蛾类、叶蝉等。

蜓科: 碧伟蜓 *Anax parthenope julius* Brauer 交尾

本目下分 3 亚目。①均翅亚目 Zygoptera，本亚目的昆虫色常艳丽，俗称豆娘。前后翅的形状和脉序相似。翅基狭窄形成翅柄。休息时一般四翅竖立体背。稚虫体细长，腹末有 3 个尾鳃；尾鳃为呼吸器官，常呈叶片状，也有呈囊状或其他形状。本亚目下分 2 总科 8 科。②间翅亚目 Anisozygoptera，本亚目昆虫特征介于均翅亚目与差翅亚目之间。翅基部不呈柄状，后翅大于前翅。只有 2 种，一种产于喜马拉雅山南侧，一种产于日本，是古老类群的子遗后代，有活化石之称。③差翅亚目 Anisoptera，本亚目昆虫俗称蜻蜓。后翅基部比前翅基部稍大，翅脉也稍有不同。休息时四翅展开，平放于两侧。稚虫短粗，具直肠鳃，无尾鳃。本亚目包括 2 总科 5 科，蜓科和蜻科常见。广布中国各地。

A–B. 扇蟌科：白扇蟌 *Platycnemis foliacea* Selys：A. 雄性，B. 雌性；C. 蟌科：东亚异痣蟌 *Ischnura asiatica* (Brauer)；D、G. 蜻科：灰蜻 *Orthetrum* sp.；E–F. 扇蟌科：长叶异痣蟌 *Ischnura elegans* (Vander Linden)

蜓科 Aeschnidae

（1）碧伟蜓 *Anax parthenope julius* Brauer, 1865

别名：马大头、绿胸晏蜓。

雄性腹长 54.0–58.0 mm，后翅长 52.0–55.0 mm，翅痣 6.0 mm。下唇赤黄色，具黑色前缘。额黄色，前额上缘具 1 宽黑色横纹。翅透明，前缘脉黄色，翅痣黄褐色。腹部第 1 节绿色，基部具 1 黑色细纹；第 2 节天蓝色或绿色，亚基部具深褐色环纹；第 3–10 节背面褐色，侧面具蓝绿色斑纹。雌性体型、体色与雄性相似，色泽不如雄性鲜艳。

分布：天津（八仙山）、澳门、北京、福建、广西、贵州、河北、河南、湖北、湖南、吉林、江苏、江西、山东、山西、陕西、上海、四川、台湾、西藏、香港、新疆、云南、浙江；日本，朝鲜。

（2）黑纹伟蜓 *Anax nigrofasciatus* Oguma, 1915

别名：黑纹马大头、乌带晏蜓。

雄性腹长 57.0–60.0 mm，后翅长 50.0–54.0 mm。上唇黄色，具宽的黑色前缘；下唇黄色，中叶端具黑缘。额绿色，上额具 1 黑色 "T" 形斑纹。胸部合胸背前方绿色，无斑纹；侧面黄绿色，具黑色条纹。翅透明，前缘脉黄色，翅痣黄褐色。腹部第 1 节绿色，基部背面具黑色大斑。未成熟个体身体呈绿色，成熟个体身体呈蓝色。雌性与雄性基本相似。

分布：天津（八仙山）、北京、福建、广东、广西、河北、河南、湖北、江苏、山西、陕西、四川、台湾、西藏、浙江。

蜻科 Libellulidae

（3）红蜻 *Crocothemis servillia* (Drury, 1770)

别名：猩红蜻蜓、红蜻蜓。

雄性腹长 30.0–33.0 mm，后翅长 33.0–36.0 mm。初羽化时全体黄褐色，成熟后变红，非常鲜艳。雄性复眼红色，胸部及腹部背面具 1 条不明显的纵向黑线，后翅基部具黑色斑块，翅痣黄褐色。雌性复眼上半部褐色，下半部灰蓝色，胸部及腹部黄褐色，腹背的黑色尤其明显，老熟个体体色变为灰褐色。

分布：天津（八仙山、梨木台）、安徽、福建、甘肃、广东、海南、河北、河南、黑龙江、湖北、湖南、江苏、江西、山东、四川、台湾、西藏、香港、云南、浙江；澳大利亚，东南亚，非洲，欧洲。

（4）异色多纹蜻 *Deielia phaon* (Selys, 1883)

雄性腹长 28.0–30.0 mm，后翅长 33.0–35.0 mm。雄体色灰至浅黄，额具黑蓝色斑；头顶中央为 1 大突起，突起顶端具 1 个黄斑。前胸黑色，合胸背前方灰色，合胸脊黑色，两侧具黄色背条纹和肩前条纹。翅脉黑色，翅痣黑褐色。腹部黄色，具不连续的灰色或黑色斑纹。雌性体色黄，翅脉红色，翅痣黄色，腹部黑条纹明显，且连成线。

分布：天津（八仙山、宁河）、北京、江苏、浙江。

1. 碧伟蜓 *Anax parthenope julius* Brauer; 2. 黑纹伟蜓 *A. nigrofasciatus* Oguma;
3. 红蜻 *Crocothemis servillia* (Drury); 4. 异色多纹蜻 *Deielia phaon* (Selys)

（5）白尾灰蜻 *Orthetrum albistylum speciosum* (Uhler, 1858)

雄性腹长 38.0–40.0 mm，后翅长 41.0–44.0 mm。体中型，淡黄带绿色。额黄色，头顶黑色。胸部深褐色，背面具 2 条黑色条纹，胸侧各具 3 条黑色斜纹。翅透明，翅脉和翅痣黑色，翅端带小的烟色斑；前缘脉及邻近翅脉黄色，M_2 脉强烈波状弯曲；后翅三角室无横脉。腹部背面及两侧具黑色纵纹，末端 4 节黑色，上肛附器白色。雌性黄色，腹背具不连续的黑褐色斑。

分布：天津（八仙山、宁河）、北京、福建、广东、广西、贵州、海南、河北、河南、江西、山东、山西、陕西、四川、台湾、新疆、云南、浙江。

（6）线痣灰蜻 *Orthetrum lineostigma* (Selys, 1886)

雄性腹长 30.0–34.0 mm，后翅长 34.0–37.0 mm。雄性额前面及上面灰黑色，两侧及前缘暗黄色；头顶及中央大突起黑色。胸部因老幼色泽变化大，老熟个体胸部及腹部均为灰色，无条纹。翅透明，翅痣通常由黑褐色较宽的上部和黄色狭窄的下部两部分组成；前缘脉除围绕翅痣处为黑色外，其余均为黄色，邻近的一些横脉黄色；后翅三角室无横脉。雌性面部均为黄色，胸部背板中央具 2 个黄斑。雌雄腹部均淡黄色或灰色，具黑色斑。

分布：天津（八仙山）、北京、广东、河北、河南、江苏、宁夏、山东、山西、云南；朝鲜，韩国。

（7）吕宋灰蜻 *Orthetrum luzonicum* (Brauer, 1868)

雄性腹长 31.0–34.0 mm，后翅长 33.0–36.0 mm。雄性上唇、唇基黄色。额赤黄色，头顶及中央大突起黑色。复眼翠绿色中带黑色斑点。前胸灰色中带蓝色，前胸背板黑色，合胸墨绿色，无条纹。翅透明，翅痣上半部深黄褐色，下半部浅黄褐色至黄色。腹末端 2 节蓝灰色或蓝黑色。雌性黄色，胸部背板中央具黄斑，合胸侧面具 1 条黑褐色条纹。雌雄腹部均淡黄色或灰色，具黑色斑。

分布：天津（八仙山）、广东、广西、贵州、海南、河南、江苏、台湾、香港、云南、浙江；东洋区。

（8）黄蜻 *Pantala flavescens* (Fabricius, 1798)

我国最常见的种类之一。雄性腹长 32.0–34.0 mm，后翅长 40.0–43.0 mm，翅痣 2.5–3.0 mm。体中型，眼较大，通体赤黄色。额黄色中带赤色；头顶具黑色条纹，横贯单眼区域；头顶中央为 1 大突起，突起下部黑褐色，顶端黄色。前胸黑色，具白色斑纹；合胸背前方赤褐色，具细毛，合胸脊上具黑褐色线纹。翅透明，翅痣赤黄色，内缘边缘与外端边缘不平行；后翅臀域浅茶褐色。足黑色，胫节具黄线纹。

分布：天津（八仙山、宁河）、福建、广东、广西、海南、河北、河南、湖北、湖南、吉林、江苏、江西、辽宁、山西、陕西、四川、西藏、云南、浙江；日本，东南亚。

（9）竖眉赤蜻 *Sympetrum eroticum* (Selys, 1883)

雄性腹长 32.0–35.0 mm，后翅长 31.0–34.0 mm，翅痣 3.0 mm。额前面黄色，上面及两侧暗褐色；前面具 2 个明显的边缘金黄色的黑色圆形眉斑，此 2 眉斑有时连接成 1 黑带；头顶中央为 1 突起，突起前方为 1 条较宽的黑色条纹。前胸深褐色，具黄斑；合胸前方黄褐色，合胸脊黑色，两侧具前宽后窄的条纹，与二者形成 1 个黑三角形。翅透明，翅痣赤黄色。腹部红色，第 4–8 节末端下侧缘具 1 个黑色斑。雌性与雄性的主要区别在于眉斑较小，腹部颜色偏黄，斑纹较大。

分布：天津（八仙山）、北京、福建、广西、河北、湖北、湖南、江苏、江西、山西、陕西、四川、云南、浙江。

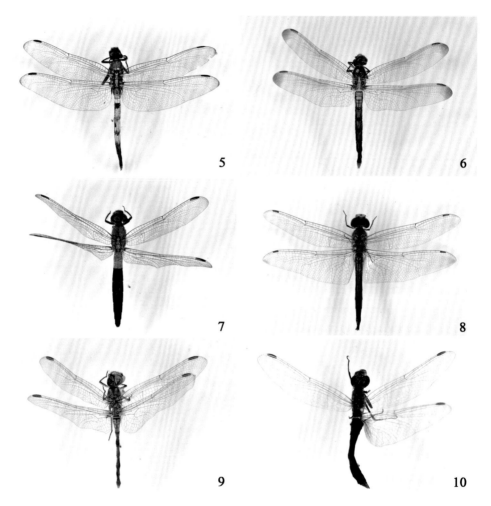

5. 白尾灰蜻 *Orthetrum albistylum speciosum* (Uhler); 6. 线痣灰蜻 *O. lineostigma* (Selys); 7. 吕宋灰蜻 *O. luzonicum* (Brauer); 8. 黄蜻 *Pantala flavescens* (Fabricius); 9. 竖眉赤蜻 *Sympetrum eroticum* (Selys); 10. 秋赤蜻 *S. freauens* (Selys)

（10）秋赤蜻 *Sympetrum freauens* (Selys, 1883)

雄性腹长 25.0–27.0 mm，后翅长 30.0–32.0 mm，翅痣 3.0 mm。下唇中叶黑色或黑色具黄色侧缘。额黄色带橄榄色，头顶中央为 1 黑色大突起，其前方具 1 条较宽的黑色条纹，条纹前缘向前伸出 4 个突出部分。前胸前叶及背板黑色，具白色条纹；合胸背前方赤褐色，合胸脊前段黄褐色，后段黑色；合胸侧面黄绿色，具 3 条明晰的黑色条纹。翅透明，具金黄色翅痣，前缘脉的前侧黄色。腹部黄褐色至红褐色。雌性除腹部褐斑较大外，其余特征与雄性基本相同。

分布：天津（八仙山）、北京、福建、广西、吉林、宁夏、山东、山西；日本，朝鲜，韩国，俄罗斯，土耳其，伊拉克，欧洲。

（11）旭光赤蜻 *Sympetrum hypomelas* (Selys, 1884)

雄性腹长 27.0–29.0 mm，后翅长 33.0–35.0 mm，翅痣 4.0 mm。体中小型。下唇中叶黑色；上唇、前唇基、后唇基赤褐色。额黑色，头顶为 1 浓褐色大突起，突起前方具 1 条黑色条纹。前胸黑色，前叶上缘及背板上面具赤褐色斑；合胸背前方红褐色，具赤褐色长毛；合胸侧面红褐色，具黑色条纹。翅透明，翅痣黑褐色；翅基部具明显的红黄色斑，前翅斑小，后翅斑大；色斑区域内的翅脉红色。腹部深红色，无明显斑纹，腹下面灰黑色。雌性与雄性基本相同，只是腹部侧面有明显的褐斑。

分布：天津（八仙山）、北京。

（12）条斑赤蜻 *Sympetrum striolatum* (Charpentier, 1840)

雄性腹长 26.0–29.0 mm，后翅长 32.0–35.0 mm。额淡红黄色至红色，头顶中央和突起黑色，突起前方具黑色条纹，横贯单眼；复眼上部巧克力棕色，下部则黄绿色。前胸前叶及背板橙红或黄色，侧面有 2 条浅色斑纹。翅透明，翅痣黑褐色。腹部黄褐色，腹部第 4–8 节两侧具黑斑。雌性胸部黄褐色，腹部近中线可以看出红色。足黑色，具红色或黄色条纹。

分布：天津（八仙山、市区、于桥水库）、全国广布；蒙古，俄罗斯，欧洲，非洲等。

蟌科 Coenagrionidae

（13）隼尾蟌 *Paracercion hieroglyphicum* (Brauer, 1865)

雄性腹长 24.0–26.0 mm，后翅长 14.0–16.0 mm。全身蓝黑相间。复眼天蓝色，顶部具蓝色亮斑；头顶具黑色横带。前胸背板蓝色具黑斑；合胸背部黑色，密布细毛，侧面天蓝色或蓝色，具 3 条黑色斑纹，第 1 条粗长且镂空，第 2 条长约为合胸长的 1/2，下端终点处黑色，第 3 条长约为合胸长的 1/3。腹部第 1–7 节腹部背面都有黑斑，第 8–10 节完全蓝色。翅透明，翅痣灰蓝色。足上黑下蓝。

分布：天津（蓟州下营）、北京、河北、河南、辽宁、内蒙古、山东；朝鲜，日本。

（14）东亚异痣蟌 *Ischnura asiatica* (Brauer, 1865)

雄性腹长 23.0–25.0 mm，后翅长 14.0–17.0 mm。雄性头顶黑色，单眼后色斑蓝色。前胸背板黑色，合胸背前方黑色具 1 对很细的绿纹。腹部第 1–7 节背面黑色，第 1–2 节侧面及下面蓝绿色，第 3–6 节侧面金黄色，第 9 节蓝色。雌性体黄绿色至黄褐色，合胸背前方有 1 条较宽的黑带，腹部背面黑色，侧缘黄色。

分布： 天津（八仙山）、河北、河南、黑龙江、湖北、江苏、江西、山东、陕西、上海、四川、台湾、香港、新疆、浙江；俄罗斯，韩国，日本。

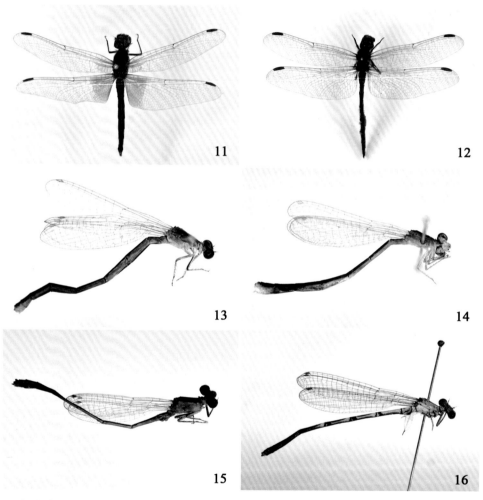

11. 旭光赤蜻 *Sympetrum hypomelas* (Selys); 12. 条斑赤蜻 *S. striolatum* (Charpentier); 13. 隼尾蟌 *Paracercion hieroglyphicum* (Brauer); 14. 东亚异痣蟌 *Ischnura asiatica* (Brauer); 15. 长叶异痣蟌 *I. elegans* (Vander Linden); 16. 白扇蟌 *Platycnemis foliacea* Selys

（15）长叶异痣蟌 *Ischnura elegans* (Vander Linden, 1820)

雄性腹长 22.0–24.0 mm，后翅长 15.0–17.0 mm。雄性头顶黑色，单眼后色斑青蓝色；上唇黄带绿色，下唇白色。复眼上部分黑色，下部分天蓝色。头顶和后头黑绿色。前胸背板黑色，中间向后延伸并上翘，背面中央常凹陷；合胸背面黑色，具 1 对蓝色条纹，侧面天蓝色，无明显斑纹。翅透明，前翅翅痣基半部黑色，端半部白色和蓝色；后翅翅痣白色，中间褐色。腹部第 2 腹节具强烈金属光泽，第 3–7 腹节背面古铜色，第 7 和第 9 腹节腹面蓝色，第 8 腹节蓝色。雌性体色与雄性相差较大，全身以淡绿色为主。刚羽化的个体全身橙红色。

分布：天津（八仙山、宁河）、北京、广东、河北、内蒙古、宁夏、山西、陕西、上海、浙江；印度。

扇蟌科 Platycnemididae

（16）白扇蟌 *Platycnemis foliacea* Selys, 1886

雄性腹长 27.0–30.0 mm，后翅长 17.0–20.0 mm。雄性下唇淡黄色。额中部黑色，两侧黄绿色；淡黄色单眼后色斑长条形与淡黄色后头缘条纹连成一线。前胸黑色，两侧具黄绿色带纹与合胸肩条纹连贯；合胸背前方及中缝以上黑色，具窄的黄绿色肩前条纹。翅透明，翅痣棕褐色，近似平行四边形，前后翅翅痣相同。腹部背腹面黑色或褐色，侧面淡黄色。雌性与雄性近似，翅痣淡黄色，腹部棕色。

分布：天津（八仙山）、北京、河北、江西、山东、陕西、上海、浙江；日本。

蜚蠊目 BLATTODEA

俗称蟑螂。渐变态。蜚蠊一般生活在石块、树皮、枯枝落叶、垃圾堆下，或朽木与各种洞穴内，尤以生活在居室内的种类为人们所熟悉。室内种类取食并污染食物、衣物和生活用具，且留下令人讨厌的气味，传播疾病和寄生虫，一些种类是全球性的卫生害虫。有些种类是中药材，可用于治病救人。野外生活的种类有少数危害农作物。

体长 2.0–100.0 mm，身体扁平，卵圆形。头隐藏在宽大、盾状的前胸背板下，且向后倾斜。口器咀嚼式；触角丝状；复眼肾形。足多刺毛，跗节 5 节。前翅革质，后翅膜质，或无翅。腹部 10 节，具 1 对多节的尾须。腹背常有臭腺。

世界已知约 5000 种，大多分布在热带和亚热带区，少数分布于温带地区。我国已记载 18 科 60 属 240 余种，全国各地均有分布。

蜚蠊目

地鳖蠊科 Polyphagidae

（17）中华真地鳖 *Eupolyphaga sinensis* (Walker, 1868)

别名： 中华地鳖、中华拟歪尾蠊、地鳖虫、土鳖、土元。

雌雄异型，雄具翅而雌无翅。

雄性体长 30.0–36.0 mm，宽 15.0–21.0 mm。体背面红褐色至黑褐色，具灰蓝色光泽，腹面红棕色。头小，触角丝状，黑褐色。前翅革质，脉纹清晰；后翅膜质，脉翅黄褐色。腹部 9 节，第 1 腹板被后胸背板掩盖。前足胫节具 8 枚端刺，1 枚中刺，中刺位于胫节下缘；足跗节 5 节。

雌体长 30.0–35.0 mm，宽 26.0–30.0 mm。体近黑色，扁平，椭圆形，背部隆起似锅盖。

分布： 天津（八仙山、盘山），我国大部分地区都有分布；蒙古。

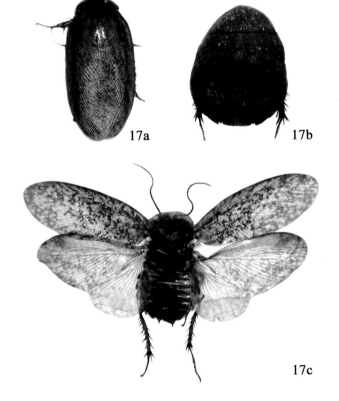

17. 中华真地鳖 *Eupolyphaga sinensis* (Walker)：a、c. 具翅雄性；b. 无翅雌性

螳螂目 MANTODEA

螳螂形态特异，头部宽阔如马首，前足形似弯月刀。为了不引起猎物的注意，螳螂常有独特的拟态，宽者似绿叶红花，细者长如竹叶。成虫与若虫均为捕食性，以其他昆虫及小动物为食，是著名的天敌昆虫。螳螂产的卵有卵鞘包围，卵鞘称螵蛸，可入中药，是重要的药用资源昆虫。

体长 10.0–140.0 mm。头大，三角形；口器咀嚼式；触角长，形状各异，多为丝状，少数为念珠状或其他形状。前胸长，前足捕捉式。前翅为覆翅，后翅膜质，臀区大，休息时平放在背上。尾须 1 对。雄性第 9 腹板上有 1 对刺突。

渐变态。雌螳螂一次产 2–3 个卵块，一个卵块中有卵几十至上百粒不等。卵鞘附于树枝或墙壁上。

世界已知 2200 多种，分布于热带、亚热带和温带的大部分地区。我国已记载 8 科 19 亚科 47 属 112 种。常见的有中华大刀螳等。

螳螂目

螳科 Mantidae

（18）中华大刀螳 *Tenodera sinensis* (Saussure, 1871)

别名：大刀郎、中华螳螂、中国拟刀螳。

雌性体长 74.0–90.0 mm，雄性 74.0–90.0 mm。体色从草绿色到褐色及各种程度的中间过渡色型都有。前胸背板前半部中纵沟两侧排列有许多小颗粒，侧缘齿列明显；后半部小颗粒和齿列均不明显，后半部稍长于前足基节长度。前翅前缘区绿色或褐色，其余绿色或褐色；后翅黑褐色，前缘区紫红，具大型黑斑和透明斑纹。

捕食：松毛虫、蚜虫、槐舟蛾、柳毒蛾、槐尺蛾等昆虫。

分布：天津（蓟州、市区）、安徽、北京、福建、广东、广西、贵州、河北、河南、湖北、江苏、江西、辽宁、山东、陕西、上海、四川、台湾、西藏、浙江；日本，越南，朝鲜，美国。

18a　18b

18. 中华大刀螳 *Tenodera sinensis* (Saussure)

（19）棕污斑螳 *Statilia maculata* (Thunberg, 1784)

别名：小螳螂、小刀螳。

雌性体长 46.0–65.0 mm，雄性 39.0–55.0 mm。体细长，暗褐至棕褐色，散布黑褐色小斑点。前胸背板细长，菱形。前翅窄长，棕褐色，臀膜烟色，后翅着烟色。前足基节和腿节内面中央各具 1 块黑色大漆斑，腿节的漆斑嵌有白色。

捕食：松毛虫、柳毒蛾等多种昆虫。

分布：天津（八仙山）、安徽、北京、重庆、福建、广东、广西、贵州、海南、河北、湖南、江苏、江西、山东、上海、四川、台湾、西藏、云南、浙江；日本，印度，印度尼西亚，马来西亚，越南，泰国，缅甸。

19. 棕污斑螳 *Statilia maculata* (Thunberg)

直翅目 ORTHOPTERA

直翅目包括我们常见的蝗虫、蚱蜢、螽斯、蟋蟀、蝼蛄、蚤蝼等。除少数为捕食性种类外，绝大多数为植食性，其中不少是农、林、园艺等的重要害虫，著名的要数造成蝗灾的种类了，如中华稻蝗、东亚飞蝗和沙漠蝗等。大多数能发音，有些鸣声悦耳动听，是有名的鸣虫；有的生性好斗，是引人入胜的玩虫；还有的形态奇秀或模仿拟态，令人赏心悦目。因此，它们又是重要的观赏娱乐资源昆虫。

体长 2.5~90.0 mm。口器咀嚼式。前胸背板大。后足跳跃式。翅长短不一，有时无翅。前翅为覆翅，皮革质，有亚缘脉。雌虫有发达的产卵器。尾须短，分节不明显。常有发达的发音器和听器。渐变态。

全世界已知 20 000 种以上，全球广泛分布，在热带和温带地区种类较多，而在高纬度和高海拔地区的种类和个体数都较少。陆栖性较多，穴居性较少，水边生活的则更少。

直翅目通常分为 3 亚目。

①蝼蛄亚目 Gryllotalpodea

无听器，前足开掘式，产卵器不外露。

蝼蛄亚目

②螽亚目 Tettigoniodea

触角丝状，超过 30 节，触角的长度大于或等于身体的长度。听器位于前足胫节基部。产卵器长。

螽亚目

③蝗亚目 Acridodea

触角比身体短，30 节以下，一般为丝状。听器位于第 1 腹节两侧。产卵器短，瓣状。

蝗亚目

蝼蛄科 Gryllotalpidae

（20）东方蝼蛄 *Gryllotalpa orientalis* Burmeister, 1838

别名：南方蝼蛄、小蝼蛄、拉拉蛄、地拉蛄、土狗子、地狗子、水狗。

体长 30.0–35.0 mm。整体近纺锤形，背面红褐色，腹面黄褐色，密生细毛。头小，额部至唇基较强凸起。前胸背板明显宽于头部，长卵形，背面明显隆起具短绒毛，中央有 1 暗红色长心脏形凹斑。前翅甚短，约达腹部中部，端域具规则纵脉；后翅纵褶成条，超出腹部末端。前足胫节具 4 枚片状趾突；后足胫节背侧内缘具 3–4 枚可动棘刺。尾须细长，约为体长的 1/2。

食性：杂食性。

危害：对针叶树、多种农作物和经济作物幼苗危害甚重。

分布：天津（蓟州、大港、塘沽）、北京、福建、广东、广西、贵州、海南、河北、黑龙江、湖北、湖南、吉林、江苏、江西、辽宁、内蒙古、青海、山东、上海、四川、西藏、云南、浙江；俄罗斯，朝鲜，日本，澳大利亚，东南亚，非洲。

（21）华北蝼蛄 *Gryllotalpa unispina* Saussure, 1874

别名：单刺蝼蛄、蒙古蝼蛄、大蝼蛄、满洲蝼蛄、大拉拉蛄、大地拉蛄。

体长 36.0–55.0 mm，黄褐色或灰色，腹面色略浅，密被细毛。头较小，狭于前胸背板。触角丝状。前胸背板盾形，中央具 1 个不明显的暗红色心脏形坑斑。前翅黄褐色，只盖住腹部 1/3；后翅折叠如尾状，略超过腹部末端。前足扁阔；后足胫节背侧内缘具 1 枚可动棘刺，也有 2 刺或无刺者。

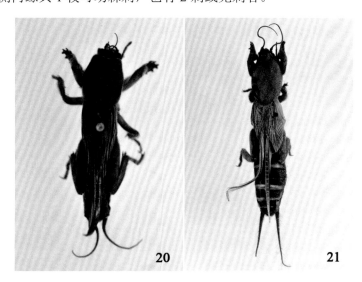

20. 东方蝼蛄 *Gryllotalpa orientalis* Burmeister; 21. 华北蝼蛄 *G. unispina* Saussure

食性：杂食性。

危害：为害林木和农作物的幼苗。

分布：天津（八仙山）、安徽、北京、甘肃、黑龙江、湖北、吉林、江苏、江西、辽宁、内蒙古、宁夏、山西、陕西、西藏、新疆；土耳其，乌克兰，蒙古，俄罗斯。

草螽科 Conocephalidae

（22）疑钩顶螽 *Ruspolia dubia* (Redtenbacher, 1891)

雄性体长 26.5–28.0 mm，雌性 28.5–33.0 mm。体绿色或灰褐色，后足胫节浅褐色，跗节浅褐色。灰褐色种前胸背板侧片具暗褐色纵带。头顶圆柱形，长宽近等长，顶端向前突出颜顶之前，腹面具齿与颜顶接触。前胸背板密被褶状粗刻点，前胸腹板具 1 对刺；中、后胸腹板裂叶三角形。前翅狭，远超过后足股节端部，端部狭圆形，雄性左前翅发声区几乎不透明；腹面发声锉梭形，约具 90 个齿。后翅稍短于前翅。前足基节具 1 枚刺，前足胫节腹面内、外缘分别具 6 枚刺；后足胫节腹面内缘具 5–8 枚刺，外缘具 3–4 枚刺。

分布：天津（八仙山）、安徽、重庆、福建、甘肃、广西、贵州、河北、黑龙江、湖北、湖南、江西、陕西、四川、台湾、浙江；日本。

蛩螽科 Meconematidae

（23）黑膝畸螽 *Teratura (Megaconema) geniculata* (Bey-Bienko, 1962)

体长 12.0–13.0 mm。体黄绿色。头部背面淡褐色。前胸背板具淡褐色纵带，两侧缘褐色。前翅显著超过后足股节末端，背缘浅褐色；后翅稍长于前翅。前足基节具 1 钝刺，胫节腹面内侧具 5 刺，外侧具 6 刺；后足股节具许多小刺，背、腹面各具 1 对粗壮端距。雌性产卵瓣平直，近端部稍向背方弯曲，腹瓣近端部具一些小齿。

分布：天津（八仙山）、安徽、贵州、河北、河南、湖北、陕西、四川。

螽斯科 Tettigoniidae

（24）优雅蝈螽 *Gampsocleis gratiosa* Brunner von Wattenwyl, 1862

别名：最常见的蝈蝈，根据颜色称为翠蝈、绿蝈、糙白、白蝈、铁蝈等，有的根据产地叫北蝈、南蝈、鲁蝈、燕蝈、晋蝈等。

体长 30.0–43.0 mm。体粗壮，通常为草绿或褐绿色。头大。前胸背板宽大，似马鞍形，侧板下缘和后缘镶以白边；前区前部两侧具暗褐色。前翅褐色，径脉域和中脉域具不明显的暗斑，前翅较短，雄性达腹部的第 6–7 腹节，雌性仅到达第 1 腹节基部，翅端宽圆；后翅极小，呈翅芽状。雌性具长产卵器。

分布：天津（八仙山）、河北、河南、内蒙古、山东、山西、陕西。

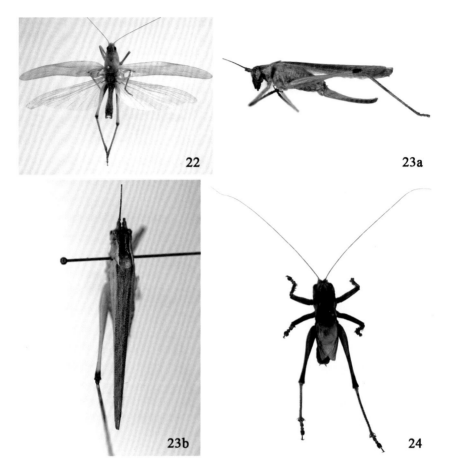

22. 疑钩顶螽 *Ruspolia dubia* (Redtenbacher); 23. 黑膝畸螽 *Teratura* (*Megaconema*) *geniculata* (Bey-Bienko); 24. 优雅蝈螽 *Gampsocleis gratiosa* Brunner von Wattenwyl

蟋蟀科 Gryllidae

（25）多伊棺头蟋 *Loxoblemmus doenitzi* Stein, 1881

别名：大扁头蟋、棺材板[♂]、猴头[♀]、七音蟋。

雄性体长 15.0–20.0 mm，雌性 16.0–20.0 mm。体黑褐色至黄褐色。雄性头顶明显向前突出，前缘弧形黑色，边缘后方具 1 条橙黄或赤褐色横带。前胸背板宽大于长。前翅长达腹端；后翅细长，伸出腹端似尾形，但常脱落。

食性：成、若虫均为杂食性，啃食多种农作物。

分布：天津（八仙山）、安徽、北京、福建、广西、贵州、河北、江苏、江西、陕西、四川、台湾、浙江。

（26）黄脸油葫芦 *Teleogryllus emma* (Ohmachi *et* Matsumura, 1951)

别名：油葫芦、北京油葫芦、天津黑虫、麦田褐蟋蟀。

体长 18.0–26.0 mm。背面褐色或黑褐色，具光泽，腹面黄褐色。头部沿复眼内缘具明显的淡色斑点或斑纹，复眼内侧缘具淡黄色眉状纹；头部背面具"人"字形纹；颜面和颊黄色。前胸背板黑褐色，具左右对称的月牙形淡色斑纹，中胸腹板后缘内凹。前翅淡褐色，具光泽；后翅尖端纵折露出腹端很长，形如尾须。后足胫节两侧各具 6 枚长刺。两尾须长，超过后足股节，色较体色浅。

食性：多食性害虫，常见于各种大田农作物、蔬菜等。

分布：天津（八仙山）、安徽、北京、福建、广东、广西、贵州、海南、河北、湖北、湖南、江苏、山东、山西、陕西、上海、四川、香港、云南；朝鲜，日本。

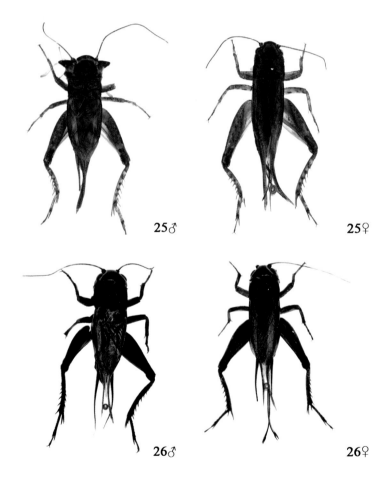

25. 多伊棺头蟋 *Loxoblemmus doenitzi* Stein; 26. 黄脸油葫芦 *Teleogryllus emma*
(Ohmachi *et* Matsumura)

剑角蝗科 Acrididae

（27）中华剑角蝗 *Acrida cinerea* (Thunberg, 1815)

别名：中华蚱蜢、东亚蚱蜢、尖头蚂蚱、扁担沟、大扁担、老扁。

雄性体长 30.0–47.0 mm，雌性 58.0–82.0 mm。体型细长，雄性较小，雌性甚大。体通常绿色或褐色，背面具淡红色纵条纹，有时全为绿色。头圆锥状，明显长于前胸背板；颜面极倾斜，全长具纵沟，中央纵隆线明显。前胸背板宽平，具细小颗粒。绿色个体在复眼后、前胸背板侧面上部、前翅肘脉域具淡红色纵条。褐色个体前翅中脉域具黑色纵条，中闰脉处具淡色短条纹；后翅淡绿色。

寄主：稻、玉米、谷子、棉花等作物及各种杂草。

分布：天津（八仙山等）、安徽、北京、福建、甘肃、广东、广西、贵州、河北、黑龙江、湖北、湖南、吉林、江苏、江西、辽宁、宁夏、山东、山西、陕西、四川、云南、浙江。

斑腿蝗科 Catantopidae

（28）中华稻蝗 *Oxya chinensis* (Thunberg, 1815)

体长 30.0–44.0 mm。雌大雄小，黄绿色或黄褐色。头短，颜面略向后倾斜。触角褐色，丝状。复眼后至前胸背板两侧具深褐色纵纹。前翅狭长，达到或超过后足腿节端部。第 1 腹节较小，左右两侧各具 1 个鼓膜听器。后足腿节粗大，外侧上下两条隆线间具平行的羽状隆起。股节上侧内缘具刺 9–11 枚。

习性：多栖息于各种植物茎叶上，为害稻、玉米、高粱、谷子等禾本科植物。

分布：天津（八仙山）、安徽、北京、福建、广东、广西、河北、黑龙江、湖北、湖南、吉林、江苏、江西、辽宁、山东、陕西、上海、四川、台湾、浙江；朝鲜，日本，泰国，越南。

（29）棉蝗 *Chondracris rosea* (De Geer, 1773)

别名：大青蝗、蹬倒山。

雄性体长 45.0–51.0 mm，雌性 60.0–80.0 mm。体黄绿色。头顶中部、前胸背板沿中隆线及前翅臀脉域具黄色纵条纹。前胸背板具粗瘤突，中隆线呈弧形拱起，具 3 条明显横沟切断中隆线；前缘呈角状凸出，后缘直角形凸出。中后胸侧板生粗瘤突。前翅发达，达后足胫节中部；后翅基处玫瑰色。后足股节内侧黄色，胫节、跗节红色。

寄主：棉、竹、甘蔗、樟、椰子、木麻黄、稻、玉米、高粱、大豆、谷子、绿豆、豇豆、甘薯、马铃薯、苎麻等多种植物。

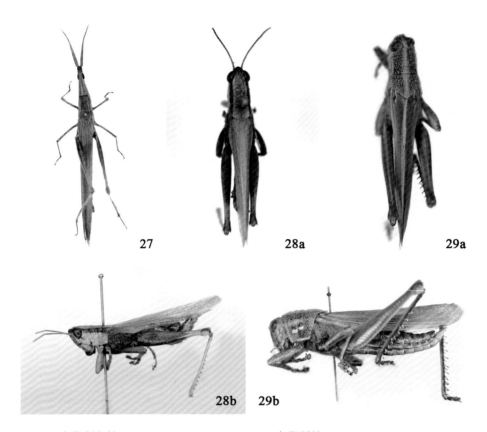

27. 中华剑角蝗 *Acrida cinerea* (Thunberg); 28. 中华稻蝗 *Oxya chinensis* (Thunberg); 29. 棉蝗 *Chondracris rosea* (De Geer)

分布：天津（八仙山）、内蒙古、河北、陕西、山东、江苏、湖北、湖南、福建、台湾、广东、广西、四川、贵州、云南。

癞蝗科 Pamphagidae

（30）笨蝗 *Haplotropis brunneriana* Saussure, 1888

别名：光腚子、秃蚂蚱、驼蚂蚱、长蛇疹子、骆驼鞍子、蚂蚱蹲等。

大型短翅蝗虫，通常土色。头明显短于前胸背板。前胸背板中隆线呈片状隆起，全长完整或仅被后横沟微微割断，前、后缘呈锐角或直角状。前翅短小，其顶端最多略超过腹部第1节背板的后缘；后翅甚小。后足股节外侧具不规则短隆线。

分布：天津（蓟州、东丽、市区）、安徽、甘肃、河北、黑龙江、江苏、辽宁、内蒙古、宁夏、山东、山西、陕西；俄罗斯。

锥头蝗科 Pyrgomorphidae

（31）长额负蝗 *Atractomorpha lata* (Motschulsky, 1866)

雄性体长 23.0–26.0 mm，雌性 31.0–43.0 mm。体草绿色或橄榄绿色。头呈锥形，头顶细长；触角剑状，基部远离单眼。复眼长卵形，背面近前端具明显背斑，眼后方具 1 列小圆形颗粒。前胸背板平坦，中隆线低；侧片下缘向后倾斜，近直线。中胸腹板侧叶间的中隔为前宽后狭的四边形。前、后翅均发达，一般常超过后足股节；后翅基部本色透明，缺红色。

寄主：竹类、杂草、稻、麦。

分布：天津（蓟州、东丽、北辰、宝坻、市区）、北京、广东、广西、河北、湖北、山东、陕西、上海；朝鲜，日本。

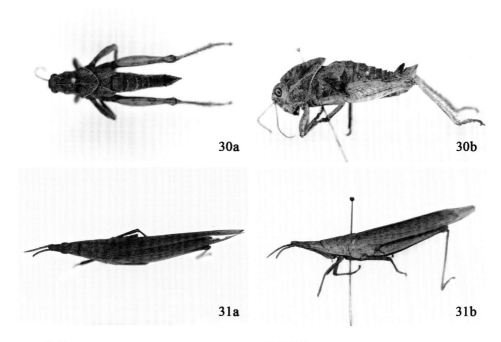

30. 笨蝗 *Haplotropis brunneriana* Saussure; 31. 长额负蝗 *Atractomorpha lata* (Motschulsky)

（32）短额负蝗 *Atractomorpha sinensis* Bolivar, 1905

雄性体长 19.0–23.0 mm，雌性 28.0–35.0 mm。体草绿色或黄褐色。头顶较长额负蝗短；触角剑状，基部接近复眼。复眼长卵形，眼后具小而突起的颗粒。前胸背板略平，中隆线细；侧片后缘略向内凹，下缘具 1 列长形串联颗粒。中胸腹板侧叶间的中隔为长方形。前、后翅均长，远离后足股节顶端；后翅玫红色或红色。

食性：成、若虫均为杂食性，啃食稻、小麦、玉米、甘薯、甘蔗、白菜等多种农作物。

分布：天津（八仙山）、安徽、北京、福建、甘肃、广东、广西、贵州、河北、河南、湖北、湖南、江苏、江西、青海、山东、山西、陕西、上海、四川、台湾、云南、浙江；越南，日本。

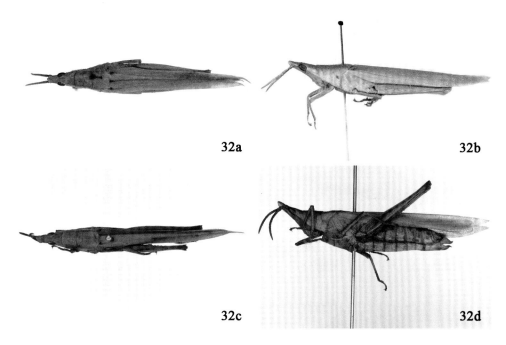

32. 短额负蝗 *Atractomorpha sinensis* Bolivar: a-b. 草绿色；c-d. 黄褐色

半翅目 HEMIPTERA

　　全世界约有 151 科 80 000 余种，由异翅亚目（狭义半翅目）和同翅亚目（原同翅目）共同组成。异翅亚目包括椿象、水黾、红娘华、水螳螂等；同翅亚目包括蝉、沫蝉、蚜虫等。半翅目的成虫和若虫都有吸管状的口器，它们大部分是吸取植物汁液，但有些种类会吸取动物或昆虫的体液，甚至成为其他半翅目昆虫的猎食者。

　　异翅亚目大部分种类成虫前翅的基半部革质，端半部膜质，为半鞘翅。常有臭腺，有些能发出使人恶心的气味。若虫的体形及习性与成虫相似，吸食植物汁液或捕食小动物，一些食农林害虫或益虫，少数吸食血液，传播疾病。

A. 蝽科：北方辉蝽 *Carbula putoni* (Jakovlev); B. 猎蝽科：疣突素猎蝽 *Epidaus tuberosus* Yang;
C. 蝽科：斑须蝽 *Dolycoris baccarum* (Linnaeus); D. 长蝽科：红脊长蝽 *Tropidothorax sinensis* (Reuter)

　　体长 1.5–160.0 mm。体壁坚硬，较扁平，常为圆形或细长，体绿、褐或具明显的警戒色斑纹。触角常为丝状，3–5 节，露出或隐藏在复眼下的沟内。口器刺吸式，喙一般 4 节，着生点在头的前端。前胸背板大，中胸小盾片发达，外露。臭腺孔位于胸部腹面。世界已知 38 000 多种，是昆虫纲中的大类之一。全世界各大动物地理区都有分布。中国已记录的种类有 3100 多种。

E–F. 蜡蝉科：斑衣蜡蝉 *Lycorma delicatula* (White)：E. 若虫；F. 成虫

同翅亚目形态变化较大，口器刺吸式，前翅质地相同。以植物汁液为食，其中许多种类可以传播植物病毒，是重要的农业害虫；有些种类可以分泌蜡、胶，或形成虫瘿，产生五倍子，是重要的工业资源昆虫。蝉的鸣声悦耳动听，蜡蝉、角蝉的形态特异，是人们喜闻乐见的观赏昆虫。

体小到大型。刺吸式口器从头部腹面后方生出，喙 1–3 节，多为 3 节。触角短，刚毛状、线状或念珠状。前翅质地均匀，膜质或革质，休息时常呈屋脊状放置，有些蚜虫和雌性蚧壳虫无翅，雄性蚧壳虫后翅退化呈平衡棍。雌性常有发达的产卵器。世界已知 45 000 多种，广泛分布于世界各地。我国已知 3000 多种。

黾蝽科 Gerridae

（33）细角黾蝽 *Gerris gracilicornis* (Horváth, 1879)

体长 14.8 mm。体粗壮，酱褐色。头黑褐色，与宽略相等；触角细长，约为体长的一半。前胸背板褐色至红褐色，表面具较浅横皱，中纵线明显，呈 1 完整而连续的浅色条纹；前叶中纵线两侧各具 1 黑色大斑；中胸两侧具短而直立的毛。翅酱褐色。腹部腹面黑色，隆起呈脊状，侧缘酱褐色。雄性第 8 腹板具 1 椭圆形凹陷。雌性腹面侧接缘向后延伸而成的刺突呈钝角三角形。

分布：天津（八仙山）、福建、广西、贵州、河北、湖北、宁夏、山东、陕西、四川、台湾、云南；日本，朝鲜，印度北部，不丹，俄罗斯。

蝎蝽科 Nepidae

（34）日壮蝎蝽 *Laccotrephes japonensis* Scott, 1874

雄性体长 32.0–34.0 mm，雌性 33.0–38.0 mm。体灰褐色至黑褐色。头宽明显大于长，约为眼间距的 3 倍；触角第 2 节具较长的横向指状突起。前胸背板明显缢缩，前缘深度凹入，近复眼后方各具 1 个指状突起，中央具 2 条纵脊；后叶向两侧膨大，后缘向内凹入并被浓密短绒毛。中胸小盾片顶端尖锐并具 2 个尾向并排的小窝。中胸腹板明显隆起，在腹板中线两侧靠近中足基节处各具 1 个三角形褐色区域。前翅表面粗糙，膜片明显，未达腹部末端。前足捕捉式。

分布：天津（八仙山）、北京、贵州、河北、湖北、江苏、江西、山西、台湾；日本，朝鲜。

跳蝽科 Saldidae

（35）毛顶跳蝽 *Saldula pilosella* (Thomson, 1871)

雄性体长 3.7–3.8 mm，雌性 3.8–4.0 mm。体长卵圆形，黑褐色，背面具直立长毛。头部黑色，额区具直立长毛；触角被半倒伏毛，第 1 节粗短，黄褐色，具黑斑，第 2 节近基部 3/4 呈黑色，仅端部及基部为黄色，第 3–4 节为黑色。前胸背板梯形，黑色，密布金黄色短毛和黑色直立长毛；小盾片三角形，黑色，顶角尖锐。前翅爪片端部黄色，其余黑色。前足基节白边缘呈浅色，胫节背面具连续褐色条纹。

分布：天津（八仙山）、河北、河南、黑龙江、吉林、江苏、辽宁、内蒙古、山东、山西、陕西、四川、西藏、云南。

猎蝽科 Reduviidae

（36）中国螳猎蝽 *Cnizocoris sinensis* Kormilev, 1957

体长 9.0–11.0 mm。体椭圆形，棕黑色，头背面、前胸背板侧角、小盾片基部中央斑、侧接缘各后角黑色，触角第 1 节背面、革片顶角、前翅膜片翅脉及侧接缘外侧通常暗褐色，革片外缘浅灰色。前胸背板前叶基部中央及后叶具 2 条棕黑色纵脊。腹部末端中央稍凹入。

捕食：鳞翅目幼虫、卵及其他小型昆虫。

分布：天津（蓟州）、北京、甘肃、河北、内蒙古、宁夏、山西、陕西、浙江。

（37）疣突素猎蝽 *Epidaus tuberosus* Yang, 1940

体长 14.0–18.0 mm。体多毛，褐黄色至红褐色。前胸背板侧角短刺突，不钝尖，黑褐色；前叶长于后叶，后叶中后部具 2 个黑褐色瘤突。中后部腹板、中胸侧板前缘、腹部第 1 节腹板大部分黑褐色。

捕食：鳞翅目幼虫等多种小型昆虫。

分布：天津（蓟州）、北京、陕西、四川、浙江。

（38）短斑普猎蝽 *Oncocephalus confusus* Hsiao, 1981

体长 17.0–18.0 mm。体褐黄色，头两侧眼后方、小盾片、前翅中室内斑点、膜片外室内斑点均为褐色，触角第 1 节端部、胫节基部 2 个环纹及顶端均浅褐色。前胸背板前、后叶约等长，前角呈短刺状向外突出，前叶侧缘具 1 列顶端具毛的颗粒，侧突显著，侧角尖锐，超过前翅前缘。小盾片上鼓，端刺粗钝，向上弯曲。前翅不达腹部末端，膜片外室内黑斑短。腹部腹面纵脊达第 6 腹板后缘。前足腿节腹面具 12 枚小刺。

捕食：棉蚜等多种小昆虫。

分布：天津（八仙山）、北京、河北、黑龙江、江苏、上海、浙江。

（39）黄纹盗猎蝽 *Peirates atromaculatus* (Stål, 1871)

体长 12.5 13.5 mm。体黑色。头前部渐缩，向下倾斜，侧面观眼前部分约与眼等长；触角第 1 节稍超过头的前端，第 2 节长，略超过眼后缘，端节尖。前胸背板前叶长于后叶，具纵、斜印纹。前翅革片中部具纵向黄色带纹，膜片内室内部具 1 个小黑斑，外室具 1 个大黑斑。雄性翅长超过腹部末端，雌性短于腹部末端。前足胫节海绵窝短，不超过胫节长的一半，前足和中足腿节腹面无小刺。

分布：天津（八仙山）、广东、河北、江苏、山东、四川、云南、浙江；越南，印度，斯里兰卡，缅甸，菲律宾。

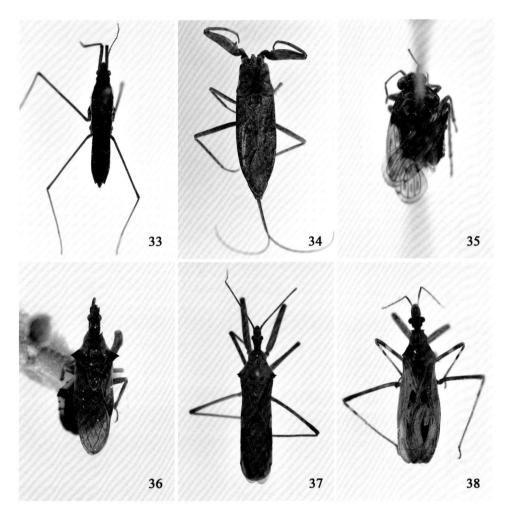

33. 细角黾蝽 *Gerris gracilicornis* (Horváth); 34. 日壮蝎蝽 *Laccotrephes japonensis* Scott;
35. 毛顶跳蝽 *Saldula pilosella* (Thomson); 36. 中国螳猎蝽 *Cnizocoris sinensis* Kormilev;
37. 疣突素猎蝽 *Epidaus tuberosus* Yang; 38. 短斑普猎蝽 *Oncocephalus confusus* Hsiao

（40）茶褐盗猎蝽 *Peirates fulvescens* Lindberg, 1939

雄性体长 14.5–15.0 mm。体黑色，具光亮的白色及黄色短细毛。前翅革片（除基部及端角外）黄褐色，膜片内室端基部（除基部外）深褐色。前胸背板前叶长于后叶，前叶中央具 1 纵细浅凹纹，两侧具斜印纹。雄性前翅略微超过腹部末端，雌性前翅短于雄性，达第 6 腹节背板中部或后缘。

分布：天津（八仙山、板桥农场）、北京、河北、山东、山西、陕西、四川。

（41）污黑盗猎蝽 *Peirates turpis* Walker, 1873

体长 13.5–15.0 mm。体黑色，具光泽及稀疏细毛。头小，眼后区长于眼前区；复眼半球形，其间具"T"形沟。前胸背板前叶长于后叶，前叶具纵斜隆起的暗条纹。前翅暗黑褐色，常达或超过腹末，爪片中部、革片内域及膜片端部色浅，内外翅室深褐色。前足腿节膨大，胫节长如腿节，向端部扩大，前、后足胫节的海绵窝不及它长度的一半，各胫节端部及跗节密生黄褐色刚毛。雌性翅短于雄性。

分布：天津（八仙山、汉沽）、北京、广西、贵州、河北、河南、湖北、江苏、江西、山东、陕西、四川、香港、云南、浙江；日本，越南。

（42）中国原瘤猎蝽 *Phymata chinensis* Drake, 1947

体长 7.0–8.0 mm。体卵圆形，暗土黄色，体背面具小粒突。头前端不十分发达，向上翘；触角通常隐藏在头部两侧腹面的沟槽内。前胸背板侧缘呈锯齿状，后半部略向上翘。前翅膜片色浅，翅脉几乎透明。前足股节发达，三角形，背缘锯齿状，胫节短。雄性触角第 4 节长纺锤状，雌性腹部侧接缘第 6、7 节外缘不明显弯曲。

分布：天津（八仙山、盘山）、北京、山东、陕西。

（43）双刺胸猎蝽 *Pygolampis bidentata* Goeze, 1778

体长 13.0–16.0 mm。体棕褐色，密被浅色短毛。头部具"V"形光滑条纹，前端二分叉向前突出，后部具中央纵沟，后缘两侧具 1 列刺状突起。前胸背板前叶长于后叶，后叶中央凹陷，两侧具光滑短纹，后叶后方稍上翘；前角突出呈刺状。前翅伸达第 7 腹板亚后缘，膜片具不规则浅色纹。腹部侧接缘各节基端及顶端具褐色斑，第 7 背板两侧向后突出。前、中足胫节亚中部及两端具褐色环纹。

分布：天津（八仙山、汉沽）、北京、广西、河北、山东、山西；广布于欧洲。

（44）环斑猛猎蝽 *Sphedanolestes impressicollis* (Stål, 1861)

体长 16.0–18.0 mm。体黑色，被短毛，具黄色斑。触角第 1 节具 2 个浅色环纹；膜片褐色透明，腹部腹面中部及侧接缘每节端半部均为黄色或浅黄褐色，股节具 2–3 个浅色环，胫节具 1 个浅色环。雄性前翅明显超出腹部末端，腹末端后缘中央突出，顶端具 2 小钩。雌性胸部腹面密被白色短毛；前翅稍长于腹部末端。

分布：天津（八仙山、九龙山）、福建、甘肃、广东、广西、河北、河南、湖南、江苏、江西、山东、陕西、四川、云南、浙江；朝鲜，印度，日本。

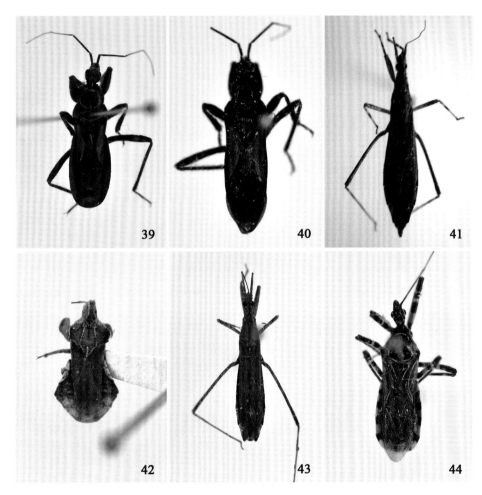

39. 黄纹盗猎蝽 *Peirates atromaculatus* (Stål); 40. 茶褐盗猎蝽 *P. fulvescens* Lindberg; 41. 污黑盗猎蝽 *P. turpis* Walker; 42. 中国原瘤猎蝽 *Phymata chinensis* Drake; 43. 双刺胸猎蝽 *Pygolampis bidentata* Goeze; 44. 环斑猛猎蝽 *Sphedanolestes impressicollis* (Stål)

扁蝽科 Aradidae

（45）原扁蝽 *Aradus betulae* (Linnaeus, 1758)

体长 7.0–8.5 mm，雄性较雌性小。体椭圆形，土黄色，密布棕褐色斑纹。触角第 1 节仅达前头部分的 1/3，第 2 节端半部及第 4 节棕黑色，第 3 节除基部外均淡黄色。喙伸达中胸腹板中央。前胸背板侧缘前部斜直，锯齿状。小盾片较宽短，顶端钝圆。雄性前翅几乎达到腹部末端，雌性稍短，基部扩展。腹部长卵形，侧接缘各节后角稍突出，浅黄褐色。

寄主：杨、柳、苹果、桃等。

分布：天津（八仙山、六里台、七里台、南大）、北京、甘肃、河南、山西。

姬蝽科 Nabidae

（46）山高姬蝽 *Gorpis (Oronabis) brevilineatus* (Scott, 1874)

体长 9.8–10.4 mm。体污黄色，体毛黄色。触角第 2 节顶端、前胸背板侧角、前翅革片前缘及中央、爪片顶角及侧接缘端部均为浅褐色，头腹面中央、中胸及后胸腹板中央、腹部腹面基半部中央褐色或黑褐色，中胸侧板中域及后胸侧板后缘各有 1 个黑色斑点。各足股节端半部有 2 个不清楚的浅褐色环斑。雄性前胸背板前叶长于后叶。

寄主：麻栎、核桃楸、猕猴桃等。

分布：天津（蓟州）、福建、甘肃、广西、海南、河北、河南、湖北、湖南、江西、辽宁、陕西、四川、云南、浙江；日本，朝鲜，俄罗斯。

（47）华海姬蝽 *Halonabis sinicus* Hsiao, 1964

体长 7.2–8.5 mm。体灰黄色，具褐色及黑色斑纹，被灰白色短毛。头两侧及腹面深褐色，中央具 1 条纵淡色纹。前胸背板梯形；前叶中央具 1 条纵黑色宽纹，两侧各具 1 条褐色纹，稍后方两侧各具 1 个云形沟；后叶具模糊不清的浅褐色斑纹。小盾片中央黑色，两侧黄色。前翅褐色，具暗色晕斑，显著超过腹部末端。腹部腹面两侧各具 1 条褐色的宽纵纹，侧接缘各节外侧前端黑褐色，背板深褐色。

捕食：棉蚜。

分布：天津（八仙山、武清、七里海、杨柳青、北塘、大港）、河北、山西、新疆；朝鲜，俄罗斯，蒙古。

（48）北姬蝽 *Nabis reuteri* Jakovlev, 1876

体长 6.0–7.1 mm。体灰黄色，具黑色及褐色斑。头背腹面中央眼间纵纹、前胸背板前叶中央纵带纹、小盾片中央及头两侧眼前部和后部、胸部腹面及内侧均为黑色，腹部侧接缘暗黄，各节外侧前部腹面为褐色。触角第 1 节短于头长，第 2 节约与前胸背板等长。前翅革片端半部散布的褐色小斑点较基部显著，膜片翅脉棕褐色。各足股节花斑褐色。

捕食：棉蚜。

分布：天津（八仙山）、北京、甘肃、河北、黑龙江、吉林、内蒙古、山东、陕西；朝鲜，俄罗斯。

45. 原扁蝽 *Aradus betulae* (Linnaeus); 46. 山高姬蝽 *Gorpis* (*Oronabis*) *brevilineatus* (Scott); 47. 华海姬蝽 *Halonabis sinicus* Hsiao; 48. 北姬蝽 *Nabis reuteri* Jakovlev; 49. 暗色姬蝽 *N. stenoferus* Hsiao; 50. 角带花姬蝽 *Prostemma hilgendorffi* Stein

（49）暗色姬蝽 *Nabis stenoferus* Hsiao, 1964

体长 7.5–8.0 mm。体窄长，灰黄色，具褐色及黑色纹或斑。头顶中央纵带、眼前部及后部两侧、触角第 1 节内侧及第 2 节基部和顶端、前胸背板中央纵带、背板前叶两侧的云形斑纹、小盾片基部及中央、前翅革片端部的 2 个斑点及膜片基部的斑点、胸腹板中央及胸侧板中央纵纹、腹部腹面中央及两侧纵纹均为黑色，或伴有红色。前胸背板前叶短小，后叶前半部具褐色花纹。各足股节深色斑，褐色至黑色。

捕食：螨类、蚜虫、叶蝉、木虱、长蝽、蓟马、蝴蝶卵、蛾卵、棉铃虫、小造桥虫、盲蝽等多种昆虫。

分布：天津（八仙山、武清）、北京、河北、黑龙江、吉林、辽宁、山西、河南、山东、陕西、甘肃、宁夏、新疆、安徽、浙江、江苏、江西、福建、湖北、四川、云南；朝鲜，日本，俄罗斯。

（50）角带花姬蝽 *Prostemma hilgendorffi* Stein, 1878

成虫体长 6.0–7.2 mm。体黑色，具橘红、黄色及灰白色斑，被黑褐色刚毛及浅色亮长毛。触角及足黄褐色，前胸背板后叶、小盾片端部 2/3 及前翅基半部浅红棕色或橘红色，后胸侧板及臭腺域暗黄色。前胸背板前叶显著长于后叶，后叶后缘近直。前翅中部具三角形淡色斑，端半部黄色或淡黄色斑块。各足股节及胫节具黑色刺列。

捕食：棉蚜、棉叶螨、棉叶蝉、棉盲蝽。

分布：天津（蓟州、市区）、北京、河南、江西、吉林、辽宁、上海、四川、浙江；日本，朝鲜，俄罗斯。

<h2 style="text-align:center">长蝽科 Lygaeidae</h2>

（51）韦肿腮长蝽 *Arocatus melanostomus* Scott, 1874

体长 6.4–8.0 mm，腹宽 1.8–2.2 mm。体鲜红，闪光。头基部、两眼间的圆斑及中叶端部黑色；触角黑色，较粗，第 1 节长于头部末端；喙黑褐色，达后足基节，第 1 节刚达前胸背板前缘。前胸背板 "A" 形黑斑大而显著，横缢浅宽，红色刻点大但不显著，前叶隆起，后叶扁平，前缘凹，后缘在小盾片基部微突，侧缘在中部内凹。小盾片 "T" 形脊粗大，纵脊鲜红。前翅黑色，前缘和端缘直；膜片黑色，端部无色透明，超过腹端。腹部红色，两侧的宽纵带及腹端黑色，侧接缘红色外露。

分布：天津（八仙山）、广东、河南、黑龙江、湖南、江西、陕西、浙江；俄罗斯，日本。

（52）大眼长蝽 *Geocoris pallidipennis* (Costa, 1843)

别名：大眼蝉长蝽。

体长 2.9–3.7 mm，腹宽 1.3–1.5 mm。体黑褐色。头黑，侧叶具三角形白斑，有光泽，无刻点；复眼大而突出，单眼前内侧有短沟状深窝。前胸背板梯形，前缘略前弯，后缘略内弯，侧缘直，仅中间微内凹；后角圆钝，前角宽圆；前后缘中央各有 1 个三角形淡色小斑，有时此 2 斑连成两端粗中间细的黄色中纵线；黑色部中的刻点黑，淡色部中的刻点多淡。

分布：天津（八仙山、武清）、安徽、北京、内蒙古、贵州、河北、河南、湖北、湖南、江苏、江西、山东、山西、陕西、四川、西藏、云南、浙江；蒙古，俄罗斯。

（53）白边刺胫长蝽 *Horridipamera lateralis* (Scott, 1874)

体长 5.7–6.3 mm。头黑具光泽，尖长而平伸。触角第 4 节近基部处具 1 个黄白环。喙伸过中胸腹板后半。复眼远离前胸背板前缘。前胸背板黑，前叶黑明显宽于头，窄于后叶；后叶紫褐色，后缘及侧角处的短纹淡褐色，背板遍生不甚长的半直立毛。小盾片黑，末端黄。前翅革片遍布平伏毛，爪片黑褐色；内角白斑小，顶角黑斑为斜列的三角形或四边形，斑前具 1 个大白斑。翅伸达腹端，膜片烟褐，基缘后方具 1 隐约的宽白横带。雄性前胫节下方中央具 1–2 大齿状刺，近后端处具 1 个小齿。

分布：天津（八仙山）、北京、广西、湖北、江西；日本。

（54）角红长蝽 *Lygaeus hanseni* Jakovlev, 1883

体长 8.0–9.0 mm。体黑褐色，被金黄色短毛。头黑，头顶基部至中叶中部具红色纵纹，眼与前胸背板相接。触角、喙和头部腹面黑色，喙超过中足基节。前胸背板黑色，后叶前侧缘及其中央的宽纵纹红色。小盾片黑，横脊宽，纵脊明显。前翅暗红色或红色，爪片处外缘红色，近端部的光裸圆斑和革片中部的光裸圆斑黑色。爪片结合缝与革片端缘等长。膜片黑，外缘灰白，其内角、中央圆斑及革片顶角处与中斑相连的横带乳白色。腹部红，末端黑；侧接缘红，前部黑色。

寄主：小檗、锦鸡儿。

分布：天津（七里海）、甘肃、河北、黑龙江、吉林、辽宁、内蒙古；哈萨克斯坦，蒙古，俄罗斯。

（55）小长蝽 *Nysius ericae* (Schilling, 1829)

别名：谷子长蝽、芸芥长蝽。

体长 3.6–4.5 mm。体淡褐色，长椭圆形。头部淡褐色至棕褐色，每侧在单眼处具 1 条黑色纵带，较宽。复眼后方常黑色，复眼与前胸背板接近，颜面无毛。触角褐色，第 4 节长度等于或略大于第 2 节。喙伸达后足基节后缘。前胸背板污黄褐，梯形，宽大于长，侧缘内凹，后缘两侧呈短叶状后伸，均匀密布大黑刻点。小盾片铜黑，被平伏毛，有时两侧各有 1 大黄斑。前翅淡白，半透明，革片脉上具断续的黑斑。腹下大部分黑色，边缘常具黄色斑，或连成黄色边。

寄主：苜蓿、谷子、高粱、玉米、小麦、豆类、烟草、果树及杂草。

分布：天津（八仙山、七里海）、北京、河北、河南、陕西、四川、西藏；全北区广布。

（56）红脊长蝽 *Tropidothorax sinensis* (Reuter, 1888)

别名：黑斑红长蝽。

体长 8.2–11.0 mm。体红色具黑色大斑。头黑，光滑，凸圆，无刻点，前端具直立毛。触角黑，第 2 节与第 4 节等长。喙黑。前胸背板侧缘直，仅后侧角处弯，具金黄色毛，侧缘脊、中脊、前缘与后缘红色，中脊与侧脊间具稀疏刻点。前胸腹面和基节白红色。小盾片黑色，基部平，端部隆起，纵脊明显。爪片黑色，端部红色，或中部黑，两端红；革片红色，中部具不规则大斑，但此斑不达前缘；膜片黑色，超过腹部末端，内角和边缘乳白色。腹部红色，各节均具黑色大型中斑和侧斑，末端黑色。

分布：天津（八仙山）、安徽、北京、福建、广东、广西、河北、河南、湖南、江苏、山西、陕西、四川、台湾、西藏、云南；日本。

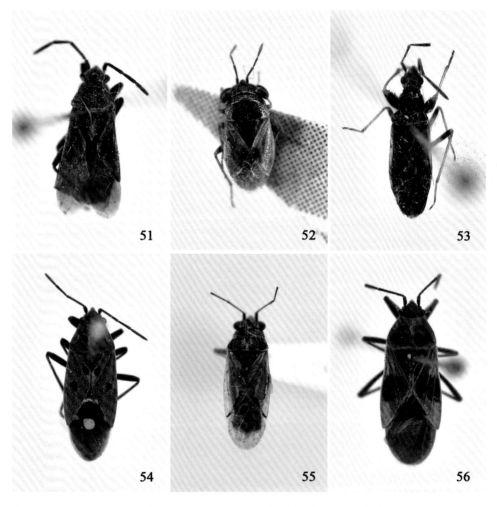

51. 韦肿腮长蝽 *Arocatus melanostomus* Scott; 52. 大眼长蝽 *Geocoris pallidipennis* (Costa); 53. 白边刺胫长蝽 *Horridipamera lateralis* (Scott); 54. 角红长蝽 *Lygaeus hanseni* Jakovlev; 55. 小长蝽 *Nysius ericae* (Schilling); 56. 红脊长蝽 *Tropidothorax sinensis* (Reuter)

地长蝽科 Rhyparochromidae

（57）白斑地长蝽 *Panaorus albomaculatus* (Scott, 1874)

别名：白斑狭地长蝽。

体长 6.9–7.6 mm。头黑，无光泽，密被短毛。触角从基部至端部，颜色逐渐由褐色变成黑色，第 4 节黑，基部具 1 个白环。喙伸达中足基节，第 1 节达头基部。前胸背板前叶黑，周缘及后叶具褐色刻点，后叶具 1 条较窄的中纵线。小盾片黑，具刻点，沿侧缘端半部各有 1 黄带，排成 "V" 字形，或只小盾片末端淡色。爪片与革片淡黄褐色，刻点褐色，爪片基部有时黑色；革片前缘域均无刻点，中部后方在内角的水平位置处具 1 褐色横带，其后为 1 白色近三角形的大斑；膜片黑褐，散布不规则的细碎斑。

分布：天津（八仙山）、北京、广西、河北、河南、江苏、山西、陕西、四川；朝鲜，日本，中亚。

红蝽科 Pyrrhocoridae

（58）地红蝽 *Pyrrhocoris tibialis* (Stål, 1874)

体长 8.0–11.0 mm。体椭圆形，灰褐色，具棕黑色刻点。喙伸达或稍过中足基节。头中叶 1 纵带及头顶由 4 块近方形斑和基部中央 1 纵短带构成 "V" 形淡褐色斑。前胸背板侧缘、革片前缘、胸腹面前缘、侧接缘、胫节及跗节灰棕色。触角、小盾片基角和近基部中央 2 个小圆斑、腿节及身体腹面棕黑色至黑色。前胸背板前缘与头近等宽，几无刻点，侧缘近斜直。小盾片顶端具刻点。革片无明显黑色圆斑，端缘稍向外突出，顶角钝圆。前翅膜片翅缘呈乱网状。

寄主：冬葵、禾本科杂草。

分布：天津（蓟州、武清、北辰）、北京、江苏、辽宁、内蒙古、山东、上海、西藏、浙江；朝鲜，日本，俄罗斯。

（59）先地红蝽 *Pyrrhocoris sibiricus* Kuschakevich, 1866

别名：西伯利亚地红蝽。

体长 8.3–9.5 mm。体椭圆形，通常土黄色，具稀疏黑刻点。头中叶 1 纵带及头顶 4 块近方形斑和其基部中央 1 纵短带构成的 "V" 形图案淡褐色，触角、小盾片基部和近基部中央 2 个小圆斑、股节及身体腹面棕黑色至黑色，前胸背板侧缘、革片前缘、胸腹面侧缘、侧接缘、胫节及跗节灰棕色，各足基节外侧及后胸侧斑后缘灰白色。前胸背板较地红蝽横宽，其侧缘中央稍向外突出。小盾片顶端通常光滑。

57. 白斑地长蝽 *Panaorus albomaculatus* (Scott); 58. 地红蝽 *Pyrrhocoris tibialis* (Stål); 59. 先地红蝽 *P. sibiricus* Kuschakevich; 60. 亚蛛缘蝽 *Alydus zichyi* Horváth; 61. 点蜂缘蝽 *Riptortus pedestris* (Fabricius); 62. 斑背安缘蝽 *Anoplocnemis binotata* Distant

分布： 天津（八仙山、市区、七里海、大黄堡）、北京、河北、江苏、辽宁、内蒙古、青海、山东、上海、四川、西藏、浙江；日本，朝鲜，蒙古，俄罗斯。

蛛缘蝽科 Alydidae

（60）亚蛛缘蝽 *Alydus zichyi* Horváth, 1901

体长 10.0–12.0 mm。身体狭长，黑色或黑褐色，被直立或半直立长毛。第 1–3 节的基部、各足胫节、小盾片顶端及侧接缘各节基部色浅。头大，眼前部分三角形，眼后部分突然缢缩。触角第 1 节不短于或稍短于第 2 节。前胸背板梯形，后缘直，侧角显著呈方形，前端中央具黄色纵斑。腹部背板中央红色。后足股节腹面具 3-4 枚长刺，外端常具 1-2 枚短刺。

分布：天津（盘山）、北京、河北、河南、黑龙江、内蒙古、山西。

缘蝽科 Coreidae

（61）点蜂缘蝽 *Riptortus pedestris* (Fabricius, 1775)

体长 15.0-17.0 mm。体黄褐至黑褐色，被白色细绒毛。头及胸部两侧的黄色光滑斑纹呈点状或消失。触角第 1 节长于第 2 节，第 4 节长于第 2 节和第 3 节之和；小颊较短，向后不达到触角着生处。前胸背板前缘具领，后缘具 2 个弯曲，侧角成刺状，背板及胸侧板具许多不规则的黑色颗粒。臭腺沟长，向前弯曲，几达后胸侧板的前缘，腹部侧接缘黑黄相间。后足腿节具刺列，胫节弯曲，短于腿节，中部色淡。

寄主：刺槐、蚕豆、稻、棉、麻等。

分布：天津（蓟州、汉沽）、安徽、北京、福建、河南、湖北、江苏、江西、四川、西藏、云南、浙江。

（62）斑背安缘蝽 *Anoplocnemis binotata* Distant, 1918

体长 20.0-24.5 mm，腹宽 7.1-8.4 mm。体黑褐至棕褐色，被白色短毛。触角前 3 节黑色，第 4 节逐渐变黄棕色。前胸背板中央纵纹模糊不清，侧缘直，具小细齿，侧角钝圆。雄性第 3 腹节腹板中部向后延伸，几乎达第 4 腹板后缘，形成凸起；雌性第 3 腹节腹板中部向后延伸较少，有的仅略向后弯曲，第 3 腹板短于第 4 腹板。雄性后足腿节弯曲，粗壮，背缘具 1 列由小细齿组成的脊线，腹面近端部扩展成三角形齿。腹部背面黑色，中央具 2 个前后排列的浅色斑点。

寄主：紫穗槐、赤松、榆、大叶胡枝子。

分布：天津（盘山）、安徽、福建、广东、广西、贵州、河南、江苏、江西、山东、四川、西藏、云南、浙江；印度。

（63）稻棘缘蝽 *Cletus punctiger* (Dallas, 1852)

别名：稻针缘蝽、黑棘缘蝽。

成虫体长 9.5-12.0 mm。体黄褐色，狭长，密布刻点。头顶中央具短纵沟，头顶及前胸背板前缘具黑色小粒点。触角第 1 节较粗，向外略弯，显著长于第 3 节，第 4 节纺锤形。复眼褐红色，眼后具 1 黑色纵纹，单眼红色，周围具黑圈。喙伸到中足基间。前胸背板侧角细长，稍向上翘，末端黑，侧角后缘向内弯曲，具小颗粒突起，有时呈不规则齿状。前翅革片侧缘浅色，近顶端的翅室内具 1 个浅色斑点；膜片淡褐色，透明。腹部腹板每节后缘具 6 个小黑点排成横排，每节前缘也横列若干小黑点。

寄主：桑、茶、稻、玉米、豆类、苹果、柑橘、高粱、小麦、大麦、狗尾草、千金子等。

分布：天津（八仙山）、安徽、北京、广东、河北、湖北、江西、山东、陕西、四川、台湾、西藏、浙江；日本，印度。

（64）宽棘缘蝽 *Cletus rusticus* Stål, 1860

体长 8.5–11.3 mm，腹宽 3.4–7.2 mm。背面暗棕色，被黑褐色刻点，腹面污黄色。头部及前胸背板前部的细小颗粒浅色。头顶纵沟两侧由黑刻点组成不规则斑纹；触角第 1 节外侧具 1 列明显的纵向的黑色小颗粒状突起，第 2 节暗棕色，第 3、4 节棕红色或棕黄色。前胸背板后部密布刻点；侧角后缘齿状突显著。小盾片顶端浅色，低于侧缘。前翅前缘基半部浅色，顶角、端缘及内角常紫褐色，顶角处的斑小。

寄主：稻、玉米、高粱、小麦、谷子等。

分布：天津（八仙山）、安徽、河南、江西、陕西、台湾、浙江；日本。

（65）平肩棘缘蝽 *Cletus tenuis* Kiritshenko, 1916

别名：针缘蝽。

体长 10.0–11.5 mm，腹宽 3.4–3.7 mm。体略呈长椭圆形，背面深褐色，腹面淡黄褐色。触角第 1 节至第 3 节深褐，近等长，第 4 节黑褐色，末端红褐。喙较长，常伸达后足基节。前胸背板后部平坦，侧叶不向上翘，侧角刺较粗短，向两侧平伸，顶端黑色。前翅革片上具 1 个灰白色斑点，有些个体不明显。腹背红色，侧缘淡黄褐色。

寄主：稻、麦类、高粱、玉米、大豆、狗尾草等植物。

分布：天津（八仙山、盘山、于桥水库）、北京、河北、河南、江西、山东、陕西、四川、云南。

（66）波原缘蝽 *Coreus potanini* (Jakovlev, 1890)

体长 11.5–13.5 mm，腹宽 6.4–6.7 mm。体黄褐色至黑褐色，背板均具细密刻点。头小，触角基内侧各具 1 棘，两者相对向前伸；触角基部 3 节三棱形，第 1 节最粗大，向外弯，第 2 节最长，第 4 节最短，长纺锤形。喙达中部基节。前胸背板前部向下倾斜，侧角近于或大于直角；前胸背板侧板在近前缘处有 1 新月形斑痕。前翅达腹部末端，膜质部淡褐色透明。

寄主：马铃薯。

分布：天津（八仙山）、甘肃、河北、河南、湖南、山西、陕西、四川、云南。

（67）颗缘蝽 *Coriomeris scabricornis* (Panzer, 1809)

体长 8.5–10.0 mm。体长椭圆形，暗褐色，密被具浅色平伏毛的颗粒。头短圆柱形，前端下倾；触角 1–4 节颗粒显著，被平伏短粗毛，第 4 节光滑，密被平伏浅色细毛及少数直立黑褐毛。喙伸达中足基节基部。前胸背板梯形，显著下倾，前端具长刺突；侧角顶端通常浅色，扁刺状，后缘近小盾片基角外方各具 1 长刺，

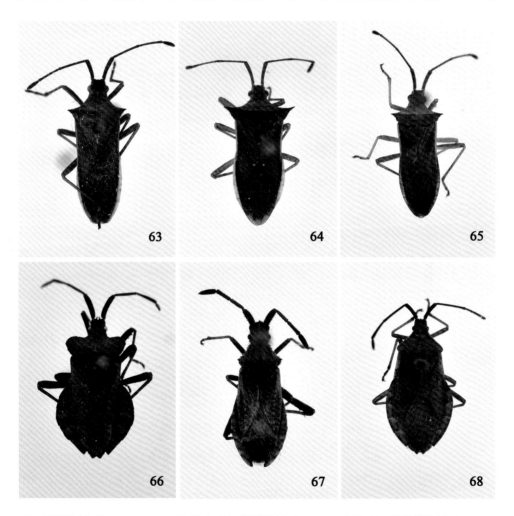

63. 稻棘缘蝽 *Cletus punctiger* (Dallas); 64. 宽棘缘蝽 *C. rusticus* Stål; 65. 平肩棘缘蝽 *C. tenuis* Kiritshenko; 66. 波原缘蝽 *Coreus potanini* (Jakovlev); 67. 颗缘蝽 *Coriomeris scabricornis* (Panzer); 68. 广腹同缘蝽 *Homoeocerus dilatatus* (Horváth)

刺与侧角间具 4-6 个小瘤突。小盾片三角形，末端尖，向后延伸较长。前翅革片刻点褐色，膜片暗褐透明，超过腹部末端。腹面具 1 枚大刺，两侧常具几枚小刺。后足股节粗，长于胫节。

分布：天津（盘山）、北京、河北、河南、江苏、山东、山西、陕西、四川、西藏。

（68）广腹同缘蝽 *Homoeocerus dilatatus* (Horváth, 1879)

体长 12.5-14.5 mm，腹宽 6.5-6.9 mm。体褐色至黄褐色，略呈纺锤形，密布深色小刻点。头方形，前端在触角基着生处截然向下弯曲，头顶密布黑褐色刻点，中央纵沟明显；触角基明显，第 1-3 节三棱形，第 2、3 节显著扁平，第 4 节长纺锤形。喙达中足基节处。前胸背板梯形，前 2/3 强烈下倾，前角略向前突出，侧角略大于 90°，侧缘平滑，中纵线明显。小盾片三角形，顶端尖。前翅革片上无黑色斑纹，前翅长度不达腹部末端。腹部明显扩展，侧接缘大部分外露。

寄主：豆类、柑橘类。

分布：天津（八仙山、盘山）、广东、贵州、河北、河南、湖北、吉林、江西、四川、浙江；朝鲜，日本，俄罗斯。

（69）环胫黑缘蝽 *Hygia lativentris* (Motschulsky, 1866)

别名：环纹黑缘蝽。

体长 10.0-12.0 mm。体椭圆，黑棕色，具粗糙刻点及浅色斑。头略方，前端向前伸出于触角基前方；触角第 1 节粗，第 4 节纺锤形，橘红色；复眼较突出，略呈具柄状。喙仅达腹部基端。前胸背板表面微隆起；侧角圆钝，不突出；后部 2/3 散生不规则小斑点，侧缘近直或微向内曲。小盾片三角形，末端浅色。浅色革片端缘中央处具 1 个浅色小斑；膜片棕色，不达腹部末端，翅脉明显，不成网状。腹部第 3、4 节中部各有 2 块黑斑，最后 3 节两侧各具 1 块黑斑。足胫节具许多浅色斑点，胫节具浅色环纹。

寄主：酸模、辣椒。

分布：天津（蓟州）、贵州、湖南、广西、江西、西藏、云南；印度锡金。

（70）黑长缘蝽 *Megalotomus junceus* (Scopoli, 1763)

体长 12.5-14.5 mm。体狭长，黑褐或褐色，被浅色平伏毛和半直立毛。头大，三角形，长宽与前胸背板约相等；触角第 1 节长于第 2 节，第 4 节长于第 2 节和第 3 节之和。前翅褐色，2 个单眼之间的小点、颈上的 2 个圆点、前翅前缘、各足胫节、侧缘各节基部、腹部、腹面基部中央纵纹均为浅色。前胸背板侧角尖锐成刺状，其后缘极度凹陷。后足股节腹侧具 1 列长刺。

寄主：胡枝子等豆科植物。

分布：天津（蓟州）、北京、甘肃、江苏、河北、内蒙古、山东、山西；俄罗斯，欧洲。

（71）波赭缘蝽 *Ochrochira potanini* (Kiritshenko, 1916)

体长 22.0 mm 左右。体棕褐色，被淡色光亮平伏短毛。头小，近方形，宽大于长。触角第 1–3 节褐色；第 4 节基半部橘红色，端半部为浅褐色。喙短，近伸达中胸腹板中部。前胸背板棕黄色，梯形，前端 2/3 向下倾斜；侧缘微呈锯齿状；侧角钝圆，略微上翘。小盾片三角形，顶端黄色，外露。前翅达腹部末端，膜片黑褐。侧接缘各节侧前缘色浅，腹部较宽，侧接缘不为前翅所覆盖。雄性股节腹侧具几个黑色瘤状突起，末端具 1 个尖锐的小齿；雌性股节腹侧末端具 3 个连续的尖齿，胫节末端具 1 枚尖锐的刺。

分布：天津（八仙山）、河北、河南、湖北、四川、西藏。

姬缘蝽科 Rhopalidae

（72）粟缘蝽 *Liorhyssus hyalinus* (Fabricius, 1794)

别名：粟小缘椿象、印度小缘蝽。

体长 6.0–7.5 mm。体黄棕至黄褐色，密被浅色长毛。头顶具黑色斑纹。触角近黑色，被淡色斑点。前胸背板颈片梯形，宽显著大于长；前横沟具黑色斑纹，其前方横脊完整，侧缘黄白色，爪片色暗，革片浅褐色。腹部背面黑色；第 5 背板中央具 1 个长椭圆形黄斑，两侧各具 1 小黄斑；第 6 背板中央具 1 条带纹，后缘两侧黄色；第 7 背板基部黑色，端部中间及两侧黄色；侧接缘黑黄相间。足具黑色小斑点。

寄主：谷子、高粱、小麦、麻类、向日葵、烟草。

分布：天津（蓟州、市区、静海、宁河、宝坻）、安徽、北京、甘肃、广东、广西、贵州、河北、黑龙江、湖北、江苏、江西、四川、西藏、云南；世界广布。

（73）黄边迷缘蝽 *Myrmus lateralis* Hsiao, 1964

体长 8.2–10.0 mm。身体狭长，草黄色，腹部背面中央黑色，两侧具宽阔的草黄色边。头长稍大于宽，前端三角形。触角基顶端不突出，触角 4 节，第 1–3 节具黑色颗粒，第 1 节基部细，向端部逐渐膨大，第 2、3 节圆柱形，第 4 节纺锤形。喙向后略超过中足基节末端。前胸背板梯形，中纵脊不完整；前缘及侧缘略凹，后缘直，侧角钝圆。小盾片三角形。前翅革片翅脉显著，近内角翅室呈四边形；膜片透明，不达腹部末端。腹部背板中央黑，两侧及侧接缘草黄绿色。足胫节顶端腹侧具褐色刚毛。

寄主：无芒雀麦、羊草、拂子茅。

分布：天津（八仙山）、北京、甘肃、河北、内蒙古、山东；俄罗斯，朝鲜。

（74）黄伊缘蝽 *Rhopalus maculatus* (Fieber, 1837)

体长 8.0–9.0 mm。体椭圆形，黄或黄红色，密被黄色长毛及粗刻点。头三角形，在眼后方突然狭窄。触角 4 节；第 1 节短而粗，显著短于头；第 2 节最长；第 4 节长于第 3 节，长纺锤形，末端略上翘。前胸背板梯形，中纵脊明显；前方横沟两侧不弯曲成环，侧角钝圆。小盾片三角形，末端略上翘。前翅革片中央透明，

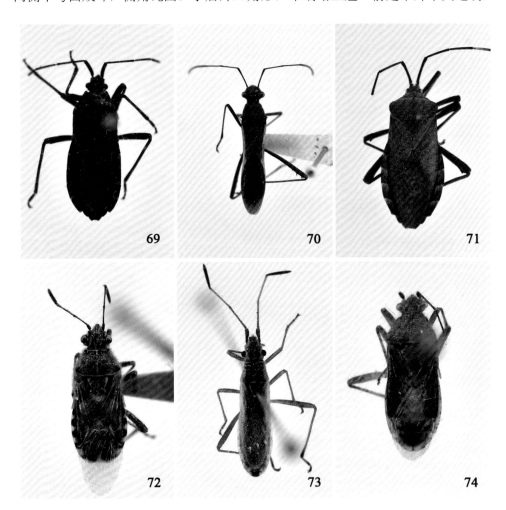

69. 环胫黑缘蝽 *Hygia lativentris* (Motschulsky); 70. 黑长缘蝽 *Megalotomus junceus* (Scopoli); 71. 波赭缘蝽 *Ochrochira potanini* (Kiritshenko); 72. 粟缘蝽 *Liorhyssus hyalinus* (Fabricius); 73. 黄边迷缘蝽 *Myrmus lateralis* Hsiao; 74. 黄伊缘蝽 *Rhopalus maculatus* (Fieber)

翅脉显著；膜片超过腹部末端。中胸侧板中央具 1 个小黑斑。腹部背板两侧各具 1 列黑斑点；侧接缘黄色，各节外侧中央常具 1 个黑褐色圆点。

寄主：花生、棉、谷子、松、菊花、杂草。

分布：天津（蓟州、七里海、市区）、安徽、北京、广东、贵州、河北、河南、黑龙江、湖北、吉林、江苏、江西、内蒙古、上海、四川、云南、浙江；俄罗斯，日本。

（75）褐伊缘蝽 *Rhopalus sapporensis* (Matsumura, 1905)

体长 8.5–9.3 mm。体椭圆形，黄褐至棕褐色，被棕黄色毛及黑褐色刻点。头三角形，近头后缘处具 1 条浅横沟，其后方具光滑横脊。喙伸达中足基节后端。前胸背板梯形，暗褐色，中纵脊明显，侧角钝圆。小盾片宽三角形，顶端上翘。前翅透明，顶角红，近内角翅室呈四边形，膜片超过腹部末端。腹部背面黑色；第 5 腹节背板前缘及后缘中央凹陷，中央有 1 卵圆形黄斑；第 6 背板近前缘两侧具 2 个不规则黄斑。体下方棕黄色，胸部及腹部基部中央具 1 黑褐色纵带；侧接缘各节基部黄色。

分布：天津（八仙山）、福建、广东、河北、黑龙江、江苏、内蒙古、陕西、四川、云南、浙江；俄罗斯，朝鲜，日本。

（76）开环缘蝽 *Stictopleurus minutus* **Blöte, 1934**

体长 6.0–8.2 mm。体长椭圆形，黄绿色，除头腹面及腹部腹面外，全身密布细小黑刻点。头三角形，中叶长于侧叶。触角 4 节，基部外侧刺状向前突出。喙伸达中足基节。前胸背板梯形，中纵脊明显；前端横沟黑色，两端弯曲，形似 2 个小半岛；侧缘略向内弯曲，圆钝。小盾片三角形，基角略凸起，黄色。前翅除基部、前缘、翅脉及革片顶角外透明，超过腹部末端。腹部第 5 背板后中央、第 6 背板中部的 2 个斑点及后缘、第 7 背板 2 条纵带均为黄色；侧接缘黄色，各节后部常具黑色斑点。

分布：天津（蓟州）、北京、福建、广东、河北、黑龙江、吉林、江苏、江西、陕西、四川、台湾、西藏、新疆、云南、浙江；日本。

同蝽科 Acanthosomatidae

（77）宽铗同蝽 *Acanthosoma labiduroides* **Jakovlev, 1880**

体长 17.5–20.0 mm。体卵圆形，黄绿色。头三角形，侧叶具横皱纹和稀少刻点；头顶具稀疏的黑色刻点。触角第 1 节远远超过头的前端，暗褐色。喙伸达中足基节之间，浅黄褐色，末端黄褐色。前胸背板前角略微突出，形成小齿状，指向侧前方，侧缘中央向内凹入，侧角甚短，末端圆钝。小盾片略呈三角形，浅棕褐色，刻点黑而均匀。前翅革片具较密的黑粗刻点，膜片棕色，半透明。足暗褐色，跗节背面棕褐色，末端红色，侧接缘各节具黑色斑点。雄性生殖节发达，铗状。

寄主：云南油杉、圆柏。

分布：天津（八仙山）、北京、甘肃、广西、贵州、河南、黑龙江、湖北、吉林、陕西、四川、云南、浙江；日本。

（78）黑背同蝽 *Acanthosoma nigrodorsum* Hsiao *et* Liu, 1977

体长 12.0–15.5 mm。体长椭圆形，黄褐色，中叶略长于侧叶，侧叶与头顶具黑色粗刻点。触角第 1 节浅棕色，第 2 节棕色，第 3、4 节棕红色。喙黄褐色，末

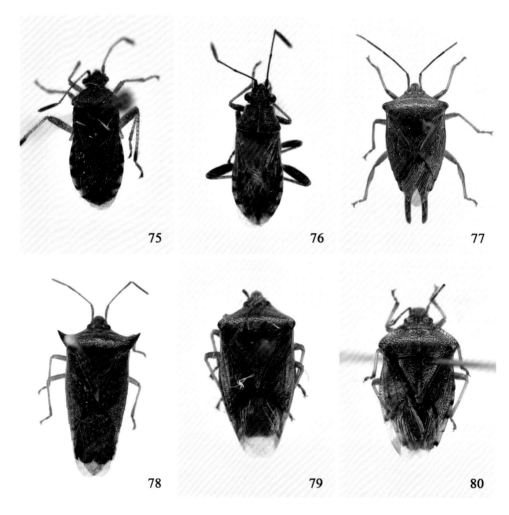

75. 褐伊缘蝽 *Rhopalus sapporensis* (Matsumura)；76. 开环缘蝽 *Stictopleurus minutus* Blöte；77. 宽铗同蝽 *Acanthosoma labiduroides* Jakovlev；78. 黑背同蝽 *A. nigrodorsum* Hsiao *et* Liu；79. 直同蝽 *Elasmostethus interstinctus* (Linnaeus)；80. 齿匙同蝽 *Elasmucha fieberi* (Jakovlev)

端褐色，伸达中足基节之前。前胸背板宽约为长的 2 倍，淡黄绿色，被黑色粗大刻点；侧角强烈向前方弯曲，鲜红色，尖锐。小盾片长三角形，长明显大于宽，暗棕绿色，具黑色稀疏刻点，顶端光滑。革片外缘及顶角黄绿色，内缘及爪片红棕色，膜片浅棕色，半透明。腹部背面为黑色，腹面亮棕黄色，末端鲜红色，侧接缘黄褐色。

分布：天津（八仙山、大港）、海南、河北、湖北、宁夏、山西、陕西、四川。

（79）直同蝽 *Elasmostethus interstinctus* (Linnaeus, 1758)

体长 9.3–11.8 mm，雌性大于雄性。体长卵形，黄绿色，具棕黑色刻点。头、前胸背板前部、小盾片、革片的中部与外域黄绿色，头部侧叶及头顶具细刻点。触角第 1 节长，超过头的前端。前胸背板前缘具光滑隆脊，中、后部稍凸起，侧角微突起，不延伸成刺状，其后缘浅黑色；中胸隆脊向后延伸至中足基节间。小盾片三角形，基部中央、爪片及革片顶缘橘红色。腹部背面黑色，末端红色，侧接缘全为橘黄色。雄性生殖节后缘中央具 2 束黄褐色长毛，其基部外缘各具 1 个小黑齿。

寄主：梨、油松、榆、桦、竹类。

分布：天津（八仙山）、甘肃、广东、河北、黑龙江、湖北、吉林、山西、陕西、云南；日本，俄罗斯，欧洲，北美洲。

（80）齿匙同蝽 *Elasmucha fieberi* (Jakovlev, 1865)

体长 8.5–9.0 mm。体椭圆形，灰绿色或棕绿色，具黑色粗糙刻点。头三角形，中叶稍长于侧叶，头顶具黑色粗糙密集刻点。触角第 1 节粗壮，稍超过头的前端。喙 4 节，末端黑色，伸达腹部前端。前胸背板前角具明显横齿，伸向侧方，侧缘呈波曲状，侧角略微凸出，末端圆钝。小盾片基部具 1 个轮廓不太清楚的大棕色斑。革片外缘刻点较密，顶角淡红棕色，膜片浅棕色，半透明，具淡棕色斑纹。腹部背面暗棕色，侧接缘各节后缘黑色；腹面具大小不一的黑色刻点，气门黑色。

分布：天津（八仙山）、北京、甘肃、河北、吉林、内蒙古、山西、四川、新疆；欧洲。

土蝽科 Cydnidae

（81）圆点阿土蝽 *Adomerus rotundus* (Hsiao, 1977)

别名：短点边土蝽、圆边土蝽。

体长 3.4–5.0 mm。体小，扁平，长椭圆形，深褐色至黑色，略具光泽。头部色较深暗，表面粗糙，具粗刻点，中片与侧片等长。触角 5 节，第 1 节最短，第 2 和第 3 节约等长，第 4、5 节依次加长。喙长达后足基部。前胸背板略呈梯形，两侧缘弧状；背面前半部色较深，具均匀刻点；其侧缘与前翅革片前缘、腹部侧缘均布有狭细的白边。革片中央处具 1 个白色小斑，其长约为宽的 2 倍；前翅膜片为黄褐色。各足胫节具 2 列刺毛。

分布： 天津（八仙山、市区、杨柳青）、北京、江苏、山东、山西。

（82）黑环土蝽 *Microporus nigritus* (Fabricius, 1794)

体长 4.5–5.5 mm。体扁平，长椭圆形，黑褐色，密布刻点。头顶具刻点，前端圆形，宽为长的 2 倍左右，侧叶与中叶等长。复眼小，棕红色，直径约为头顶的 1/4。触角 5 节，位于头下方、复眼内侧。喙 4 节，具短毛，伸达中足基节顶端。前胸背板梯形，深褐色，侧缘略弯，前缘呈弧形向内凹入；前角钝圆，侧角似直角。小盾片三角形，刻点较显著，超过腹部中央；爪片短于小盾片末端。前翅褐色，具刻点；前缘具 7–8 根长刚毛；膜片淡色，略超过腹部末端。腹部黑褐色，后端具少许长毛，侧接缘暗色。

分布： 天津（蓟州）、北京、内蒙古、山东、西藏、云南；缅甸，日本，欧洲。

蝽科 Pentatomidae

（83）多毛实蝽 *Antheminia varicornis* (Jakovlev, 1874)

体长 9.0–10.5 mm。体椭圆形，黄褐色，密布刻点，被甚密而较长的毛。头三角形，侧叶略长于中叶，背面具 4 条明显的黑色纵纹，两侧纵纹达头侧缘。触角 5 节，细长，除第 1 节黄褐色外，其余均为黑色。喙黄褐色，伸达后足基节。前胸背板梯形，宽明显大于长；前半部具明显的 4 条褐色纵纹，靠近侧缘处的黑色

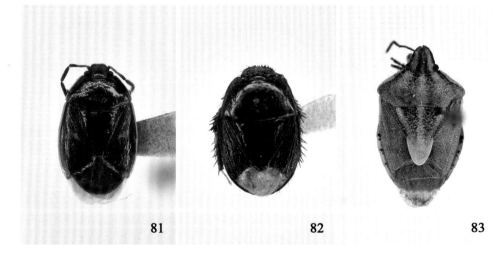

81. 圆点阿土蝽 *Adomerus rotundus* (Hsiao); 82. 黑环土蝽 *Microporus nigritus* (Fabricius); 83. 多毛实蝽 *Antheminia varicornis* (Jakovlev)

纵纹直达侧角。小盾片长三角形，淡褐色，中纵线基部两侧有隐约的黑色斑。前翅革片刻点密集，略带紫红色；膜片淡色，透明，内角具黑色斑。腹部背面黑色，侧接缘外漏，各节近后角处均具 1 黑斑。

寄主：小麦、大豆。

分布：天津（八仙山、武清、杨柳青）、北京、河北、黑龙江、内蒙古、青海、山西、陕西、新疆；朝鲜，土耳其，南欧。

（84）北方辉蝽 *Carbula putoni* (Jakovlev, 1876)

体长 10.0–11.0 mm。体近卵圆形，深紫黑褐色，具铜色或紫铜色光泽，密布黑刻点。头长，前倾，侧叶稍长于中叶。触角淡黄褐色，第 4 节末端及第 5 节端半部 3/4 呈黑色。喙淡黄褐色，端部黑色，伸达腹基部。前胸背板明显向前倾斜，前缘内凹，侧缘中部向内凹陷；前角尖，黄白色，侧角向两侧伸出。小盾片长三角形，基缘具小黄斑 3 个，端角色较淡。前翅革质部刻点密集，具铜光泽，前缘基部黄白色；膜片透明，超过脉端部。腹部腹面淡褐色，第 6、7 腹节中央具 1 大黑斑；侧接缘外露，黄黑斑相间。

危害：为害大豆、胡枝子及禾本科杂草。成虫和若虫喜在花穗及嫩叶上吸食汁液。

分布：天津（八仙山）、北京、河北、黑龙江、辽宁、山东、山西、四川、新疆；朝鲜，俄罗斯。

（85）斑须蝽 *Dolycoris baccarum* (Linnaeus, 1758)

别名：细毛蝽、斑角蝽。

体长 8.0–13.5 mm。体椭圆形，黄褐至黑褐色，密被直立的白色绒毛。头三角形，中叶稍短于侧叶，侧缘具 1 条较细的黑色纵线。触角黑色，第 1 节全部、第 2–4 节的基部和端部、第 5 节基部淡黄色。前胸背板梯形，前侧缘常呈淡白色边，稍向上翘起；后缘在小盾片基部处呈直线。小盾片长三角形，黄褐色，被黑色刻点，末端淡色狭而圆。翅长于腹末，前翅革片淡红褐色至暗红色，侧接缘黄黑相间。

寄主：多种禾谷类、蔬菜、棉花、烟草、亚麻、桃、梨、柳。

分布：天津（八仙山、各区县广布）、福建、广东、广西、河南、黑龙江、湖北、吉林、江苏、江西、辽宁、内蒙古、山东、山西、陕西、四川、西藏、新疆、云南、浙江；日本，印度，古北区。

（86）麻皮蝽 *Erthesina fullo* (Thunberg, 1783)

别名：黄斑蝽、麻椿象、麻纹蝽、臭虫母子。

体长 20.0–25.0 mm。体黑褐，密布黑色刻点及细碎不规则黄斑。头部狭长，侧叶与中叶末端约等长，侧叶末端狭尖，使侧缘成一角度。触角末节基部、腹部各

84. 北方辉蝽 *Carbula putoni* (Jakovlev); 85. 斑须蝽 *Dolycoris baccarum* (Linnaeus); 86. 麻皮蝽 *Erthesina fullo* (Thunberg)

节侧接缘中央、胫节中段黄色。喙细长，伸达第 3 腹节中部。头部前端至小盾片基部具 1 条黄色细中纵线。前胸背板前缘及前侧缘具黄色窄边，前侧缘略呈锯齿状。胸部腹板黄白色，中部具凹下的纵沟，密布黑刻点。前足胫节加宽，略扩大成叶状。

寄主：梨、苹果、柑橘、泡桐、白杨、李、梅、桃、枣、石榴、樱桃、山楂、海棠、柳等。

分布：天津（蓟州）、安徽、北京、福建、广东、广西、贵州、河北、河南、湖北、湖南、江苏、江西、辽宁、山东、山西、陕西、四川、台湾、云南、浙江；阿富汗，斯里兰卡，印度，日本。

（87）菜蝽 *Eurydema dominulus* (Scopoli, 1763)

别名：河北菜蝽。

体长 6.0–10.0 mm。头黑，侧缘上卷，橙黄或橙红色，具黑色斑。头部边缘红黄色，其余黑色；侧叶长于中叶。前胸背板前缘呈"领圈"状，具 6 块黑斑，前 2 后 4。小盾片基部中央具 1 三角形大黑斑，端处两侧各具 1 个小黑斑。前翅单片黄或红色，爪片及革片内侧黑色，中部具宽横带，外侧区在近中央和近端角处各具 1 个小黑斑。腹部腹面中央各具 1–2 块大黑斑；侧接缘黄色或橙色与黑色相间。

寄主：十字花科蔬菜及菊科植物。

分布：天津（八仙山）、北京、福建、广东、广西、河北、黑龙江、湖南、吉林、江苏、江西、山东、山西、陕西、四川、西藏、云南、浙江；俄罗斯，欧洲。

（88）横纹菜蝽 *Eurydema gebleri* Kolenati, 1846

别名：油菜横纹菜蝽、乌鲁木齐菜蝽、盖氏菜蝽。

体长 5.5–8.5 mm。体椭圆形，黄或红色。头黑色，前端圆，两侧下凹，侧缘上卷，边缘红黄色，头部侧叶超过中叶。前胸背板前缘光滑，明显成"领圈"状，具 6 个大黑斑，前 2 后 4，中央具 1 黄色隆起十字形纹。小盾片基部具三角形黑斑，近端处两侧各具 1 小黑斑。前翅革片蓝褐色，侧缘白色，近端部具 1 橙红或橙黄色横斑。腹部侧接缘黄色，腹面黄色，各节中央具 1 对黑斑，近边缘处每侧具 1 黑斑。

寄主：甘蓝、花椰菜、白菜、萝卜、油菜、芥菜等十字花科蔬菜。

分布：天津（八仙山、各郊县广布）、安徽、北京、甘肃、河北、黑龙江、湖北、吉林、江苏、辽宁、山东、山西、陕西、四川、西藏；朝鲜，俄罗斯，蒙古。

（89）北二星蝽 *Eysarcoris aeneus* (Scopoli, 1763)

别名：白星蝽、尖角二星蝽。

体长 5.0 mm 左右。体卵圆形，淡黄色，密被黑粗刻点。头黑，具蓝黑色金属光泽，基部中央具浅色短纵纹；侧叶宽大，稍长于中叶。触角黄褐色，第 5 节明显长于其他各节。喙黄褐色，伸达后足基节处。前胸背板宽短，侧角伸出较短，部分个体伸出较长，末端尖如针状。小盾片三角形，基角具 1 个长椭圆形黄白斑，端部圆钝，边缘常具 3 个小黑斑，不超过前翅革片末端。腹部腹面黄褐色，中央黑斑较狭，两侧具一些黑刻点。

分布：天津（八仙山）、安徽、甘肃、河北、河南、黑龙江、湖北、吉林、江西、辽宁、内蒙古、宁夏、山西、陕西、四川；古北区广布。

（90）二星蝽 *Eysarcoris guttiger* (Thunberg, 1783)

体长 4.0–5.5 mm。体卵圆形，黄褐至黑褐色，密布黑刻点。头部黑，侧叶与中叶等长。触角黄褐色，端节黑褐色。前胸背板前侧缘内凹，具黄白色窄边，侧角稍伸出，末端圆钝，两侧角黑色。小盾片两基角处各具 1 个近圆形黄斑，大于复眼直径。腹部腹面中部黑色区较窄，约占腹宽 1/3，侧缘黄白，其内侧边缘模糊。足黄褐色。

寄主：稻、小麦、大麦、高粱、玉米、甘薯、大豆、芝麻、花生、棉花、黄麻、茄、菜豆、扁豆、无花果、桑、榕树、泡桐、小竹、美丽胡枝子、紫苏等几十种植物。

分布：天津（八仙山、武清）、全国广布；缅甸，朝鲜，尼泊尔，日本，斯里兰卡，印度。

（91）广二星蝽 *Eysarcoris ventralis* (Westwood, 1837)

别名：黑腹蝽。

体长 6.0–7.0 mm。体长椭圆形，黄褐色，密布黑刻点。头宽短，头顶及侧叶中

87. 菜蝽 *Eurydema dominulus* (Scopoli); 88. 横纹菜蝽 *E. gebleri* Kolenati; 89. 北二星蝽 *Eysarcoris aeneus* (Scopoli); 90. 二星蝽 *E. guttiger* (Thunberg); 91. 广二星蝽 *E. ventralis* (Westwood); 92. 茶翅蝽 *Halyomorpha halys* (Stål)

央常具浅色纵纹, 中叶等于或稍长于侧叶。喙黄褐色, 伸达后足基节或第 2 腹节。前胸背板前侧缘内凹, 侧角完全不伸出体外。小盾片较短, 三角形, 基角处黄白斑明显小于复眼直径, 端部具 3 个小黑斑。前翅革片侧缘较平行; 膜片半透明, 超过腹部末端。腹下中央具 1 个三角形黑斑, 其两侧各具长短不等的黑色纵纹。

寄主: 稻、小麦、高粱、玉米、谷子、甘薯、棉花、大豆、花生、狗尾草、马兰、牛皮冻等。

分布: 天津 (蓟州、武清)、安徽、北京、福建、广东、广西、贵州、海南、河北、河南、湖北、江西、辽宁、山东、山西、陕西、四川、台湾、新疆、云南、浙江；古北区广布。

（92）茶翅蝽 *Halyomorpha halys* (Stål, 1855)

别名：臭木蝽。

体长 15.0–18.0 mm。体扁平，略呈椭圆形，茶褐色至黄褐色，具黑色刻点和紫绿光泽，体色变异大。头中叶略长于侧叶。触角黄褐色，第 3 节端部、第 4 节中段和第 5 节大半棕褐色。前胸背板前缘具 4 个黄褐色横斑，侧角稍伸出，末端圆钝。小盾片基部具 5 个小黄斑，两侧斑点明显。前翅革质部烟褐色，基部色较深；膜片色淡，透明。腹面淡黄褐色，侧接缘黄黑相间。

寄主：梨、桃、苹果、樱桃、海棠、榆、桑、丁香、大豆等。

分布：天津（八仙山、各郊县广布）、全国广布；朝鲜，日本，印度，越南，缅甸，斯里兰卡等。

（93）弯角蝽 *Lelia decempunctata* (Motschulsky, 1860)

别名：十点蝽。

体长 16.0–22.0 mm。体黄褐色，密布小黑刻点。头部侧叶长于中叶。触角黄褐色，第 4、5 节黑。喙伸到中足基节。前胸背板前侧缘稍内凹，具小锯齿；侧角大而尖，侧角后缘具 1 小突起，中部具等距排列的黑点 4 个。小盾片基部中央具 2 列共 4 个小黑斑，基中部及中区各具黑点 2 个，基角上各具 1 个下陷黑点。前翅膜片淡烟褐色，透明，伸出腹末，侧接缘外露。

寄主：葡萄、糖槭、核桃楸、榆、杨、刺槐、醋栗。

分布：天津（八仙山、盘山）、安徽、河北、黑龙江、吉林、辽宁、内蒙古、陕西、四川、西藏、浙江；朝鲜，俄罗斯，日本。

（94）紫蓝曼蝽 *Menida violacea* Motschulsky, 1861

别名：紫蓝蝽。

体长 7.0–10.0 mm。体椭圆形，紫蓝色或紫绿色，具金绿光泽。头部侧叶与中叶等长，中叶基部具 2 条纵细白纹，头腹面侧叶边缘黄白色。触角黑色。前胸背板前缘领状，前侧缘光滑；前胸背板前缘、前侧缘及小盾片末端黄白色；前胸背板后半黄褐色。中胸腹板前、后缘两侧各有 1 个黑色横线斑。侧接缘黄白相间。腹下基部中央具 1 刺状突，长达中足基节中央。前足胫节中部下方具 1 小弯钩状刺。

寄主：稻、大豆、玉米、梨、榆、小麦等。

分布：天津（八仙山）、福建、广东、河北、湖北、江苏、江西、辽宁、内蒙古、山东、陕西、四川、浙江；朝鲜，俄罗斯，日本，印度。

93. 弯角蝽 *Lelia decempunctata* (Motschulsky); 94. 紫蓝曼蝽 *Menida violacea* Motschulsky;
95. 浩蝽 *Okeanos quelpartensis* Distant

（95）浩蝽 *Okeanos quelpartensis* Distant, 1911

体长 12.0–16.5 mm。体长椭圆形，深紫褐或酱褐色，具光泽和刻点。前胸背板基缘、小盾片侧区、前翅革片外域暗金绿色，前胸背板前部、小盾片端部及侧接缘淡黄褐色。头侧叶与中叶等长，基部具暗金绿色斑纹。前胸背板前角小刺状，侧角明显伸出体外，末端斜平截。前翅革片前缘具淡黄白色窄边，膜片淡烟褐，末端稍伸出腹末，侧接缘淡黄褐。腹部生殖节鲜红色。

寄主：女贞。

分布：天津（八仙山）、甘肃、河北、湖南、吉林、江西、陕西、四川、云南；朝鲜，俄罗斯。

（96）碧蝽 *Palomena angulosa* (Motschulsky, 1861)

别名：浓绿蝽。

体长 7.0–18.0 mm。体宽椭圆形，绿至深绿色，体背密布黑刻点。头侧叶稍长于中叶，边缘稍翘。触角 5 节，第 2 节和第 3 节约等长。喙伸达后足基节间。前胸背板前侧缘平直，或略微凹弯；前角微突，前侧缘略翘，侧角略平伸，末端圆钝。小盾片三角形，长仅略大于宽。小盾片、前翅革片及侧接缘同体色。前翅革片端角圆钝，膜片淡黄褐色，端部略超过腹末。腹背黑色，腹面淡绿色，侧区黄绿，足绿色。

分布：天津（八仙山）、河北、山西、内蒙古、辽宁、吉林、黑龙江、浙江、江西、河南、四川、贵州、云南、西藏、陕西；俄罗斯，朝鲜，日本。

（97）宽碧蝽 *Palomena viridissima* (Poda von Neuhaus, 1761)

体长 12.5–15.0 mm。体宽椭圆形，鲜绿至暗绿色，体背具密而均匀的黑色刻点。头侧叶稍长于中叶。触角基外侧具 1 片状突起将触角基遮住；第 2 节显著长于第 3 节；第 1–3 节和第 4 节基部暗绿色，第 4 节端部和第 5 节红褐色。喙伸达后足基节间。前胸背板侧角伸出较少，末端圆钝。前胸背板侧缘、侧叶侧缘、前翅革质部前缘基部及侧接缘均淡黄褐色。前翅膜片淡烟色，脉纹略暗，长过腹末。腹部腹面淡黄绿，雄性生殖节呈鲜红色。足黄绿，腿节基大半淡黄，跗节淡棕色。

寄主：麻、玉米。

分布：天津（八仙山）、甘肃、河北、黑龙江、吉林、内蒙古、宁夏、青海、山东、山西、陕西、云南；蒙古，朝鲜。

（98）褐真蝽 *Pentatoma semiannulata* (Motschulsky, 1859)

体长 17.0–19.5 mm。体宽椭圆形，红褐至黄褐色，具暗棕褐刻点。头近三角形，侧缘黑色；侧叶与中叶等长，在中叶前方不会合。触角 5 节，密被半倒伏淡色毛。喙较长，黄褐色，末端棕黑，伸到第 3 腹节腹板中央。前胸背板中央无明显横沟；前缘向后凹入，前侧缘上翘，基半锯齿状；前角尖锐，侧角略像侧面伸出。小盾片三角形，背面中纵线隐约可见。前翅革质部黄褐色，外域基部刻点黑而粗，缘片有时带淡红色；膜片淡褐色，稍超过腹末。侧接缘外露，黄黑相间。

寄主：梨、桦等。

分布：天津（八仙山）、河北、黑龙江、吉林、辽宁、陕西、四川、浙江；朝鲜，俄罗斯，日本。

96   97   98

96. 碧蝽 *Palomena angulosa* (Motschulsky); 97. 宽碧蝽 *P. viridissima* (Poda von Neuhaus);
98. 褐真蝽 *Pentatoma semiannulata* (Motschulsky)

（99）庐山珀蝽 *Plautia lushanica* Yang, 1934

体长 8.5–12.0 mm。体鲜绿色，具黑色细刻点。头侧叶与中叶等长。触角黑色，第 1–2 节及第 3 节基部淡绿或淡黄褐色，第 5 节端部稍红。前胸背板前侧缘近直或稍内凹，具极狭窄翘边，侧角红，稍伸出，末端圆钝。小盾片末端色淡。前翅革质部褐红色，外革片鲜绿；膜片烟褐色，长于腹部末端。侧接缘鲜绿，后角尖锐，黑色。

分布： 天津（八仙山）、福建、甘肃、贵州、河南、湖北、江西、山西、陕西、四川、云南、浙江。

（100）棱蝽 *Rhynchocoris humeralis* (Thunberg, 1783)

别名： 长吻蝽、大绿蝽、角肩蝽。

体长 16.0–24.0 mm。新鲜标本青绿色，久藏变黄绿色，有时稍带红，刻点密。头淡黄色，侧叶与中叶等长，背面中部具 2 条近平行的黑纵纹。触角黑色，基节黄褐色。前胸背板前侧缘内凹，侧角呈翼状向外延展，上翘，末端尖，并向后指，角体上具粗黑刻点。小盾片基半刻点稍粗，中央具 1 不甚明显的浅凹槽。前翅革质部基处橙红色。侧接缘同体色，各节两端黑色，后侧角尖黑。腹部中央具纵隆脊。

分布： 天津（八仙山、九龙山）、福建、广东、广西、贵州、海南、河北、湖北、湖南、江苏、江西、四川、台湾、云南、浙江；巴基斯坦，斯里兰卡，印度，缅甸，泰国，澳大利亚。

（101）珠蝽 *Rubiconia intermedia* (Wolff, 1811)

别名： 肩边白。

体长 5.5–8.5 mm。体淡黄褐色，密布黑刻点。头黑色，侧叶长于中叶，中叶后大半具褐纵中带。触角黄褐色，第 4 节大半及第 5 节黑色。前胸背板前部两侧区色暗，刻点黑而密，前侧缘几平直，边缘黄白色；侧角钝圆，不外伸。小盾片两基角处各具 1 个小黄斑，端部新月牙斑黄白色。前翅革质部外缘基部黄白色；膜片淡烟色，略长于腹部末端。侧接缘黄黑相间，内缘黑色。

寄主： 麦类、豆类、稻、苹果、枣、柳叶菜、水芹等。

分布： 天津（八仙山、武清）、全国广布；俄罗斯，蒙古，日本，欧洲。

（102）点蝽 *Tolumnia latipes* (Dallas, 1851)

体长 9.0–11.5 mm。背面棕褐色至黑褐色，具同色刻点，散布黄白色小碎斑，具 1 条隐约的淡色中央纵线，贯穿头、前胸背板和小盾片。头中叶稍长于侧叶。触角淡黄褐，第 4、5 节端大半黑色。前胸背板前侧缘稍内凹，边缘黄白，光滑，

99. 庐山珀蝽 *Plautia lushanica* Yang; 100. 棱蝽 *Rhynchocoris humeralis* (Thunberg);
101. 珠蝽 *Rubiconia intermedia* (Wolff); 102. 点蝽 *Tolumnia latipes* (Dallas); 103. 蓝蝽 *Zicrona caerulea* (Linnaeus)

侧角钝圆。小盾片基部斑及端斑淡黄白。前翅膜片无色，略微超过腹部末端。侧接缘黄黑相间。足褐色，前足胫节略扩张成叶片状。体腹面淡黄色，具若干小黑斑。

寄主：油茶、桉。

分布：天津（八仙山）、安徽、福建、广东、广西、贵州、海南、河南、湖北、湖南、江西、陕西、四川、台湾、西藏、云南、浙江；越南。

（103）蓝蝽 *Zicrona caerulea* (Linnaeus, 1758)

别名：纯蓝蝽、蓝盾蝽。

体长 6.0–9.0 mm。体椭圆形，蓝、蓝黑或蓝紫色，有光泽，密布同色浅刻点。头略前倾，中叶与侧叶等长。喙粗壮，基节可活动，伸达中足基节。前胸背板略前倾，前缘弧形向后凹入，侧缘略直，后缘近小盾片基部处直；前侧缘光滑，后角微突出，前缘均匀的呈弧形内凹。小盾片三角形，端部圆。臭腺孔外侧具很长的横行臭腺沟。前足胫节腹侧中部具 1 枚小的弯曲刺。

食性：捕食菜青虫、贪叶夜蛾、黏虫、斜纹夜蛾、稻纵卷叶螟的幼虫，也可为害稻及其他植物。

分布：天津（八仙山、各郊县）、全国广布；日本，东南亚，北美洲。

盾蝽科 Scutelleridae

（104）金绿宽盾蝽 *Poecilocoris lewisi* (Distant, 1883)

别名：异色花龟蝽、红条绿盾背椿象（台湾）。

体长 13.5–15.5 mm。体宽椭圆形，金绿色或金蓝色，光滑无毛。头部侧叶略短于中叶，并具缘边。触角细长，蓝黑色，基部黄褐色。喙 4 节，末节棕黑色，长达腹部第 4 节前缘。前胸背板前缘及侧缘具弧形的蓝或绿色略带金属光的带，侧缘平滑；前胸背板中部和后部具 2 块近斜长方形的蓝或绿色大斑，并横置 1 个玫瑰红色"日"形斑。小盾片具 3 道横列弯曲的略带金属闪光的绿或蓝色斑纹，色斑外的部分为红色或红紫色。

寄主：葡萄、松、枫杨、臭椿、侧柏。

分布：天津（八仙山）、北京、贵州、河北、江西、山东、陕西、四川、云南、台湾；日本。

荔蝽科 Tessaratomidae

（105）硕蝽 *Eurostus validus* Dallas, 1851

别名：硕荔蝽、台湾大椿象。

体长 23.0–34.0 mm。体椭圆形，酱褐色，具亮绿色金属光泽，全身密布细刻点。头小，三角形，侧叶长于中叶。触角基部 3 节黑色，末节枯黄色，末端具 2 枚锐刺。喙黄褐色，外侧及末端茶褐色，伸到中胸中部。前胸背板前半、小盾片两侧及侧接缘大部均为近绿色。小盾片上具较强皱纹，末端成小匙状。腹部背面紫红色，侧接缘蓝绿色，各节最基部淡红色；腹下近绿色或紫铜色。

寄主：板栗、白栎、苦槠、麻栎、梨、梧桐、油桐、乌桕等。

分布：天津（八仙山、九龙山）、安徽、重庆、福建、甘肃、广东、广西、贵州、河北、河南、湖北、湖南、吉林、江苏、江西、辽宁、山东、山西、陕西、四川、台湾、云南、浙江；越南，老挝，缅甸。

异蝽科 Urostylididae

（106）短壮异蝽 *Urochela falloui* Reuter, 1888

别名：梨蝽。

体长 9.5–12.5 mm。长椭圆形，体色变化大，一般背面赭色，腹面多少带红色。背面斑纹、刻点的分布情况及腹面斑纹变化较大，无一定规律。头部无刻点。前胸背板前缘、后缘、有时后胸侧板后缘均具棕黑色刻点。前胸背板前缘及侧缘略向上翘，侧缘中部稍内陷。革片端部刻点浅而细。前胸背板侧角、小盾片基角、革片基角及顶角花纹黑色。前足基节基部具黑色刻点。雌性膜片显著超过腹部末端。

寄主：梨、苹果、沙果、桃、山楂、枣、杏、栎等。

分布：天津（八仙山）、北京、河北、青海、山东、山西。

104. 金绿宽盾蝽 *Poecilocoris lewisi* (Distant); 105. 硕蝽 *Eurostus validus* Dallas; 106. 短壮异蝽 *Urochela falloui* Reuter

袖蜡蝉科 Derbidae

（107）甘蔗长袖蜡蝉 *Zoraida pterophoroides* (Westwood, 1851)

体长 5.5 mm，翅长约 27.0 mm。头胸部灰褐色，腹部褐色，其基部色淡。前翅淡褐色，半透明，前缘具 1 个褐色狭长纵条，基部褐色呈云雾状，端部具褐色小斑，M 脉 5 分支，端半部短横脉处有云状褐色斑，翅脉褐色。后翅半透明，淡褐色而略发灰，短而狭，长度近达前翅的 2/5，翅脉灰褐色。足细长，灰褐色。

寄主：甘蔗等。

分布：天津（八仙山）、福建、广东、台湾；日本，马来西亚。

107. 甘蔗长袖蜡蝉 *Zoraida pterophoroides* (Westwood)

蜡蝉科 Fulgoridae

（108）察雅丽蜡蝉 *Limois chagyabensis* Chou *et* Lu, 1981[1985]

体长 10.5–11.0 mm，翅展 43.0–45.0 mm。头、前胸背板和中胸背板的中脊线两侧的黑色纵带近相连；前胸背板前缘靠近两复眼处各具 1 个椭圆形黑色斑点；中胸背板前缘近外方各具 3 个黑色斑点。前翅前缘及基部橙黄色，具有很多黑色斑点，近翅中央的斑点大而不规则，连成黑带；后翅基半部橙黄色，腹部黑色，每节后缘橙黄色。

分布：天津（八仙山、梨木台）、甘肃、四川、西藏。

（109）斑衣蜡蝉 *Lycorma delicatula* (White, 1845)

别名：灰花蛾、灰蝉、红娘子、花娘子、花姑娘、花媳妇、椿皮蜡蝉、斑衣、樗鸡。

体长 15.0–25.0 mm，翅展 40.0–50.0 mm。全身灰褐色。头角向上卷起，呈短角突起。前翅革质，基部约 2/3 淡褐色，翅面具 20 个左右的黑点，端部约 1/3 深褐色；后翅膜质，基部鲜红色，具黑点，端部黑色。翅表面覆有白色蜡粉。雄性翅颜色偏蓝，雌性翅颜色偏米色。低龄若虫体黑色，具有许多小白点。大龄若虫身体通红，体背具黑色和白色斑纹。

寄主：臭椿、香椿、大豆、刺槐、苦楝、楸、榆、梧桐、二球悬铃木、栎、女贞、合欢、杨、化香树、珍珠梅、杏、李、桃、西府海棠、樱花、葡萄、黄杨、大麻等。

分布：天津（八仙山等）、全国广布；日本，印度，越南。

象蜡蝉科 Dictyopharidae

（110）中野象蜡蝉 *Dictyophara nakanonis* (Matsumura, 1910)

别名：中野尖头光蝉、中野长鼻蜡蝉。

体长约 12.0 mm。体墨绿色，陈旧标本黄褐色。头突比腹部稍短，明显比前胸背板和中胸背板之和长；头顶较阔，侧缘脊状，黑褐色，中脊中部模糊；额细长，中域具 3 条脊线，中侧脊之间具橙色纵条，端部褐色；唇基细狭，淡褐色，具中脊，侧缘脊状。触角粗短。喙细长，伸达腹部第 2 节，其上具深色纵条纹。前胸背板具中脊，两边各具 4 条橙色纵条纹；中胸背板具 3 条脊，两边各具 2 条橙色纵条纹。翅透明，翅痣褐色，梭形，具 3 条斜向小横脉。腹背淡褐色，腹面黄绿色。后足胫节外侧具 5 枚小刺。

寄主：稻及其他禾本科植物。

分布：天津（八仙山等）、河北、黑龙江、辽宁；日本。

蝉科 Cicadidae

（111）黑蚱蝉 *Cryptotympana atrata* (Fabricius, 1775)

别名：黑蚱、蚱蝉、蚱了、知了、蚱蟟、齐女等。

体长约 40.0–48.0 mm，翅展约 122.0–125.0 mm。体粗壮，黑色具光泽，被金黄色短毛。触角刚毛状，额上具棕黄色圆形斑，头部与胸部等宽或稍宽。前胸背板前宽后窄；中胸背板宽大，中央具"W"形浅斑，其两侧形成 2 个狭长的沟，颜色浅；中胸背板后端具黄褐色"X"形隆起，扁平，前后端较直。前翅透明，基部烟黑色，后翅基部 1/3 处烟黑色，端部 2/3 透明；翅脉浅黄或黑色。雄性腹部第 1–2 节有鸣器。

寄主：杨、柳、榆、三球悬铃木、苹果、枣等 100 余种植物。

分布：天津（八仙山等）、安徽、北京、福建、甘肃、广东、贵州、海南、河北、河南、湖南、江苏、江西、内蒙古、山西、陕西、上海、四川、台湾、云南、浙江；日本，东南亚，北美洲。

（112）蒙古寒蝉 *Meimuna mongolica* (Distant, 1881)

体长 28.0–35.0 mm，翅展 82.0–90.0 mm。背面浅青灰色，腹面为灰白色，有点像是刷上了石灰。头冠及前胸背板赭色；后唇基部具不规则斑点、纵沟和粗横纹；单眼区和顶侧区上的两条横带黑色。喙超过后足基节。前胸背板中央的 2 条纵纹、中胸背板中央矛状斑及两侧的短而扩的带状斑、X 隆起前的 1 对小黑点均为黑色。前胸背板侧缘顶角处具小齿突，后角处具 2 个褐色斑；中胸背板中央具 5 条黑色纵纹。前后翅透明，前翅第 2、3 端室横脉具烟褐色斑点。腹部各节着生

1 列横向、不规则栗色带。

　　寄主：杨、柳、榆、槐、桑、柚、合欢、泡桐、板栗。

　　分布：天津（八仙山等）、安徽、北京、重庆、甘肃、广西、贵州、河北、河南、湖南、江苏、山东、陕西、上海、浙江；朝鲜，韩国，蒙古。

108. 察雅丽蜡蝉 *Limois chagyabensis* Chou *et* Lu; 109. 斑衣蜡蝉 *Lycorma delicatula* (White);
110. 中野象蜡蝉 *Dictyophara nakanonis* (Matsumura); 111. 黑蚱蝉 *Cryptotympana atrata* (Fabricius);
112. 蒙古寒蝉 *Meimuna mongolica* (Distant); 113. 褐斑蝉 *Platypleura kaempferi* (Fabricius)

（113）褐斑蝉 *Platypleura kaempferi* (Fabricius, 1794)

别名：蟪蛄、斑蝉、斑翅蝉。

体长 20.0–25.0 mm。头及胸部暗绿色与暗褐色相间，具驳杂的黑色斑纹。复眼大，暗褐色；单眼 3 个，红色，呈三角形排列。触角黑色。口器暗黄色，末端黑色。前胸背板侧角突成尖角状；中胸背板呈 4 块大黑斑。翅透明暗褐色，前翅具不同浓淡暗褐色云状斑纹，斑纹不透明，翅脉暗黄绿色；后翅黑色，外缘无色。

寄主：花椒、柑橘、核桃、山楂、苹果、桃、柿、柳、杨、桑、槐、栎、茶、杉、松、泡桐、油桐、梨、榆、檫木、梧桐、悬铃木等。

分布：天津（八仙山等）、全国广布；朝鲜，俄罗斯，日本。

沫蝉科 Cercopidae

（114）松沫蝉 *Aphrophora flavipes* Uhler, 1896

别名：松尖胸沫蝉、吹泡虫、泡沫蝉、吐沫虫。

体长 9.0–10.0 mm，头宽 2.0–3.0 mm。头部前方突出，中央部分黑褐色。复眼黑褐色，单眼 2 个，红色。触角刚毛状，3 节。前胸背面淡褐色，前缘中央黑褐色，中线隆起。小盾片近三角形，黄褐色，中部较暗。前翅灰褐色，翅基部和中部的宽横带及外方的斑纹茶褐色。后足胫节外侧具 2 枚明显的棘刺。

危害：以若虫吸食为害嫩枝梢，轻者影响新植正常生长和发育，重者嫩梢弯曲或下垂，甚至枯萎。

寄主：赤松、油松、黑松、华山松、落叶松、白皮松等松科植物。

分布：天津（八仙山、下营）、河北、黑龙江、辽宁、内蒙古、山东、陕西；朝鲜，日本。

叶蝉科 Cicadellidae

（115）大青叶蝉 *Cicadella viridis* (Linnaeus, 1758)

别名：青叶跳蝉、青叶蝉、大绿浮尘子。

雌性体长约 10.0 mm，头宽约 2.5 mm，雄性较雌性小。全身青绿色，头部面区淡褐色，两侧各有 1 组黄色横纹，触角窝上方，两单眼之间具 1 对黑斑。前胸背板前缘区淡黄绿色，后部大半深青绿色。小盾片中间横刻痕较短，不伸达边缘。前翅蓝绿色，前缘淡白，端部透明，具有狭窄的淡黑色边缘。

寄主：新疆杨、白柳、苹果、枣、大沙枣、高粱、玉米、稻、豆类、谷子等160 种植物。尤其喜欢聚集于矮生植物。

分布：天津（八仙山）、全国广布；朝鲜，俄罗斯，马来西亚，印度，日本，加拿大，欧洲。

114. 松沫蝉 *Aphrophora flavipes* Uhler; 115. 大青叶蝉 *Cicadella viridis* (Linnaeus)

绵蚧科 Margarodidae

（116）草履蚧 *Drosicha contrahens* Walker, 1858

别名：草鞋蚧、桑虱。

体长约 10.0 mm。体背棕褐色，腹面黄褐色，被一层霜状蜡粉，沿身体边缘分节较明显，呈草鞋底状。触角环生细长毛，念珠状。雄成虫淡紫红色，头胸淡黑色；翅半透明，翅脉 2 条，后翅退化为平衡棒，末端具 4 个曲钩。雌成虫扁，无翅。

危害：若虫和雌成虫常成堆聚集在芽腋、嫩梢、叶片和枝干上，吮吸汁液，造成植株生长不良，早期落叶。

寄主：海棠、樱花、无花果、紫薇、月季、红枫、柑橘等。

分布：天津（八仙山）、重庆、贵州、河北、河南、黑龙江、湖北、江苏、辽宁、内蒙古、青海、山东、山西、陕西、上海、四川、西藏、云南、浙江。

蚧科 Coccidae

（117）枣大球蚧 *Eulecanium giganteum* (Shinji, 1935)

别名：瘤坚大球蚧、大球蚧、梨大球蚧、大玉坚介壳虫、枣球蜡蚧。

雌性半球形，直径 8.0–13.0 mm。体背面红褐色，具黑灰色花斑，被毛茸状蜡；花瓣图案为：1 条中纵带，2 条锯齿状缘带，2 带间具 8 个斑点排成 1 个亚中列或亚远缘列。受精产卵后花斑及蜡被消失。雄体长 2.0–2.5 mm，橙黄褐色。头部黑

116. 草履蚧 *Drosicha contrahens* Walker 及其危害状：a. 雄成虫；b. 老龄若虫；
c. 卵囊（b、c 来自网络）

褐色，形如小蚊虫。触角丝状，似念珠状，10 节，具长毛。前胸及腹部黄褐色，中后胸红棕色。前翅发达，仅 1 支二分叉脉，后翅退化为平衡棒。腹端具锥状交配器 1 根，两侧具白色蜡丝 1 对。

危害：雌成虫和若虫在枝干上刺吸汁液，排泄蜜露诱致煤污病发生，影响光合作用，削弱树势。

寄主：华北珍珠梅、槭属、槐、刺槐、枣属、黄槟榔青、胡桃属、李属、蔷薇属、杨属、文冠果、柳属、榆属、栗属、梨属、扁桃（巴旦杏）、苹果属、紫薇。

分布：天津（穿芳峪）、安徽、甘肃、河北、河南、辽宁、宁夏、山东、山西、陕西、新疆；日本。

蚜科 Aphididae

（118）刺槐蚜 *Aphis robiniae* Macchiati, 1885

无翅孤雌蚜漆黑色，卵圆形，长 2.3 mm，漆黑光亮。头、胸及腹部第 1–6 节背面具明显六角形网纹；腹管长圆管形，基部粗大；第 7、8 腹节具横纹。有翅孤雌蚜体黑色，长卵圆形，长 2.0 mm。触角与足灰黑相间；腹部淡色，具黑斑，第 1–6 节呈断续横带，第 7–8 节横带横贯全节，各节具缘斑。翅淡灰色。

117. 枣大球蚧 *Eulecanium giganteum* (Shinji)危害状; 118. 刺槐蚜
Aphis robiniae Macchiati 危害状

危害：成虫、若虫群集刺槐新梢吸食汁液，引起枯萎弯曲，嫩叶卷缩，枝条不能生长。

寄主：刺槐、扁豆、菜豆、紫穗槐。

分布：天津（八仙山）、北京、河北、河南、湖北、江苏、江西、辽宁、新疆；北非，欧洲。

脉翅目 NEUROPTERA

脉翅目昆虫包括草蛉、蚁蛉、螳蛉、粉蛉、水蛉等，成虫和幼虫大多陆生，均为捕食性，捕食蚜虫、蚂蚁、叶螨、蚧壳虫等软体昆虫及各种虫卵，对于控制昆虫种群、保持生态平衡具有重要意义。近几十年来，我国和世界上许多其他国家都已将脉翅目昆虫成功地应用于害虫的生物防治。

头下口式，咀嚼式口器。前胸常短小。两对翅的形状、大小和脉相都很相似。翅脉密而多，呈网状，在边缘多分叉。少数种类翅脉少而简单。爪 2 个。幼虫 3 对胸足发达，跗节 1 节。双刺吸式口器。全世界已知约 4000 种。

草蛉科

草蛉科 Chrysopidae

（119）叶色草蛉 *Chrysopa phyllochroma* Wesmael, 1841

体长约 10.0 mm，翅展 25.0 mm。体绿色。头部具 9 个黑斑点：头顶、触角下方、颊和唇基各 1 对，触角间 1 个；下颚须和下唇须黑色；触角第 2 节黑色。翅绿色，前、后翅的前缘横脉列仅靠近亚前缘脉一端黑色。

捕食：棉铃虫。

分布：天津（八仙山、梨木台）、河北、河南、宁夏、陕西、新疆等。

（120）大草蛉 *Chrysopa septempunctata* Wesmael, 1841

最常见的草蛉之一。体长约 14.0 mm，翅展 35.0 mm 左右。体黄绿色，具黑斑。头部具 2–7 个黑斑，分布于触角下方、两颊和唇基两侧以及头中央。胸部黄绿色，背中具 1 条黄色纵带。翅脉黄绿色，前翅前缘横脉和后缘基半部黑色；两阶脉的脉段中央黑色，两端绿色；翅脉上多黑毛，翅缘的毛多为黄色。

捕食：蚜虫、叶螨、棉铃虫卵及低龄幼虫等昆虫。

分布：天津（八仙山）、甘肃、河北、黑龙江、吉林、江苏、辽宁、内蒙古、宁夏、山西、陕西、浙江、湖南、云南；日本，俄罗斯，朝鲜，欧洲。

（121）中华草蛉 *Chrysoperla sinica* (Tjeder, 1936)

体长约 9.5 mm，翅展 13.0 mm。体黄绿色，胸和腹部背面具黄色纵带。头部黄白色，两颊及唇基两侧各具 1 黑斑。触角较前翅短，灰黄色。翅透明，窄长，端部较尖，翅脉黄绿色，前缘横脉的下端、径分脉和径横脉的基部、内阶脉和外阶脉均为黑色，翅基部的横脉也多为黑色。翅脉上有黑色短毛。足黄绿色，跗节黄褐色。

捕食：棉铃虫、棉红蜘蛛、蚜虫。

分布：天津（八仙山、宁河）、全国广布。

蚁蛉科 Myrmeleontidae

（122）褐纹树蚁蛉 *Dendroleon pantherinus* (Fabricius, 1787)

体长 17.0–25.0 mm，翅展 45.0–53.0 mm。触角黄褐色，末端膨大部分黑色。胸部背面黄褐色，中央具褐色纵带，后胸最明显。翅透明，具明显褐斑；翅痣淡红褐色；前翅褐斑多，分布在翅尖及后缘，后缘中央的弧形纹和下面的褐斑最为醒目；后翅褐斑均分布于翅端部，前缘翅痣旁褐斑最大，翅尖褐斑呈三角形。腹部黄褐色，第 2 节黑色，第 3 节大部黑褐色，腹面黑褐色。

分布：天津（八仙山）、福建、河北、江苏、江西、陕西；欧洲。

（123）条斑次蚁蛉 *Deutoleon lineatus* (Fabricius, 1798)

体长 30.0–35.0 mm，翅展 76.0–83.0 mm。触角棒状。前翅顶角处具明显的淡黄色翅痣，后翅顶角处翅痣比前翅小，颜色也略浅，臀区具黑色翅痣，翅基处淡黄色，前缘脉、亚前缘脉深黑色，其他翅脉多呈淡黄色。腹部黑色。足黄色、黑色相间。

分布：天津（古强峪）、河北、吉林、辽宁、内蒙古、山东、山西；朝鲜，俄罗斯，土耳其。

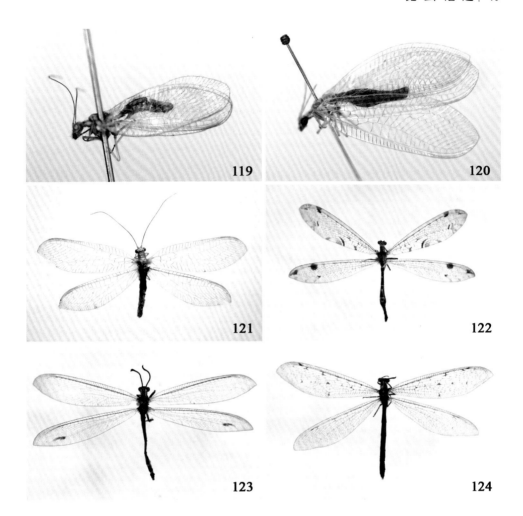

119. 叶色草蛉 *Chrysopa phyllochroma* Wesmael; 120. 大草蛉 *C. septempunctata* Wesmael; 121. 中华草蛉 *Chrysoperla sinica* (Tjeder); 122. 褐纹树蚁蛉 *Dendroleon pantherinus* (Fabricius); 123. 条斑次蚁蛉 *Deutoleon lineatus* (Fabricius); 124. 中华东蚁蛉 *Euroleon sinicus* (Navás)

（124）中华东蚁蛉 *Euroleon sinicus* (Navás, 1930)

体长 24.0–32.0 mm，翅展 51.0–68.0 mm。头部黄色多黑斑；头顶具 6 个大黑斑，中间 2 个被中沟略分开。触角黑色。胸部黑褐色，前胸背板两侧及中央各具 1 条黄色纵纹，近端部还有 1 对小黄点；中、后胸则几乎全为黑褐色。翅透明，脉密如网，具许多小褐点，后翅褐斑少；翅痣黄色，翅脉大部为黑色。静止时前翅覆盖于后翅上，呈屋脊状。

分布：天津（八仙山）、河北、内蒙古、山西、陕西、四川；蒙古。

鞘翅目 COLEOPTERA

　　鞘翅目通称甲虫，前翅角质化为鞘翅，体躯坚硬，铠甲似的体壁保护着虫体，使它们能抵御自然界中的各种伤害。精巧的身体结构与广泛的适应性有利于它们成功地占领陆地、空中和水中的各种生境，成为昆虫纲中最大的一个目。其中一些种类是农业、林业、果树和园艺的重要害虫和益虫，或由于商业运输等原因而成为各类仓储物和人类居室中的世界性害虫。

　　复眼发达，常无单眼。触角形状多变。口器咀嚼式。前翅鞘翅，后翅膜质，有时退化。休息时鞘翅置于胸、腹部背面，盖住后翅。

　　鞘翅目已知 35 万种，是动物界中最大的目，占昆虫纲种类的 40% 以上，广泛分布于世界各地。我国已记载约 10 000 种。

宽带鹿花金龟 *Dicranocephalus adamsi* Pascoe

甘薯腊龟甲 *Laccoptera quadrimaculata* (Thunberg)

小青花金龟 *Oxycetonia jucunda* (Faldermann)

光肩星天牛 *Anoplophora glabripennis* (Motschulsky)

中华毛郭公甲 *Trichodes sinae* Chevrolat　　　赤缘吻红萤 *Lycostomus porphyrophorus* (Solsky)

长扁甲科 Cupedidae

（125）长扁甲 *Tenomerga concolor* (Westwood, 1835)

体长 8.0–15.0 mm。狭长形，体两侧平行，被鳞片。触角长于头胸之和。前胸背板具小端角。鞘翅有窝状刻点行，通常形成隆脊。中胸背板、后胸背板和腹部1–4 节通常有坛状突，第 9 背板扩大，具简单的或两叉状中央附突。腹部可见 5 腹节。

习性：生活于朽木内或活树的枯死茎干内，以菌类为食。

分布：天津（八仙山）、福建、台湾、浙江；加拿大，美国。

虎甲科 Cicindelidae

（126）中国虎甲 *Cicindela chinensis* De Geer, 1774

别名：拦路虎、引路虫。

体长 17.5–22.0 mm，宽 7.0–9.0 mm。体具强金属光泽。头及前胸背板的前、后缘绿色，背板中部金红或金绿色。复眼大且突出；触角细长丝状。鞘翅底色深绿，无光泽；沿鞘翅基部、端部、侧缘和翅缝具红色光泽；在鞘翅的 1/4 处具 1条横贯全翅的金绿色或红色的宽横带。

捕食：蝗虫、蝽虫、菜蛾。

分布：天津（八仙山等）、福建、甘肃、广东、广西、贵州、河北、河南、湖北、江苏、江西、山东、四川、云南、浙江；朝鲜，日本。

（127）云纹虎甲 *Cicindela elisae* Motschulsky, 1859

体长 10.0 mm 左右。头胸部暗绿色，具铜色光泽。上颚强大弯曲，具 3 大齿；上唇中央具 1 个黑刺瘤。触角丝状，11 节，基节粗大。前胸背板圆筒形，具前、后横沟，中央 1 凹沟与之相连。小盾片三角形，端锐，侧缘具紫红色闪光。鞘翅暗赤铜色，具细密颗粒，杂以深绿色粗刻点，翅上的"C"形肩纹、中央的"S"形纹、两侧缘中部的带状纹以及翅端的"V"形纹均为白色。腹面金绿色，覆白色毛。

捕食：鳞翅目等多种小型昆虫。

分布：天津（八仙山、九龙山、盘山）、北京、福建、甘肃、广东、海南、河北、河南、黑龙江、湖北、湖南、吉林、江苏、江西、辽宁、内蒙古、宁夏、青海、山东、山西、上海、四川、台湾、西藏、新疆、云南、浙江；朝鲜，日本，俄罗斯。

（128）多型虎甲红翅亚种 *Cicindela coerulea nitida* Lichtenstein, 1796

体长 15.5–18.5 mm。头、前胸背板及小盾片翠绿或蓝绿色，鞘翅紫红，具强金属光泽。上颚强大弯曲，中部具齿；上唇前缘中央具黑齿突。触角丝状，11 节，基节粗，第 2 节球形。前胸背板宽略大于长，前横沟中部后凸，后横沟中部稍前凹。小盾片三角形，具细皱纹。鞘翅密布刻点和闪光颗粒，翅面基部和端部各具 1 弧形斑，中部具 1 近倒"V"形的斑。体腹面两侧和足密被粗长白毛。

捕食：黏虫、棉铃虫、蝗虫、蚜虫等。

分布：天津（八仙山）、安徽、北京、内蒙古、山东、陕西、辽宁、湖北；朝鲜，俄罗斯。

（129）断纹虎甲斜斑亚种 *Cicindela striolata dorsolineolata* Chevrolat, 1845

体长 12.5–15.5 mm。体长形，体背黑色或暗蓝色。触角细长，丝状，基部 4 节金属蓝绿色。前胸长宽略等，中部之前较宽，基部较狭，背板两侧各具 1 条铜红色斑纹。鞘翅具乳白色或淡黄色斑纹，每翅自基部至端部具 1 条与侧缘平行的纵纹，此纹在翅端 1/3 处向内侧分出 1 条斜短纹，有时纵纹分裂成几段，翅基半部内侧具 3 个小纵斑。体腹面颜色鲜艳，腹面胸部和腹部两侧被稀疏白毛。各足基部具 1 丛白毛。

分布：天津（八仙山）、北京、福建、广东、广西、贵州、河北、河南、湖北、湖南、江苏、江西、山东、四川、台湾、云南、浙江。

步甲科 Carabidae

（130）三齿斑步甲 *Anisodactylus tricuspidatus* Morawitz, 1863

别名：三尖斑步甲、三叉斑步甲。

体长 10.0–13.5 mm。体黑色，无金属光泽。头顶无斑；唇基刚毛 2 根。前胸背板后角无刚毛，侧缘具刚毛 1 根；后角具小齿突。小盾片沟细长，基部具 1 毛穴。鞘翅无绒毛，具细密刻点，均匀分布于各行距；第 3 行距具 1 毛穴。前足胫节距两侧分叉，呈三齿状；后足腿节后缘具 2 根刚毛。

分布：天津（八仙山等）、安徽、福建、贵州、河北、湖北、湖南、陕西、四川、台湾、浙江；朝鲜，日本。

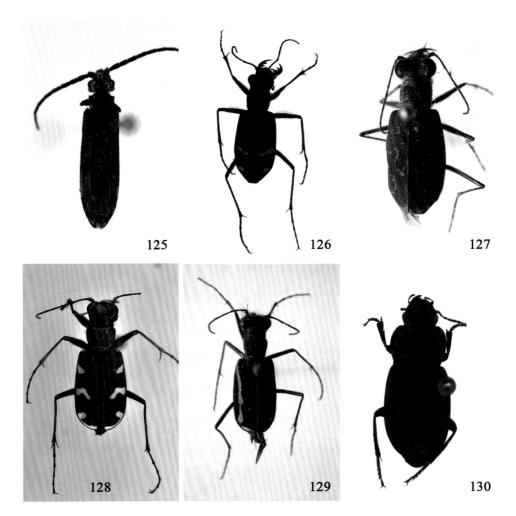

125. 长扁甲 *Tenomerga concolor* (Westwood); 126. 中国虎甲 *Cicindela chinensis* De Geer; 127. 云纹虎甲 *C. elisae* Motschulsky; 128. 多型虎甲红翅亚种 *C. coerulea nitida* Lichtenstein; 129. 断纹虎甲斜斑亚种 *C. striolata dorsolineolata* Chevrolat; 130. 三齿斑步甲 *Anisodactylus tricuspidatus* Morawitz

（131）黑广肩步甲 *Calosoma maximowiczi* Morawitz, 1863

别名：大星步甲。

成虫体长 19.0–33.0 mm。体色暗，背面仅具一色，黑色或紫黑色。头被刻点和粗糙的皱褶。下唇齿较短，下颚须端节长度与亚端节近相等。前胸背板长宽比约为 2:3，侧缘边完整，自前角至后角呈规则的圆弧形。鞘翅宽阔，肩角扩展较明显，星点狭于行距，具 16 行条沟，沟底具细刻点。雌性触角第 3 节长度明显大于第 1 节和第 2 节之和，背面黑色，稍带铜色光泽，鞘翅两侧缘绿色。

捕食：黏虫、毒蛾、舟蛾等鳞翅目幼虫。

分布：天津（八仙山）、北京、甘肃、河北、河南、湖北、江苏、辽宁、山东、山西、陕西、上海、四川、台湾、云南、浙江；朝鲜，俄罗斯，日本。

（132）麻步甲 *Carabus brandti* Faldermann, 1835

体长 22.0–26.0 mm。体黑色或蓝黑色。头顶密布细刻点和粗皱纹；前额具三角形凹陷。上颚较短宽，表面无皱，上颚沟无毛；内缘中央有 1 粗大的齿。触角第 2 节稍短，明显长于第 3 节的一半；两复眼间具 1 对向前伸的梭脊。前胸背板宽大于长，密布刻点，最宽处在中部之前，前缘凹陷，前角锐，基缘直，后角钝；后缘具 1 列较长的黄色毛，覆盖小盾片。鞘翅卵圆形，翅面密布大小瘤突，瘤突表面及无粒突之处均密布微细刻点。

捕食：喜吃蜗牛，还可以取食一些其他昆虫，如毛虫、菜青虫。

分布：天津（九龙山）、北京、黑龙江、河北、吉林、内蒙古、河南等。

（133）绿步甲 *Carabus smaragdinus* Fischer von Waldheim, 1823

体长 30.0–36.7 mm。头、前胸背板红铜色，口器、触角、小盾片及虫体腹面黑色，前胸背板绿色，鞘翅绿色，瘤突黑色，通体具金属光泽。头较长，向后延伸；额中部隆起，两侧具纵凹洼。触角第 1–4 节光亮，第 5–11 节被绒毛。前胸背板略呈心形，两侧在中部之后略变狭。小盾片三角形，端部钝。鞘翅长卵形，基部与前胸基部近等宽，每鞘翅上具 6 行完整的椭圆形瘤突（第 7 行瘤突两端不完整），翅缘具 1 列粗大刻点。雄性前跗节基部第 3 节扩大。

捕食：鳞翅目昆虫的幼虫。

分布：天津（八仙山）、北京、河北、河南；韩国，俄罗斯西伯利亚东南部、远东地区。

（134）黄斑青步甲 *Chlaenius (Achlaenius) micans* (Fabricius, 1792)

体长 14.0–17.0 mm。体黑色，头部及前胸背板具绿色金属光泽，触角基部和端部红棕色，口器红棕色。头顶较平宽，中央近唇基处明亮，无刻点。触角细长，明显越过前胸并达体长之半。前胸背板近心形，最宽处在中部稍上，长、宽几乎相等，纵沟明显。鞘翅具 9 条刻点纵沟，行距平坦，密被黄色短毛，近端部 3/4 处具黄斑，黄斑由第 4–8 沟距上的纵斑组成，以第 5 沟距上的纵斑最长。足红棕色。

捕食：夜蛾科、螟蛾科等鳞翅目幼虫。

分布：天津（八仙山等）、福建、广西、河北、河南、湖北、湖南、江苏、江西、辽宁、青海、山东、陕西、四川；朝鲜，日本，斯里兰卡，印度尼西亚。

（135）逗斑青步甲 *Chlaenius (Pachydinodes) virgulifer* (Chaudoir, 1876)

体长 14.0–17.0 mm。体长卵圆形。头部及前胸背板具铜色及铜绿色金属光泽。触角基部红棕色，长度超过前胸。前胸背板宽圆，宽大于长，后缘微凹，两侧弧形具边，由后角两侧缘往前凹陷逐渐消失；背纵沟细。小盾片三角形。鞘翅深绿，缘折蓝绿，每鞘翅具 9 行刻点沟，行距平坦；每鞘翅近端部 2/3 处各具 1 个逗号形黄斑，占据 2–8 行距，并沿外缘延伸，达鞘翅末端；鞘翅近端部缘折处大毛穴不在黄斑内。体腹面棕色，有光泽。足黄褐色。

分布：天津（八仙山）、安徽、北京、福建、广东、贵州、河北、湖北、湖南、江苏、江西、陕西、四川、台湾、云南、浙江；朝鲜，日本。

（136）赤胸长步甲 *Dolichus halensis* (Schaller, 1783)

体长 15.0–18.0 mm。体黑色。头部光亮无刻点，额部较平坦，额沟浅；上唇

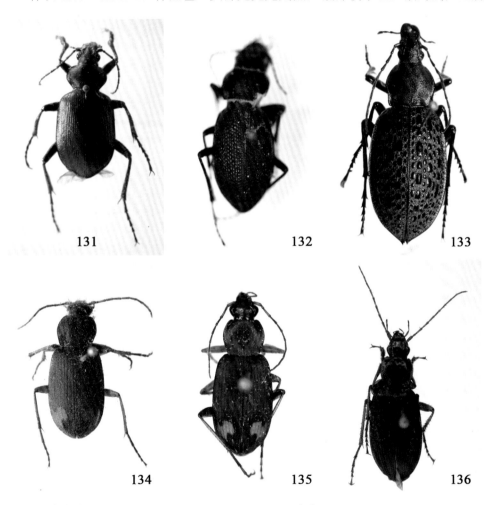

131. 黑广肩步甲 *Calosoma maximowiczi* Morawitz; 132. 麻步甲 *Carabus brandti* Faldermann;
133. 绿步甲 *C. smaragdinus* Fischer von Waldheim; 134. 黄斑青步甲 *Chlaenius (Achlaenius) micans* (Fabricius); 135. 逗斑青步甲 *C. (Pachydinodes) virgulifer* (Chaudoir); 136. 赤胸长步甲 *Dolichus halensis* (Schaller)

长方形，上颚粗壮，端部尖锐。触角基部第 1—3 节黄色，光亮无毛，从第 4 节后密被灰黄色短毛。前胸背板长宽近等，中部略拱起，光亮无刻点；前横凹明显，中纵沟细。小盾片三角形，表面光亮。鞘翅狭长，末端窄缩，中部具长形斑，两翅合成舌形大斑，每鞘翅上有 9 条具刻点条沟，第 3 条沟具 2 个毛穴，第 8 条沟具 23—28 个毛穴。足的腿节和胫节为黄色，跗节和爪节为棕红色；前足胫节端部斜纵沟明显。

捕食：蝼蛄、蚧蝻、螟蛾、夜蛾、黏虫、菜蛾、隐翅虫。

分布：天津（八仙山等）、安徽、福建、甘肃、广西、贵州、河北、河南、黑龙江、湖北、湖南、吉林、江苏、辽宁、内蒙古、宁夏、青海、山西、陕西、四川、新疆、云南、浙江；朝鲜，俄罗斯，日本，欧洲。

龙虱科 Dytiscidae

（137）点条龙虱 *Hydaticus grammicus* Germar, 1827

体长 10.0—12.3 mm。体淡褐色，具光泽。后头黑色，上唇淡黄褐色，上颚赤褐色，腹面淡赤褐色，足黄褐色，后足色深。前头和唇基的前缘两侧各具 1 个小凹陷。触角、前胸背板前缘与后缘两侧具不明横列的小刻点。小盾片三角形，黑或浅色，光滑无刻点。鞘翅底色黄色，翅面上的小点和短条纹为黑色，点条纹处具 4 条由点条纹密集组成的纵线。后足胫节长度约等于跗节前 4 节之和，胫节端距针刺状。雄性前足跗节基部 3 节扩展成圆形的吸盘。

分布：天津（八仙山）、北京、广东、贵州、河南、黑龙江、湖北、湖南、吉林、辽宁、四川、云南、浙江；朝鲜，韩国，日本。

水龟甲科 Hydrophilidae

（138）红脊胸水龟虫 *Sternolophus rufipes* (Fabricius, 1775)

别名：姬水龟虫。

体长 9.5—12.5 mm。体长卵形，背面较隆起，深红褐色至黑色，具光泽。触角、下颚须、下唇须、胸部腹刺、腹面两侧黄褐色或红褐色。头、前胸背板及鞘翅被较密的刻点；鞘翅上具 4 列由大刻点形成的点纹。前胸腹板中部具纵隆脊，前端具 1 丛长毛。腹部密生短毛。

分布：天津（八仙山等）、全国广布；朝鲜，日本，印度，斯里兰卡，马来西亚，印度尼西亚，菲律宾，澳大利亚等。

锹甲科 Lucanidae

（139）荷陶锹甲 *Dorcus hopei* (Saunders, 1854)

体长 32.0—50.0 mm（不含上颚）。全体黑色。头近长方形，近前缘具一横棱脊；

上颚发达，弧弯，与前胸背板等长，中部略前背面具 1 个斜上指的发达齿突，近端内缘具矮钝齿突 1 个。前胸背板四缘具边框，侧缘中部钝齿形扩出。鞘翅中点之后弧形收狭。前足胫节外缘锯齿形，中足胫节外后缘具小棘刺 1 枚。

分布：天津（八仙山等）、福建、广东、贵州、山西、湖北、湖南、江西、台湾；朝鲜，日本。

（140）红足半刀锹甲 *Hemisodorcus rubrofemoratus* (Vollenhoven, 1865)

体长 23.5–58.5 mm，属于中到大型。体黑褐色。上颚长于头长，颚中部或中前部的齿不分叉，与上颚的主体部分在同一平面；基部 2/3 处的齿短钝，端部具 2 齿，近端部具 1 小齿痕。鞘翅黑褐至红褐。各足腿节腹面颜色不均匀，具红斑。

分布：天津（八仙山）、北京、辽宁、吉林、黑龙江；俄罗斯，日本，朝鲜。

（141）斑股锹甲 *Lucanus maculifemoratus* Motschulsky, 1861

别名：斑腿锹甲、鹿角甲虫。

体长 30.0–45.0 mm（不含上颚）。体棕褐至黑褐色；各足胫节背面有黄褐长椭圆形斑。雌雄异型，雄性头部宽于前胸背板，上颚十分长大，端部向内弧形弯曲，基部 1/3 处内侧具 1 强直齿突，近端部弧弯处内缘具长短接近的短齿突 4–6 个，末端分叉成 2 长齿；雌性长椭圆形，头部明显狭于前胸，上颚短小微弯。

习性：成虫以树木伤口处溢液为食，幼虫以朽木为食。

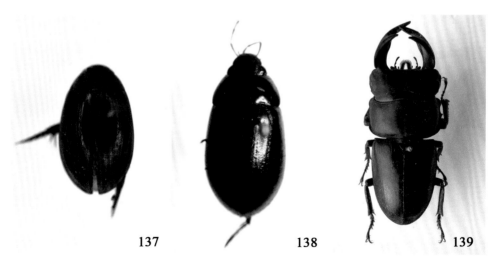

137　　　　　**138**　　　　　**139**

137. 点条龙虱 *Hydaticus grammicus* Germar; 138. 红脊胸水龟虫 *Sternolophus rufipes* (Fabricius); 139. 荷陶锹甲 *Dorcus hopei* (Saunders)

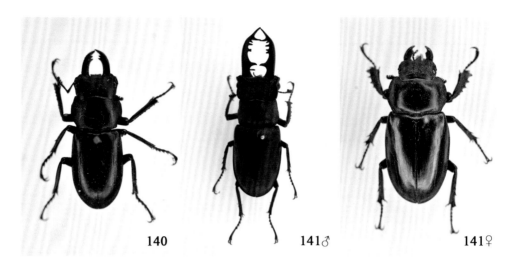

140   141♂   141♀

140. 红足半刀锹甲 *Hemisodorcus rubrofemoratus* (Vollenhoven); 141. 斑股锹甲 *Lucanus maculifemoratus* Motschulsky

分布：天津（八仙山）、北京、福建、甘肃、贵州、河南、黑龙江、山西、陕西、四川、台湾、云南、浙江；俄罗斯远东地区，朝鲜，日本等。

（142）直颚莫锹甲 *Macrodorcas recta* (Motschulsky, 1857)

体黑色，具光泽。头部较宽，前缘大于后缘；上颚小而简单，端部尖锐，雄性具多型性；眼缘将复眼的 1/3 分为上下两部分。前胸背板横向；前缘波曲状，后缘平直。鞘翅光滑，黑色，具光泽。前足胫节宽扁，外缘锯齿状；中后足胫节各具 1 小齿。

分布：天津（八仙山）、台湾。

（143）黄褐前凹锹甲 *Prosopocoilus astacoides blanchardi* (Parry, 1873)

体长 20.5–45.0 mm（不含上颚）。体土褐色或褐红色，体型变化大。鞘翅周缘、小盾片深褐色，有的在前胸背板两侧近后角各具 1 个黑褐色圆斑，界限不明显，其余部分基本都是褐色。本种雌雄差别较大，雄性上颚发达，大小变化大，长约为头部的 2–3 倍，近顶端分布 2–4 个小齿，有的基部具 1 个大齿；复眼突出；唇基前缘具 4 个齿，中间 2 个微突出；前胸背板前角突出。雌性上颚小。

寄主：柑橘、沙田柚、麻栎、板栗等植物的皮和实生苗。

分布：天津（八仙山等）、北京、广西、河北、湖北、江苏、陕西、台湾、西藏、云南、浙江；缅甸，印度，不丹。

（144）扁锯颚锹甲 *Serrognathus titanus platymelus* (Saunders, 1854)

体长 30.0–67.0 mm（不含上颚）。体扁，前阔后狭，深棕褐至黑褐色，几乎不

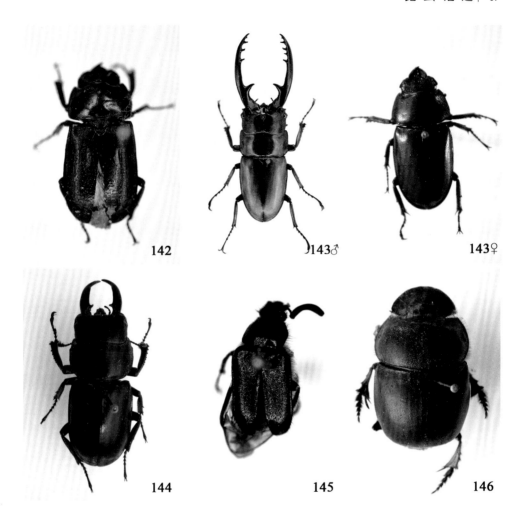

142. 直颚莫锹甲 *Macrodorcas recta* (Motschulsky); 143. 黄褐前凹锹甲 *Prosopocoilus astacoides blanchardi* (Parry); 144. 扁锯颚锹甲 *Serrognathus titanus platymelus* (Saunders); 145. 泛长角绒毛金龟 *Amphicoma fairmairei* (Semenov); 146. 神农洁蜣螂 *Catharsius molossus* (Linnaeus)

被毛。头阔大长方形，密布小疣凸；唇基阔大似"凹"字形。触角柄节约与其后 9 节等长。上颚发达，端部明显内弯，内缘基部 1/4 处具三角形齿 1 个，近端内缘 具小锥齿 1 个。前胸背板近横长方形，后缘中段近横直，四缘具边框。鞘翅肩突 内侧具 1 条浅弱纵沟。前足胫节外缘锯齿形，端齿分叉，中后足胫节外后棱各具 1 棘刺。

分布：天津（八仙山）、河北、江苏、福建、广东、广西、台湾、山西；朝鲜，日本，缅甸。

绒毛金龟科 Glaphyridae

（145）泛长角绒毛金龟 *Amphicoma fairmairei* (Semenov, 1891)

体长 11.3–13.0 mm。狭长多毛，常具金属光泽。触角鳃片部 3 节，长大而外弯，光裸少毛。复眼鼓大，眼脊片发达，具毛强大。头唇基近长方形，基部狭于额，上唇、上颚发达外露。前胸背板狭于翅基，长宽近等，密布大刻点，前侧角锐而前伸，后侧角圆钝。小盾片三角形。鞘翅弧拱，无纵肋，肩突发达，刻点粗皱。前足胫节外缘 3 齿，跗节 1–4 小节短而向一侧扩大；中足长，胫节末端内侧向下环形延伸，与端距相触；后足最长，后胫节 2 端距。臀板多少外露，腹部可见 6 个腹板。

分布：天津（八仙山）、甘肃、山西。

金龟科 Scarabaeidae

（146）神农洁蜣螂 *Catharsius molossus* (Linnaeus, 1758)

别名：犀角粪金龟。

体长约 30.0 mm。体黑色略带光泽，卵形，腹面布满黄褐色细绒毛。雄性头具犀角状突起，大而较尖，雌性较小。前胸背板中央横隆起，隆起线前方急向下倾斜，呈截面，隆起线近两端各具 1 个犬齿状突起。鞘翅布满细小刻点，左右各有 7 条纵线，每鞘翅外侧有 2 条（外长内短）显著纵脊。雄性背板中央具 3 条棱脊。前足腿节前部较宽，外侧具齿 3 个；中足基节远远分开，中后足胫节呈三角形，内侧具刺 2 枚。

食性：以哺乳动物的粪便为食。

分布：天津（八仙山）、安徽、福建、广东、广西、贵州、河北、河南、湖南、江苏、江西、宁夏、山东、山西、陕西、四川、台湾、西藏、云南、浙江；印度、菲律宾、泰国等。

（147）掘嗡蜣螂 *Onthophagus fodiens* Waterhouse, 1875

别名：污嗡蜣螂。

体长 7.0–11.0 mm。体长椭圆形，黑至棕色，中段两侧近平行。头前缘圆弧形，头顶具短弧隆拱脊；唇基长超过头长之半，密被横皱，雄性侧缘微弯近直，前端向上高翘。触角 9 节。前胸背板轮廓心形，雄性背面具"凸"字形或近三角形凸面，雌性隐约可辨三角形高面。小盾片缺。鞘翅具 7 条清楚的刻点沟线，沟间带散布具短毛刻点。前足胫节外缘 4 大齿，基部数小齿；中、后足胫节端部喇叭形。

食性：腐食性。

分布：天津（八仙山）、北京、甘肃、贵州、河北、河南、江苏、山西；朝鲜，日本。

（148）台风蜣螂 *Scarabaeus typhon* (Fischer von Waldheim, 1823)

体长 20.6–32.6 mm。体黑色，扁平，稍具光泽。头部扁圆扇形，前缘 6 齿。前胸背板具 1 条光滑中纵带，盘区散布刻点，四侧布小圆瘤突。小盾片缺。鞘翅隆拱，纵线弱，缘折高锐，纵脊形，肩后不内弯；每鞘翅具 7 条纵棱。前足胫节外缘 4 齿，跗爪部消失；中足基节斜生，互相远离，后端靠拢，呈倒"八"字形。

食性：以粪便为食。

分布：天津（八仙山、汉沽）、安徽、甘肃、河北、河南、吉林、江苏、辽宁、宁夏、山东、陕西、新疆、浙江；朝鲜，中亚，西亚。

（149）华扁犀金龟 *Eophileurus chinensis* (Faldermann, 1835)

别名：华晓扁犀金龟。

体长 18.0–20.0 mm。体多黑色，长椭圆形。唇基前缘钝角形；雄性中央具 1 竖生圆锥形角突，雌性为 1 短锥突。触角鳃片部短壮。前胸背板横阔，雄性在盘区略呈五角形凹坑，雌性具 1 宽纵凹。鞘翅侧缘近平行，每鞘翅具 6 对平行的刻点沟。前足胫节外缘 3 齿。

习性：幼虫栖居于朽木、植物性肥料堆中，一般不为害植物的地下部分。

分布：天津（八仙山等）、安徽、广东、广西、海南、河北、河南、湖北、湖南、江苏、江西、山东、山西、台湾、云南、浙江；朝鲜，日本，缅甸，不丹。

（150）双齿禾犀金龟 *Pentodon bidens* (Pallas, 1771)

体长 23.5–24.5 mm。体卵圆形，上面黑褐色至深棕褐色，下面色淡，栗褐色至栗色。头长大，唇基刻纹致密，前缘弧形，中央具 1 对高尖齿突，侧缘近斜直，边缘高高折翘；额唇基缝清楚，向后弧弯，中央具 1 对接近而高耸疣凸。触角 10 节，棒状部 3 节。前胸背板密布粗大刻点，近前缘刻点更密，中央后部具光滑纵带；前侧角直角形，后侧角甚钝或近弧形。小盾片仅沿侧边具"V"形刻点列。鞘翅阔大，由双列刻点列围成的纵肋清楚。前足胫节外缘 3 齿，基齿以下具 2–3 个小齿。

分布：天津（八仙山等）、陕西、新疆；俄罗斯，阿富汗，克什米尔。

（151）疑禾犀金龟 *Pentodon dubius* Ballion, 1871

别名：玉米禾犀金龟。

体长 19.4–25.0 mm。体黑色至黑褐色。头较长大，唇基长，近三角形，前缘具 1 对十分接近的齿突；额突端钝，间距约与前缘齿距相等；唇基前缘弧形，侧

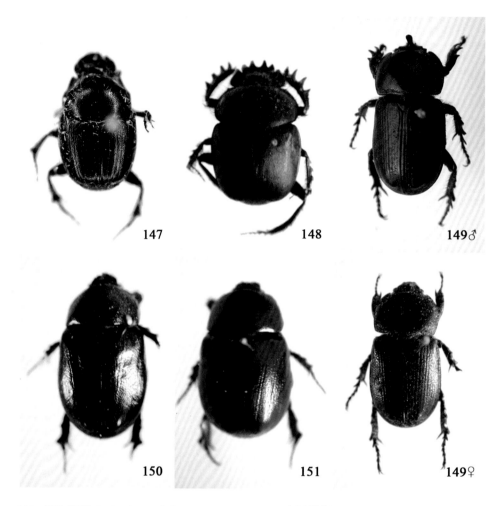

147. 掘嗡蜣螂 *Onthophagus fodiens* Waterhouse; 148. 台风蜣螂 *Scarabaeus typhon* (Fischer von Waldheim); 149. 华扁犀金龟 *Eophileurus chinensis* (Faldermann); 150. 双齿禾犀金龟 *Pentodon bidens* (Pallas); 151. 疑禾犀金龟 *P. dubius* Ballion

缘斜直；唇基缝中央具 1 对高尖疣凸。前胸背板十分弧形隆拱，布浅稀疏刻点；侧缘前段收拢，后段两侧近平行，前密后疏布粗大刻点。小盾片三角形，几乎无刻点。鞘翅较光亮，散布浅细不均匀刻点，纵肋不明显。前足胫节外缘 3 齿，基、中齿之间有时具 1 小齿；后足胫节端缘具刺 17–19 枚。

寄主：小麦、大麦、芝麻、甜菜、亚麻、沙果等植物。

分布：天津（武清）、新疆；哈萨克斯坦，阿富汗，伊朗，俄罗斯。

（152）多色异丽金龟 *Anomala chamaeleon* Fairmaire, 1887

体长 12.0–14.0 mm。卵圆形。体色变异大，具 3 个色型：（a）深铜绿色，鞘翅黄褐色，前胸背板两侧具淡褐色纵斑；（b）全体深铜绿色；（c）浅紫铜色。触角 9 节，雄性鳃片部甚宽厚长大，为其前 5 节总长的 1.5 倍。前胸背板后缘侧段无明显边框，内侧勉强可见宽浅横纹，后侧角弧形。小盾片近半圆形，密布刻点。鞘翅每侧具纵肋 4 条，背面的 2 条更显。腹部第 3–4 腹板纵脊状明显。臀板短阔三角形，被少数绒毛。前足胫节具 2 外齿，前、中足大爪分叉。

　　寄主：板栗、核桃、楸木、尖柞、小灌木。

　　分布：天津（八仙山等）、贵州、河北、辽宁、内蒙古、山西；朝鲜。

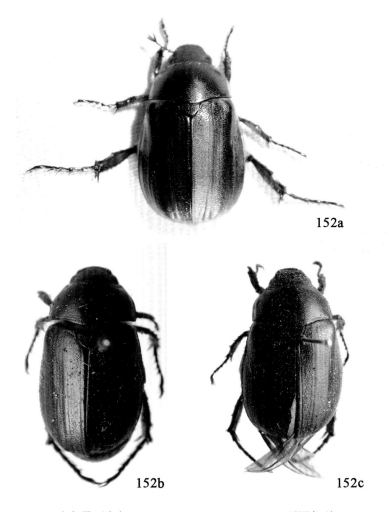

152a

152b　　　　　　152c

152. 多色异丽金龟 *Anomala chamaeleon* Fairmaire 不同色型

（153）铜绿异丽金龟 *Anomala corpulenta* Motschulsky, 1854

　　别名：铜绿金龟子、铜壳螂。

体长 15.0–22.0 mm。中型甲虫，体长卵圆形，背面铜绿色具光泽，腹面黄褐色。唇基前缘、前胸背板两侧呈淡褐色条斑。头部具皱密刻点，唇基短阔梯形，前缘上卷。触角 9 节，鳃片部 3 节。前胸背板宽大，侧缘弧突，最阔点在中点前；前角突锐，后角钝，盘区刻点浅细。小盾片近半圆形。鞘翅密布刻点，每鞘翅具 2 条不明显纵肋，缝肋明显。前足胫节外缘 2 齿，前、中足大爪端部分叉，后足大爪不分叉。臀板三角形，黄褐色，常具 1–3 个形状不一的铜绿或古铜色斑。

寄主：玉米、高粱、小麦、大豆、豇豆、瓜类、甜菜、花生、棉花、马铃薯、芋、甘薯、苹果、梨、桃、杏、李、山楂、柿、杨、刺槐、葡萄、核桃、海棠、梅、榆、茶、山药等。

天敌：金毛长腹土蜂、白毛长腹土蜂、日本土蜂、红树蚁、大食虫虻、夜鹰、红尾伯劳、棕背伯劳。

分布：天津（八仙山等）、河南、黑龙江、辽宁、内蒙古、山东、山西、陕西；朝鲜，蒙古。

（154）漆黑异丽金龟 *Anomala ebenina* Fairmaire, 1886

体长 11.3–15.0 mm。体色黑，椭圆形，鞘翅中部具波曲状黄褐色横斑，有时胸背板两侧具黄褐色斑。唇基横条形，前缘略弧凹，头面密布粗浅刻点。触角 9 节，鳃片部长于前 5 节之和。前胸背板布细密刻点，侧缘前段弧形外扩，最阔点前于中央；侧缘后端近基部微向内弧凹。小盾片短阔三角形。鞘翅平滑，肩凸、端凸发达，背面具 2 条纵肋，缘折基部向侧敞阔，臀板钝阔三角形，密布同心圆排列成细密刻纹，两侧上方具 1 对小凹。腹部腹面疏布横细刻纹，第 2–5 腹板侧端各具 1 个黄褐色斑。前足胫节外缘 2 齿。

分布：天津（八仙山）、贵州、河南、湖北、湖南、山西、陕西、四川；瑞典，法国。

（155）蓝边矛丽金龟 *Callistethus plagiicollis* Fairmaire, 1886

体长 13.0–17.5 mm。体长卵形，光滑无毛，背部浅黄褐色具金属光泽，腹面及足黑蓝色具金属光泽。头面具铜绿、铜紫色金属光泽；唇基以铜绿色为主，阔大，略似梯形，边缘上卷，前缘中段微内弯。前胸背板黄褐色，阔，密布刻点，最宽点在中点略前；两侧缘具蓝黑色斑带。小盾片三角形，半椭圆形。鞘翅圆拱，缘折梳列纤毛，具 4 条由双行细浅刻点组成的微隆起的纵肋。前足胫节外侧 2 齿；中足胫节之间具粗壮前伸的中胸腹突，大致呈三棱形，末端圆钝，伸达前足基节间下方。

寄主：女贞、核桃、向日葵、苹果、梨、葡萄、白杨。

分布：天津（八仙山等）、福建、广东、贵州、河南、湖南、江西、陕西、四川、西藏、云南、浙江；朝鲜，俄罗斯，越南。

153. 铜绿异丽金龟 *Anomala corpulenta* Motschulsky; 154. 漆黑异丽金龟 *A. ebenina* Fairmaire;
155. 蓝边矛丽金龟 *Callistethus plagiicollis* Fairmaire; 156. 琉璃弧丽金龟 *Popillia flavosellata*
Fairmaire; 157. 棉花弧丽金龟 *P. mutans* Newman

（156）琉璃弧丽金龟 *Popillia flavosellata* Fairmaire, 1886

　　体长 8.5–12.5 mm。体椭圆形，多为蓝黑色或墨绿色。头顶刻点深大，唇基横梯形；额皱刻而甚密；前缘弧形，表面皱。触角 9 节，棒状部 3 节。前胸背板缢缩，基部短于鞘翅，后缘侧斜，中段弧形内弯。小盾片短阔三角形，散布 20 个左右刻点。鞘翅短，扁平，后端狭；背面具 6 条粗刻点深沟，第 2 条基部刻点杂乱，点间常具斜皱，中段呈不规则双列，端部成 1 列，不达翅端。小盾片后横凹较短，前臀板后缘无毛；臀板外露隆拱，上刻点密布，具 1 对白毛斑块。足粗壮，前足胫节外缘 2 齿。

　　寄主：棉花、胡萝卜、草莓、黑莓、葡萄、玫瑰、合欢、玉米、小麦、谷子、花生、菊科等植物。

　　分布：天津（八仙山等）、安徽、河南、黑龙江、湖北、江苏、江西、辽宁、山东、陕西、四川、云南、浙江；朝鲜，日本，越南。

（157）棉花弧丽金龟 *Popillia mutans* Newman, 1838

　　别名：豆蓝丽金龟、棉墨绿金龟。

　　体长 9.0–14.0 mm。体深蓝色或蓝黑色、墨绿色，具金属光泽；臀板无毛斑。唇基梯形，侧缘弧弯，前缘微前弯。触角 9 节，棒状部 3 节。前胸背板短阔；前侧角前伸锐角形，后侧角圆弧形。小盾片短阔三角形，末端圆钝。鞘翅在小盾片后侧具 1 对深显横沟，背面具 6 条浅缓刻点沟，第 2 条短。腹部腹板具 1 排毛，中胸腹突长大侧扁。前足胫节外缘 2 齿，雄性中足 2 爪，大爪不分裂，雌性中足大爪端部分裂。

　　寄主：稻、青冈、棉花、豆类、玉米、甘薯、柿、杨、榆、椿、茶、山楂、月季、紫薇。

　　分布：天津（八仙山等）、福建、甘肃、贵州、河北、河南、黑龙江、吉林、江苏、江西、辽宁、内蒙古、宁夏、青海、山东、山西、陕西、四川、浙江；朝鲜，越南，菲律宾，日本。

（158）中华弧丽金龟 *Popillia quadriguttata* (Fabricius, 1787)

　　别名：四纹丽金龟、四斑丽金龟。

　　体长 7.5–12.0 mm。体长椭圆形，体色一般深铜绿色，有光泽。唇基梯形，密被刻点；头顶刻点挤密，点间横皱。触角 9 节，棒状部 3 节。前胸背板密布刻点，前侧角锐而前伸，后侧角钝角形。小盾片三角形。鞘翅具 6 条近平行的刻点沟，第 2 刻点沟基部刻点散乱，后方不达翅端。臀板十分隆凸，密布锯齿形横纹；臀板基部具 2 个白色毛斑，腹部每节侧端具一簇毛。前足胫节外缘 2 齿。

　　寄主：大豆、玉米、棉花、麦、高粱、甘薯、花生、杨、柳、苹果、梨、葡萄。

　　分布：天津（八仙山等）、北京、甘肃、河北、河南、黑龙江、吉林、辽宁、内蒙古、宁夏、青海、山东、山西、陕西。

鳃金龟科 Melolonthidae

（159）华阿鳃金龟 *Apogonia chinensis* Moser, 1918

　　别名：小黑棕鳃金龟。

　　体长 7.0–9.5 mm。体卵圆形，棕黑色、黑褐色或栗褐色。头宽大，后头至唇基骤垂呈直角状，唇基短小，横条新月形，边缘向上卷；额唇基缝微陷而模糊。触角 10 节，鳃片部 3 节，第 1 节最长大。前胸背板短阔，宽为长的 1 倍多，密布椭圆形刻点；前侧角锐角形前伸，后侧角圆弧形。小盾片三角形，中纵脊及端部光滑。鞘翅侧缘前段弧形外扩，缘折宽，4 条纵肋明显。臀板上粗大刻点在基部不愈合。

寄主：成虫为害梨、高粱、玉米、大豆、棉花、向日葵、紫穗槐等植物叶片，幼虫为害多种谷作物根部。

分布：天津（八仙山）、贵州、河北、河南、湖北、吉林、辽宁、山东、山西、甘肃、陕西；朝鲜。

（160）黑阿鳃金龟 *Apogonia cupreoviridis* Kolbe, 1886

别名：黑棕鳃金龟、朝鲜甘蔗金龟。

体长 8.0–10.5 mm。体较坚硬，椭圆形，黑棕色至黑色。头宽大，唇基短宽，略似梯形，密布深大扁圆刻点，点间横皱；额唇基缝下陷，中断后弯。前胸背板中间显著高突，布满大而稀的刻点，前侧角锐角形前伸，后侧角钝角形。小盾片三角形，布少量刻点。鞘翅平坦，缝肋及 4 条纵肋清楚，侧缘前段呈钝角形外扩，缘折宽。臀板小而隆起。腹部具毛刻点。前足胫节外缘 3 齿。

寄主：花生、高粱、玉米、稻、大豆、小麦、大麦、棉花、红麻、杨、柳、榆等。

分布：天津（八仙山）、安徽、福建、广东、广西、贵州、海南、河北、河南、湖南、江西、山东、山西、四川、台湾、甘肃、云南、浙江；越南，朝鲜，日本，俄罗斯远东地区。

（161）波婆鳃金龟 *Brahmina potanini* (Semenov, 1891)

别名：大茶鳃金龟、茶色鳃金龟。

体长 13.2–15.0 mm。体卵圆形，棕褐至赤褐，头面及腹部深褐至黑褐。头较小，唇基短宽，密布具短绒毛刻点，边缘十分折翘；额唇基缝与前缘平行。触角 10 节，雄虫鳃片部明显长于前 6 节之和，由基向端略阔，末端近平截；雌性短小，不及前 6 节之和。复眼间具中断不整齐横脊。前胸背板密被长强纤毛，中纵具狭长白色帽带，两侧具对称"S"形纵行白色毛斑。小盾片短阔三角形，几乎被浓密乳黄绒毛盖住。鞘翅较短，缝肋宽，贯达翅端，纵肋 4 条。前足胫节外缘 3 齿。

寄主：玉米、荞麦、苜蓿等植物地下部分。

分布：天津（八仙山等）、甘肃、内蒙古、宁夏、青海、山西、四川。

（162）粗婆鳃金龟 *Brahmina ruida* Zhang *et* Wang, 1997

别名：粗齿婆鳃金龟。

体长 14.5–15.5 mm。体深褐，长卵圆形。头、前胸背板近黑褐，刻点具毛、

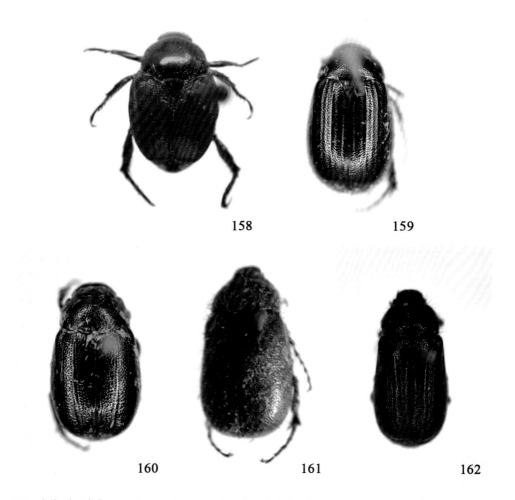

158. 中华弧丽金龟 *Popillia quadriguttata* (Fabricius); 159. 华阿鳃金龟 *Apogonia chinensis* Moser; 160. 黑阿鳃金龟 *A. cupreoviridis* Kolbe; 161. 波婆鳃金龟 *Brahmina potanini* (Semenov); 162. 粗婆鳃金龟 *B. ruida* Zhang *et* Wang

粗糙。唇基短阔，边缘弯翘，前缘中央微凹缺，复眼间具明显中断横脊。雄性触角鳃片部 3 节约等于其前 6 节之和，或明显较短。前胸背板短阔，刻点于中纵疏、前侧密，具长毛。小盾片具中纵脊，中部呈弧形横凹，凹处具毛刻点。鞘翅密布具毛刻点，刻点多连成不规则凹条，缘折具成列刚毛。前足胫节外缘 3 齿，中齿略近端齿；后足第 1 和第 2 跗节等长。

分布： 天津（八仙山）、山西、陕西、甘肃。

（163）五台婆鳃金龟 *Brahmina wutaiensis* Zhang *et* Wang, 1997

体长 16.2–17.7 mm。长卵圆形，全体红棕色。头部色较深，头面粗糙，刻点挤密具毛；唇基边缘高翘，前缘中央微上升，复眼间横脊甚粗糙不整，明显中断（雄），雌性横脊十分微弱。触角 10 节，雄性鳃片部长于其前 6 节之和。前胸背板宽短，布较疏圆大具毛刻点，四周刻点最大最密，侧缘显著钝角形扩出。小盾片约具 20 个细小毛刻点。鞘翅匀被具短毛刻点，前部散生长毛，缘折具长列刚毛；每鞘翅具纵肋 4 条。前足胫节外缘 3 齿，中齿稍近端齿，基齿夹角接近直角。后足第 1 跗节明显短于第 2 节。

分布：天津（八仙山）、山西。

（164）戴双缺鳃金龟 *Diphycerus davidis* Fairmaire, 1878

别名：毛缺鳃金龟、毛双缺鳃金龟。

体长 6.0–7.0 mm。黑褐色具长毛。触角鳃片部雌雄均为 3 节。前胸背板后缘中段具三角形缺刻 1 对，背板两侧及中纵布满较短的乳白色卧毛，多少呈白色带。小盾片乳白色毛的排列似"旋"。鞘翅颇短，前阔后狭，后翅发达。体腹面多乳白色毛。前足胫节外缘 2 齿，各足具 1 对简单而对称的爪。

分布：天津（八仙山）、河北、河南、山西、甘肃。

（165）二色希鳃金龟 *Hilyotrogus bicoloreus* (Heyden, 1887)

体长 12.3–15.5 mm。体狭长，头部、前胸背板及小盾片栗褐色，鞘翅淡茶褐色，腹部颜色似鞘翅。头宽，唇基短阔，散布深大刻点，边缘极度折翘，前缘微弧凹，侧缘弧形；额头顶中间约具 20 个浅大具毛刻点。触角 10 节，鳃片部 5 节，雄性长大，雌性短小。前胸背板短，刻点深大，前缘具成排纤毛，侧缘弧形，前后侧角呈钝角，后缘无边框。鞘翅散布圆大刻点，4 条纵肋可见。前足胫节外缘 3 齿；爪端部深裂，下支末端斜截。

寄主：核桃、樱桃、桃、李、梨等植物。

分布：天津（八仙山）、北京、甘肃、贵州、河北、辽宁、青海、山西、四川；朝鲜，俄罗斯。

（166）华北大黑鳃金龟 *Holotrichia oblita* (Faldermann, 1835)

别名：朝鲜黑金龟。

成虫 17.0–22.0 mm。体长椭圆形，黑色或黑褐色有光泽。胸、腹部具黄色长毛。唇基短阔，前缘、侧缘向上弯翘，前缘中凹明显。触角 10 节，雄性鳃片部约等于其前 6 节之和。前胸背板宽为长的 2 倍，前缘角钝，后缘角几乎成直角。每鞘翅具 3 条隆线，侧缘向侧弯阔。小盾片近半圆形。鞘翅密布刻点，微皱，纵肋可见。

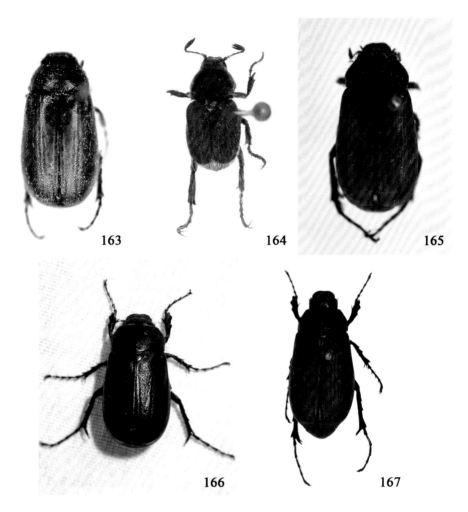

163. 五台婆鳃金龟 *Brahmina wutaiensis* Zhang *et* Wang; 164. 戴双缺鳃金龟 *Diphycerus davidis* Fairmaire; 165. 二色希鳃金龟 *Hilyotrogus bicoloreus* (Heyden); 166. 华北大黑鳃金龟 *Holotrichia oblita* (Faldermann); 167. 棕狭肋鳃金龟 *H. titanis* Reitter

臀板隆凸顶端圆尖，两侧上方各具圆形小坑；前腹板中间具明显的三角形凹坑。前足胫节外侧具 3 齿；后足第 1 跗节略短于第 2 跗节，爪下齿中位垂直生。

  寄主： 小麦、大麦、高粱、玉米、谷子、棉花、大麻、亚麻、甘薯、大豆、花生、马铃薯、白菜、苜蓿、禾本科牧草、苹果、核桃、桃、梨、樱桃、梅、桑、榆等。

  天敌： 白毛长腹土蜂、金龟长喙寄蝇。

  分布： 天津（八仙山等）、安徽、北京、甘肃、广东、贵州、河北、河南、江苏、江西、辽宁、内蒙古、宁夏、山东、山西、陕西、云南；俄罗斯。

（167）棕狭肋鳃金龟 *Holotrichia titanis* Reitter, 1902

体长 17.5–24.5 mm。体阔椭圆形，棕褐色至茶褐色，略带丝绒闪光。头小，唇基宽短，前缘中央明显凹入，前侧缘上卷；额表面粗糙，头顶具横脊。触角 10 节，鳃片状 3 节。前胸背板宽大，外缘外扩，侧缘呈不完整锯齿状；前后角均钝。小盾片短阔三角形，具少数刻点。鞘翅质地很薄，纵肋 4 条，纵肋 I 后方收狭收尖，肩凸明显。腹部腹面密生白色长毛。前足胫节外缘 2 齿，后足胫节端部喇叭状，第 1 跗节明显短于第 2 节，爪中位很直，具 1 锐齿。

寄主：玉米、小麦、豆类、棉花、谷子、各类蔬菜和果树。

分布：天津（八仙山等）、贵州、河北、河南、吉林、辽宁、山东、山西、陕西、浙江；朝鲜，俄罗斯远东地区。

（168）小阔胫绢金龟 *Maladera ovatula* (Fairmaire, 1891)

体长 6.5–8.0 mm。体浅棕色，具光泽，体表较粗，刻点较深乱。额头顶部深褐色，唇基光亮，前缘上卷。触角 10 节，鳃片部 3 节，淡黄褐色，雄性鳃片甚长。前胸背板红棕色，后侧缘内弯密布刻点。鞘翅后侧角不显，接近弧形。胸腹面毛甚少，每腹板具 1 排整齐刺毛。前足胫节外缘 2 齿，后足胫节较短阔，胫端两侧具端距；跗节 5 节，爪端部深裂。臀板三角形，雄性后缘钝圆，雌性较尖。

寄主：瓜类、油菜、苹果、梨、柳、柿、泡桐、榆、杨。

分布：天津（八仙山）、安徽、广东、河北、河南、海南、黑龙江、吉林、江苏、辽宁、内蒙古、山东、山西、浙江。

（169）弟兄鳃金龟 *Melolontha frater* Arrow, 1913

别名：小灰粉鳃金龟、兄弟鳃金龟。

体长 22.0–26.0 mm。体棕色或褐色，密被灰白色短毛。唇基长大近方形，前缘平直，头顶具长毛。触角 10 节，雄性鳃片部 7 节，较长；雌性鳃片部 6 节，较短。前胸背板被灰白色针状毛，后侧角直角形；盘区具不连贯的浅纵沟。鞘翅具 4 条纵肋，纵肋间具粗大刻点。胸部腹面密被棕色长毛，腹板密生黄色长毛。臀板具明显中纵沟，先端突出。雄性前足胫节外缘 2 齿，雌性 3 齿；后足胫节 2 个端距生于一侧。

寄主：各种果树和林木。

分布：天津（八仙山等）、北京、甘肃、河北、河南、黑龙江、辽宁、内蒙古、山西；朝鲜，日本。

（170）灰胸突鳃金龟 *Melolontha incana* (Motschulsky, 1854)

别名：灰粉鳃金龟、粉吹金龟子。

体长 21.0–31.0 mm。体深褐或栗褐色，体表密被灰黄或灰白色针尖形短茸毛，腹部腹板两侧端具三角形乳黄色斑。头部近方形,唇基前缘近平直。触角10节,雄性鳃片部大,由7节组成。前胸背板短阔,后缘中段弓形后扩;由于茸毛粗细不同和色泽的差异,形成5条纵阔条纹,中央及两侧条纹色深。鞘翅肩突、端突均发达,纵肋Ⅰ、Ⅱ、Ⅳ明显。中足基节间具伸达前足基节的中胸腹突;前足胫节外侧具3齿。

寄主:杨、柳、榆、松、果树。

分布:天津(八仙山等)、贵州、河北、河南、黑龙江、湖北、吉林、江西、辽宁、内蒙古、山东、山西、陕西、四川、浙江;朝鲜,俄罗斯远东地区。

(171)毛黄鳃金龟 *Miridiba trichophora* (Fairmaire, 1891)

体长14.0–18.0 mm。体近长卵圆形,棕褐色或黄褐色,密布黄色竖长毛。头较小,唇基密布深大刻点,前缘略成双波形,侧缘短直;头部复眼间具高锐横脊。触角9节,鳃片部3节。前胸背板刻点较稀,大小相等,具长毛,侧缘前段直而完整,后段锯齿状,并生黄色缘毛。小盾片宽短三角形,密布无毛的刻点。鞘翅基部毛细长,后部毛较短。前足胫节外缘3齿,内缘距与基中齿间凹对生,内侧着生1棘刺。

寄主:豆类、小麦、玉米、高粱、谷子、甘薯、大豆、芝麻、泡桐、榆、杨、蔬菜、果树的幼苗。

分布:天津(八仙山)、安徽、北京、福建、甘肃、贵州、河北、河南、湖北、江苏、江西、辽宁、内蒙古、山东、山西、陕西、四川、浙江。

(172)小黄鳃金龟 *Pseudosymmachia flavescens* (Brenske, 1892)

体长11.0–13.6 mm。体浅黄褐色,表面密被短针状毛。头较大,额具明显中纵沟,两侧山丘状隆起;唇基密布具毛大刻点,前缘向上卷。触角9节,鳃片部3节,较短小。前胸背板隆拱,前缘边框具成排具毛大刻点,前后侧角均钝角形,后缘弧形后突。小盾片短阔,三角形。鞘翅密布刻点,肩凸显著,纵肋Ⅰ明显可见。前足胫节外缘3齿;爪圆弯,爪下具小齿。

寄主:花生、大豆、玉米、苹果、山楂、海棠、核桃、梨。

分布:天津(八仙山)、北京、甘肃、河北、河南、湖南、江苏、辽宁、山东、山西、陕西、浙江;朝鲜。

(173)鲜黄鳃金龟 *Pseudosymmachia tumidifrons* (Fairmaire, 1887)

体长11.5–14.5 mm。体隆拱,表光滑无毛,较短阔。头在两复眼间明显隆拱,

168. 小阔胫绢金龟 *Maladera ovatula* (Fairmaire); 169. 弟兄鳃金龟 *Melolontha frater* Arrow;
170. 灰胸突鳃金龟 *M. incana* (Motschulsky); 171. 毛黄鳃金龟 *Miridiba trichophora* (Fairmaire);
172. 小黄鳃金龟 *Pseudosymmachia flavescens* (Brenske); 173. 鲜黄鳃金龟 *P. tumidifrons*
(Fairmaire)

中央具 1 条纵凹带，其前方明显下垂，两侧具角状瘤突；两侧唇基新月形。触角
9 节，鳃片部 3 节长大。前胸背板横长方形，前缘波浪状，侧缘具宽大不等的齿，
齿间具黄毛，前、后角均为钝角。中胸小盾片半圆形。鞘翅最宽处位于后端，每
侧具 2 条纵肋。前足胫节具 3 外齿，中齿接近端齿。

　　寄主：小麦、棉花、麻、豆科植物。

　　分布：天津（八仙山等）、甘肃、河北、河南、湖南、吉林、江苏、江西、辽
宁、山东、山西、四川、浙江；朝鲜。

（174）小云鳃金龟 *Polyphylla gracilicornis* (Blanchard, 1871)

别名：小云斑金龟、云斑金龟子、褐须金龟子、读书郎。

体长 26.0–28.5 mm。体栗黑色至深褐色，被乳白色鳞片组成的云状斑纹。头长，具黄色鳞片，斜生褐色毛；唇基宽大，前缘中段微凹。触角 10 节，雄性鳃片部 7 节，长大而弯曲；雌性鳃片部 6 节，短小。前胸背板前缘及后缘除中段外散生粗长纤毛；前后侧角皆钝角形。小盾片中间大部平滑无刻点。鞘翅较短，肩凸发达；云斑小而较少，斑间无零星鳞片。前足胫节外缘雄性 1 齿，雌性 3 齿。

寄主：豆类、油菜、马铃薯、青稞、芝麻、瓜类及林木的幼苗地下部分。

分布：天津（八仙山等）、北京、河北、河南、辽宁、内蒙古、宁夏、青海、山西、陕西、四川。

（175）大云鳃金龟 *Polyphylla laticollis* Lewis, 1887

体长 26.0–45.0 mm。体栗黑色至黑褐色，长椭圆形，背面相当隆拱。头长具乳黄色鳞片和暗褐竖毛；唇基前侧角锐而翘起。触角 10 节，雄性鳃片部 7 节，长大而弯曲，长约与前胸宽度接近；雌性鳃片部短小，6 节。前胸背板阔大，宽度常近长度的 2 倍，前缘具粗长毛，后缘无毛；前侧角钝，后侧角近直角形。小盾片大，中纵脊亮，两侧被白色鳞毛。鞘翅无纵肋，被乳白色云状斑纹。前足胫节外缘雄性 2 齿，雌性 3 齿。

寄主：大豆、松、杉、杨、柳、刺槐、灌木、树苗。

分布：天津（八仙山等）、安徽、北京、贵州、河北、河南、吉林、辽宁、宁夏、青海、山东、山西、四川、浙江、湖北、福建、云南；朝鲜，日本。

（176）拟凸眼绢金龟 *Serica rosinae* (Pic, 1904)

体长 7.0 mm 左右。体长卵圆形，除复眼及头部黑褐色外，均为深棕褐色，略带天鹅绒闪光。唇基近方形，边缘上卷，前缘中部呈弧形凹入。触角 9 节，亮黄色，鳃片部 3 节；雄性鳃片部约为其余各节总长的 2.5 倍。前胸背板近横方形，后侧角直角形。鞘翅具 9 条纵纹，布不均匀黑褐色斑。前足胫节外缘 2 齿，内缘距 1 个，较尖。

分布：天津（八仙山）、北京、河北、辽宁、山西；日本。

（177）东方绢金龟 *Serica orientalis* Motschulsky, 1858

别名：东方金龟子、天鹅绒金龟、黑绒金龟。

体长 6.0–9.0 mm。体卵圆形，黑色或黑褐色，具天鹅绒状绒毛，光泽较强。头大，唇基长大粗糙而油亮，前角钝圆，边缘上卷，前缘中间凹入较浅，刻点密。触角 9 节，鳃片部 3 节，雄性柄节上具 1 瘤状突起。前胸背板宽为长的 2 倍，前

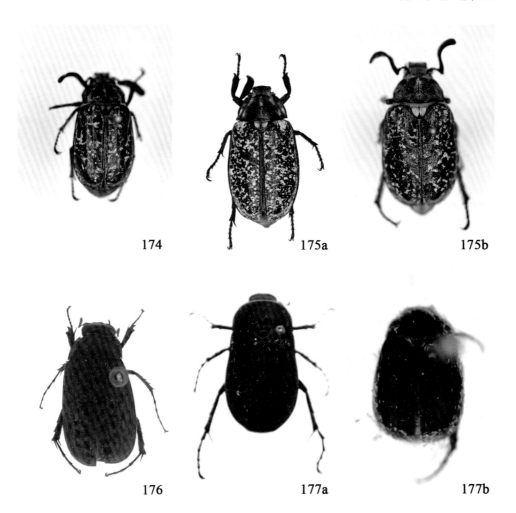

174. 小云鳃金龟 *Polyphylla gracilicornis* (Blanchard); 175. 大云鳃金龟 *P. laticollis* Lewis; 176. 拟凸眼绢金龟 *Serica rosinae* (Pic); 177. 东方绢金龟 *S. orientalis* Motschulsky

侧角前伸锐角形。鞘翅短，为前胸背板的 1.5 倍，每鞘翅具 9 条浅纵沟。前足胫节外缘 2 齿。

寄主：枣、苹果、梨、山楂、李、杨、柳、桑、榆等 148 种树木。

分布：天津（八仙山等）、安徽、北京、贵州、河北、河南、甘肃、黑龙江、湖北、吉林、江苏、江西、辽宁、内蒙古、宁夏、青海、山东、陕西、四川、台湾、浙江；朝鲜，日本，蒙古，俄罗斯。

（178）海霉鳃金龟 *Sophrops heydeni* (Brenske, 1892)

体长 10.8–12.0 mm。体狭长椭圆形，头、前胸背板及腹面棕褐色，鞘翅及足茶褐色。唇基短阔梯形，边缘高翘。触角10节，鳃片部3节，十分长大；雄性鳃片部长于其柄部。前胸背板短阔，前后缘近平行，布圆深刻点。小盾片三角形。鞘翅狭长密布刻点，点间多横皱，缝肋阔强，具4纵肋，I最阔，后部与缝肋明显分开，缘折具成列短毛。臀板近三角形。前足胫节外缘3齿，基齿微弱；后足第1跗节短于第2跗节。

寄主：猕猴桃。

分布：天津（八仙山）、甘肃、江苏、江西、辽宁、山西；朝鲜，俄罗斯远东地区。

（179）赭翅臀花金龟 *Campsiura mirabilis* Faldermann, 1835

体长 19.0–22.0 mm。体型扁长，背面稍隆起，黑色光亮。唇基浅黄色带黑边窄带，长宽几等，密布细小刻点，前缘弧形无边框。前胸背板长宽几等，近梯形，两侧各具1条内侧中凹黄带。后胸腹板外侧、后胸前侧片大部分、后胸后侧片全部和后足基节外侧均为浅黄色。鞘翅狭长，肩后外缘强烈弯曲，除外缘宽的黑带和狭窄黑色接缝外全为赭色。臀板长大，凹凸不平，中央具1纵脊，两侧各具1圆隆凸。前足胫节外缘具2齿，雌强雄弱。

寄主：柑橘、槐。

分布：天津（八仙山）、北京、广西、贵州、河北、湖北、湖南、辽宁、山西、陕西、四川、云南。

（180）华美花金龟 *Cetonia magnifica* Ballion, 1871

别名：长毛花金龟。

体长 13.5–18.5 mm。暗古铜色，体背晦暗或略具光泽。唇基短宽，前缘稍微折翘，密布粗大刻点和竖立或斜伏绒毛。触角10节，鳃片部3节。前胸背板近梯形，密布粗大刻点和浅茶色竖立绒毛；前角略前伸，后角圆弧形。小盾片三角形，侧缘微内凹。鞘翅近长方形，稀布刻纹和茸毛，近边缘布众多白色斑，外缘后部的2个横斑较大。臀板近三角形，基部具4个间距几乎相等的小圆斑。前足胫节外缘3齿。

寄主：玉米、高粱、苹果、梨、松、槐。

分布：天津（八仙山等）、河北、河南、黑龙江、吉林、辽宁、内蒙古、陕西、山东、山西；朝鲜，俄罗斯，日本。

（181）暗绿花金龟 *Cetonia viridiopaca* (Motschulsky, 1858)

别名：铜色花金龟、绿花金龟。

体长 15.5–19.5 mm。近卵形，体暗铜色具金属光泽。头面密布粗大刻点，唇

178. 海霉鳃金龟 *Sophrops heydeni* (Brenske); 179. 赭翅臀花金龟 *Campsiura mirabilis* Faldermann;
180. 华美花金龟 *Cetonia magnifica* Ballion; 181. 暗绿花金龟 *C. viridiopaca* (Motschulsky);
182. 白斑跗花金龟 *Clinterocera mandarina* (Westwood); 183. 钝毛鳞花金龟 *Cosmiomorpha
setulosa* Westwood

基近方形，额头顶具 1 中纵脊。触角 10 节，鳃片部 3 节。前胸背板前狭后阔，前
后缘无边框，后缘中央相对小盾片处向前弧凹。小盾片长三角形，侧缘微内凹。
鞘翅不规则密布马蹄印痕或不完整半圆形刻纹，缝肋高隆，背面具 2 条纵肋，外
侧缘折与肩后深深弧形内凹。臀板扁三角形，沿上缘横列 4 个白色绒斑。

　　寄主：成虫取食花蜜、树汁、嫩芽、嫩叶、幼柞蚕等，幼虫为害各类植物的
地下根茎部分。

分布：天津（八仙山等）、北京、甘肃、河北、黑龙江、吉林、辽宁、内蒙古、山西；朝鲜，俄罗斯。

（182）白斑跗花金龟 *Clinterocera mandarina* (Westwood, 1874)

体长 12.3–13.5 mm。体型狭小，黑色，鞘翅中部具 1 个白绒斑，身体表面具不用程度的白色绒层。头面密布麻点，唇基呈倒梯形，前缘弧形微反卷。触角短，柄节特化成猪耳状。前胸背板横阔，椭圆形，后缘向后弧弯；前角向前延伸较尖，内侧角近直角。小盾片近正三角形。鞘翅狭长，背面无椭圆刻纹，缝肋宽而隆凸，缘折于肩后内弯缓弧形，每鞘翅具 2 个横宽白色绒斑。前足胫节外缘 2 齿。

分布：天津（八仙山等）、重庆、河北、河南、湖北、辽宁、山西、陕西；俄罗斯远东地区，朝鲜。

（183）钝毛鳞花金龟 *Cosmiomorpha setulosa* Westwood, 1854

别名：钝毛饰花金龟、毛鳞花金龟。

体长 13.0–16.0 mm。全体褐色，沥褐色或沥色，表面具光泽，几乎全体遍布黄色较窄鳞毛。唇基近长方形，前缘向上折翘，中部弧形；头部具 1 光滑中纵隆，两侧刻点较粗糙。前胸背板稍短宽，近梯形，基部最宽，后角圆弧形，后缘横直。小盾片较长，除两基角刻点和鳞毛密集之外散布稀刻点和鳞毛。鞘翅稍狭长，肩部最宽，肩后外缘强烈弯曲，后外端缘圆弧形；每翅具 2 条纵肋。后足基节外侧后端较圆。雄性足较细长，跗节尤其明显，前足胫节较窄，外缘 3 齿较小，爪中等弯曲。

寄主：栎类。

分布：天津（八仙山）、甘肃、广东、广西、湖北、江苏、江西、四川、浙江；俄罗斯。

（184）宽带鹿花金龟 *Dicranocephalus adamsi* Pascoe, 1863

体长 21.0–27.0 mm（不包括唇基突）。体大型，略近卵圆形，体色红棕色，唇基、鞘翅、腿节底色、胫节及各部分边缘为深栗红色，体表被灰白色霉状物，腹面常厚于背面，雄性厚于雌性。头大，雄性唇基两侧强度延伸成 1 对鹿角状前突，端部不分叉；雌性无。小盾片近似正三角形。前胸背板中央前半具 1 对黑褐色滑亮宽带。鞘翅基部最宽，向后略缢缩，肩凸、端凸为红棕色亮斑，背面具 2 条纵肋。臀板十分隆拱，短宽，散布浅黄色茸毛。

寄主：果树、松、栎等。

分布：天津（八仙山等）、河南、山西、四川、云南；朝鲜，越南。

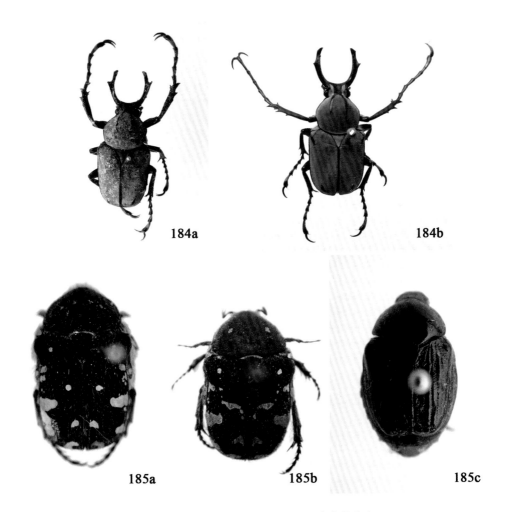

184. 宽带鹿花金龟 *Dicranocephalus adamsi* Pascoe; 185. 小青花金龟 *Oxycetonia jucunda*
(Faldermann)

（185）小青花金龟 *Oxycetonia jucunda* (Faldermann, 1835)

　　体长 11.0–16.0 mm。体长椭圆形稍扁，背面暗绿或绿色至古铜微红及黑褐色，
变化非常大。头唇基前缘深凹呈双齿状。前胸背板稍短阔，近椭圆形，中部两侧
盘区各具 1 个白绒斑。小盾片狭长，三角状。鞘翅狭长，侧缘肩部外凸；翅面上
常生有白色或黄白色绒斑，侧缘及翅合缝处各具 3 个大斑，其中外侧的中间和顶
端 2 个较大。臀板宽短，近基部横排 4 个圆形白绒斑。腹部 1–4 节两侧各具 1 个
白绒斑。前足胫节外缘具 3 个尖齿。

　　寄主：板栗、蒙古栎、海棠、棉花、玉米、女贞、玫瑰、蔷薇、橘、梅、榆、

杨、桃、山楂、葱等植物。

分布：天津（八仙山等）、全国广布；朝鲜，日本，俄罗斯，印度，尼泊尔，孟加拉国，北美洲。

（186）白星花金龟 *Protaetia (Liocola) brevitarsis* (Lewis, 1879)

别名：白星花潜、白星花金龟子、白纹铜花金龟。

体长 18.0–22.0 mm。体色多为古铜色或黑紫铜色，有光泽。前胸背板、鞘翅和臀板上有白色绒状斑纹。唇基前缘上卷，中央直或略微内凹。前胸背板近梯形，通常具 2–3 对或排列不规则的白色绒斑，有的沿边框具白色绒带；后缘中部凹陷。小盾片小三角形。鞘翅宽大，近方形，遍布粗大刻点，白斑多为横向波浪形；侧缘前端内凹。足粗壮，前足胫节外缘具 3 齿；中后足胫节外侧各具 2 个中隆突。

寄主：玉米、大麻、榆、栎、葡萄、苹果、梨、杏、桃、李、橘、樱桃、山楂。

分布：天津（八仙山等）、全国广布；蒙古，日本，朝鲜，俄罗斯等。

（187）亮绿星花金龟 *Protaetia (Potosia) nitididorsis* (Fairmaire, 1889)

体长 22.0–25.0 mm。椭圆形，全体具较强金属光泽，体表多呈鲜艳的绿色，散布不规则形白绒斑。唇基近方形，向上折翘，无中凹，两侧边框平行。前胸背板长短于宽，两侧向前强烈收狭，侧缘弧形，后缘中凹较深；侧面散布较稀皱纹。小盾片长三角形，末端钝。鞘翅宽大，散布少量白斑、刻点和皱纹。臀板宽短，近三角形，长有 4 个白绒斑。中胸腹突横向，前缘弧形，后胸腹板两侧具稀大皱纹和少量白绒斑。前足胫节外缘 3 齿。

寄主：玉米、高粱、桃、栎、榆等。

分布：天津（八仙山）、北京、贵州、河南、黑龙江、湖北、湖南、吉林、辽宁、山东、山西、四川、云南；俄罗斯，欧洲。

（188）日罗花金龟 *Rhomborrhina japonica* Hope, 1841

别名：日铜罗花金龟。

体长 22.0–29.0 mm。体铜绿色，具光泽。头部、前胸背板、小盾片多为深橄榄绿色或墨绿色，泛红。头长方形，前边略宽，后部中央隆起。触角 10 节。前胸背板密布较深圆刻点，前窄后宽，两侧向前渐收狭，后缘是前缘宽的 3 倍。小盾片微呈长三角形。鞘翅近长方形，密布细小刻点、刻纹和黄褐色茸毛。中胸腹突甚宽大，强烈前伸似铲，基部缢缩。前足胫节外缘雄性 1 齿，雌性 2 齿。

寄主：玉米、茶、栎、橘、榆等植物的花。

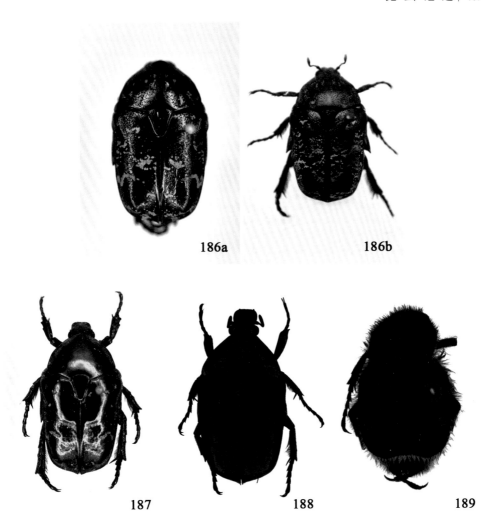

186. 白星花金龟 Protaetia (Liocola) brevitarsis (Lewis); 187. 亮绿星花金龟 P. (Potosia)
nitididorsis (Fairmaire); 188. 日罗花金龟 Rhomborrhina japonica Hope; 189. 短毛斑金龟
Lasiotrichus succinctus (Pallas)

分布：天津（八仙山）、安徽、福建、广东、广西、贵州、河南、湖北、湖南、
江苏、江西、四川、云南、浙江；朝鲜，日本。

（189）短毛斑金龟 *Lasiotrichus succinctus* (Pallas, 1781)

体长 9.2–12.9 mm。体黑色，稍有光泽。鞘翅黄褐色，通常每鞘翅具 3 个黑色
横向宽带或斑纹，全体遍布竖立或斜状灰黄色、黑色或栗色长茸毛。唇基长宽几
等，微凹弯，密布细小刻点。前胸背板长宽约相等，两侧边缘近弧形，后角呈钝
角形，后缘弧形，密布圆刻点。小盾片长三角形，密布小刻点和绒毛。鞘翅较短

宽，散布稀大刻纹，每翅具 4 对纤细条纹和 3 条横向黑色或栗色宽带。前足胫节外缘 2 齿密接。

寄主：玉米、高粱、月季、向日葵等。

分布：天津（八仙山）、福建、广西、河北、河南、黑龙江、吉林、江苏、辽宁、山东、山西、陕西、四川、云南、浙江；日本，欧洲。

吉丁科 Buprestidae

（190）江苏纹吉丁 *Coraebus kiangsuanus* Obenberger, 1934

体暗绿色具金属光泽。触角第 4 节之后呈锯齿状，前胸背板侧缘具细的缘齿，其上的刻点及颗粒状突起排列不规则，不呈同心状。前胸背板无肩前隆起。小盾片近三角形，后端锐尖。每鞘翅具 1 亮绿色宽纵纹和 3 个白斑，翅端略微锯齿状。

分布：天津（八仙山）、陕西、山东、湖南、湖北、江苏、四川；俄罗斯，日本。

（191）梨金缘吉丁 *Lamprodila limbata* (Gebler, 1832)

别名：串皮虫。

体长 16.0–18.0 mm。体纺锤形，密布刻点，翠绿色具金属光泽，两侧镶金色边缘。头部颜面具粗刻点，中央具倒"丫"形隆起。触角黑色锯齿状。前胸背板具 5 条蓝黑色条纹，中间 1 条粗。鞘翅上具 10 多条蓝黑色断续的纵纹，两外缘具红色纵边，翅端锯齿状。雌性腹部末端浑圆，雄性则深凹。

寄主：梨、苹果、杏、桃、杨、山楂、沙果等。

分布：天津（八仙山等）、甘肃、河北、河南、黑龙江、湖北、湖南、吉林、

190. 江苏纹吉丁 *Coraebus kiangsuanus* Obenberger; 191. 梨金缘吉丁 *Lamprodila limbata* (Gebler); 192. 白蜡窄吉丁 *Agrilus planipennis* Fairmaire

辽宁、内蒙古、青海、陕西；蒙古，俄罗斯。

（192）白蜡窄吉丁 *Agrilus planipennis* Fairmaire, 1888

别名：绿桦树吉丁虫、花曲柳窄吉丁。

体长 8.0–10.0 mm。体狭长，楔形，铜绿色具金属光泽。头扁平，顶端盾形，前端隆起成横脊；复眼古铜色，肾形，占大部分头部。触角锯齿状。前胸横长方形，比头部稍宽，与鞘翅基部同宽。鞘翅蓝绿色，具金属光泽；前缘隆起成横脊，表面密布刻点，尾端圆钝，边缘具小齿突。腹部青铜色。

寄主：毛白蜡、白蜡、水曲柳、花曲柳等梣属植物的苗木、带皮原木、木材。

分布：天津（西青）、黑龙江、吉林、辽宁、山东、内蒙古、河北、台湾等。

叩甲科 Elateridae

（193）细胸锥尾叩甲 *Agriotes subrittatus* Motschulsky, 1860

别名：细胸金针虫、细胸叩头甲、土蚰蜒。

体长 8.0–10.0 mm。体黄色，具细卧毛。头胸部棕黑，鞘翅、触角和足棕红，光亮。额唇基前缘和两侧呈脊状凸出，明显高出于上唇和触角窝。触角自第 4 节起略呈锯齿状。前胸背板长大于宽，后角尖锐。小盾片略呈心脏形。鞘翅翅面呈细粒状，每翅具 9 行深刻点沟。足粗短，各足腿节向外不超出体侧。

寄主：麦类、玉米、高粱、谷子、马铃薯、甜菜、豆类、棉花、花椒、萝卜、白菜、瓜类、杨等。

分布：天津（八仙山等）、福建、甘肃、河北、河南、黑龙江、湖北、吉林、江苏、内蒙古、宁夏、山东、山西、陕西。

（194）泥红槽缝叩甲 *Agrypnus argillaceus* (Solsky, 1871)

体长约 15.5 mm。体狭长，朱红色或红褐色，全身密被短毛。触角第 4 节后各节三角形，锯齿状；末节近端部凹缩成假节。前胸背板中间纵向低凹，后部更明显；背面具脊或脊不明显。小盾片盾状。鞘翅红褐色，宽于前胸，基部两侧平行，后 1/3 处变狭，端部圆拱，具明显的粗刻点排列成行。前胸侧板和后胸侧板无跗节槽。

寄主：华山松、核桃。

分布：天津（八仙山）、甘肃、广西、贵州、湖北、吉林、辽宁、内蒙古、宁夏、陕西、四川、台湾、西藏、云南；韩国，俄罗斯。

（195）褐纹梳爪叩甲 *Melanotus caudex* Lewis, 1879

别名：褐纹金针虫、铁丝虫、姜虫、金齿耙、叩头虫。

　　体长 8.0–10.0 mm。体细长被灰色短毛，黑褐色。头部黑色向前凸，密生刻点；唇基分裂。触角暗褐色，第 2、3 节近球形，第 4–10 节锯齿状，第 4 节较第 2、3 节长。前胸背板黑色，长大于宽；后角尖向后突出；刻点较头上的小。小盾片舌形。鞘翅狭长，黑褐色，自中部向端部渐缢尖，长为胸部 2.5 倍；每侧具 9 条纵列刻点。腹部暗红色。足暗褐色。

　　寄主：小麦、大麦、高粱、玉米、谷子、薯类、豆类、棉、麻、瓜。

　　分布：天津（八仙山等）、安徽、北京、甘肃、广西、河北、河南、黑龙江、吉林、江苏、江西、辽宁、内蒙古、青海、山东、山西、陕西、新疆等。

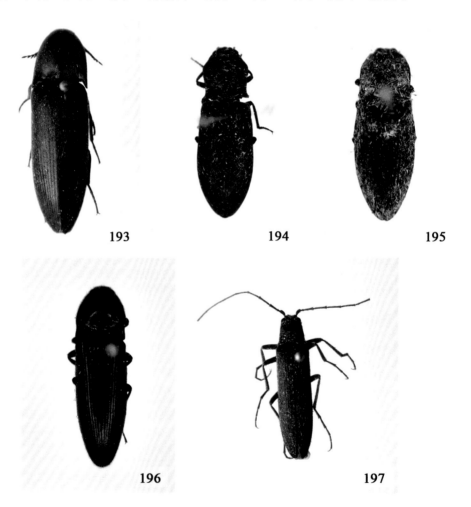

193. 细胸锥尾叩甲 *Agriotes subrittatus* Motschulsky; 194. 泥红槽缝叩甲 *Agrypnus argillaceus* (Solsky); 195. 褐纹梳爪叩甲 *Melanotus caudex* Lewis; 196. 筛头梳爪叩甲 *M. legatus* (Candeze); 197. 沟线角叩甲 *Pleonomus canaliculatus* (Faldermann)

（196）筛头梳爪叩甲 *Melanotus legatus* (Candeze, 1860)

体长约 17.0 mm。体扁平，黑褐色，相当光亮，触角、足红褐色，被毛。额略凸，布筛孔状刻点，额脊完全。雄性触角长，向后超过前胸后角端部，第 4–10 节锯齿状；末节端部成假节。前胸宽略大于长，后角宽扁，具 1 条和侧缘平行的长脊。小盾片近长方形，中央纵向低凹。鞘翅略等宽于前胸，长为前胸长的 2 倍多；表面具刻点沟纹。腹后突在前足基节后倾斜。中足基节窝向中足后侧片开放，爪明显梳状。

寄主：大麦、花生。

分布：天津（八仙山）、福建、广东、广西、江苏、江西、台湾、浙江；日本。

（197）沟线角叩甲 *Pleonomus canaliculatus* (Faldermann, 1835)

别名：沟叩头甲、沟金针虫、芨芨虫、土蚰蜒、钢丝虫。

体长 14.0–18.0 mm。体扁平，栗褐色，全身被金灰色细毛。头部扁平，头顶呈三角形凹陷。雌性触角短粗，11 节，第 3–10 节各节基部细端部粗；雄性触角细长，12 节，长于鞘翅末端。雌性前胸较发达，背面呈半球形隆起，后缘角突出外方；鞘翅长约为前胸长的 4 倍。雄性鞘翅长约为前胸长的 5 倍。足浅褐色，雄性足细长。

寄主：小麦、大麦、玉米、甘薯、马铃薯、萝卜、花生、芝麻、油菜、高粱、谷子、大麻、蚕豆、大豆、烟草、棉花、向日葵、苜蓿、瓜类、苹果、梨等植物。

分布：天津（八仙山等）、安徽、甘肃、河北、河南、湖北、江苏、辽宁、内蒙古、青海、山东、山西、陕西。

萤科 Lampyridae

（198）北方锯角萤 *Lucidina biplagiata* (Motschulsky, 1866)

头黑色，完全缩进前胸背板。触角黑色，锯齿状，11 节，第 2 节短小。复眼较发达。前胸背板近半圆形，前缘中央突出；整个背板中央透明橙黄色，隐约看到黑色的头部，橙黄色外周颜色浅，透明。鞘翅灰黑色，各翅隐约具 2 条浅棕色纵纹。腹部黑色，发光器位于第 8 节。足黑色。

分布：天津（八仙山）、台湾；日本。

（199）胸窗萤 *Pyrocoelia pectoralis* Oliver, 1883

别名：窗胸萤。

雌雄异型，雌性无翅。雄性体长 14.0–18.0 mm。头黑色，完全缩进前胸背板。触角黑色，锯齿状。复眼黑色，突出。前胸背板橙黄色至浅红色，宽大，近半圆形；前缘前方具 1 对大型的月牙形透明斑，后缘稍内凹，后缘角圆滑。鞘翅黑色。

胸部腹面橙黄色。腹部黑色，第 6、7 节具乳白色发光器。足黑色。

分布：天津（九龙山、盘山）、北京、山东、湖北、贵州、江西、浙江。

红萤科 Lycidae

（200）赤缘吻红萤 *Lycostomus porphyrophorus* (Solsky, 1871)

体长 12.0–18.0 mm。体黑色，前胸背板两侧及鞘翅红色，有时前胸背板黑褐色。头向前延长，呈长吻状。前胸背板钟形，前缘稍圆凸，后缘近于平直。鞘翅具 4 条纵隆脊，其中第 3 条较弱。

捕食：成虫、幼虫均捕食小昆虫。

分布：天津（八仙山）、北京、河北、辽宁；朝鲜，俄罗斯。

（201）素短沟红萤 *Plateros purus* Kleine, 1926

体黑色，略带棕色。头黑色，完全缩进前胸背板。前胸背板两侧及鞘翅黄棕色，半透明；前胸背板钟形，前缘中央 1/3 呈山丘状突起，后缘近于平直，正中央具 1 小内凹。小盾片长方形。鞘翅具 4 条纵隆脊。

分布：天津（八仙山）、台湾；朝鲜。

郭公甲科 Cleridae

（202）皮氏郭公虫 *Xenorthrius pieli* (Pic, 1936)

体长约 10.0 mm。体狭长，深褐色，头、触角、前胸背板略带赤色，复眼与上颚黑色，体被明显褐色毛。头部具小而浅的深刻点。触角 11 节，末端 3 节加宽，

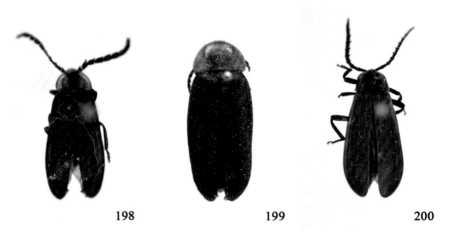

198   **199**   **200**

198. 北方锯角萤 *Lucidina biplagiata* (Motschulsky); 199. 胸窗萤 *Pyrocoelia pectoralis* Oliver;
200. 赤缘吻红萤 *Lycostomus porphyrophorus* (Solsky)

201. 素短沟红萤 *Plateros purus* Kleine; 202. 皮氏郭公虫 *Xenorthrius pieli* (Pic)

端节尖。前胸背板有细刻点，两侧弧形，向后变狭，中央前方具 1 条横沟，中间处向后弯。鞘翅宽于前胸，两侧平行，具明显刻点，后端圆，覆盖腹部。后胸腹面在后足基节前明显隆突，后方具小洼沟。

分布：天津（八仙山、梨木台）、湖南、江西、浙江等；澳大利亚。

（203）中华毛郭公甲 *Trichodes sinae* Chevrolat, 1874

别名：中华郭公虫、红花毛郭公虫、黑带郭公甲、红斑郭公甲。

体长 10.0–18.0 mm。全体深蓝色具光泽，密被软长毛，鞘翅上横带红色至黄色。头宽短黑色，向下倾。触角丝状赤褐色，末端数节粗大如棍棒，深褐色，末节尖端向内伸似桃形。前胸背板前较后宽，前缘与头后缘等长，后缘收缩似颈，窄于鞘翅。鞘翅上具 3 条红色或黄色横行色斑。

食性：幼虫取食叶蜂、泥蜂等幼虫，成虫取食胡萝卜、萝卜、苦豆、蚕豆等植物的花粉。

分布：天津（八仙山等）、北京、重庆、甘肃、广东、广西、贵州、河北、河南、黑龙江、湖北、湖南、吉林、辽宁、内蒙古、宁夏、青海、山东、山西、陕西、上海、四川、西藏、新疆、云南；朝鲜，蒙古，俄罗斯。

露尾甲科 Nitidulidae

（204）四斑露尾甲 *Librodor japonicus* (Motschulsky, 1857)

体长约 12.0 mm。体宽卵形，黑色，具光泽。头大，横宽，具稍密而明显的大刻点。上颚发达，末端分叉。触角棒状，第 1 节长大，端部 3 节球杆部卵圆形。前胸背板横宽，外缘上翻，中部刻点小而疏密，两侧大而密，具不明显纵条纹。

203 **204**

203. 中华毛郭公甲 *Trichodes sinae* Chevrolat; 204. 四斑露尾甲 *Librodor japonicus* (Motschulsky)

鞘翅近基部与中部向后各具 1 个横的、上下具齿状的赤色纹；翅面未盖住腹末，可见腹板 5 节，或盖住腹末。跗节 5 节，第 1–3 节膨大。

    分布：天津（八仙山、武清）、全国广布。

瓢虫科 Coccinellidae

（205）多异瓢虫 *Adonia variegate* (Goeze, 1777)

    体长 4.0–4.7 mm，宽 2.5–3.0 mm。头前部黄白色，后部黑色，或颜面具 2–4 个黑斑。前胸背板黄白色，基部通常具黑色横带向前 4 叉分开，或构成 2 个"口"字形斑。小盾片黑色。鞘翅黄褐色到红褐色，两鞘翅上共有 13 个黑斑，除鞘缝上、小盾片下具 1 黑斑外，其余每鞘翅具 6 个黑斑。黑斑的变异很大，向黑色型变异时，黑斑相互连接或部分黑斑相互连接；向浅色型变异时，部分黑斑消失。

    捕食：棉蚜、麦蚜、豆蚜、玉米蚜、洋槐蚜。

    分布：天津（八仙山等）、北京、福建、甘肃、河北、河南、吉林、辽宁、内蒙古、宁夏、山东、山西、陕西、西藏、新疆、云南；印度，古北区。

（206）十九星瓢虫 *Anisosticta novemdecimpunctata* (Linnaeus, 1758)

    体长 3.9–4.3 mm，体宽 2.0–2.5 mm。体长形，扁平拱起。头部红色，复眼后方额中部具 2 个圆形小黑斑。前胸背板基色黄褐色，具 6 个小黑斑排列成前后两列。小盾片三角形，黑色。鞘翅基部柠檬黄色，共具 19 个小黑斑，除小盾斑外，均位于鞘翅上。腹面黄褐色。足黄褐色，腿节端均能露出体缘。

    捕食：蚜虫。

    分布：天津（八仙山）、北京、河北、河南、宁夏；俄罗斯，欧洲，北美洲。

（207）隐斑瓢虫 *Ballia obscurosignata* Liu, 1963

体长 6.4–7.3 mm，体宽 4.7–5.6 mm。头红褐，触角、复眼黑色，前胸背板及鞘翅黄褐至栗褐。前胸背板两侧具大黄白斑，自前角达后角。小盾片深栗褐色。鞘翅具不明显黄白斑，斑纹沿鞘缝者挂钩形，鞘翅中央 1/3 处具点斑，沿外缘具窄条黄白斑，斑纹变异大。

捕食： 松长足大蚜、飞虱等昆虫。

分布： 天津（八仙山）、北京、福建、广东、广西、贵州、河北、河南、湖南、山东、陕西、四川、台湾、浙江；朝鲜，日本，越南。

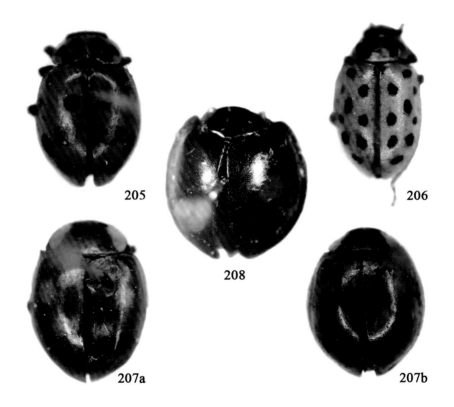

205. 多异瓢虫 *Adonia variegate* (Goeze); 206. 十九星瓢虫 *Anisosticta novemdecimpunctata* (Linnaeus); 207. 隐斑瓢虫 *Ballia obscurosignata* Liu; 208. 红点唇瓢虫 *Chilocorus kuwanae* Silvestri

（208）红点唇瓢虫 *Chilocorus kuwanae* Silvestri, 1909

体长 3.3–4.9 mm。体近圆形，呈半球形拱起。头部黑色，唇基向前延伸，像铲子，前缘红棕色。鞘翅中央各具 1 个褐色至红褐色的长圆形小斑。胸部腹板及中后胸侧片黑色，腹部各节红褐色，但第 1 节基部中央黑色，足黑色。

捕食：桑白蚧、矢尖蚧、桃球蚧、东方稻蜡蚧、梨长白蚧、杨圆蚧、桃杏坚蚧、褐圆蚧。

分布：天津（八仙山等）、安徽、北京、福建、甘肃、广东、河北、河南、黑龙江、湖南、吉林、江苏、江西、辽宁、宁夏、山东、山西、陕西、四川、云南；朝鲜，俄罗斯，日本，意大利，美国。

（209）七星瓢虫 *Coccinella septempunctata* Linnaeus, 1758

体长 5.2–7.5 mm，体宽 4.0–5.6 mm。体短卵形，背面强度拱起，无毛。头黑色，额与复眼相连的边缘上具 1 对淡黄色斑。前胸背板黑色，两侧前半部具 1 个近四边形的淡黄色大斑，伸展到缘折上形成窄条。小盾片黑色。鞘翅橙红色，左右各有 3 个黑斑，接合处前方具 1 个大黑斑。鞘翅上的 7 个斑点可变大甚至相连，或鞘翅全黑，变化非常大。

捕食：棉蚜、麦蚜、豆蚜、菜缢管蚜等 60 多种农林蚜虫。

分布：天津（八仙山等）、全国广布；印度，新西兰，古北区，东南亚，北美洲。

（210）双七瓢虫 *Coccinula quatuordecimpustulata* (Linnaeus, 1758)

体长 3.3–4.0 mm，体宽 2.6–2.9 mm。头部黄色。前胸背板黑色，前角具黄斑，并沿侧缘狭窄地向后伸延，前缘黄色而将两角的黄斑相连，并在中部向后伸延。小盾片黑色。鞘翅黑色，各具 7 个黄斑，按 2、2、2、1 排成内外两行。腹面黑色，缘折及中胸后侧片、后胸前侧片的后半和第 1 腹板外侧黄色。

捕食：棉蚜、甘蓝蚜、麦长管蚜。

分布：天津（八仙山）、北京、甘肃、河北、河南、黑龙江、内蒙古、山西、新疆、江西；古北区。

（211）合子草瓢虫 *Epilachna operculata* Liu, 1963

体长 5.3–6.4 mm，体宽 4.5–5.2 mm。整体褐红色，卵圆形，体背具黄色密毛。前胸背板前缘中部内凹，外缘前部 1/3 弯曲，两侧各具 1 个圆形黑斑，中部稍下方、后缘 1/3 处各具 1 个三角形黑斑，中央具箭头形大黑斑。小盾片三角形，褐红色。各鞘翅具黑斑 14 个。足黄色，股节中央偶具长形黑点。

寄主：各类瓜、合子草、杂草等。

分布：天津（八仙山）、北京、甘肃。

（212）异色瓢虫 *Harmonia axyridis* (Pallas, 1773)

体长 5.4–8.0 mm。体色和斑纹变异很大。前胸背板浅色，具 1 个"M"形黑斑，向浅色型变异时该斑缩小，仅留下 4 或 2 个黑点；向深色型变异时该斑扩展

209. 七星瓢虫 *Coccinella septempunctata* Linnaeus; 210. 双七瓢虫 *Coccinula quatuordecimpustulata* (Linnaeus); 211. 合子草瓢虫 *Epilachna operculata* Liu

相连以至前胸背板中部全为黑色，仅两侧浅色。鞘翅上各具 9 个黑斑，向浅色型变异的个体鞘翅上的黑斑部分消失或全消失，以致鞘翅全部为橙黄色；向深色型变异时，斑点相互连成网形斑，或鞘翅基色黑而有 1、2、4、6 个浅色斑纹甚至全黑色。

捕食：麦长管蚜、豆蚜、棉蚜、高粱蚜、木虱、粉虱、叶蝉、褐飞虱、灰飞虱、菜蛾、螨类。

天敌：瓢虫茧蜂、瓢虫隐尾跳小蜂。

分布：天津（八仙山等）、北京、福建、甘肃、广东、河北、河南、黑龙江、湖南、吉林、江苏、江西、山东、山西、陕西、四川、云南、浙江；朝鲜，俄罗斯西伯利亚，蒙古，日本，美国，亚洲东部。

（213）茄二十八星瓢虫 *Henosepilachna vigintioctopunctata* (Fabricius, 1775)

别名：酸浆瓢虫、二十八星瓢虫。

体长 5.0–7.5 mm，宽 4.0–6.2 mm。体卵圆形或心形，体背黄褐色至褐色，

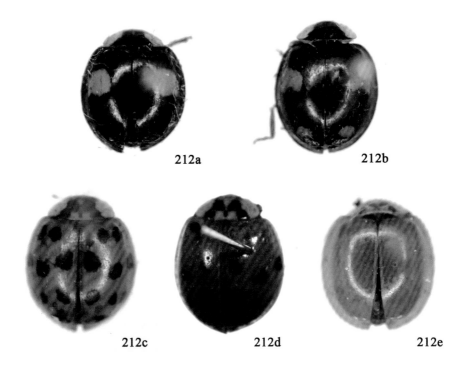

212. 异色瓢虫 *Harmonia axyridis* (Pallas)的体色和斑纹变异

密被金黄色细短毛。前胸背板具 7 个黑色斑点，浅色个体中斑点消失，深色个体则扩大，甚至整体连成黑色。每鞘翅具 14 个圆形黑斑；鞘翅端角与鞘缝的联合处成角状突起。体腹面黄褐色，后胸背板及第 1–3 腹节中央部分黑色。雄性第 5 腹板后缘稍内凹，第 6 腹板后缘稍平直；雌性第 6 腹板后缘中央稍突出。足黄褐色。

寄主：马铃薯、番茄、野茄、曼陀罗、龙葵、瓜类、豆类等植物。

分布：天津（蓟州、西郊）、全国广布；朝鲜，俄罗斯，日本，印度，斐济。

（214）十三星瓢虫 *Hippodamia tredecimpunctata* (Linnaeus, 1758)

体长 6.0–6.2 mm，体宽 3.4–3.6 mm。头部黑色，前缘黄色。前胸背板橙黄色，中部具近梯形的大黑斑，自基部几乎伸过前缘，近侧缘处还各具 1 个小黑斑。小盾片黑色或褐黄色。鞘翅基色为红黄色至褐黄色，两鞘翅上共有 13 个黑斑，其中 1 个位于鞘缝靠近小盾片处，每鞘翅上具 6 个黑斑。

捕食：棉蚜、槐蚜、麦长管蚜、豆长管蚜、麦二叉蚜、小米蚜、菜缢管蚜。

分布：天津（八仙山等）、北京、甘肃、河北、黑龙江、湖北、湖南、吉林、江苏、江西、辽宁、内蒙古、宁夏、山东、山西、陕西、新疆、浙江；日本，朝鲜，蒙古，俄罗斯，中东，欧洲，北美洲等。

（215）龟纹瓢虫 *Propylaea japonica* (Thunberg, 1781)

体长 3.8–4.7 mm，体宽 2.5–3.8 mm。基色黄色而带有龟纹状黑色斑纹。雄性前额黄色而基部前胸背板之下部分黑色。雌性前额具 1 个三角形黑斑。复眼黑色，口器、触角黄褐色。前胸背板中央具 1 个大黑斑，其基部与后缘相连，有时扩展至前胸背板全部而仅留黄色的前缘和后缘。小盾片黑色。鞘翅外观变化极大；标准型基色黄色带有龟纹状黑色斑纹；无纹型翅鞘除接缝处有黑线外，全为单纯橙色；另外尚有四黑斑型、前二黑斑型、后二黑斑型等不同的变化。

捕食：棉蚜、麦蚜、玉米蚜、高粱蚜。

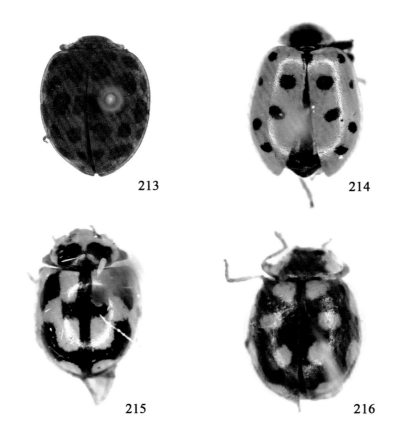

213. 茄二十八星瓢虫 *Henosepilachna vigintioctopunctata* (Fabricius); 214. 十三星瓢虫 *Hippodamia tredecimpunctata* (Linnaeus); 215. 龟纹瓢虫 *Propylaea japonica* (Thunberg); 216. 十二斑褐菌瓢虫 *Vibidia duodecimguttata* (Poda von Neuhaus)

分布：天津（八仙山等）、全国广布；朝鲜，俄罗斯西伯利亚，日本，越南，印度。

（216）十二斑褐菌瓢虫 *Vibidia duodecimguttata* (Poda von Neuhaus, 1761)

别名：白瓢虫。

体长 3.1–4.2 mm，体宽 2.3–3.5 mm。体椭圆形，背面高度拱起。头白色，有时头顶处具 2 个浅褐色圆斑。前胸背板红褐色或黄褐色，两侧半透明，前角及后角常各具 1 个白斑。小盾片与鞘翅同色。鞘翅红褐色或黄褐色，每鞘翅具 6 个白斑，呈 1、1、1、2、1 排列。腹面和足黄褐色。

寄主：榕树白粉菌、椿树白粉菌的真菌孢子。

分布：天津（八仙山等）、北京、福建、甘肃、广西、河北、河南、湖南、吉林、青海、陕西、上海、四川、云南；朝鲜，俄罗斯西伯利亚，蒙古，日本，越南，西亚，中亚，欧洲。

拟步甲科 Tenebrionidae

（217）杂色栉甲 *Cteniopinus hypocrita* (Marseul, 1876)

体长 15.0–18.0 mm，体宽 5.0–6.0 mm。体黄色。唇基横，额唇基沟弯，上唇和唇基不完全遮盖上颚侧缘。触角第 2 节略长于端部宽度，第 3 节黑色。复眼侧缘具较强的拱起，眼间距是眼直径 3 倍。前胸背板横阔；基部宽度约是端部 2 倍；通常下凹，具 3 个弱坑；基角近于直角形，向前足基节倾斜。小盾片三角形。鞘翅直，具粗刻点；肩粗，缘折窄，未达翅端。胫节和跗节黑色，胫节具 2 个小弱弯。

分布：天津（八仙山）、甘肃、河北、河南、湖北、四川；日本。

（218）网目土甲 *Gonocephalum reticulatum* Motschulsky, 1854

体长 4.5–7.0 mm。体锈褐色至黑褐色。第 3 节触角短，长于第 2 节 1.5 倍；颊的外缘锐直角形突出。前胸背板两侧浅棕色，宽是长的 2 倍，侧缘圆形并具少量锯齿。鞘翅背面被稠密的金黄色毛，两侧平行，长大于宽 1.6–1.7 倍；刻点行上的刚毛从稀疏的小圆刻点中间伸出。前足胫节外缘锯齿状，末端略突出，前缘宽度与前 3 跗节之和相等。

分布：天津（八仙山）、甘肃、河北、河南、黑龙江、吉林、江苏、内蒙古、宁夏、青海、山东、山西；朝鲜，俄罗斯，蒙古。

（219）林氏伪叶甲 *Lagria hirta* Linnaeus, 1758

体长 7.5–9.0 mm。全体黑色。触角、小盾片和足黑褐色；鞘翅褐色，具较强的光泽；头、前胸背板被长且直立的深色毛，鞘翅被长而半直立的黄色绒毛。头与前胸背板等宽；前胸背板刻点稀少，有些个体背板中央纵向具浅压痕，基部 1/3 处两侧具横压痕。鞘翅细长，具不明显纵脊；饰边除肩部外其余可见。

分布：天津（八仙山等）、甘肃、河北、河南、黑龙江、宁夏、陕西、四川；日本，欧洲，北非。

（220）类沙土甲 *Opatrum subaratum* Faldermann, 1835

体长 6.5–9.0 mm。体椭圆形，黑色，略带锈红色。前胸背板宽大于长的 2 倍以上，两侧圆，前角圆，基部较收缩，基部沿两侧到中间无缘饰痕迹。鞘翅每行由 5–8 个瘤突组成，行纹较明显，缘折外边的扁平部分被其两侧的凹面划开。前足胫节端外齿窄而突出，其前缘宽度是前足跗节前 4 节长度之和。

寄主：小麦、大麦、高粱、谷子、黍、苜蓿、大豆、菜豆、花生、甜菜、棉花、亚麻、瓜类等。

分布：天津（八仙山）、北京、甘肃、河北、河南、内蒙古、宁夏、青海、山东、山西、陕西；朝鲜，俄罗斯远东地区，蒙古，哈萨克斯坦。

（221）中型临烁甲 *Plesiophthalmus spectabilis* Harold, 1875

身体背面发光。头部下折，静止时近于垂直，嵌入前胸，几乎达到复眼中间，唇基与上唇之间膜片明显。前胸背板梯形，前胸腹板在前足基节之前；中胸腹板短，后胸腹板稍长。小盾片大。鞘翅隆起，有刻点线，或成列的刻点；具小盾片线；列间扁平或隆起；缘折完整，沿内缘具细边。足细长，后足跗节第 1 节短于端部 3 节之和，鞘翅盖住肛节。

分布：天津（八仙山）、河北、华中、台湾；日本。

芫菁科 Meloidae

（222）中国豆芫菁 *Epicauta chinensis* (Laporte, 1840)

体长 14.5–25.0 mm。全体黑色被细短黑色毛，额中间具 1 个红斑。头部具密刻点。触角基部内侧生黑色发亮圆扁瘤 1 个。前胸背板两侧平行，从端部的 1/3 处向前收缩；具 1 条白色短毛组成的纵纹，沿鞘翅的侧缘、端缘及中缝处长有白毛。雄性前足第 1 跗节基半部细，向内侧凹，端部阔，雌性不明显。

寄主：刺槐、花生、玉米、紫穗槐、大豆、甜菜、马铃薯、苜蓿、槐等。

分布：天津（八仙山等）、北京、河北、河南、内蒙古、宁夏、山西、陕西；朝鲜，日本。

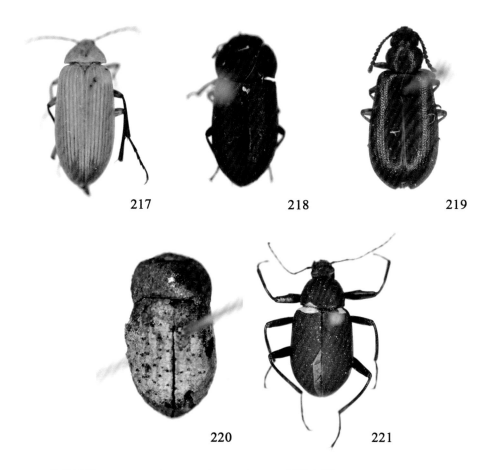

217. 杂色栉甲 *Cteniopinus hypocrita* (Marseul); 218. 网目土甲 *Gonocephalum reticulatum* Motschulsky; 219. 林氏伪叶甲 *Lagria hirta* Linnaeus; 220. 类沙土甲 *Opatrum subaratum* Faldermann; 221. 中型临烁甲 *Plesiophthalmus spectabilis* Harold

（223）中突沟芫菁 *Hycleus medioinsignatus* (Pic, 1909)

体长 14.6–24.5 mm，宽 3.8–7.7 mm。体黑色，密布浅大刻点和黑长毛。额中央具 1 光滑无刻点区域。触角向后伸达前胸背板基部。前胸背板长约等于宽，中部最宽，向端部和基部渐收缩，盘中央 1 纵沟和 1 浅凹，近基部 1 矩形中凹；两侧偶杂黄毛。鞘翅黑色，基部毛略长；每翅基部具 1 个椭圆形大黄斑，有变异；翅面黑色斑为 3 条完整的横带。雄性肛板后缘弧凹，第 5 可见腹板后缘微凹；雌性肛板和第 5 可见腹板后缘平直。

分布：天津（八仙山等）、北京、福建、广西、贵州、河北、河南、湖北、山西、四川、西藏、云南；蒙古，尼泊尔。

（224）绿芫菁 *Lytta caraganae* (Pallas, 1781)

别名：斑蝥、蓝芫菁、金绿芫菁。

体长 11.0–21.0 mm，宽 3.0–6.0 mm。全身绿色，具紫色金属光泽，有些个体鞘翅具金绿色光泽。额前部中央有 1 橘红色小斑纹。触角约为体长的 1/3，11 节，第 5–10 节念珠状。前胸背板短宽，前角隆起突出，后缘稍呈波浪形弯曲。鞘翅具皱状刻点，凹凸不平，铜色或铜红色金属光泽，光亮无毛。中足腿节基部腹面具 1 个尖齿。

寄主：槐、花生、刺槐、苜蓿、紫穗槐、黄芪等。

分布：天津（八仙山等）、安徽、北京、甘肃、河北、河南、黑龙江、湖北、吉林、江苏、江西、辽宁、内蒙古、宁夏、山东、山西、浙江；俄罗斯。

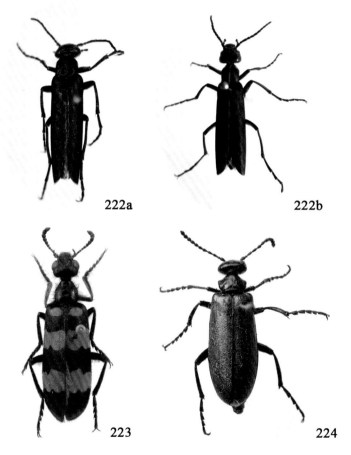

222a   222b

223   224

222. 中国豆芫菁 *Epicauta chinensis* (Laporte); 223. 中突沟芫菁 *Hycleus medioinsignatus* (Pic);
224. 绿芫菁 *Lytta caraganae* (Pallas)

幽甲科 Zopheridae

（225）花绒坚甲 *Dastarcus longulus* Sharp, 1885

别名： 花绒穴甲、木蜂坚甲、缢翅坚甲。

体长 5.0–11.0 mm。体鞘坚硬，黑褐色。头和前胸密布小刻点；头凹入胸内。触角第 1 节膨大。前胸背板宽大，前角尖锐，后角钝；背板中部具 2 条密集鳞片纵列。小盾片细小且下陷。每鞘翅具 4 条直立鳞片列、1 个椭圆形深褐色斑纹，尾部沿中缝具 1 个粗"十"字形斑。

寄主： 松褐天牛、光肩星天牛、黄斑星天牛、云斑白条天牛、桑天牛、栎山天牛、刺角天牛和锈色粒肩天牛等。

分布： 天津（西青）、安徽、北京、甘肃、广东、河北、河南、湖北、江苏、辽宁、内蒙古、宁夏、山东、山西、陕西；日本。

暗天牛科 Vesperidae

（226）狭胸天牛 *Philus antennatus* (Gyllenhal, 1817)

体长约 30.0 mm。体棕褐色，密布黄色短毛。头端部与前胸等宽。雄性触角粗长，超出身体。前胸背板短小，前缘略翻起，两侧边缘明显；表面具细密刻点，前后具 4 个略突的光滑小区。小盾片后缘呈圆形。鞘翅宽于前胸，具 4 条纵脊。后足第 1 跗节短于第 2 节和第 3 节之和。

寄主： 橘、茶。

分布： 天津（八仙山等）、福建、海南、河北、河南、湖南、江西、香港、浙江；印度东部。

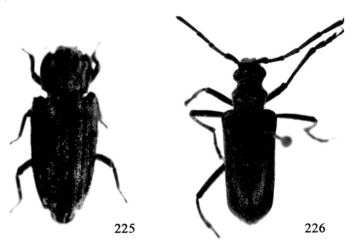

225　　　　　　　　　　　　**226**

225. 花绒坚甲 *Dastarcus longulus* Sharp; 226. 狭胸天牛 *Philus antennatus* (Gyllenhal)

天牛科 Cerambycidae

（227）灰长角天牛 *Acanthocinus aedilis* (Linnaeus, 1758)

体长 16.0–21.0 mm。触角为体长的 2–5 倍。前胸背板具许多不规则横脊线，杂有粗糙刻点；中部前方具 4 个棕黄色或金黄色毛斑排成一横行；侧刺突很短。每鞘翅上各具 2 条深色而略斜的横斑纹；表面密布颗粒或粒状刻点，尤以基部及肩部较显著。后足胫节第 1 节长度约与其他 3 节的总和相等。

寄主：红松、华山松、油松、云杉。

分布：天津（八仙山等）、河北、河南、黑龙江、吉林、江西、内蒙古、山东、陕西；朝鲜，俄罗斯西伯利亚，欧洲。

（228）小灰长角天牛 *Acanthocinus griseus* (Fabricius, 1792)

体长 8.0–15.0 mm。体黑褐色至棕褐色。头中央具 1 条细沟。雄性触角不超过体长的 3 倍，第 3–5 节下沿也有厚密的短柔毛。前胸背板具一横列 4 个黄色斑点。鞘翅中部具 1 条宽的浅灰色横斑纹，具 2 条斜暗色带。雌性腹部末节较长，与腹部第 1、2 节之和约等长。

寄主：红松、云杉。

分布：天津（八仙山）、黑龙江、吉林、辽宁、河北、陕西、山东；俄罗斯，朝鲜。

（229）光肩星天牛 *Anoplophora glabripennis* (Motschulsky, 1853)

体长 22.0–36.0 mm。体较狭，黑色带紫铜色。触角 11 节，基部蓝黑色。前胸背板无毛斑，瘤突不明显；侧刺突较尖锐，不弯曲；中胸腹板瘤突不发达。鞘翅基部无颗粒，翅面刻点较密，具细小皱纹，白色毛斑大小及排列不规则，每鞘翅约 20 个白斑。足及腹面黑色，密被蓝白色绒毛。

寄主：苹果、梨、樱桃、悬铃木、刺槐、梅、榆、桑、水杉、枫、青杨、大关杨、箭杆杨等上百种植物。

分布：天津（八仙山等）、安徽、北京、福建、甘肃、贵州、广东、广西、河北、河南、黑龙江、湖北、湖南、吉林、江苏、辽宁、内蒙古、宁夏、青海、山东、山西、陕西、上海、四川、云南、浙江；朝鲜，日本。

（230）粒肩天牛 *Apriona germari* (Hope, 1831)

别名：桑天牛、黄褐天牛、铁炮虫。

体长 35.0–46.0 mm。体黑褐色，密生暗黄色细绒毛。触角第 1、2 节黑色，其余各节灰白色。前胸背板前后横沟之间具不规则的横脊纹，具侧刺突。鞘翅基部

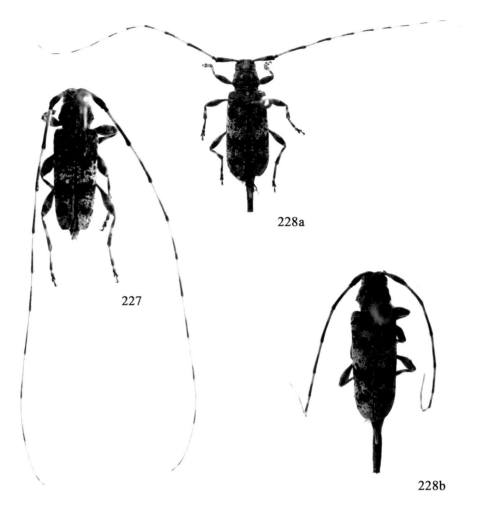

227. 灰长角天牛 *Acanthocinus aedilis* (Linnaeus); 228. 小灰长角天牛 *A. griseus* (Fabricius)

约 1/3 处具黑色光亮的瘤状颗粒，肩角及内外端角均呈刺状；翅面绒毛色泽一致，无斑点。

寄主： 桑、榆、毛白杨、构树、旱柳、苹果等多种林木和果树。

分布： 天津（八仙山、静海）、福建、广东、广西、贵州、河北、湖南、江苏、辽宁、山东、山西、陕西、四川、台湾、云南、浙江；日本，朝鲜，越南，老挝，柬埔寨，缅甸，泰国，印度，孟加拉国。

（231）桃红颈天牛 *Aromia bungii* (Faldermann, 1835)

别名： 红颈天牛、铁炮虫、哈虫。

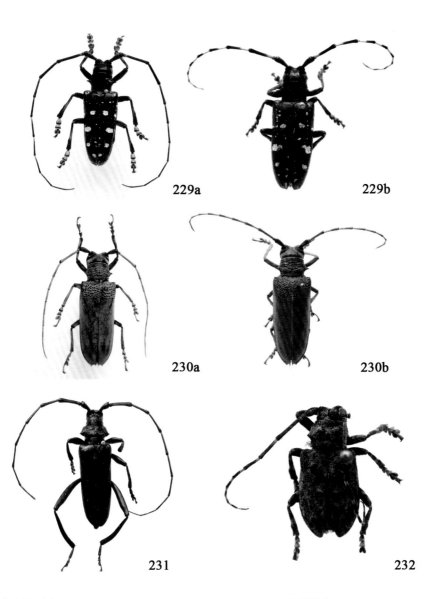

229a 229b

230a 230b

231 232

229. 光肩星天牛 *Anoplophora glabripennis* (Motschulsky); 230. 粒肩天牛 *Apriona germari* (Hope);
231. 桃红颈天牛 *Aromia bungii* (Faldermann); 232. 瘤胸簇天牛 *Aristobia hispida* (Saunders)

体长 28.0–37.0 mm。体黑色，有光亮。头黑色，头顶两眼间具深凹。触角丝状，11 节，黑蓝紫色；雄性触角超出体长 4–5 节，雌性触角超出体长 1–2 节。前胸背板红色，背面有 4 个光滑疣突，两侧各具 1 个大而尖的刺突。小盾片略下凹，表面光滑。鞘翅光滑，基部比前胸宽，端部渐狭。足黑蓝紫色。

寄主：桃、杏、李、梅、樱桃等。

分布：天津（八仙山等）、全国广布；俄罗斯，日本。

（232）瘤胸簇天牛 *Aristobia hispida* (Saunders, 1853)

体长 21.0–33.0 mm。体青黑色，全体密被棕红色绒毛，并杂有黑白色毛斑。触角 12 节，黑褐色，端部 5 节密被棕黄色绒毛。前胸背板具 8–9 个小瘤组成的大瘤突，前胸两侧各有 1 个尖锐刺突。小盾片三角形，长大于宽。鞘翅基部具颗粒，翅末端凹进，外端角突出很明显，内端角较钝圆，腹部末端黑色短丛。

寄主：漆、杉类、柏木、柳、板栗、胡枝子、核桃、油桐、桑、紫穗槐、柑橘类等。

分布：天津（蓟州）、福建、河北、陕西、河南、江苏、安徽、湖北、浙江、江西、台湾、广东、广西、四川、海南、西藏；越南。

（233）红缘亚天牛 *Asias halodendri* (Pallas, 1776)

体长 15.0–19.5 mm。体黑色狭长，被细长灰白色毛。雄性触角约为体长的 2 倍，第 3 节最长；雌性触角与体长略相等，第 11 节最长。前胸背板刻点稠密，呈网状；侧刺突短钝。鞘翅两侧平行，每鞘翅基部具 1 个朱红色椭圆形斑，外缘具 1 条朱红色窄条，常在肩部与基部椭圆形斑相连接。

寄主：枣、榆、刺槐、旱柳、沙枣、枸杞、锦鸡儿、忍冬、苹果、梨、葡萄。

分布：天津（八仙山等）、北京、甘肃、河北、河南、黑龙江、吉林、江苏、辽宁、内蒙古、宁夏、山东、山西、浙江；朝鲜，俄罗斯，蒙古。

（234）云斑白条天牛 *Batocera horsfieldi* (Hope, 1839)

别名：白条天牛、云斑天牛。

体长 40.0–63.0 mm。体黑色或黑褐色，密被灰白色绒毛。前胸背板中央具 1 对近肾形白色或橘黄色斑，两侧中央各具 1 个粗大尖刺突。翅基具颗粒状光亮瘤突，约占鞘翅的 1/4；鞘翅上具排成 2–3 纵行的 10 多个斑纹，斑纹变异大，黄白色、杏黄或橘红色混杂，翅中部前具许多小圆斑，或斑点扩大呈云片状。

寄主：杨、柳、核桃、栎、桑、板栗、榆、桉、油桐、乌桕、枇杷、木麻黄、枫杨、女贞、泡桐等。

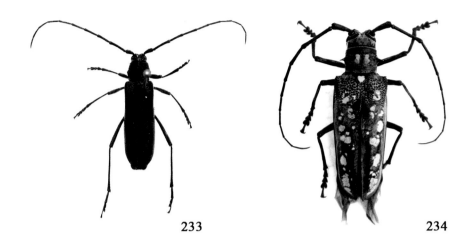

233　　　　　　　　　　　　　　**234**

233. 红缘亚天牛 *Asias halodendri* (Pallas); 234. 云斑白条天牛 *Batocera horsfieldi* (Hope)

分布：天津（八仙山），广布于除西藏外国内各省区；越南，印度，日本。

（235）榆绿天牛 *Chelidonium provosti* (Fairmaire, 1887)

体长 22.0–28.0 mm。体绿色具金属光泽。触角黑色，柄节及足黑蓝色，前、中足腿节的大部分红褐色，末端深蓝。额中央具 1 条短纵沟，前额具 2 条不平行的浅横凹。雄性触角第 7–10 节外端具钝刺。前胸背板十分横阔，侧刺突较粗大；胸面具网状粗糙皱纹，前端中央具 1 条浅纵凹，后端两侧微隆起。小盾片长三角形，中央稍纵凹。鞘翅密布细刻点，每翅略显 2 条细纵线。

寄主：榆、杨、梨。

分布：天津（蓟州）、北京、陕西。

（236）刺槐绿虎天牛 *Chlorophorus diadema* (Motschulsky, 1854)

别名：樱桃虎天牛。

体长 8.0–12.0 mm。体棕褐至黑褐色，被灰黄色绒毛。触角柄节较第 3 节稍长。前胸背板长略大于宽，前缘及基部具灰黄色卧毛，中央无毛区形成 1 个褐色横斑。小盾片后端半圆形，覆盖黄色绒毛。鞘翅肩部前后具 2 个黄色绒毛，靠小盾片沿中缝具 1 条向外弯斜的斑纹，其外端几与肩部第 2 斑点相接。

寄主：刺槐、枣、桦、樱桃。

分布：天津（八仙山等）、甘肃、广西、河北、河南、黑龙江、湖北、吉林、江苏、江西、内蒙古、山东、山西、陕西、四川、台湾；朝鲜、俄罗斯西伯利亚，日本，蒙古。

（237）黑角伞花天牛 *Corymbia succedanea* (Lewis, 1879)

体长 18.0–20.0 mm，宽 4.0–6.0 mm。体较瘦长，黑色。复眼内缘中央凹陷，眼后后颊较狭而明显。触角第 5–10 节外端角突出，略呈锯齿状。鞘翅和前胸背板红色；前胸背板宽大于长，前端狭小，侧缘弧圆，后缘浅波形，后侧角尖短，背中央具 1 不明显的无刻点纵线。小盾片三角形，密被灰黄色。鞘翅肩部最宽，显宽于前胸基缘，向后逐渐收狭，外端角尖锐。后足第 1 跗节长约为第 2、3 跗节之和的 1.5 倍以上。

分布：天津（八仙山）、安徽、北京、福建、河南、黑龙江、湖北、吉林、江西、辽宁、山西、陕西、四川。

（238）曲牙土天牛 *Dorysthenes hydropicus* (Pascoe, 1857)

别名：土居天牛、曲牙锯天牛。

体长 25.0–47.0 mm。体棕栗色至栗黑色，略带金属光泽，触角和足棕红色。头部中央具 1 条细纵沟。雌性触角接近鞘翅中部；雄性触角超过鞘翅中部，触角第 3–10 节的外端角突出，呈宽锯齿状。前胸背板宽大于长，前缘中央凹陷，侧缘具 2 齿；胸部中央具 1 条细纵沟。小盾片舌状。每鞘翅微呈 2–3 纵脊。

寄主：杨、柳、棉花、甘蔗、花生等植株根部。

分布：天津（八仙山等）、甘肃、广西、河北、河南、湖南、江苏、江西、内蒙古、山东、陕西、台湾、浙江。

（239）双带粒翅天牛 *Lamiomimus gottschei* Kolbe, 1886

体长 34.0–38.0 mm。黑褐或黑色，不光亮，全身被茶褐色和淡豆沙色绒毛，后者形成遍体淡色小斑点，背面则以鞘翅中部前和翅端 1/3 区域为最显著，形成明显的 2 条宽阔横带。头表面粗糙，多皱纹。触角黑褐色，雄性超过体长 3–4 节，雌性仅达腹节后缘。前胸背板高低不平，中瘤明显，两侧各具 2 个瘤突呈"八"字形分立于左右；前、后横沟较深，侧刺突粗大。小盾片基部具 1 个三角形黑色无毛小区。鞘翅基部布满瘤状小颗粒，后部为粗刻点和皱纹，每鞘翅隐约可见细直隆纹 4 条。

寄主：杨、柳、栎、椿、油松、槐、桦、槲树。

分布：天津（八仙山等）、安徽、北京、贵州、河北、河南、黑龙江、湖北、江苏、江西、陕西、四川、浙江；朝鲜，俄罗斯。

（240）顶斑瘤筒天牛 *Linda fraterna* (Chevrolat, 1852)

别名：顶斑筒天牛。

体长 15.0–17.0 mm。体长筒形，橙黄色。触角第 4–6 节基部橙黄色，触角基瘤

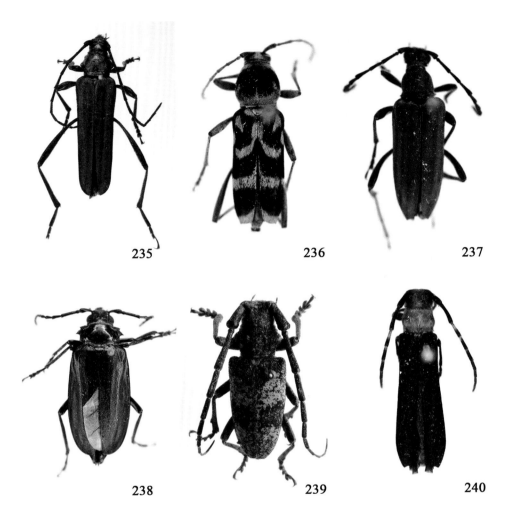

235. 榆绿天牛 *Chelidonium provosti* (Fairmaire); 236. 刺槐绿虎天牛 *Chlorophorus diadema* (Motschulsky); 237. 黑角伞花天牛 *Corymbia succedanea* (Lewis); 238. 曲牙土天牛 *Dorysthenes hydropicus* (Pascoe); 239. 双带粒翅天牛 *Lamiomimus gottschei* Kolbe; 240. 顶斑瘤筒天牛 *Linda fraterna* (Chevrolat)

黑色斑显著。复眼下叶大，颊小。头顶两侧在复眼上叶后，各有 1 个显著黑色斑点。鞘翅黑色，两侧端部分开，翅端凹陷较深。后胸腹板两侧部分黑色。足黑色。

　　寄主：梅、桃、樱桃、杏、海棠、苹果、红叶李、楝木和臭椿等。

　　分布：天津（八仙山等）、全国广布。

（241）黄绒缘天牛 *Margites fulvidus* (Pascoe, 1858)

　　体长 18.0–19.0 mm。体长形，黑褐色至褐色。雄性触角长于体，雌性则达鞘翅末端，第 3、4 节端部不膨大。前胸背板长宽近相等，两侧各具 3 个金黄色毛斑，后缘及小盾片也可见黄色绒毛。鞘翅被灰黄色细短绒毛，两侧平行，翅面具细皱刻点。足胫节两侧各具 1 条光滑纵脊线。

寄主： 麻栎。

分布： 天津（八仙山等）、福建、广东、河北、河南、黑龙江、湖北、吉林、辽宁、山东、四川。

（242）栗山天牛 *Massicus raddei* (Blessig, 1872)

体长 43.0–47.0 mm。体色为黑色至黑褐色，被黄色绒毛。头部在复眼间具 1 条纵沟，一直延长至头顶。触角 11 节，第 3、4 节端部膨大成瘤状，约为体长的 1.5 倍，每节上有刻点，第 1 节粗大，约等于第 4、5 节之和。前胸背板具横皱纹，两侧缘圆弧形，无侧刺突。翅端圆形，缝角呈尖刺状。

寄主： 板栗、栎、桑、苹果、橘、梅、泡桐。

分布： 天津（八仙山）、福建、河北、河南、黑龙江、吉林、江苏、江西、辽宁、山东、陕西、四川、台湾、云南、浙江；朝鲜，俄罗斯，日本。

（243）中华薄翅天牛 *Megopis sinica* (White, 1853)

体长 40.0–50.0 mm。体赤褐色至暗褐色。头具细密颗粒，由中央至前额具 1 条细纵沟。雄性触角与体等长或略长，下缘具齿状突；雌性触角伸至鞘翅后半部。前胸背板前狭后宽呈梯形，表面密布颗粒状刻点和黄色短毛。前翅宽于前胸，每翅具 2–3 条细小纵脊。

寄主： 苦楝、泡桐、枫、构树、梧桐、板栗、栎、桑、野桐、苹果、枣、杨、柳、榆、白蜡、云杉等。

分布： 天津（八仙山等）、安徽、福建、广西、贵州、河北、河南、黑龙江、湖南、吉林、江苏、江西、辽宁、山东、山西、四川、台湾、云南、浙江；朝鲜，日本，越南，老挝，缅甸。

（244）峦纹象天牛 *Mesosa irrorata* Gressitt, 1939

体长约 16.0 mm。体黑色，密被淡褐色、灰色、黑褐色毛组成的花纹。头被灰黄色绒毛，复眼间具 2 条黑色直纹。触角柄节上具许多黑褐色小斑点。前胸背板具 4 条彼此平行的黑色直纹。鞘翅基部 1/3 为黑色，其上散生褐黑色小点和粗刻点；翅端 1/3 处具 1 条黑褐色波状横带，翅面具直立细毛。

寄主： 栎。

分布： 天津（八仙山等）、福建、河南、江西、浙江。

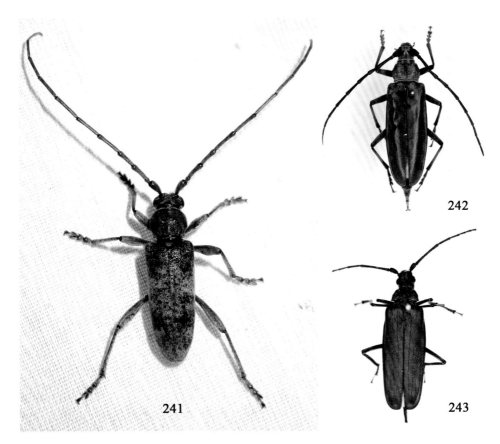

241. 黄绒缘天牛 *Margites fulvidus* (Pascoe); 242. 栗山天牛 *Massicus raddei* (Blessig);
243. 中华薄翅天牛 *Megopis sinica* (White)

（245）四点象天牛 *Mesosa myops* (Dalman, 1817)

别名：黄斑眼纹天牛。

体长 10.0–14.0 mm。体黑色，被灰色短绒毛，杂有金黄色毛斑。复眼较小，上下两叶仅一线相连，下叶稍大。前胸背板具小颗粒及刻点，中央 4 个略呈方形排列的丝绒状黑斑，每斑镶金黄色绒毛边；中央后方及两侧具瘤状突起。鞘翅上具许多不规则形黄色斑和近圆形黑斑点，基部 1/4 区具颗粒。

寄主：核桃、漆、杨、柳、苹果、李、杏、桃等。

分布：天津（八仙山等）、安徽、广东、河北、河南、黑龙江、吉林、内蒙古、四川、台湾；朝鲜，俄罗斯，日本，北欧。

（246）双簇污天牛 *Moechotypa diphysis* (Pascoe, 1871)

别名：双簇天牛、花角虫、牛角虫、水牛仔、钻木虫、老水牛。

244. 峦纹象天牛 *Mesosa irrorata* Gressitt; 245. 四点象天牛 *M. myops* (Dalman)

体长 16.0–22.0 mm。体宽阔，头部中央具纵纹 1 条。触角自第 3 节起各节基部具 1 个淡色毛环。前胸背板及鞘翅具许多瘤状突起，鞘翅瘤突上常被黑色绒毛。前胸背板中央具 1 个"人"字形突起，两侧各有 1 个大瘤，侧刺突末端钝圆。鞘翅基部 1/5 处各具 1 簇黑色长毛，极为明显。

寄主：板栗。

分布：天津（八仙山）、安徽、广西、河北、河南、黑龙江、湖北、吉林、辽宁、内蒙古、陕西、浙江；朝鲜，俄罗斯。

（247）云杉大墨天牛 *Monochamus urussovi* (Fischer von Waldheim, 1806)

体长 21.0–33.0 mm。体黑色，带墨绿色或古铜光泽。雄性触角长约为体长 2–3.5 倍，雌性触角比体稍长。前胸背板具不明显的瘤状突 3 个，侧刺突发达。鞘翅基部密被颗粒状刻点，并具稀疏短绒毛，末端全被绒毛覆盖；鞘翅前 1/3 处具 1 条横压痕；雄性鞘翅基部最宽，向后渐宽；雌性鞘翅两侧近平行，中部具灰白色毛斑，聚成 4 块，但常有不规则变化。

寄主：红皮云杉、鱼鳞云杉、兴安落叶松、红松、臭冷杉、长白落叶松、白桦等。

分布：天津（八仙山、市区）、河北、黑龙江、吉林、江苏、辽宁、内蒙古、山东、陕西；俄罗斯，芬兰，蒙古，朝鲜，日本。

（248）黑点粉天牛 *Olenecamptus clarus* Pascoe, 1859

体长 12.0–17.0 mm。头顶后缘具 3 个黑色长形斑。前胸两侧各具 2 个黑色卵形斑，背板中央具 1 个黑色斑，常向后延伸呈不规则纵条纹。鞘翅黑色斑两种类型：一是每翅具 4 个斑点，肩上 1 个卵形，翅中央 2 个圆形，齿端外缘 1 个卵形；二是每翅仅 3 个斑点，无端斑，此种前胸中央和两侧的斑点常变异。

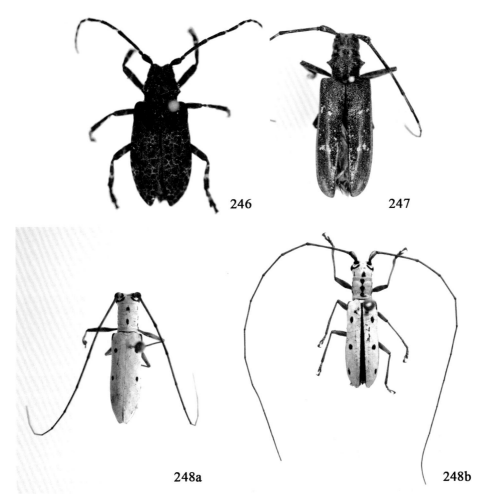

246. 双簇污天牛 *Moechotypa diphysis* (Pascoe); 247. 云杉大墨天牛 *Monochamus urussovi* (Fischer von Waldheim); 248. 黑点粉天牛 *Olenecamptus clarus* Pascoe

寄主：杨、桃、桑。

分布：天津（八仙山等）、贵州、河北、河南、黑龙江、湖南、江苏、江西、吉林、辽宁、陕西、四川、台湾、浙江；朝鲜，日本。

（249）菊天牛 *Phytoecia rufiventris* **Gautier, 1870**

别名：菊虎、菊髓天牛、菊小筒天牛。

体长 6.0–11.0 mm。体圆筒形，黑色，被灰色绒毛。头部刻点极密。触角被稀疏的灰色和棕色绒毛，下沿有稀疏缨毛，触角与体等长，雄性稍长。前胸背板宽大于长；中央具 1 个很大略呈卵圆形的三角形红色斑点，红斑内中央前方具 1 纵形或长卵形无刻点区域。鞘翅刻点极密而乱，绒毛均匀，不形成斑点。

寄主：杭菊、金鸡菊、大滨菊、野菊等菊科植物。

分布：天津（八仙山等）、安徽、重庆、福建、广东、广西、贵州、河北、河南、黑龙江、湖北、吉林、江苏、江西、辽宁、内蒙古、山东、山西、陕西、四川、台湾、浙江；朝鲜，俄罗斯，日本。

（250）栎丽虎天牛 *Plagionotus pulcher* (Blessig, 1872)

体长 11.0–17.0 mm。体黑褐色。头密布黄色绒毛，具稀疏圆形刻点。额横宽，中央至头顶两触角间具 1 细纵沟。触角第 4–7 节内、外沿呈角状突出。前胸背板拱凸；背面近端缘及中央各具 1 条由黄色绒毛组成的细横带纹。小盾片半圆形。鞘翅肩部稍宽，端缘平切；翅面密布细浅刻点，在肩角处从中缝至外缘具 1 个由红褐色绒毛组成的弯斜形斑纹，翅端部 2/5、1/5 处各有 1 条细横带纹，端缘具 1 个黄毛斑。

寄主：栎属、榆、赤杨、青杨。

分布：天津（八仙山等）、河北、黑龙江、吉林、陕西、山东；俄罗斯，日本，朝鲜。

（251）黄带天牛 *Polyzonus fasciatus* (Fabricius, 1781)

体长 11.0–18.0 mm。体细长，蓝绿色至蓝黑色，具光泽。头、前胸具粗糙刻点和皱纹，侧刺突端部尖锐。触角约与体等长，第 3 节长于第 1、2 节之和。鞘翅中央具 2 条淡黄色横带；翅面被白色短毛，表面具刻点。腹面被银灰色短毛。

寄主：板栗、柳属、菊科、竹及伞形花科植物。

分布：天津（八仙山等）、北京、福建、广东、贵州、河北、河南、黑龙江、吉林、江苏、江西、辽宁、内蒙古、山东、山西、陕西、四川、台湾、云南、浙江；朝鲜，俄罗斯，日本。

（252）竹红天牛 *Purpuricenus temminckii* Guérin-Mèneville, 1844

体长 11.5–18.0 mm。头、触角、足及小盾片黑色，前胸背板及鞘翅朱红色。头短，前部紧缩。雄性触角长约为身体的 1.5 倍；雌性较短，接近鞘翅后缘。前胸背板具 5 个黑斑，前方的 1 对较大而圆。前胸宽度约为长的 2 倍；两侧缘具 1 对显著的瘤状侧刺突，胸部密布刻点。鞘翅两侧缘平行，翅面密布刻点。

寄主：毛竹。

分布：天津（市区）、福建、广东、广西、湖北、湖南、江苏、江西、四川、台湾；朝鲜，日本。

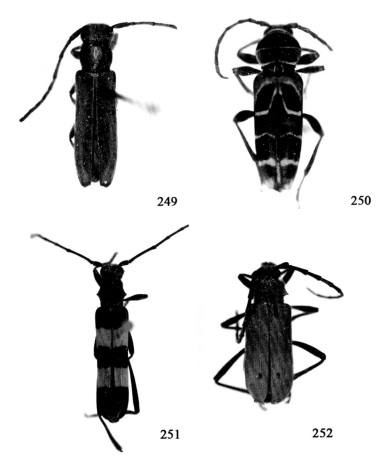

249

250

251

252

249. 菊天牛 *Phytoecia rufiventris* Gautier; 250. 栎丽虎天牛 *Plagionotus pulcher* (Blessig); 251. 黄带天牛 *Polyzonus fasciatus* (Fabricius); 252. 竹红天牛 *Purpuricenus temminckii* Guérin-Mèneville

（253）双条楔天牛 *Saperda bilineatocollis* Pic, 1924

体长 10.5 mm。体黑色，头密被淡黄色绒毛。前胸背板两侧各具 1 条橙黄色绒毛纵带。鞘翅黑色，光亮；基部与端部具少许稀疏黄毛。小盾片半圆形。与青杨楔天牛的区别在于前胸背板 2 条绒毛纵带较宽，橙黄色；鞘翅黑色，光亮，很少被绒毛，无黄色绒毛斑点。

寄主：山杨等杨树。

分布：天津（八仙山等）、河南、江苏、吉林、辽宁、山东、四川、浙江；日本。

（254）青杨楔天牛 *Saperda populnea* (Linnaeus, 1758)

别名：青杨天牛、山杨天牛、杨枝天牛。

体长 12.0–14.0 mm。体黑色，密被淡黄色绒毛并混有黑灰色竖毛。触角自第

3 节起各节大部分被灰色绒毛，端部黑色；雄性略长于体。胸与头等宽，前胸背板两侧各具 1 条淡黄或金黄色纵条纹，与头顶的 2 条黄条纹相接。每鞘翅具有 4–5 个黄色绒毛圆斑，雄性的不甚明显。

寄主：银白杨、河北杨、山杨、加杨、青杨、小叶杨、钻天杨、北京杨、绢柳及朝鲜垂柳。

分布：天津（八仙山等）、甘肃、河北、河南、黑龙江、辽宁、内蒙古、青海、山东、山西、陕西、新疆；蒙古，朝鲜，俄罗斯，欧洲。

（255）双条杉天牛 *Semanotus bifasciatus* (Motschulsky, 1875)

体长 9.0–15.0 mm。体型阔扁，头部、前胸黑色，触角及足黑褐色，全身密被褐黄色短绒毛。触角短，雌性为体长的 1/2，雄性超过 3/4。前胸两侧弧形，背板具 5 个光滑的小瘤突，排列成梅花形。鞘翅棕黄色及黑色带纹相间，基部及中部的后方为棕黄色带，在中部及末端为黑色带。腹部巧克力色，末端超过鞘翅。足被黄色竖毛。

寄主：侧柏、圆柏、罗汉柏、马尾松、罗汉松等。

分布：天津（八仙山等）、北京、安徽、甘肃、广东、广西、贵州、河北、湖北、江西、辽宁、内蒙古、宁夏、山东、山西、陕西、四川、台湾、浙江；日本，朝鲜。

（256）蚤瘦花天牛 *Strangalia fortunei* Pascoe, 1858

体长 11.0–15.0 mm，体宽 1.5–3.0 mm。本种外貌似花蚤，体棕褐或黄褐。头具中纵沟，额前端中央具 1 个三角形无刻点区域，头部刻点细密。前胸背板前端窄，后端宽，后角尖锐，覆盖在鞘翅肩上。鞘翅黑色，基部棕褐，外缘角较尖锐；翅面具细密刻点。腹部末端长大于宽。

分布：天津（八仙山）、安徽、福建、广东、贵州、河北、河南、湖北、江苏、江西、浙江。

（257）光胸断眼天牛 *Tetropium castaneum* (Linnaeus, 1758)

别名：光胸裂眼天牛、光胸折眼天牛、光胸幽天牛。

体长 11.0–16.0 mm。体棕栗色至黑褐色。头部中央具较显著的纵沟纹 1 条，由触角基瘤间直达头顶后缘。复眼前缘深凹，上下叶近乎分开，中间仅一线相连。触角约到鞘翅中部，雌性更短。前胸背板中间具 1 条横凹纹；表面具刻点，每一刻点上具黄色竖毛。每鞘翅具纵纹 2–3 条，表面密布刻纹。

寄主：云杉、冷杉、油松、落叶松、马尾松等。

分布：天津（八里台等）、河北、河南、黑龙江、辽宁、内蒙古、青海、山西、陕西、四川、云南；朝鲜，日本，蒙古，俄罗斯，欧洲北部。

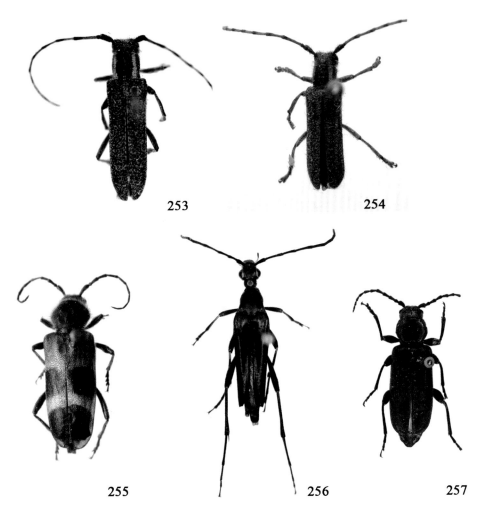

253. 双条楔天牛 *Saperda bilineatocollis* Pic; 254. 青杨楔天牛 *S. populnea* (Linnaeus); 255. 双条杉天牛 *Semanotus bifasciatus* (Motschulsky); 256. 蚤瘦花天牛 *Strangalia fortunei* Pascoe; 257. 光胸断眼天牛 *Tetropium castaneum* (Linnaeus)

（258）麻竖毛天牛 *Thyestilla gebleri* (Faldermann, 1835)

体长 10.0–15.0 mm。体黑色，被有浓密的绒毛和竖毛，深色个体被毛较稀。头顶中央常具 1 条灰白色直纹。触角自第 3 节起每节基部淡灰色，雄性较体略长。前胸背板中央及两侧共具 3 条灰白色纵条纹。每鞘翅沿中缝及肩部以下各具灰白色纵纹 1 条，中缝的 1 条向后弯，另 1 条直达翅端区，但不达翅端。

寄主：棉花、大麻、苎麻、苘麻、蓟、桑。

分布：天津（八仙山等）、全国广布；朝鲜，日本，俄罗斯西伯利亚。

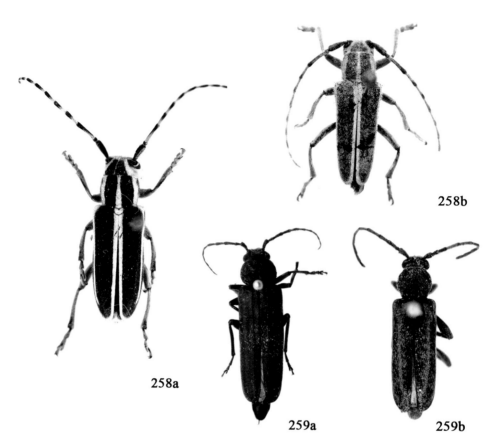

258. 麻竖毛天牛 *Thyestilla gebleri* (Faldermann); 259. 家茸天牛 *Trichoferus campestris* (Faldermann)

（259）家茸天牛 *Trichoferus campestris* (Faldermann, 1835)

体长 13.0–20.0 mm。体黑褐至棕褐色，全体密被褐灰色细毛，小盾片和肩部着生较浓密淡黄色毛。雄性额中央具 1 条细纵沟。触角基瘤微突。前胸背板宽大于长，前端宽于后端，两侧缘弧形；胸面刻点细密，粗刻点之间着生细小刻点，雌性无细刻点。鞘翅外端角弧形，缝角垂直，翅面具中等刻点，端部刻点较小。

寄主：刺槐、梨、泡桐、油松、枣、丁香、杨、柳、榆、椿、苹果、桦、桑、白蜡、云杉。

分布：天津（八仙山等）、北京、甘肃、河北、河南、黑龙江、吉林、江苏、辽宁、内蒙古、青海、山东、山西、陕西、上海、四川、新疆；朝鲜，日本，蒙古，俄罗斯。

（260）刺角天牛 *Trirachys orientalis* Hope, 1841

体长 28.0–52.0 mm。体灰黑色，被有棕黄色及银灰色闪光的绒毛。头顶中部两侧具纵沟。雄性触角约为体长的 2 倍；柄节具环形波状脊纹，雄性第 3–7 节、雌性第 3–10 节具明显的内端角刺。前胸两侧刺突较短，背板粗皱，中央偏后具 1 块近三角形小平板。鞘翅表面不平，末端平切，具明显的内、外角端刺。

寄主：杨、柳、橘、枣、梨、刺槐。

分布：天津（八仙山等）、福建、海南、河北、河南、江苏、山东、上海、四川、台湾、浙江。

（261）巨胸脊虎天牛 *Xylotrechus magnicollis* (Fairmaire, 1888)

别名：巨胸虎天牛、灭字虎天牛。

体长 9.0–15.0 mm。头圆形，额有 4 条分支纵脊。触角黑褐色，一般长达鞘翅肩部，雌性触角略短。前胸背板较大，且多为红色，长度与宽度近等。翅基部、翅基 1/3 处与翅尾 1/3 处各具 1 个淡黄色横斑；鞘翅肩部宽，端部窄，端部微斜切，外端角尖。

寄主：山石榴、栎属、柿属。

分布：天津（蓟州）、福建、广东、广西、海南、河北、河南、陕西、四川、台湾、云南；俄罗斯，印度，缅甸，老挝，泰国。

（262）葡萄脊虎天牛 *Xylotrechus pyrrhoderus* Bates, 1873

别名：葡萄枝天牛、葡萄虎天牛、葡萄虎斑天牛、葡萄斑天牛、葡萄天牛。

体长 8.0–15.0 mm。体黑色，前胸、中胸、后胸腹板以及小盾片深红色。触角短小，仅伸至鞘翅基部。前胸背板球形，长略大于宽。小盾片半圆形。翅鞘黑色，两翅鞘合并时，基部具 "X" 形黄色斑纹；近翅末端具 1 条黄色横纹。

寄主：葡萄。

分布：天津（八仙山、南大）、福建、广东、湖北、吉林、江苏、江西、辽宁、山西、陕西、四川、浙江；日本，朝鲜。

（263）咖啡脊虎天牛 *Xylotrechus grayii* White, 1855

体长约 15.0 mm。体黑色。头顶粗糙；眼缘凹陷处具乳白色毛。触角长约为体长的 1/2，第 3–5 节末端内下缘具明显长毛。前胸背板上具 10 个淡黄色绒毛斑点，前胸腹面每边 1 个，中胸及后胸腹板均有稀疏白色斑。小盾片尖端被乳白色绒毛。鞘翅栗棕色，上具数条曲折白色线。腹部每节两侧各有 1 个白色斑。

寄主：咖啡、杧果、蓖麻、波罗蜜、番石榴、厚皮树、柚木等。

分布：天津（八仙山）、河南、四川、江苏、福建、台湾；日本。

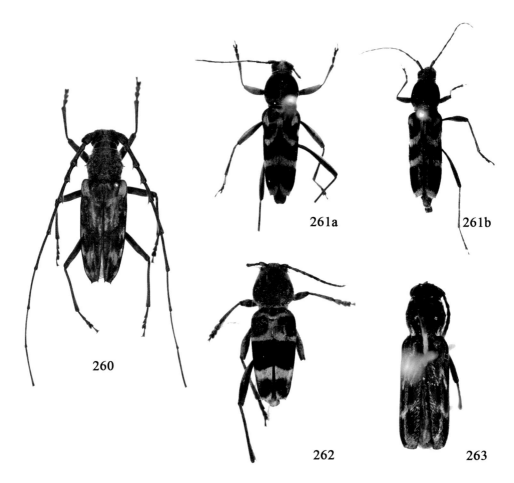

260. 刺角天牛 *Trirachys orientalis* Hope; 261. 巨胸脊虎天牛 *Xylotrechus magnicollis* (Fairmaire); 262. 葡萄脊虎天牛 *X. pyrrhoderus* Bates; 263. 咖啡脊虎天牛 *X. grayii* White

叶甲科 Chrysomelidae

（264）蓝负泥虫 *Lema concinnipennis* Baly, 1865

体长 4.3–6.0 mm。体蓝色带金属光泽，触角、足及体腹面蓝黑色，腹部末 3 节常为棕黄色。头顶呈桃形隆突，中央具 1 条深纵沟。前胸背板近方形，前角略突出，两侧中部收狭，具基横沟，盘区在基沟前散布刻点，基凹中央具 1 个凹窝。小盾片舌形，具细刻点和毛。鞘翅基部平隆，后横凹明显；刻点较细，排列成行。

寄主：鸭跖草、蓟、菊等。

分布：天津（八仙山）、安徽、福建、甘肃、广东、广西、贵州、河北、河南、湖北、湖南、江苏、江西、辽宁、山东、陕西、四川、台湾、西藏、云南、浙江；

朝鲜，日本。

（265）鸭跖草负泥虫 *Lema diversa* Baly, 1878

体长 4.8–6.0 mm。背面黄褐至红褐色，触角、足及体腹面黑色。头顶稍隆，中央具 1 条纵沟。前胸背板近方形，前角稍突出，中部两侧内凹，基横沟深，沟前隆起但较平坦，刻点多位于前侧角区，前部中央常具 1 对并列细刻点行。鞘翅两侧近于平行，基部刻点粗大。雄性第 1 腹节中央常具 1 纵隆线。

寄主：鸭跖草、竹叶草、菊等。

分布：天津（八仙山）、安徽、福建、广东、广西、贵州、河北、河南、黑龙江、湖北、湖南、吉林、江苏、江西、辽宁、山东、陕西、四川、浙江；朝鲜，日本。

（266）小负泥虫 *Lilioceris minima* (Pic, 1935)

体长 5.5–7.0 mm。头部、前胸背板褐色带青铜色或以青铜色为主，具强金属光泽；触角基部 4 节及足带蓝绿色金属光泽。头于眼后收狭，与头颈间的横凹明显；头顶具 1 条纵沟。前胸近筒形；背板后缘微拱出，基部常见 1–2 条细横纹伸向侧凹。鞘翅浅褐色，具 10 行刻点，基部、端部及末 3 行的刻点大。

分布：天津（八仙山）、福建、甘肃、四川、浙江。

（267）山楂肋龟甲 *Alledoya vespertina* (Boheman, 1862)

体长 5.0–6.5 mm。体近似五角形，背面幽暗近黑色，前胸前缘、鞘翅敞边中部及端部黑色透明。前胸背板椭圆形，前缘较平直，两侧宽圆，盘区表面细皮纹，可见刻点，基部与敞边分界处凹洼。鞘翅盘区十分隆起，多脊线及坑洼，表面形成不规则网状，驼顶高耸；敞边表面具短横脊，尾端敞边极狭。

寄主：山楂、悬钩子属、蛇葡萄属、铁线莲属、打碗花属。

分布：天津（八仙山）、北京、福建、甘肃、广东、广西、贵州、河北、黑龙江、湖北、湖南、江苏、内蒙古、陕西、四川、台湾、浙江；朝鲜，日本。

（268）甜菜龟甲 *Cassida nebulosa* Linnaeus, 1758

别名：甜菜大龟甲。

体长 6.0–7.8 mm。体长椭圆形，背面不明显拱起，体色变异较大，草绿、橙黄或棕赭。前胸背板近半圆形，基侧角甚阔圆；表面满布粗密刻点，盘区中央具 2 个微隆凸块。鞘翅除敞边基半部外满布不规则的小黑斑，长达到鞘翅肩角；翅面较胸基稍阔，敞边基缘向前弓出；两侧平行，顶端呈平塌横脊。

寄主：甜菜。

分布：天津（八仙山）、河北、湖北、吉林、江苏、辽宁、山东、四川；朝鲜，俄罗斯，欧洲。

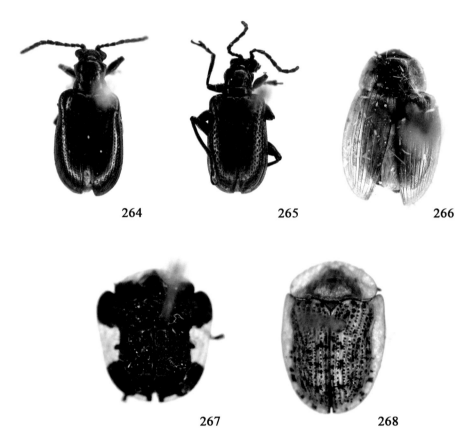

264. 蓝负泥虫 *Lema concinnipennis* Baly; 265. 鸭跖草负泥虫 *L. diversa* Baly; 266. 小负泥虫 *Lilioceris minima* (Pic); 267. 山楂肋龟甲 *Alledoya vespertina* (Boheman); 268. 甜菜龟甲 *Cassida nebulosa* Linnaeus

（269）淡胸藜龟甲 *Cassida pallidicollis* Boheman, 1856

体长 5.2–6.8 mm。体背色泽幽暗，具细皮纹。前胸背板及小盾片棕黄或棕褐色。鞘翅底色具棕色及黑色两种，具棕黄至棕红底色的或多或少散布黑色小斑，自肩瘤后沿盘区周围常具黑色斑组成的纵带，或仅在盘区后部 1/4 处黑色斑连成一片；鞘翅底色黑色的，隆脊或小突起上具棕红色小斑。

寄主：藜。

分布：天津（八仙山）、安徽、广西、河北、江苏、山西、浙江；俄罗斯西伯利亚，朝鲜。

（270）甘薯腊龟甲 _Laccoptera quadrimaculata_ (Thunberg, 1789)

别名：甘薯褐龟甲、甘薯大龟甲。

体长 7.5–10.0 mm。身体近三角形，棕色或红棕色，初羽化时色较淡。身体腹面仅后胸腹板为黑色。前胸背板椭圆形，侧角宽圆，密布粗皱纹，敞边有粗大刻点，部分刻点呈穴状。小盾片三角形。鞘翅具黑色花斑，变异大，其中敞边上的 2 个斑常向盘区伸延并与翅中部的斑点合并。

寄主：番薯属、牵牛花。

分布：天津（八仙山）、福建、广东、广西、贵州、海南、河南、湖南、江苏、四川、台湾、浙江。

（271）旋心异跗萤叶甲 _Apophylia flavovirens_ (Fairmaire, 1878)

体长 3.9–6.8 mm。触角基部 4 节黄褐色，其余黑褐色。头后半部、小盾片黑色；头前半部、前胸和足黄褐色；鞘翅金绿色，有时带蓝紫色。前胸背板倒梯形，前、后缘微凹，中央微凹，两侧各具 1 个较深的凹窝。小盾片舌形。鞘翅两侧近平行。后胸腹板中部明显隆起，雄性腹部末节腹板顶端中央呈钟形凹洼。

寄主：玉米、谷子、紫苏、香茶菜、丹参。

分布：天津（八仙山）、安徽、福建、广东、广西、贵州、海南、河北、河南、湖北、吉林、江西、山西、四川、台湾、西藏、浙江；朝鲜，越南。

（272）杨叶甲 _Chrysomela populi_ Linnaeus, 1758

别名：杨金花虫、赤杨金花虫。

体长 8.0–12.5 mm。体长椭圆形，头、前胸背板蓝黑色或黑色，具铜绿光泽。触角末端 5 节加粗。前胸背板宽约为长的 2 倍。鞘翅棕黄色至棕红色，中缝顶端常具 1 个小黑斑；靠外侧边缘隆起上具刻点 1 行。腹面黑至蓝黑色；腹部末 3 节两侧棕黄色。

寄主：杨、柳、葡萄。

分布：天津（八仙山），除广东、台湾外各省均有分布；朝鲜，俄罗斯西伯利亚，日本，印度，亚洲西部，欧洲，非洲北部。

（273）二纹柱萤叶甲 _Gallerucida bifasciata_ Motschulsky, 1860

体长 7.0–8.5 mm。鞘翅黄色、黄褐色至橘黄色，具黑色斑纹。前胸背板宽为长的 2 倍，前缘明显凹洼，前角向前伸突。小盾片舌形，具细刻点。鞘翅表面具两种刻点，粗大刻点稀，成纵行；基部具 2 个黑色斑点，中部之前具不规则横带，侧缘具 1 小斑；中部之后 1 横排具 3 个长形斑。

寄主：榆、桃、荞麦、绣线菊。

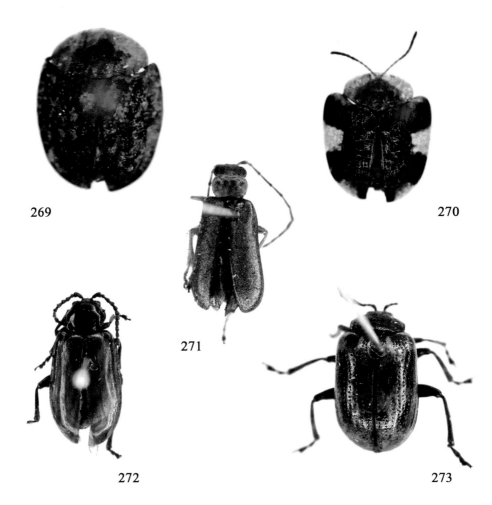

269. 淡胸藜龟甲 *Cassida pallidicollis* Boheman; 270. 甘薯腊龟甲 *Laccoptera quadrimaculata* (Thunberg); 271. 旋心异跗莹叶甲 *Apophylia flavovirens* (Fairmaire); 272. 杨叶甲 *Chrysomela populi* Linnaeus; 273. 二纹柱莹叶甲 *Gallerucida bifasciata* Motschulsky

分布：天津（八仙山）、福建、甘肃、广西、贵州、河北、河南、黑龙江、湖北、湖南、吉林、江苏、江西、辽宁、陕西、四川、台湾、云南、浙江；朝鲜，俄罗斯西伯利亚，日本。

（274）金绿沟胫跳甲 *Hemipyxis plagioderoides* (Motschulsky, 1860)

体长 4.0–6.0 mm。体阔卵形，头顶、前胸背板蓝或蓝黑至黑色，鞘翅金绿或蓝黑或蓝紫色，头前半部、触角基部 3 节及足棕黄色，触角端部 8 节及后足腿节端部黑色。前胸背板宽为长的 2.5 倍，侧缘向上反卷。鞘翅表面网纹状，刻点较胸部的略粗。雄性腹部末节端缘呈锥状突出。

寄主：玄参、沙参、泡桐、糙苏、筋骨草、醉鱼草等。

分布：天津（八仙山）、福建、甘肃、广东、广西、贵州、河北、黑龙江、湖北、湖南、江苏、江西、辽宁、山东、陕西、四川、台湾、云南、浙江；朝鲜，俄罗斯，日本，越南，缅甸。

（275）黄曲条菜跳甲 *Phyllotreta striolata* **(Fabricius, 1803)**

别名：土跳蚤、菜蚤子。

体长 1.8–2.4 mm。体黑色具光泽，长卵形，扁平。头顶前端具深刻点。触角基部 3 节深棕色。前胸背板皮纹状，刻点散乱。鞘翅刻点略呈纵行趋势；中央具 1 条黄色纵纹，约占翅面宽度的 1/3，其外缘中部向内凹曲，内缘中部直。后足腿节膨大，善跳跃。

寄主：十字花科蔬菜、甜菜。

分布：天津（八仙山等）、全国广布；朝鲜，日本，越南。

（276）角异额萤叶甲 *Macrima cornuta* **(Laboissiere, 1936)**

体长 5.6–6.0 mm。体黄色或黄褐色。头顶具中沟及明显的网纹和刻点，额瘤网纹发达。雄性额唇基具深凹，凹中具 1 个强壮的柱突。雄性触角第 2、3 节近等长，雌性第 3 节是第 2 节的 2 倍长。前胸背板宽约为长的 1.5 倍；盘区具网纹、明显的刻点及凹洼。鞘翅灰黄色，侧缘黑色；肩角突出，盘区隆起，具粗深刻点。

分布：天津（八仙山）、四川、云南。

（277）榆绿毛萤叶甲 *Pyrrhalta aenescens* **(Fairmaire, 1878)**

体长 7.5–9.0 mm。体长形，全身披毛。头部橘黄至黄褐色，头顶及前胸背板分别具 1 个和 3 个黑斑。触角之间隆凸较高，额瘤明显，头顶刻点颇密。前胸背板中部具宽纵沟，两侧各有 1 近圆形深凹。鞘翅绿色，翅面具不规则纵隆线。

寄主：榆。

分布：天津（八仙山等）、北京、甘肃、河北、河南、黑龙江、吉林、江苏、辽宁、内蒙古、山东、山西、陕西、台湾。

（278）酸枣隐头叶甲 *Cryptocephalus japanus* **Baly, 1873**

别名：八星隐头叶甲。

体长 6.0–8.0 mm。头、体腹面和足黑色，被灰白色短卧毛或半竖毛；前胸背板和鞘翅淡黄到棕黄色，带黑斑。头部刻点细密。触角基部具 1 个光瘤。前胸横宽，雄性基部宽近于或超过雌性长的 2 倍；侧缘稍扩出，后缘中部向后凸；盘区

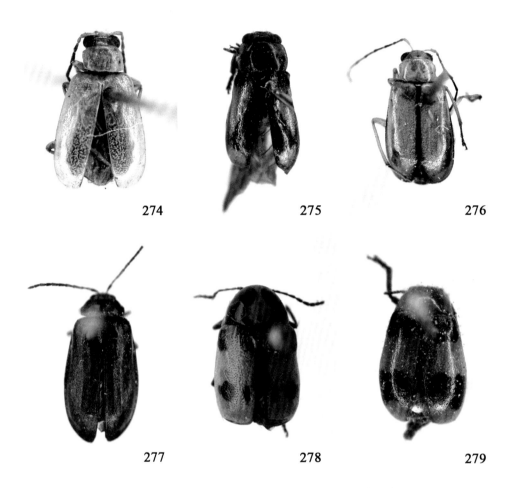

274. 金绿沟胫跳甲 *Hemipyxis plagioderoides* (Motschulsky); 275. 黄曲条菜跳甲 *Phyllotreta striolata* (Fabricius); 276. 角异额萤叶甲 *Macrima cornuta* (Laboissiere); 277. 榆绿毛萤叶甲 *Pyrrhalta aenescens* (Fairmaire); 278. 酸枣隐头叶甲 *Cryptocephalus japanus* Baly; 279. 黑额光叶甲 *Smaragdina nigrifrons* (Hope)

中部具 2 条黑色宽纵纹，两侧对称，略呈括弧形。小盾片长方形。鞘翅长方形，缘折在鞘翅基部 1/3 处向外凸出呈圆弧形；每鞘翅具 4 个黑斑。中、后胸后侧片黄色。

　　寄主：枣、酸枣、圆叶鼠李。

　　分布：天津（八仙山等）、北京、黑龙江、辽宁、山东、山西、陕西；日本，朝鲜，俄罗斯。

（279）黑额光叶甲 *Smaragdina nigrifrons* (Hope, 1842)

体长 6.5–7.0 mm。体长方形至长卵形。头漆黑，前胸红褐色或黄褐色，有的生黑斑，小盾片、鞘翅黄褐色至红褐。头部在两复眼间横向下凹，复眼内沿具稀疏短竖毛。前胸背板隆凸。小盾片三角形。鞘翅在基部和中部以后各具 1 条黑色宽横带。

寄主：玉米、算盘子、谷子、白茅属、蒿属等。

分布：天津（八仙山）、安徽、北京、福建、广东、广西、贵州、河北、河南、湖北、湖南、江苏、江西、辽宁、山东、山西、陕西、四川、台湾、浙江。

（280）麦颈叶甲 *Colasposoma dauricum* (Mannerheim, 1849)

别名：甘薯金花虫、甘薯华叶虫、番薯鸠、红苔柱虫、剥皮虫、牛屎虫。

体长 5.0–6.0 mm。体短宽，体色变化大，有青铜色、蓝色、绿色、蓝紫、蓝黑、紫铜色等。肩角后方具 1 个闪蓝光的三角斑。触角基部 6 节蓝色或黄褐色，端部 5 节黑色。前胸背板宽为长的 2 倍，前角尖锐，侧缘圆弧形，盘区隆起，密布粗点刻。小盾片近方形。鞘翅隆凸，肩胛高隆，光亮，翅面刻点混乱较粗密。

寄主：甘薯、蕹菜、棉花、打碗花等。

分布：天津（八仙山），主要分布于北方各省，四川也有记录。

（281）脊鞘樟叶甲 *Chalcolema costata* Chen *et* Wang, 1976

体长 6.0–7.0 mm。体呈长方形，棕红或血红色。头部刻点不甚密，头顶具 1 条纵沟纹。触角棕黄，末节端部褐黑，第 1 节膨大，第 2 节短，第 3 节超过第 2 节的 2 倍。前胸背板宽明显大于长，前角向前突出，后缘略弯曲；盘区刻点较密，粗细不一。小盾片舌形，光亮。鞘翅肩胛圆隆，盘区刻点粗大，排列成较规则的双行。

分布：天津（八仙山）、广西、云南。

（282）中华萝藦肖叶甲 *Chrysochus chinensis* Baly, 1859

体长 7.0–14.0 mm。体粗壮，金属蓝色或蓝绿色、蓝紫色。头部唇基处的刻点较其他地方的密；头中央具 1 条细纵沟。触角基部具 1 个稍隆起的光滑瘤。前胸背板长大于宽，前角突出。鞘翅基部稍宽于前胸，肩部和基部均隆起，两者之间具 1 条纵凹沟，基部之后具横凹。爪双裂。

寄主：芋、甘薯、棉花、茄、蕹菜、曼陀罗、萝藦、桑、梨。

分布：天津（八仙山）、甘肃、河北、河南、黑龙江、吉林、江苏、辽宁、内蒙古、青海、山东、山西、陕西、浙江；朝鲜，俄罗斯西伯利亚，日本。

（283）桑窝额莹叶甲 *Fleutiauxia armata* (Baly, 1874)

别名：蓝叶虫。

体长 5.5–6.0 mm。体黑色。头后半部及鞘翅蓝色，前半部黄褐或黑褐。雄性额区为 1 较大凹窝，后部中央具 1 个显著突起，其顶端盘状，表面中部具毛。前胸背板宽大于长，两侧在中部之前稍阔；盘区微突，两侧各具 1 个明显圆凹。小盾片三角形，无刻点。鞘翅两侧近平行，基部表面微凸。

寄主：枣、桑、梨、核桃、榆、楸、构树、杨。

分布：天津（八仙山）、甘肃、河北、河南、湖北、湖南、吉林、内蒙古、山东、山西、四川、浙江；韩国，日本。

（284）粉筒胸叶甲 *Lypesthes ater* (Motschulsky, 1860)

体长 4.6–8.2 mm。体黑褐色，布灰白色的粉状物。头顶中央具 1 条纵沟。触角

280. 麦颈叶甲 *Colasposoma dauricum* (Mannerheim); 281. 脊鞘樟叶甲 *Chalcolema costata* Chen et Wang; 282. 中华萝藦肖叶甲 *Chrysochus chinensis* Baly; 283. 桑窝额莹叶甲 *Fleutiauxia armata* (Baly); 284. 粉筒胸叶甲 *Lypesthes ater* (Motschulsky)

线状，11 节，黑或黑褐色，基部夹杂棕黄色，第 1 节略膨大呈棒状。前胸圆柱形，长大于宽，无侧缘。小盾片舌状，黑色。鞘翅基部比前胸宽，两侧略平行，翅面布排列不规则的纵行刻点，周缘由灰白色短毛密集成 3–4 条纵纹。

寄主：荔枝、苹果和沙果。

分布：天津（八仙山）、北京、广东、广西、贵州、河北、湖北、湖南、内蒙古、山东、山西、云南；朝鲜，日本。

象甲科 Curculionidae

（285）栗实象 *Curculio davidi* (Fairmaire, 1878)

别名：栗象、板栗象鼻虫。

体长 5.0–8.0 mm。雌性头管长于雄性。雄性喙略长于体长，触角着生于喙基部 1/3 处。前胸背板密布黑褐色绒毛，两侧具半圆点状白色毛斑。鞘翅被浅黑色短毛，前端和内缘具灰白色绒毛，两鞘翅外缘近前方 1/3 处各具 1 个白色毛斑，后部 1/3 处具 1 条白色绒毛组成的横带。足黑色细长，腿节呈棍棒状。

寄主：板栗、茅栗、栎。

分布：天津（八仙山等）、安徽、福建、甘肃、广东、河南、江苏、江西、陕西、浙江。

（286）臭椿沟眶象 *Eucryptorrhynchus brandti* (Harold, 1881)

别名：椿小象甲。

体长 11.5 mm 左右。体黑色或灰黑色。眼上缘具深沟，沟内散布鳞片；胸沟长达中足基节之间，喙的接收器长小于宽，两侧和端部等宽；额远较喙基部窄，中隆线两侧无明显的沟。前胸背板及鞘翅上密被粗大刻点。前胸几乎全部、鞘翅肩部及其端部 1/4 密被雪白鳞片，掺杂少数赭色鳞片，鳞片叶状。

寄主：臭椿、千头椿、苦楝、桑等。

分布：天津（八仙山等）、北京、河北、河南、黑龙江、江苏、山东、山西、陕西、上海、四川；朝鲜，日本。

（287）沟眶象 *Eucryptorrhynchus scrobiculatus* (Motschulsky, 1854)

别名：椿大象甲。

体长 13.5–18.5 mm。体长卵形，凸隆，体壁黑色，略具光泽。眼上缘具深沟，沟内散布鳞片；胸沟长达中足基节之间，喙的接收器长小于宽，两侧和端部等宽；额略窄于喙基部之宽，喙中隆线两侧各具明显的 2 个沟。前胸和鞘翅基部的大部分以及鞘翅端部 1/3 被乳白色和赭色鳞片，鳞片细长。

寄主：椿、花椒。

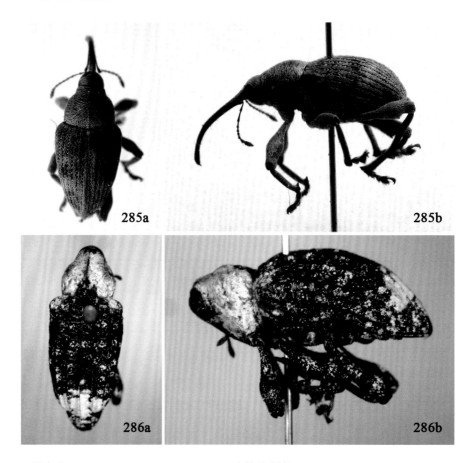

285. 栗实象 *Curculio davidi* (Fairmaire); 286. 臭椿沟眶象 *Eucryptorrhynchus brandti* (Harold)

分布：天津（八仙山）、北京、甘肃、河南、湖北、辽宁、青海、山东、山西、陕西、上海、四川。

（288）波纹斜纹象 *Lepyrus japonicus* Roelofs, 1873

体长 9.0–13.0 mm。体黑褐色，密被土褐色细鳞片。喙较长，端部粗。触角膝状。前胸背板圆锥形，宽略大于长，中隆线较明显，向前缩窄，背面略隆，两侧的窄而淡的斜纹延长到肩。小盾片周围洼，肩后具不明显的横洼，行纹明显，行间平，翅瘤明显。鞘翅翅瘤发达，中部具 1 明显的白色波状横带纹，肩部具白色短纵带。第 1–4 腹板两侧各具 1 个密被土色的鳞片斑。各足腿节内侧具 1 个小而尖的齿。

寄主：杨、柳。

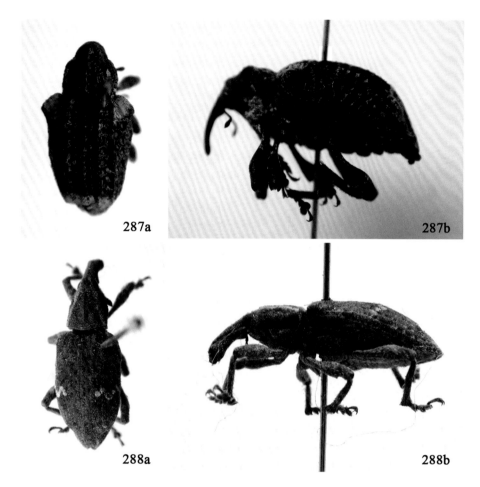

287. 沟眶象 *Eucryptorrhynchus scrobiculatus* (Motschulsky); 288. 波纹斜纹象 *Lepyrus japonicus* Roelofs

分布：天津（八仙山等）、安徽、北京、福建、河北、河南、黑龙江、吉林、江苏、辽宁、内蒙古、山西、陕西、浙江；朝鲜，日本，俄罗斯。

（289）枣飞象 *Scythropus yasumatsui* Kono *et* Morimoto, 1960

别名：食芽象甲、太谷月象、枣月象、枣芽象卿、小灰象鼻虫。

体长 4.0–6.0 mm。体长椭圆形，黑色，被白、土黄、暗灰等色鳞片，腹面银灰色。头宽；喙短粗，宽略大于长，背面中部略凹。触角着生于头管近前端。前胸宽略大于长，两侧中部圆突。鞘翅长 2 倍于宽，近端部 1/3 处最宽；鞘翅各具纵刻点 9–10 列和模糊的褐色晕斑。

289a   289b

289. 枣飞象 *Scythropus yasumatsui* Kono *et* Morimoto

寄主：枣、核桃、苹果、梨、杨、泡桐。

天敌：叉突节腹泥蜂。

分布：天津（八仙山、静海）、河北、河南、江苏、辽宁、山东、山西、陕西。

（290）大灰象甲 *Sympiezomias velatus* (Chevrolat, 1845)

别名：大灰象虫、象鼻虫。

体长 9.0–12.0 mm。体宽卵形，灰黄或灰黑色，密被灰白色鳞片。头部和喙密被金黄色发光鳞片。触角索节 7 节，长大于宽。复眼大而凸出。前胸两侧略凸，中沟细，中纹明显。鞘翅基部具细隆线，横纹宽而深，刻点明显，行间较隆，具褐色云斑。前足胫前端向内弯，具端刺，内缘具 1 列小齿。

290a   290b

290. 大灰象甲 *Sympiezomias velatus* (Chevrolat)

寄主：杨、柳、紫穗槐、刺槐、板栗、核桃、楸叶泡桐、桑、苹果、桃、橘、松、榆、梨、豆类、瓜类、烟草、棉花、甘薯等 41 科 101 种植物。

天敌：叉突节腹泥蜂。

分布：天津（八仙山等）、北京、河北、河南、黑龙江、湖北、吉林、辽宁、内蒙古、山东、山西、陕西等。

双翅目 DIPTERA

双翅目包括蝇、蚊、蚋、蠓和虻，只有 1 对发达的前翅，生活习性千差万别，适应性极强，部分种类是农林生产的重要害虫或益虫，有些种类是著名的卫生害虫，为害人畜健康，传播疾病，引起瘟疫。

口器刺吸式或舐吸式，前翅发达，膜质，后翅特化为平衡棍，少数种类无翅，跗节 5 节。

世界已知约 10 万种，遍布世界各地。我国已记载约 5000 种。

A–B. 食蚜蝇科；C. 麻蝇科；D. 丽蝇科

大蚊科 Tipulidae

（291）环带尖头大蚊 *Brithura sancta* Alexander, 1929

头额部棕黄色，略微前突；头顶具明显突起。中胸背板具 1“V”形沟。翅狭长，Sc 近端部弯曲，连接于 R_1，Rs 分 3 支，A 脉两条；雄性翅前缘具隆突。平衡棒细长。足细长，转节与腿节处常易折断；股节亚端部也就是黑色之前有 1 浅色环。

分布：天津（八仙山）、北京、福建、甘肃、贵州、河北、河南、湖北、陕西、浙江。

食虫虻科 Asilidae

（292）虎斑食虫虻 *Astochia virgatipes* (Coquillett, 1899)

别名：虎斑宽跗食虫虻。

体长 19.0–24.0 mm。体黑色。头部被灰白色粉。单眼瘤上具黑毛。头后缘上具黑色粗列毛。颜面、头外侧及头顶后缘、胸外侧、腹部第 1–4 节外侧、各足基节外侧均具黄白色细长毛。胸背具虎状纹，中央具 1 个纵长灰黑斑。小盾片后缘具 6–7 根黑色粗鬃。腹部灰黑色，第 1–5 节后缘各有白色粉被。

捕食：叶甲、蝽类、卷蛾。

分布：天津（八仙山、盘山）、北京、广西、河北、湖北、湖南、吉林、山东。

蜂虻科 Bombyliidae

（293）北京斑翅蜂虻 *Bombylius beijingensis* (Yao, Yang *et* Evenhuis, 2008)

体长 6.0–15.0 mm。头部黑色，被黑色和黄色毛，单眼瘤具 6 根黑色长毛。胸部黑色，被褐色粉状物；毛以黄色为主，鬃黑色或黄色；翅基部附近有 3 根黄色侧鬃，侧背片被 1 簇淡黄色毛，翅后胛具 3 根黄色鬃。小盾片被稀疏的黄色或黑色长毛。翅半透明，R_1 室透明部分呈新月形，翅室 A 透明部分极小，近三角形；平衡棒基部黑色，端部苍白色。腹部黑色，被褐色粉状物；毛淡黄色和黑色。足黑色，胫节黄色；毛黑色。雌性翅上黑斑由 M_1 室伸至翅缘，腹部第 1、4 节背板被黄色毛，且形成一横带贯穿整节。

分布：天津（八仙山）、北京、河北。

虻科 Tabanidae

（294）莫斑虻 *Chrysops mlokosiewiczi* Bigot, 1880

体长 9.0–11.0 mm。额胛适中，边缘部分呈黑色，其余黄棕色。触角长而细，

第 1 节黄色或黄棕色，第 2 节棕黑色，整个触角覆黑毛。胸部背板黑色，具 2 条灰黄色、宽而明显的条纹，到达小盾片基部；胸侧板具浅黄色毛。翅透明，横带斑外缘平直，端斑颇窄。腹部浅黄色，第 2–6 背板具 4 条大而明显的楔形黑色纵纹，不到达背板后缘；腹板黄色，每节中央基部具小黑色斑。

分布：天津（八仙山、市区）、北京、河北、河南、黑龙江、吉林、宁夏、辽宁、内蒙古、山西、陕西；伊朗，俄罗斯，中亚。

（295）中华斑虻 *Chrysops sinensis* Walker, 1856

体长 8.0–10.0 mm。额胛适度大，黑色，两侧远且不与眼相接触。触角第 1、2 节及第 3 节基部黄色。胸部背板黑色，覆灰色粉被，具 2 条浅黄灰色条纹，背板

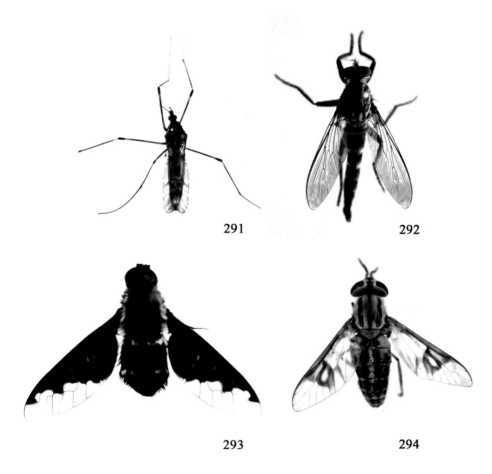

291　　**292**

293　　**294**

291. 环带尖头大蚊 *Brithura sancta* Alexander; 292. 虎斑食虫虻 *Astochia virgatipes* (Coquillett); 293. 北京斑翅蜂虻 *Bombylius beijingensis* (Yao, Yang *et* Evenhuis); 294. 莫斑虻 *Chrysops mlokosiewiczi* Bigot

两侧具黄色毛；侧板灰色。翅透明，横带斑锯齿状，端斑呈带状，与横带相连接处占据着整个第 1 径室。腹部浅黄色，第 2 背板中部具 2 个"八"字形黑斑，第 3–5 节具断续黑色条纹。

分布：天津（八仙山）、安徽、北京、福建、甘肃、广东、广西、贵州、河北、河南、湖北、湖南、江苏、江西、辽宁、内蒙古、宁夏、山东、山西、陕西、四川、台湾、云南、浙江等。

（296）密斑虻 *Chrysops suavis* Loew, 1858

体长 8.0–9.5 mm。前额具黄色粉被，额胛颇大，具黑色光泽，两侧不与眼相接。触角黑色，仅第 1 节黄色。胸部背板黑色，具 2 条明显的灰色或浅黄色条斑，但不达小盾片，侧胸板黄色。翅透明，短板呈窄条纹。腹部第 2 节背板黑色，中央具 2 条黑色，基部略成弧形、后端平行的条纹。

分布：天津（蓟州）、黑龙江、辽宁、青海、宁夏、甘肃；朝鲜，日本，蒙古，俄罗斯。

（297）华广虻 *Tabanus amaenus* Walker, 1848

别名：土灰虻、原野虻。

体长 15.0–18.0 mm。前额黄灰色，甚窄；基胛棕色，窄长三角形，不与眼相接触。触角黄棕色，第 1、2 节具黑毛；第 3 节背缘钝角明显，缺刻深，环节部分黑色。胸部黑灰色，背板具不明显的灰色条纹；侧板黑灰色，具白毛。腹部背板黑灰色，中央饰纹不显著。

分布：天津（八仙山）、福建、甘肃、广东、广西、贵州、河北、河南、湖北、湖南、江苏、江西、辽宁、山东、四川、台湾、云南、浙江；朝鲜，日本。

（298）江苏虻 *Tabanus kiangsuensis* Krober, 1934

体长 12.0–15.0 mm。前额较窄，高度约为基部等宽的 5 倍；中胛与基胛黑棕色，完全连接而无界限。触角第 1、2 节黄灰色，被黑毛；第 3 节背缘具钝突，无缺刻，环节部分黑棕色。胸部背板黑色，具 5 条灰色条纹，被大量白毛；侧板也被大量白毛。腹部背板黑灰色，中央具大型灰白色三角形斑及两侧斜方形斑。

分布：天津（八仙山）、北京、上海、浙江、江苏、江西、湖北、四川、福建、广东、广西、台湾。

（299）山崎虻 *Tabanus yamasakii* Ouchi, 1943

体长 18.0–20.0 mm。体灰黑色。前额黄灰色；基胛棕色，圆三角形，两侧与眼距离远。触角黑色，仅第 3 节基部略带红棕色，背角盾形，具适度缺刻，腹缘具不甚明显的钝突。背板灰黑色，具 5 条明显的灰色纵带缘。翅透明，脉棕色，第 1 后室封闭。腹部背板第 1–5 节中央具大而明显的白色三角形斑。

分布：天津（八仙山、市区）、北京、辽宁、上海、江苏、浙江、四川、广西、云南；日本。

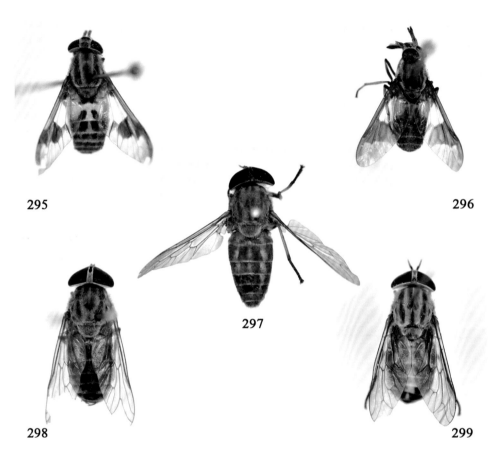

295. 中华斑虻 *Chrysops sinensis* Walker; 296. 密斑虻 *C. suavis* Loew; 297. 华广虻 *Tabanus amaenus* Walker; 298. 江苏虻 *T. kiangsuensis* Kröber; 299. 山崎虻 *T. yamasakii* Ouchi

鳞翅目 LEPIDOPTERA

鳞翅目包括蝶类（蝴蝶）与蛾类，是昆虫纲中的第二大目，分 4 亚目，35 总科，130 多个科。鳞翅目幼虫绝大多数取食显花植物，其中许多是农林生产上的重要害虫，具有极大的经济重要性。许多鳞翅目成虫能够传花授粉，家蚕等蚕蛾科昆虫是著名的产丝昆虫，大量美丽多姿的蝴蝶与蛾类具有极大的艺术观赏价值。

虹吸式口器，下唇须发达。体、翅密布鳞片和毛，前、后翅一般有中室。幼虫多足型，俗称毛毛虫，腹足有趾钩。

世界已知约 18 万种，其中蝶类约占 10%，有近 2 万种。我国已记载约 1 万多种，其中蝶类 1300 多种。

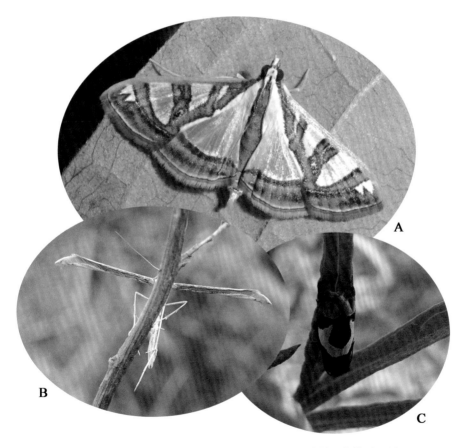

A. 草螟科：桑绢丝野螟 *Glyphodes pyloalis* Walker; B. 羽蛾科：甘薯异羽蛾 *Emmelina monodactyla* (Linnaeus); C. 卷蛾科：白钩小卷蛾 *Epiblema foenella* (Linnaeus)

D. 尺蛾科：丝棉木金星尺蛾 *Calospilos suspecta* Warren

E. 菜蛾科：小菜蛾
Plutella xylostella (Linnaeus)

F. 草螟科：尖双突野螟
Sitochroa verticalis (Linnaeus)

G. 灯蛾科：闪光鹿蛾 *Amata hoenei* Obraztsov; H. 织蛾科：三线锦织蛾
Promalactis trilineata Wang *et* Zheng

谷蛾科 Tineidae

（300）菇丝谷蛾 *Nemapogon gerasimovi* Zagulajev, 1961

翅展 9.0–15.0 mm。头部黄白色；复眼周围赭褐色。触角柄节腹面深褐色，背面赭褐色，梗赭黄色，鞭节暗褐色。下唇须内侧赭黄色，外侧黄褐色。胸部和翅基片黄褐色杂大量深褐色。前翅底色赭黄色，散布大量暗褐色，构成斑驳的斑纹，缘毛浅黄色。后翅及缘毛灰黄褐色。

分布：天津（八仙山）、北京、河北、内蒙古、吉林、辽宁、山东、陕西、新疆；哈萨克斯坦，俄罗斯，中亚。

（301）梯纹谷蛾 *Monopis monachella* (Hübner, 1796)

翅展 15.0–16.0 mm。头部白色。触角赭黄色或赭白色。前翅暗褐色，沿前缘 2/5–5/6 处具 1 伸至翅中央的白色梯形大斑，其侧缘和底缘呈浅 "W" 形，翅外缘具 3–4 个赭白色小点；透明斑白色，近圆形；缘毛暗褐色。后翅赭白色或灰白色；缘毛近翅半部颜色较深，灰色，远离翅半部颜色较亮，赭白色。

习性：栖息于鸟巢、啮齿动物洞穴及鸟和兽的畜体上。

分布：天津（八仙山）、安徽、甘肃、广东、广西、贵州、海南、河北、河南、黑龙江、湖北、湖南、山东、陕西、四川、台湾、西藏、新疆、云南、浙江；日本，印度，俄罗斯远东地区，夏威夷群岛，东南亚，欧洲，非洲，美洲。

（302）螺谷蛾 *Tinea omichlopis* Meyrick, 1928

翅展 9.0–12.0 mm。头部赭黄色。下唇须内侧赭白色，外侧暗褐色。触角暗褐色；柄节长约为其直径的 2–2.5 倍。胸部前半部暗赭色，后半部黑褐色。翅基片黑褐色。前翅狭长，前缘近平直，顶端钝圆，暗褐色，前缘 3/5 处具 1 个赭黄色小斑；透明斑小或不明显，位于翅中央；缘毛暗褐色。后翅和缘毛灰色。

分布：天津（八仙山）、甘肃、河北、河南、内蒙古、山东、陕西、新疆；日本，俄罗斯。

菜蛾科 Plutellidae

（303）小菜蛾 *Plutella xylostella* (Linnaeus, 1758)

翅展 10.0–15.0 mm。头部光滑，白色。触角线状，达前翅长的 2/3–4/5；鞭节褐色，环生白色。胸部及翅基片白色。前翅披针形，灰褐色；后缘具 1 条黄色或白色宽带，由翅基直达臀角；外缘黄白色。后翅灰白色。前足、中足白色，胫节黑褐色或褐色；后足灰白色，杂生灰褐色鳞片。腹部背面褐色，腹面白色。

300. 菇丝谷蛾 *Nemapogon gerasimovi* Zagulajev; 301. 梯纹谷蛾 *Monopis monachella* (Hübner);
302. 螺谷蛾 *Tinea omichlopis* Meyrick; 303. 小菜蛾 *Plutella xylostella* (Linnaeus)

寄主： 十字花科植物。

分布： 天津（八仙山、古强峪）及全国各地均有分布。

麦蛾科 Gelechiidae

（304）桃条麦蛾 *Anarsia lineatella* Zeller, 1839

翅展 10.0–14.5 mm。头部褐色，散布灰白色鳞片。胸部及翅基片褐色，散布灰白色鳞片。前翅褐色，散生黑色竖鳞片；前缘具外斜的短横线，中部的最大；翅褶和中室具不规则深色纵条纹，中室末端略后方具 1 个纵向白色长斑；雄性翅腹面无长毛撮。后翅灰色。足黑褐色，跗节有白环；后足胫节浅褐色，背面具灰白色长鳞毛。腹部灰色，两侧褐色，末端常灰白色。

寄主： 樱桃、李、黑刺李、欧洲李、杏、巴旦杏、苹果、梨、鞑靼槭、栓皮槭。

分布： 天津（八仙山）、陕西、新疆；阿富汗，土耳其，伊朗，印度，欧洲，北非，北美洲。

（305）胡枝子树麦蛾 *Agnippe albidorsella* (Snellen, 1884)

翅展 7.5–10.5 mm。头部白色，额两侧黑色。触角黑色。胸部及翅基片白色，但翅基片基部黑色。前翅黑色，1/3 处具 1 条长梯形白横带自前缘扩展至后缘，前缘 2/3 处和臀角处各具 1 个三角形灰白色至白色的斑，缘毛深褐色，臀角处白色。后翅及缘毛灰色，雄性前缘基部有长毛撮。腹部褐色。

寄主：胡枝子。

分布：天津（八仙山）、安徽、北京、河北、河南、江苏、江西、山东、陕西、西藏、浙江；俄罗斯，日本。

（306）栎离瓣麦蛾 *Chorivalva bisaccula* Omelko, 1988

翅展 11.0 mm。头部褐色，额灰白色。触角柄节黑色，混有灰白色鳞片，鞭节深褐色，每小节末端灰白色。胸部、翅基片和前翅深褐色，散布少量灰白色鳞片。前翅前缘平直，中部和翅褶 1/2 处具若干个黑色小鳞片簇自前缘至后缘形成横带；翅端散布灰色鳞片；缘毛灰色，混有褐色鳞片。后翅及缘毛灰色。

寄主：蒙古栎。

分布：天津（八仙山）、贵州、陕西；朝鲜，俄罗斯远东地区，日本。

（307）国槐林麦蛾 *Dendrophilia sophora* Li *et* Zheng, 1998

翅展 11.0–12.5 mm。头部灰褐色，额灰白色。触角柄节灰白色，端部深褐色，鞭节灰褐相间。胸部和翅基片褐色，散生灰白色鳞片。前翅窄长，褐色；基部赭色，近基部具 1 个黑色小鳞片簇，其端部白色；前缘基部 1/3 赭色，1/6 和 1/3 处具明显的鳞片簇，3/5 处鳞片簇小；中室中部具 1 个大黑斑扩散到前缘，近臀角处具 1 个不规则深褐色斑；翅端散布黑色鳞片。足黑色，跗节具白环；中、后足胫节基部赭色。腹部背面灰褐色，侧面深褐色，腹面灰白色。

寄主：槐。

分布：天津（八仙山）、甘肃、陕西、山东。

（308）指角麦蛾 *Deltophora digitiformis* Li, Li *et* Wang, 2002

翅展 12.5–14.5 mm。头赭黄色。触角黑棕色，雄性腹面具密集短纤毛，雌性具黄色环纹。胸部灰棕色，混杂赭黄色。前翅淡灰黄色，散布许多黑斑；前缘具系列棕色斑点，2/3 处具 1 较大斑点；中室黑斑较大，近梯形，延伸到后缘；翅室末端黑斑小而圆，周围具赭黄色晕圈；缘毛灰白色。后翅和缘毛灰色。前、中足黑，胫节有白色环纹；后足色淡，外侧棕色。腹部黑棕色。

分布：天津（八仙山）、河南。

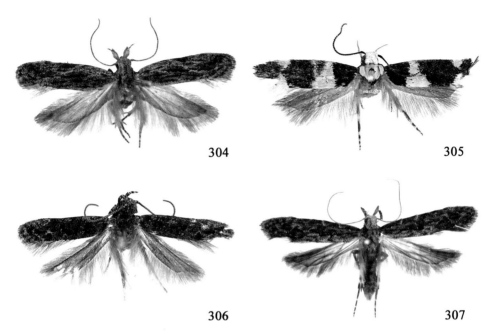

304

305

306

307

304. 桃条麦蛾 *Anarsia lineatella* Zeller; 305. 胡枝子树麦蛾 *Agnippe albidorsella* (Snellen);
306. 栎离瓣麦蛾 *Chorivalva bisaccula* Omelko; 307. 国槐林麦蛾 *Dendrophilia sophora* Li *et* Zheng

（309）方瓣角麦蛾 *Deltophora quadrativalvatata* Li, Li *et* Wang, 2002

翅展 10.5–13.0 mm。头白色，两侧黄棕色。触角黑棕色，雄性腹面密布短纤毛，雌性具灰白色环纹。胸部灰棕色，夹杂赭黄色。前翅灰棕色，散布黑色斑点，前缘有的斑点不甚明显，翅褶 1/3 处具 1 个斑点；中室斑点大，从翅室中部一直延伸到后缘；翅室末端斑点明显，长椭圆形，不延伸到翅端区；缘毛灰色。后翅和缘毛灰色。前足和中足黑棕色，胫节有白色环纹；后足灰白色，外侧散布黑色鳞片。腹部黑棕色。

分布：天津（八仙山）、北京、河北、河南。

（310）山楂棕麦蛾 *Dichomeris derasella* (Denis *et* Schiffermüller, 1775)

翅展 20.0–22.0 mm。头灰黄色。触角腹面灰白色，柄节背面褐色，鞭节具灰黄色条纹。胸部和翅基片黄色；雄性中胸上前侧片具灰黄色长毛撮。前翅自基部至近端部渐宽，顶角尖；底色淡赭黄色，散生褐色鳞片；前缘基部赭褐色，端部具不清晰的褐色短横线；中室近基部、中部和末端及翅褶中部和末端各具 1 个褐色斑点；前翅 3/4 处具 1 条不清晰的褐色横带外弯达臀角前；缘毛浅黄色。后翅浅褐色，缘毛灰白色。前、中足褐色；后足灰白色，略带黄色，胫节密被粗短鳞毛。腹部灰褐色。

寄主：山楂、桃、黑刺李、樱桃、欧洲木莓、悬钩子。

分布：天津（八仙山）、河南、宁夏、青海、陕西、浙江；朝鲜，俄罗斯，土耳其，欧洲。

（311）艾棕麦蛾 *Dichomeris rasilella* (Herrich-Schäffer, 1854)

翅展 11.0–16.5 mm。头灰白色到褐色，额两侧深褐色。触角背面褐色与灰色相间；腹面灰褐色，具灰白色鳞片形成的齿。胸部灰白色至褐色；雄性中胸上前侧片具黄白色长毛撮。前翅前缘中部或中部外侧略凹，顶角尖，外缘近顶角处略凹入；底色灰白色至灰褐色；前缘端半部深褐色，4/5 处常具 1 条白色外斜短线；中室中部及末端、翅褶 2/3 处及末端具深褐色斑纹，浅色个体的斑大而明显。后

308. 指角麦蛾 *Deltophora digitiformis* Li, Li *et* Wang; 309. 方瓣角麦蛾 *D. quadrativalvatata* Li, Li *et* Wang; 310. 山楂棕麦蛾 *Dichomeris derasella* (Denis *et* Schiffermüller); 311. 艾棕麦蛾 *D. rasilella* (Herrich-Schäffer); 312. 异脉筛麦蛾 *Ethmiopsis prosectrix* Meyrick

翅灰白色至灰褐色。前、中足深褐色，跗节具灰白色环纹；后足灰色。腹部背面灰白色至褐色，腹面灰褐色至深褐色。

寄主：艾蒿、矢车菊等。

分布：天津（八仙山）、安徽、福建、贵州、河南、黑龙江、湖北、江西、青海、陕西、四川、台湾、浙江；朝鲜，俄罗斯，日本，欧洲。

（312）异脉筛麦蛾 *Ethmiopsis prosectrix* Meyrick, 1935

翅展 12.0–16.0 mm。头枯黄色，头顶密被粗鳞毛。触角黑色，每节基部围有枯黄色鳞片。胸部黄褐色，前缘外侧和外缘中部具黑点。前翅青灰色至枯黄色，具 3 纵列不规则的黑斑，其中前缘中部、中室基部和端部的 3 个黑斑最显著；外缘具 1 列小黑斑，内缘近基部的黑斑具若干粗而硬的鳞片突出边缘。后翅黑褐色。足浅褐色至黑色，前足和中足胫节中部及端部外侧各具 1 条白色横纹，各跗节端部白色。腹部褐色，背面较腹面色深。

分布：天津（八仙山）、山东、陕西、上海、浙江。

（313）甘薯阳麦蛾 *Helcystogramma triannulella* (Herrich-Schäffer, 1854)

翅展 13.0–17.5 mm。头棕色至深棕色，额灰黄色。触角柄节背面黑褐色，腹面黄色；鞭节背面黑褐色，腹面淡赭色。胸部和翅基片深褐色。前翅底色灰褐至深褐色，散布赭褐色鳞片；前缘端部 1/4 处具 1 个棕黄色小斑，中室中部及端部各具 1 个棕黄色环形斑纹；翅褶中部具黑褐色长椭圆形斑，边缘杂白色鳞片；前缘端部 1/4 及外缘具黑褐色斑点。后翅灰色。前、中足外侧灰褐至黑褐色，跗节每节末端灰黄色，内侧浅黄色；后足浅黄色，外侧混有黑褐色。腹部背面灰褐至黑褐色，腹面灰黄色。

寄主：甘薯、蕹菜、木槿、月光花、牵牛花、田旋花、旋花、打碗花等。本种是甘薯重要害虫。

分布：天津（八仙山），广布于我国甘薯分布区；朝鲜，俄罗斯，日本，印度，中亚，欧洲中南部。

（314）白线荚麦蛾 *Mesophleps albilinella* (Park, 1990)

翅展 12.0–16.0 mm。头顶、胸部及翅基片黄白色或浅黄色。触角长为前翅的 3/4，褐黄相间，末节黑色。前翅赭黄色，自翅基片基部至翅尖沿前缘具 1 条黑褐色纵带，纵带在翅基部 2/5 很窄，端部 3/5 渐宽，在 4/5 处具 1 条白色斜线伸达外缘中部；沿外缘具 1 条深褐色线，该线的两侧黄白色；中室端部至外缘中部具 1 条深褐色纵线；缘毛赭黄色。后翅灰褐色。前、中足黑褐色，跗节有白环；后足胫节黄褐色，被有浅黄色长鳞毛。

分布：天津（八仙山）、甘肃、河南、陕西；朝鲜，日本。

（315）核桃楸粗翅麦蛾 *Psoricoptera gibbosella* (Zeller, 1839)

翅展 15.0–20.0 mm。头部灰白色，额两侧褐色。下唇须灰褐色，散布褐色鳞片，第 2 节腹面鳞毛粗长。触角褐灰相间，雄性具纤毛。胸部褐色。翅基片基半部褐色，端半部灰白色。前翅延长，前缘近基部拱弯，此后平直，浅褐色，翅褶后方近基部、1/3 处和翅褶 2/3 处各具 1 个不清楚的斑点，中室末端具 1 个褐色斑点；缘毛灰色。后翅及缘毛灰色。足灰褐色，后足胫节密被长鳞毛。

寄主：核桃楸、夏栎、黄花柳、苹果、山楂、鹅耳枥、稠李等。

分布：天津（八仙山）、甘肃、河南、黑龙江、湖北、江西、青海；朝鲜，俄罗斯西伯利亚，哈萨克斯坦，土耳其，欧洲，北非。

（316）斑黑麦蛾 *Telphusa euryzeucta* Meyrick, 1922

翅展 12.0–16.0 mm。头部白色，额两侧黑色。触角黑色。前翅白色；近基部具 1 条黑色宽横带自前缘基部斜向后缘；前缘中部具 1 个倒梯形大黑斑扩展到中室中部；中室近末端略后方及翅褶中部和 2/3 处各具 1 个黑鳞毛簇；翅顶具 1 个

313. 甘薯阳麦蛾 *Helcystogramma triannulella* (Herrich-Schäffer); 314. 白线荚麦蛾 *Mesophleps albilinella* (Park); 315. 核桃楸粗翅麦蛾 *Psoricoptera gibbosella* (Zeller); 316. 斑黑麦蛾 *Telphusa euryzeucta* Meyrick

近圆形的褐斑；缘毛灰白色。后翅灰色，缘毛灰白色。前足和中足黑色，胫节末端和跗节具白色环纹；后足褐色，胫节背面密被灰白色长鳞毛。腹部浅褐色，末节灰白色。

寄主：桃、樱桃、杏、李、梅等。

分布：天津（八仙山）、北京、甘肃、河北、湖南、江西、青海、山东、山西、陕西、上海。

羽蛾科 Pterophoridae

（317）灰棕金羽蛾 *Agdistis adactyla* (Hübner, [1819])

翅展 21.0–26.0 mm。头被粗鳞，灰色至灰棕色，偶杂白色或灰白色。触角灰色，长约为前翅的 1/2。颈部具竖鳞。胸部灰色或灰棕色。翅基片发达，灰色至灰棕色。前翅完整，灰色至灰棕色；前缘具 4 个褐色小斑；裸区颜色较浅，顶角处具 1 个褐色斑点，后缘具 3 个褐色斑点；缘毛灰白色，短。后翅灰色至灰棕色。足细长，银灰色，后足胫节上的 2 对距较短，等长。腹部细长，灰棕色夹杂白色鳞片。

寄主：荒野蒿、猪毛蒿、棉杉菊。

分布：天津（八仙山）、北京、甘肃、河北、辽宁、内蒙古、宁夏、山西、陕西、新疆；亚洲，欧洲。

（318）胡枝子小羽蛾 *Fuscoptilia emarginata* (Snellen, 1884)

翅展 17.0–25.0 mm。头部土黄色至黄褐色，额区和后头区散布直立鳞毛。触角土黄色至褐色，达翅长的 1/3 或更长。前翅在 2/3 处开裂，土黄色至黄褐色，翅面基部和裂口之间的 1/2 处和 3/5 处各有 1 个黑褐色斑，裂口稍前具 1 个褐色斑点；缘毛白色，各叶顶角、臀角处则为土黄色；第 2 叶具黑褐色鳞齿。后翅较前翅颜色稍浅，第 1 裂在 3/5 处，第 2 裂在 1/5 处，缘毛灰色或灰白色。腹部白色至黄褐色。

寄主：胡枝子、截叶胡枝子。

分布：天津（八仙山）、安徽、北京、福建、甘肃、贵州、河北、河南、黑龙江、吉林、江苏、江西、辽宁、内蒙古、山东、山西、陕西、四川；朝鲜，俄罗斯远东地区，蒙古，日本。

（319）甘草枯羽蛾 *Marasmarcha glycyrrihzavora* Zheng et Qin, 1997

翅展 25.0–29.0 mm。头部和额区紧贴褐色粗鳞。触角长为前翅的 1/2，鞭节背面黄白色，每节端部赭褐色。后头区和头胸之间具短竖鳞。前翅在 3/4 处开裂，浅黄色至赭褐色；中室基部具 1 个不明显的褐色斑点；裂口处常具 1 个开口朝外的黄白色折横带。后翅比前翅的颜色稍浅，第 3 叶端部无鳞齿。前足和中足的腿节和胫节内侧赭褐色，外侧白色。腹部背面赭褐色，各节均具 1 对不明显的白色纵线。

寄主：甘草。

分布：天津（八仙山）、内蒙古、宁夏、陕西、新疆；俄罗斯。

（320）扁豆蝶羽蛾 *Sphenarches anisodactylus* (Walker, 1864)

翅展 14.0–16.0 mm。头部灰白色至灰黄色。触角长约为前翅的 1/2 或更长，背面褐色和灰白色相间。前翅在 1/2 处开裂，未开裂部分乳白色至灰白色，其 2/3 处具 1 个小褐色斑；裂口处具 1 个乳白色至黄白色斑；两裂叶的 1/3 和 2/3 处呈乳白色至黄白色纵带，1/3 处的纵斑宽而色深；裂叶边缘稀疏被褐色鳞齿。后翅灰色，第 3 叶被鳞齿。前、中足胫节背面具两条褐色纵带；后足胫节着生距处具 1 圈轮生刺。

寄主：金鱼草、菜豆、扁豆、含羞草、木豆、葫芦、天竺葵属、木芙蓉、龙珠果、可可、马缨丹、感应草。

分布：天津（八仙山）、安徽、广东、海南、湖北、湖南、江西、山东、四川、台湾、云南、浙江；亚洲，欧洲，非洲，南美洲，北美洲。

（321）褐秀羽蛾 *Stenoptilodes taprobanes* (Felder *et* Rogenhofer, 1875)

翅展 13.0–14.0 mm。头部灰褐色至黑褐色。触角长约为前翅的 1/2 或稍短，柄节深褐色，鞭节黑白相间。前翅在 2/3 处开裂，灰褐色，亚前缘线灰白色，第 1 叶中部近后缘具不规则纵斑；亚缘线白色，内侧中下部具 1 个三角形褐色斑；中室基部、中部和末端各具 1 个清楚或不清楚的灰白色圆点；第 1 叶外缘略向内凹；缘毛灰色，第 1 叶端部具黑色鳞齿，第 2 叶缘毛中夹杂黑色鳞齿。后翅褐色，散生黑色鳞片，第 2 叶近端部具 1 个灰白色圆点，第 3 叶端部具黑色鳞齿，缘毛灰褐色。足褐色至或灰褐色。

寄主：缘翅拟漆姑、拟漆姑、金鱼草、爆仗竹、独脚金、密花独脚金、异叶石龙尾、石龙尾、石胡荽。

分布：天津（八仙山）、安徽、福建、广东、贵州、海南、河南、湖北、湖南、江西、内蒙古、山东、陕西、四川、台湾、云南、浙江；东南亚，欧洲，美洲等。

（322）甘薯异羽蛾 *Emmelina monodactyla* (Linnaeus, 1758)

翅展 18.0–28.0 mm。头灰白色至褐色；触角基部之间与复眼的上方相连呈淡黄色或白色的"U"形。后头区与头胸之间有许多直立散生鳞毛簇。触角长可达

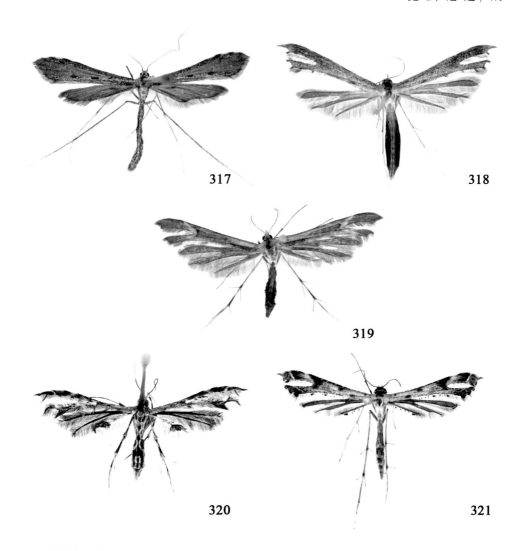

317. 灰棕金羽蛾 *Agdistis adactyla* (Hübner); 318. 胡枝子小羽蛾 *Fuscoptilia emarginata* (Snellen); 319. 甘草枯羽蛾 *Marasmarcha glycyrrihzavora* Zheng et Qin; 320. 扁豆蝶羽蛾 *Sphenarches anisodactylus* (Walker); 321. 褐秀羽蛾 *Stenoptilodes taprobanes* (Felder *et* Rogenhofer)

前翅的 2/3。胸部和翅基片灰白色至褐色。前翅在 2/3 处开裂，灰白色至褐色，前缘基半部和后缘基部、中部均具一系列小斑点，近裂口处常具 1 个小横斑，两叶顶角偏下均有 2 个小斑，这些斑点的颜色比翅面的颜色略深。后翅 3 叶均尖细，狭披针形。足细长，灰白色至灰褐色。腹部细长，灰白色至灰褐色，背线颜色浅，每节基部具 1 个小褐色斑。

寄主： 田旋花、三色旋花、旋花、肾叶打碗花、甘薯、圆叶牵牛、藜、曼陀罗、欧石南、越橘属、金鱼草属、天仙子。

分布：天津（八仙山）、北京、福建、甘肃、河北、河南、黑龙江、湖北、江西、辽宁、内蒙古、宁夏、青海、山东、陕西、四川、新疆、浙江；日本，印度，中亚，欧洲，非洲北部，北美洲。

（323）点斑滑羽蛾 *Hellinsia inulae* (Zeller, 1852)

翅展 13.0–20.0 mm。头部和前额褐色，稀疏被亮黄白色鳞片。触角长约为前翅的 1/2 或略长，灰褐色，末端颜色较深。后头区与头胸之间具少许浅灰色直立散生细鳞毛。胸部褐色。翅基片亮黄白色。前翅在 3/5 处开裂，底色亮黄白色，被灰褐色鳞片；第 1 叶前缘灰褐色鳞片较多，后缘近顶角处和顶角各具 1 个灰褐色斑点。后翅在 1/3 处和近基部开裂。足灰褐色，腿节腹面两侧具褐色纵条纹。

寄主：欧亚旋复花、柳叶旋复花。

分布：天津（八仙山）、安徽、北京、河北、河南、黑龙江、辽宁、宁夏、青海、山东、陕西、新疆；中亚，欧洲等。

（324）乳滑羽蛾 *Hellinsia lacteola* (Yano, 1963)

翅展 19.0–25.0 mm。头部浅黄白色，具略微前伸的灰白色粗鳞片。触角略微长于前翅的 1/2，背面浅灰褐色，腹面浅黄白色。头胸之间密布黄白色的直立散生细鳞毛。胸部褐色，密布灰白色鳞片。前翅在近 2/3 处开裂，底色灰白色，前缘的 2/5–6/7 之间黄白色，翅面裂口之前具 1 个非常不明显的黄褐色小斑点。后翅在近 1/3 处和近基部开裂，翅面略微较前翅颜色灰。腹部浅黄白色至白色。

分布：天津（八仙山）、河北、河南、江苏、山西；朝鲜，日本。

（325）艾蒿滑羽蛾 *Hellinsia lienigiana* (Zeller, 1852)

翅展 15.0–17.0 mm。头浅灰褐色至浅黄褐色。触角长约为前翅的 1/2 或略长，背面黑色和黄白色交替排列。头胸之间和复眼周围散布许多直立散生短鳞毛。前翅在 4/7 处开裂，底色灰白色至黄白色，散布褐色鳞片，基半部尤其明显；未开裂部分的 2/5 处的正中央具 1 个非常小的褐色斑点；裂口之前具 1 个大褐色斑点；第 1 叶前缘基部 1/4 处具 1 个近长方形褐色斑点。后翅在 2/7 处和近顶角处开裂，灰褐色。足白色，常具深褐色条纹。腹部浅灰白色至黄白色，每节后缘有黑褐色点，末节背面黄白色至黄褐色。

寄主：北艾、荒野蒿、滨海蒿、艾菊、茄属植物。

分布：天津（八仙山）、安徽、北京、福建、广西、贵州、河北、河南、湖北、湖南、江西、宁夏、山东、陕西、上海、四川、台湾、浙江；东南亚，欧洲，非洲等。

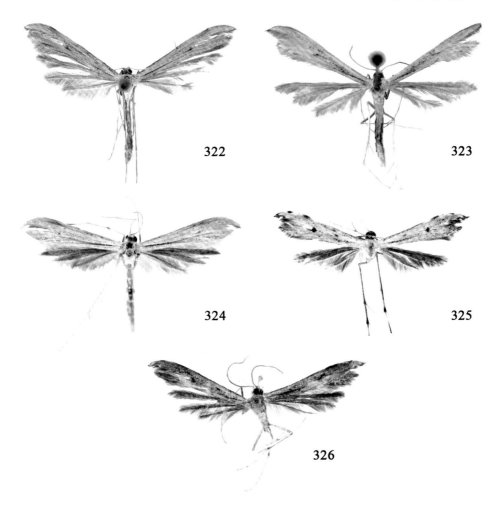

322. 甘薯异羽蛾 *Emmelina monodactyla* (Linnaeus); 323. 点斑滑羽蛾 *Hellinsia inulae* (Zeller);
324. 乳滑羽蛾 *H. lacteola* (Yano); 325. 艾蒿滑羽蛾 *H. lienigiana* (Zeller); 326. 黑指滑羽蛾 *H. nigridactyla* (Yano)

（326）黑指滑羽蛾 *Hellinsia nigridactyla* (Yano, 1961)

翅展 14.0–16.0 mm。头部灰褐色。触角长约为前翅的 1/2 或略长，灰褐色。后头区与头胸之间稀疏具少许灰褐色直立散生细鳞毛。胸部灰褐色，被许多浅灰白色鳞片。前翅在 3/5 处开裂；底色浅灰色至灰色，前缘颜色较深；未开裂部分的正中央具 1 个很小的黑褐色斑点，有的不明显；裂口之前具 1 个褐色小斑点。后翅在 1/3 处和近基部开裂；翅面深灰色，缘毛颜色略浅。足灰褐色至褐色，散布灰白色。

寄主：日本紫菀。

分布：天津（八仙山）、安徽、福建、广西、贵州、黑龙江、湖南、吉林、江西、辽宁、山东、四川、云南、浙江；俄罗斯，日本。

蛀果蛾科 Carposinidae

（327）桃蛀果蛾 *Carposina sasakii* Matsumura, 1900

翅展 15.0–18.0 mm。头黑褐色，头顶灰白色。触角黑褐色。前翅灰白染有赭色至灰褐色，基部 1/5 的黑褐色亚三角形斑的内斜外边上有 3 个竖鳞簇，外侧白色；自前缘中部 3/5 段至中室下角形成 1 个大型倒三角形黑褐色斑；中室中部前缘、翅褶 2/5 处后缘和端部 2/5 前缘各有 1 个褐色至浅褐色竖鳞簇；中室近上角前缘、上角及下角各具 1 个深褐色竖鳞簇，其外侧白色。后翅具明显肘栉。前、中足褐色至黑褐色，跗节具白色环纹；后足胫节被白色长鳞毛。

寄主：苹果、梨、海棠、沙果、榅桲、木瓜、枣、桃、李、杏、山楂以及酸枣等。

分布：天津（八仙山、九龙山）、安徽、北京、福建、甘肃、河北、河南、黑龙江、湖北、湖南、吉林、江苏、辽宁、内蒙古、宁夏、青海、山东、山西、陕西、上海、四川、台湾、浙江；朝鲜，俄罗斯，日本。

螟蛾科 Pyralidae

（328）齿类毛斑螟 *Paraemmalocera gensanalis* (South, 1901)

别名：水稻毛拟斑螟。

翅展 22.0–25.0 mm。头顶圆拱，被黄褐色粗糙鳞毛。触角褐色，雄性鞭节基部缺刻内有上下 2 排长片状鳞片对峙形成的鳞片簇。前翅赭色散布玫瑰红色鳞片，沿前缘具 1 条白色宽纵带，其下具 1 条黑褐色纵条纹，后半部赭色，内、外横线及中室端斑消失，缘毛赭色。后翅淡黄白色，前缘及顶角灰褐色。

分布：天津（八仙山）、安徽、福建、贵州、河北、河南、湖北、湖南、江苏、江西、山东、四川、云南；朝鲜，日本。

（329）斜纹隐斑螟 *Cryptoblabes bistriga* (Haworth, 1811)

翅展 14.0–16.5 mm。头顶被灰褐色光滑鳞毛。触角灰褐色。前翅灰褐色；前缘基部和后缘散布粉红色鳞片；内横线较直，灰白色，细锯齿状，外侧镶黑色宽边，内侧直至翅基部均浅灰色；外横线灰白色，与外缘平行；中室端斑黑色，二斑相互靠近，几乎连接呈肾形；外缘线浅灰色，内侧的黑色缘点清晰。后翅半透明，浅灰色。

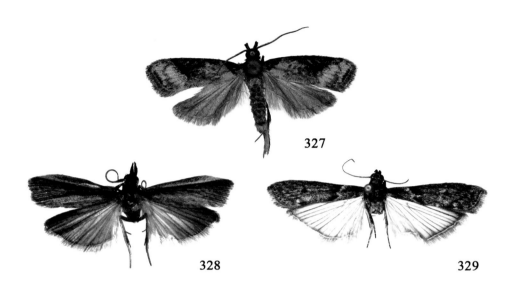

327. 桃蛀果蛾 *Carposina sasakii* Matsumura; 328. 齿类毛斑螟 *Paraemmalocera gensanalis* (South); 329. 斜纹隐斑螟 *Cryptoblabes bistriga* (Haworth)

寄主：落叶松。

分布：天津（八仙山）、福建、广西、贵州、黑龙江、陕西、四川、云南；日本，印度，斯里兰卡，印度尼西亚。

（330）中国软斑螟 *Asclerobia sinensis* (Caradja, 1937)

翅展 14.5–21.0 mm。头顶被黄白色粗糙鳞毛。触角柄节黄白色，鞭节黄褐色，但雄性基部灰白色。前翅长为宽的 3 倍，前缘端部 1/3 明显弯曲；翅面底色浅米黄色，前缘端部 1/3 及顶角杂灰褐色；内横线米黄色，位于翅基部 1/3 处，内侧隐约有金黄色鳞毛脊；中室端斑为 2 个灰褐色小圆点；前翅下表面茶褐色。后翅半透明，浅灰色至灰色。腹部各节背面基部褐色，端部黄白色，腹面黄白色。

寄主：马尾松。

分布：天津（八仙山）、安徽、北京、甘肃、河北、黑龙江、河南、陕西、山东、四川、云南；日本。

（331）马鞭草带斑螟 *Coleothrix confusalis* (Yamanaka, 2006)

翅展 18.0–26.0 mm。头顶红褐色。雄性触角基部鳞片簇 2 排，红褐色。下唇须红褐色，第 2 节弯曲上举过头顶。领片、翅基片及胸部红褐色到黑褐色，端部杂白色鳞片。前翅黑褐色，杂白色鳞片，翅基部 1/3 后半部密被红褐色鳞片，雄性腹面前缘基部约 1/3 具灰褐色短鳞片簇；内横线白色，直，从前缘基部 1/4 到后缘基部 1/3；中室端斑白色，圆，分离；外横线灰白色，窄；外缘线褐色。后翅灰白色，沿翅脉和外缘深褐色。中足胫节背侧具黄白色长鳞毛束。

分布：天津（八仙山）、安徽、重庆、福建、甘肃、广东、广西、贵州、海南、河北、河南、湖北、湖南、江西、陕西、四川、西藏、云南、浙江；日本。

（332）果梢斑螟 *Dioryctria pryeri* Ragonot, 1893

翅展 23.0–24.5 mm。头顶被棕褐色粗糙鳞毛。触角黑褐色；雄性鞭节基部缺刻内鳞片簇黑色，长柱形，布满缺刻。胸、领片及翅基片棕褐色。前翅宽阔，底色多红褐色，基域、亚基域及外缘域锈红色；后缘内横线内具 1 条锈红色纵带；内、外横线及中室端斑灰白色，清晰；外缘线淡灰色，内侧的缘点黑色。后翅外缘颜色加深。

分布：天津（八仙山、九龙山、梨木台）、安徽、北京、甘肃、广东、河北、河南、黑龙江、湖北、湖南、吉林、江苏、江西、辽宁、山东、山西、陕西、四川、台湾、浙江；朝鲜，日本。

（333）微红梢斑螟 *Dioryctria rubella* Hampson, 1901

翅展 19.0–27.0 mm。头顶被灰褐色粗糙鳞毛。触角褐色，雄性缺刻处的鳞片短而致密，覆瓦状纵向排列。前翅底色褐色，掺杂深浅不一的玫瑰红色；基线红

330   331

332   333

330. 中国软斑螟 *Asclerobia sinensis* (Caradja)；331. 马鞭草带斑螟 *Coleothrix confusalis* (Yamanaka)；332. 果梢斑螟 *Dioryctria pryeri* Ragonot；333. 微红梢斑螟 *D. rubella* Hampson

褐色；亚基线灰白色，外侧具 1 排黑色鳞毛脊；内横线灰白色，波形，外侧近后缘处具 1 个灰白色圆斑；中室端斑灰白色；外横线白色，内侧镶黑边，近前缘和后缘处直，中间具 1 个向外的尖角；外横线后缘的尖角处具 1 个大灰白色斑；外缘线灰色，内侧的缘点黑色。后翅灰白色，外缘线深灰色。

分布：天津（八仙山、九龙山、梨木台）、安徽、北京、福建、广东、广西、贵州、海南、河北、河南、黑龙江、湖北、湖南、吉林、江苏、江西、辽宁、青海、山东、山西、陕西、上海、四川、台湾、云南、浙江；朝鲜，日本，菲律宾，俄罗斯，欧洲。

（334）牙梢斑螟 *Dioryctria yiai* Mutuura *et* Munroe, 1972

翅展 20.0–22.0 mm。头顶被黑褐色与黄白色相间的鳞毛。触角黑褐色。前翅底色黑褐色；基域和亚基域淡黄褐色；亚基线淡灰色，不明显，近前缘处几乎消失；内横线明显，淡灰色，中室后缘和 Cu 脉处分别具 1 个向外的尖角，中室后缘和 A 脉处分别具 1 个向内的尖角；外横线淡灰色，大波浪形；内横线外侧与外横线内侧各镶 1 条黑色边；中室端斑明显，淡灰色；外缘域在近外横线处红褐色，近外缘线处淡灰色。后翅淡褐色，外缘深褐色。

分布：天津（八仙山、九龙山）、福建、广东、贵州、河北、湖北、湖南、吉林、江苏、江西、陕西、四川、台湾、浙江。

（335）豆荚斑螟 *Etiella zinckenella* (Treitschke, 1832)

翅展 16.0–22.0 mm。头顶被黄褐色粗糙鳞毛。触角褐色。下唇须发达，向上前方倾斜；雄性第 2 节内侧具纵沟槽。胸、领片、翅基片黄褐色或淡黄色。前翅底色黄褐色；前缘具 1 条白色纵带，内横线处具 1 个新月形、金黄色斑；外横线隐约可见，小锯齿状，与外缘平行；外缘线灰色，内侧缘点黑色。后翅淡灰褐色，外缘、顶角及翅脉褐色。

寄主：大豆、豌豆、绿豆、豇豆、扁豆、菜豆、刺槐、鳌豆等。

分布：天津（八仙山、盘山）、安徽、福建、甘肃、广东、贵州、河北、河南、湖北、湖南、内蒙古、宁夏、山东、陕西、四川、新疆、云南；世界性分布。

（336）双色云斑螟 *Nephopterix bicolorella* Leech, 1889

翅展 21.0–28.0 mm。头顶隆起，雄性被白色鳞毛，触角间形成 1 个圆形毛窝，雌性被白色和红褐色相间的鳞毛。触角黄褐色，雄性鞭节基部缺刻内被白色致密鳞片。胸部淡黄色。前翅基半部淡栗色，具 2 条红褐色纵脊纹，端半部黑褐色；内横线白色，细锯齿状，外侧被红棕色鳞毛脊；外横线黄白色，较细，波状；内侧缘点黑色。后翅半透明，灰褐色，外缘色深。腹部黄褐色，各节背端部镶黄白色边。

　　分布：天津（八仙山）、重庆、福建、甘肃、贵州、河北、河南、湖北、湖南、四川、西藏、云南、浙江；日本。

（337）山东云斑螟 *Nephopterix shantungella* Roesler, 1969

　　翅展 17.0–22.0 mm。头顶黄褐色，后头鳞片形成 1 个毛窝。触角褐色，雄性鞭节基部缺刻内鳞片簇黑褐色。前翅底色灰褐色，基域及中域掺杂淡黄色；内横线白色，锯齿状，内侧镶黑色宽边，外侧镶黑色细边；外横线白色，波状，内、外镶黑边；中室端斑黑色，两斑相接呈短棒状；外缘线褐色，模糊，内侧的缘点黑色清晰。后翅半透明，灰褐色，外缘颜色深。

　　分布：天津（八仙山）、安徽、河北、河南、湖北、吉林、内蒙古、山东、陕西。

（338）红云翅斑螟 *Oncocera semirubella* (Scopoli, 1763)

　　翅展 19.0–28.5 mm。头顶被淡黄色隆起鳞毛。触角淡黄褐色，雄性缺刻内鳞片簇上面灰褐色，下面黄白色。两触角间、后头、胸部淡黄色，领片和翅基片的内侧淡黄色，外侧红色。前翅前缘白色，后缘黄色，中部桃红色，有的中部为黄色和棕褐色纵带所替代；内、外横线均消失；缘毛红色。后翅茶褐色，缘毛黄白色，缘线黄褐色。

　　寄主：紫苜蓿、百脉根、白车轴草。

　　分布：天津（八仙山、九龙山）、北京、甘肃、广东、河北、河南、黑龙江、湖南、吉林、江苏、江西、青海、山东、台湾、云南、浙江；朝鲜，俄罗斯，日本，缅甸，印度，英国，保加利亚，匈牙利。

（339）中国腹刺斑螟 *Sacculocornutia sinicolella* (Caradja, 1926)

　　翅展 18.0–19.5 mm。头顶被灰白色粗糙鳞毛。触角灰褐色，雄性柄节和鳞片簇白色。前胸雄性白色，雌性黑褐色。前翅底色灰褐色，掺杂少量白色；内横线直，白色，位于翅基部 1/3 处，其外侧和后缘半部内侧各镶黑边；外横线白色，波形；中室端斑相距很近，几乎连成 1 黑色短横线；外缘线灰色，内侧的缘点清晰、黑色；缘毛烟灰色。后翅半透明，与缘毛皆浅灰色。

　　分布：天津（八仙山）、安徽、甘肃、贵州、河北、河南、湖北、湖南、陕西、上海、浙江；日本。

（340）柳阴翅斑螟 *Sciota adelphella* (Fischer von Röslerstamm, 1836)

　　别名：柳云斑螟。

　　翅展 20.5–28.5 mm。头顶褐色。触角黄褐色，雄性鞭节基部缺刻内被灰褐色

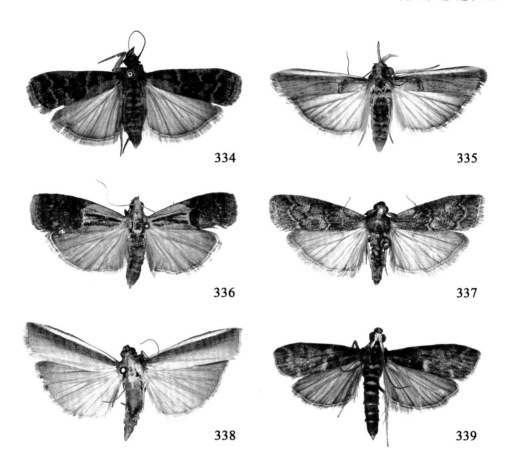

334. 牙梢斑螟 *Dioryctria yiai* Mutuura *et* Munroe; 335. 豆荚斑螟 *Etiella zinckenella* (Treitschke);
336. 双色云斑螟 *Nephopterix bicolorella* Leech; 337. 山东云斑螟 *N. shantungella* Roesler;
338. 红云翅斑螟 *Oncocera semirubella* (Scopoli); 339.中国腹刺斑螟 *Sacculocornutia sinicolella* (Caradja)

鳞片。下唇须弯曲上举，雄性第 2 节内具凹槽。前翅底色黄褐色，基域及中域后缘土黄色；内横线白色，锯齿状，由前缘基部 1/4 至后缘基部 1/3，外侧由后缘至前缘镶渐宽的褐色斑；外横线白色，小锯齿状，内、外侧各镶褐色细边；中室端斑黑褐色，两斑分离；内侧缘点清晰，黑褐色。后翅弱透明，灰褐色，翅脉和外缘色深。

寄主：杨、柳。

分布：天津（八仙山）、安徽、福建、河北、河南、湖北、江西、辽宁、内蒙古、青海、陕西、四川；俄罗斯，德国，匈牙利，法国，荷兰。

（341）双线阴翅斑螟 *Sciota bilineatella* (Inoue, 1959)

别名：双线细斑螟。

翅展 19.0–24.0 mm。雄性头顶被灰褐色鳞毛，呈丘状，雌性则被灰白色粗糙鳞毛。触角褐色，雄性缺刻内鳞片簇灰褐色。前翅烟灰色，长为宽的 3 倍；内横线白色，弧形，内、外侧分别镶黑色宽边；外横线白色，波形，距前、后缘 1/3 处各具 1 向内的尖角，内侧镶灰黑色细边；中室端斑新月形，不大明显，灰色；外缘线灰白色，内侧的缘点黑色清晰。后翅半透明，浅灰色，翅脉及外缘色深。

分布：天津（八仙山）、河北、青海、山东；朝鲜，日本。

（342）基红阴翅斑螟 *Sciota hostilis* (Stephens, 1834)

别名：基红云斑螟。

翅展 18.5–25.0 mm。头顶被灰白色或灰褐色鳞毛，后头鳞片形成 1 个光滑毛窝。触角灰白色或淡褐色，雄性基部缺刻内鳞片簇黑色。前翅长为宽的 2.5 倍，顶角钝，外缘圆弧形，底色灰褐色，基部淡黄色；内横线直，白色，内侧镶黑色宽边，外侧镶黑色细边；外横线锯齿状；中室端斑黑色，明显分离；外缘线白色，内侧缘点黑褐色。后翅半透明，颜色略浅于前翅。

分布：天津（八仙山）、安徽、海南、河北、湖北、湖南、宁夏、新疆、云南；日本，中欧，西欧。

（343）五角阴翅斑螟 *Sciota quinqueella* (Roesler, 1975)

翅展 19.0–23.0 mm。雄性头顶被黄褐色粗糙鳞毛，雌性被灰白色鳞毛。触角黑褐色。前翅灰白色，长为宽的 3 倍；内横线白色，后半部具 2 个向内的尖角，前缘外侧和后缘内侧各镶灰黑色宽边；外横线灰白色，波形，内、外侧均镶灰黑色细边；中室端斑黑色，相互分离；外缘线浅灰色，内侧的缘点黑色，较清晰。后翅半透明，灰色，外缘及翅脉深灰色。

分布：天津（八仙山）、广西、河北。

（344）银翅亮斑螟 *Selagia argyrella* Denis *et* Schiffermüller, 1775

翅展 25.5–31.0 mm。头顶黄白色。触角背面黄白色，腹面褐色，鞭节基部缺刻内具齿状突起被黄褐色鳞片簇覆盖。胸、领片及翅基片淡黄色，被金属光泽。前翅翅面无任何线条及斑纹，具金属光泽，淡黄色中杂少量褐色；缘毛黄白色。后翅不透明，黄灰色，缘毛黄白色。前后翅反面均茶褐色。

分布：天津（八仙山）、河北、河南、内蒙古、宁夏、青海、山东、陕西、四川、西藏、新疆；中欧，亚洲。

340. 柳阴翅斑螟 *Sciota adelphella* (Fischer von Röslerstamm); 341. 双线阴翅斑螟 *S. bilineatella*
(Inoue); 342. 基红阴翅斑螟 *S. hostilis* (Stephens); 343. 五角阴翅斑螟 *S. quinqueella* (Roesler);
344. 银翅亮斑螟 *Selagia argyrella* Denis *et* Schiffermüller

（345）秀峰斑螟 *Acrobasis bellulella* (Ragonot, 1893)

翅展 17.5–19.0 mm。头顶被红褐色至灰褐色光滑鳞毛。触角褐色，雄性缺刻内齿状感器上覆瓦状排列黄色鳞片。前翅底色黄褐色，基域颜色一致，皆锈红色；内横线黑色，内侧前半部淡黄色、后半部白色；外横线白色，波形；内、外横线间具 1 条斜向的白色宽横带；中室端斑相接呈肾形，外缘线灰白色。后翅半透明，灰色。

分布：天津（八仙山）、安徽、福建、甘肃、广东、广西、贵州、河北、河南、湖北、湖南、吉林、江西、陕西、四川、台湾、云南、浙江；俄罗斯，日本，印度尼西亚。

（346）白条峰斑螟 *Acrobasis injunctella* (Christoph, 1881)

翅展 16.5–20.5 mm。头顶被黑褐色粗糙鳞毛。触角褐色，雄性柄节缺刻端部具 1 个较大的锥形感器。前翅底色黑褐色；内横线白色，弧形，自前缘 1/4 达后缘 1/3 处，外侧后缘半部镶淡黄色宽边；外横线灰白色，波状，内、外镶黑边，在 M$_1$ 脉和 A 脉处各具 1 个向内的尖角；中域前缘有斜向宽白带，中室端斑黑色。后翅半透明，灰褐色。腹部背面黄褐色或黑褐色，各节端部镶黄白色窄边。

分布：天津（八仙山）、贵州、河北、河南、湖北、江苏、江西、辽宁、陕西、上海；朝鲜，日本。

（347）梨峰斑螟 *Acrobasis pirivorella* (Matsumura, 1900)

翅展 21.0–24.5 mm。头顶被褐色光滑鳞毛。触角黄褐色。胸、领片及翅基片棕褐色。前翅底色灰褐色；内横线灰白色，弧形，内、外镶黑色边，内侧镶边后半部加宽为短棒状黑色条带，其内侧又具 1 条灰白色横线；外横线锯齿状，内侧镶宽边，外侧被褐色细边；中室端斑相接呈肾形，黑褐色；外缘线灰白色，内侧缘点黑色；缘毛灰褐色。后翅半透明，灰色。

寄主：梨、苹果、桃等果实。

分布：天津（八仙山）、安徽、福建、广西、河北、河南、黑龙江、吉林、江苏、江西、辽宁、宁夏、青海、山东、山西、陕西、四川、云南、浙江；朝鲜，日本，俄罗斯。

（348）红带峰斑螟 *Acrobasis rufizonella* Ragonot, 1887

翅展 17.0–21.5 mm。头顶被红褐色粗糙鳞毛。触角褐色。前翅基域前缘半部红色，后缘半部锈黄色，沿前缘由内横线至翅中部具 1 条黑色窄楔形带，前缘近外横线处为 1 个灰白色三角形区域，后缘近外横线处为 1 个黑色三角形区域；内横线黑色，内侧镶白色细边，外侧由前缘基部 1/3 至后缘中部为 1 个浅黄色三角形区域；外横线灰白色，波形，内、外侧各镶黑色细边；中室端斑为 2 个黑色圆点，相互远离；外缘线灰色，内侧的黑色缘点清晰。后翅半透明，灰褐色。

分布：天津（八仙山）、河南、湖南、江苏、陕西、浙江；日本。

（349）山楂峰斑螟 *Acrobasis suavella* (Zincken, 1818)

翅展 15.0–24.0 mm。头顶被灰褐色粗糙鳞毛。前翅灰褐色，亚基域前半部灰白色，后缘半部黑褐色；内横线白色，弧形，由前缘基部 1/3 达后缘中部，外侧前端有 1 个黑褐色三角形斑；外横线白色，波形，内、外侧各镶黑褐色宽边；翅中域有 1 条斜向外的三角形白色宽条带；中室端斑黑褐色，明显分离，位于白色条带内；外缘线浅灰色，内侧缘点黑褐色。后翅半透明，灰褐色，翅脉及外缘深褐色。

345. 秀峰斑螟 Acrobasis bellulella (Ragonot); 346. 白条峰斑螟 A. injunctella (Christoph); 347. 梨峰斑螟 A. pirivorella (Matsumura); 348. 红带峰斑螟 A. rufizonella Ragonot; 349. 山楂峰斑螟 A. suavella (Zincken)

寄主：野李树、野梅树、刺梨、山楂。

分布：天津（八仙山）、甘肃、河北、河南、湖北、青海；俄罗斯，欧洲，北美洲。

（350）松蛀果斑螟 Assara hoeneella Roesler, 1965

翅展 12.0–16.5 mm。头顶鳞毛褐色。触角褐色。下唇须刚过头顶。前翅灰褐色；内横线白色，位于前缘基部 1/3 处，外侧镶黑褐色宽边；外横线白色，内、外镶褐色宽边，与外缘平行，两横线之间的前缘具 1 个较大的灰白色三角形区域；中室端斑愈合为 1 个褐色小斑；外缘域近外缘线处白色。后翅半透明，淡灰褐色。

分布：天津（八仙山）、重庆、福建、广东、贵州、河南、湖北、湖南、江苏、山西、四川、浙江；日本。

（351）巴塘暗斑螟 *Euzophera batangensis* Caradja, 1939

翅展 13.5–20.0 mm。头顶被深褐色光滑鳞毛。触角棕褐色。下唇须上举至头顶；第 2 节具前伸的长鳞毛。前翅鼠灰色；内横线白色，内、外镶黑褐边，中部具 1 个向外的尖角；外横线白色，波状或锯齿状，由翅前缘向内倾斜至后缘，内、外镶黑褐边；两横线间的翅面颜色较其余部分深；中室端斑黑色，相互分离，两斑周围的颜色较浅；外缘线灰白色，内侧缘点黑色。后翅半透明，灰色。腹部及足淡褐色。

分布：天津（八仙山）、河北、湖南、江苏、宁夏、山东、陕西、云南、浙江；日本。

（352）双色叉斑螟 *Furcata dichromella* (Ragonot, 1893)

翅展 18.0–24.0 mm。头顶黑褐色。触角黑褐色或褐色。前翅底色鼠灰色，散布许多白色鳞片；内横线白色，自前缘 1/3 略向外斜伸达后缘 1/2，内侧后缘具 1 个椭圆形黑褐色大斑，外侧前缘具 1 个三角形黑褐色小斑；中室端斑黑褐色，二斑相接呈短棒状；外横线灰白色；内侧缘点褐色。后翅半透明，淡褐色。前足黑褐色，中、后足褐色杂白色鳞片。腹部黑褐色，各节基部较端部色深。

分布：天津（八仙山）、安徽、重庆、福建、甘肃、广西、贵州、河北、河南、湖北、湖南、陕西、四川、新疆、浙江；日本。

（353）亮雕斑螟 *Glyptoteles leucacrinella* Zeller, 1848

翅展 11.5–17.0 mm。头顶被灰白色光滑鳞毛。触角褐色，雄性基部缺刻，鳞片簇不明显。胸、领片及翅基片灰白色至灰褐色。前翅淡灰褐色至深褐色；内横线波状，灰白色，外侧镶黑褐色边；外横线波状，灰白色，内侧镶黑褐色边；中室端斑黑褐色，较模糊；缘毛淡灰色至褐色。后翅不透明，灰褐色，缘毛淡灰色。胸足白色与褐色相间。

分布：天津（八仙山）、安徽、北京、甘肃、贵州、河北、河南、黑龙江、湖北、湖南、吉林、宁夏、青海、陕西、四川、新疆、云南、浙江；中欧。

（354）三角夜斑螟 *Nyctegretis triangulella* Ragonot, 1901

翅展 11.0–15.0 mm。头顶被灰褐色鳞毛。触角黑褐色。胸、领片及翅基片黑褐色。前翅棕褐色，内、外横线均灰白色，在翅面上呈倒"八"字形排列，除中室端斑周围颜色或有浅白色外，两横线间翅面颜色均匀一致，黑褐色。后翅及缘毛灰褐色。

分布：天津（八仙山）、安徽、甘肃、河北、河南、黑龙江、湖北、湖南、吉林、辽宁、云南、浙江；日本，意大利。

350. 松蚌果斑螟 *Assara hoeneella* Roesler; 351. 巴塘暗斑螟 *Euzophera batangensis* Caradja; 352. 双色叉斑螟 *Furcata dichromella* (Ragonot); 353. 亮雕斑螟 *Glyptoteles leucacrinella* Zeller

（355）黑褐骨斑螟 *Patagoniodes nipponella* (Ragonot, 1901)

翅展 20.5–22.5 mm。头顶被灰褐色鳞毛。触角淡褐色。胸、领片及翅基片灰白色。前翅淡灰褐色，内横线黑褐色，较直且宽；外横线较直，灰白色，内侧被黑褐色边；中室端斑黑褐色，相互靠近；外缘线淡褐色，缘点褐色；缘毛白色。后翅半透明，浅灰色，缘毛白色。

分布：天津（八仙山）、陕西、四川、浙江；朝鲜。

（356）棘刺类斑螟 *Phycitodes albatella* (Ragonot, 1887)

翅展 14.0–20.5 mm。头顶被灰褐色鳞毛。胸、领片及翅基片灰色。前翅底色灰褐色，前缘白色；内横线消失，基部 1/3 处具 3 个黑褐色斑；外横线灰白色，与翅外缘平行；中室端斑黑褐色，二斑分离；外缘线灰褐色，内侧的缘点黑褐色。后翅半透明，淡灰褐色，翅脉及外缘灰褐色。

分布：天津（八仙山）、安徽、北京、福建、甘肃、广东、广西、贵州、河北、河南、黑龙江、湖北、湖南、吉林、江苏、江西、内蒙古、宁夏、青海、山东、陕西、四川、台湾、新疆、云南、浙江；俄罗斯，日本，印度，英国，保加利亚，匈牙利。

（357）前白类斑螟 *Phycitodes subcretacella* (Ragonot, 1901)

翅展 13.5–19.5 mm。头顶被褐色粗糙鳞毛。胸、领片及翅基片褐色。前翅沿前缘具灰白色纵条带，后半部黄褐色；内横线为 3 个黑褐色圆斑所替代，中室端斑分离，黑褐色，外横线消失；缘毛淡黄褐色。后翅半透明，灰褐色，缘毛灰褐色。

分布：天津（八仙山）、甘肃、贵州、河北、河南、湖北、湖南、江苏、青海、山东、陕西、四川、新疆、浙江；日本。

（358）盐肤木黑条螟 *Arippara indicator* Walker, 1863

翅展 24.0–32.0 mm。额和头顶红褐色。触角红褐色。前翅黄褐色略带紫红色，前缘具 1 列黄褐色和黑色相间的小刻点；基域和中域红褐色，散布黑色鳞片，中室端斑黑色，椭圆形；外域颜色略深，暗红色；内、外横线淡黄色，内横线外侧和外横线内侧黑色镶边，内横线直，外横线弧形。后翅颜色略浅于前翅，内、外横线弧形弯曲，近翅后缘两线渐接近。足红紫色，中、后足腿节具毛缨。腹部黄褐色。

寄主：盐肤木、漆、野漆、毛漆树、木蜡漆、樟、天竺桂、肉桂、胡萝卜等。

354. 三角夜斑螟 *Nyctegretis triangulella* Ragonot; 355. 黑褐骨斑螟 *Patagoniodes nipponella* (Ragonot); 356. 棘刺类斑螟 *Phycitodes albatella* (Ragonot); 357. 前白类斑螟 *P. subcretacella* (Ragonot)

分布：天津（八仙山、孙各庄）、福建、海南、河北、江西、台湾；朝鲜，日本，印度，马来西亚，印度尼西亚，澳大利亚。

（359）榄绿歧角螟 *Endotricha olivacealis* (Bremer, 1864)

翅展 17.0–23.0 mm。额褐色，头顶淡黄色。触角红褐色。领片、胸部和翅基片橄榄黄色。前翅基域红褐色掺杂黑色，中域橄榄黄色且散布红色鳞片，外域紫红色且散布深褐色鳞片；翅前缘具 1 列黄黑相间的短线；内横线黄色，外弯；中室端斑黑色，月牙形；外横线淡黄色，中部内弯；外缘线黑色。后翅红褐色，中域前缘 1/4 淡黄色；内横线和外横线淡黄色，前者外弯，后者齿状，内斜；外缘线黑色。

分布：天津（八仙山、梨木台）、北京、福建、广东、广西、贵州、海南、河北、河南、湖北、湖南、山东、陕西、四川、台湾、西藏、云南、浙江；朝鲜，俄罗斯，日本，缅甸，尼泊尔，印度，印度尼西亚。

（360）金黄螟 *Pyralis regalis* Denis *et* Schiffermüller, 1775

翅展 15.0–24.0 mm。额和头顶金黄色。触角黄褐色至紫褐色。前翅基域和外域紫褐色，前缘中部具 1 排黑白相间的短线；内横线和外横线黄白色，黑色镶边，内横线前缘 2/3 和外横线前缘 1/3 呈白色宽带，两宽带之间金黄色，前者近直，向

358. 盐肤木黑条螟 *Arippara indicator* (Walker); 359. 榄绿歧角螟 *Endotricha olivacealis* (Bremer); 360. 金黄螟 *Pyralis regalis* Denis *et* Schiffermüller

外倾，后者近翅后缘向内具 1 个宽齿状弯曲。后翅基域和中域紫褐色，外域略带浅紫罗兰色；内横线和外横线白色，黑色镶边，齿状弯曲。腹部紫褐色，第 3 和第 4 节深褐色。

分布：天津（八仙山、九龙山、孙各庄、古强峪）、北京、福建、甘肃、广东、贵州、海南、河北、河南、黑龙江、湖北、湖南、吉林、江西、辽宁、山东、山西、陕西、四川、台湾、云南；朝鲜，俄罗斯远东地区，日本，印度，欧洲。

（361）缀叶丛螟 *Locastra muscosalis* (Walker, 1866)

翅展 35.0–45.0 mm。头部黄褐色。前翅基部棕黄色或者红棕色，散布黑色鳞片，近前缘处黑色鳞片呈纵向带状斑纹；基部中间具 1 个黑色纵向斑纹，该斑纹端部 1/3 具黑色竖立鳞丛；中部及端部灰白色至灰色，散布灰褐色至褐色鳞片；内横线灰白色，外侧黑褐色镶边；外横线灰白色，内侧黑色镶边，内侧近前缘处具 1 个两侧被黑色鳞片的小瘤突；沿灰白色的外缘线均匀排列近长方形灰褐色或者黑色斑点。后翅浅褐色，沿翅脉被褐色鳞片。前、中足胫节侧面密被黑色长鳞毛，后足胫节侧面被灰色长鳞毛。

寄主：核桃、黄连木等植物。

分布：天津（八仙山）、安徽、北京、福建、广东、广西、贵州、河北、河南、湖北、湖南、江苏、江西、辽宁、山东、陕西、四川、台湾、云南、浙江。

（362）白带网丛螟 *Teliphasa albifusa* (Hampson, 1896)

翅展 34.0–38.0 mm。额和头顶淡黄色至土黄色。前翅基部黄褐色掺杂黑色，前缘基部具 1 个白色小圆斑；内横线黑色，中部具 1 束黑色竖立鳞丛；中部白色，散布橘黄色鳞片，前缘淡黄色至棕黄色，中室基斑和端斑黑色；外横线黑色，波浪状，前缘外侧具 1 个黄白色至淡黄色斑纹，不规则状伸至后缘；端部灰白色至黑褐色，散布黄色鳞片；外缘线灰白色，均匀散布 1 列深褐色斑点。后翅白色，端部淡褐色；近前缘基部 1/3 处具 1 个淡褐色斑点。足棕黄色掺杂黑色和白色，各节间具白色环纹。

分布：天津（八仙山、梨木台）、福建、广西、河南、湖北、四川、台湾、云南、浙江；朝鲜，日本，印度。

（363）阿米网丛螟 *Teliphasa amica* (Butler, 1879)

翅展 36.0–40.0 mm。额和头顶黑褐色，散布棕黄色鳞片。前翅基部黑褐色，散布淡黄色至棕黄色鳞片；内横线黑色，模糊，内侧中部具 1 簇黑色纵带状竖立鳞丛；翅中部白色散布淡黄色和黑色鳞片，前缘黑褐色；中室基斑和端斑黑色，前者近圆形，后者近长方形；翅端部棕黄色，前端 1/3 密被黑色鳞片，后端 2/3

散布黑色鳞片；外横线黑色，于 M_3 脉处外弯成 1 大角，随后锯齿状且内斜；外缘线淡黄色，均匀散布 1 列长方形黑色斑点。后翅基部 3/5 白色，端部 2/5 淡褐色；中室基斑灰褐色，椭圆形。

分布：天津（八仙山、梨木台）、福建、广西、河南、湖北、江西、四川、云南、浙江；日本。

361. 缀叶丛螟 *Locastra muscosalis* (Walker); 362. 白带网丛螟 *Teliphasa albifusa* (Hampson); 363. 阿米网丛螟 *T. amica* (Butler)

草螟科 Crambidae

（364）黄纹塘水螟 *Elophila* (*Munroessa*) *fengwhanalis* (Pryer, 1877)

翅展 14.0–24.0 mm。头顶黄褐色掺杂褐色。触角黄褐色。前翅淡橘色，内横区前 1/2 向外扩展到中横线；中横线前部黑褐色，后部淡橘色；中室白区分为 2 块；外横线淡橘色，外边黄褐色；中线外白区分成 2 个小而模糊的区域；亚缘线细，与翅脉结合形成 7 个褐色斑点；缺外缘线。后翅外缘缓缓弯曲，缺基线和亚基线；内横区外边褐色；中横线在中室外斜，和外横线相接斜向臀角；中室白区和中室下白区不分开；外横线淡褐色；外横区两边褐色。腹部背面淡橘色，每节后缘具黄白色环，腹面灰白色。

寄主：水鳖、眼子菜、稻、浮萍、满江红、鸭舌草、睡莲。

分布：天津（八仙山）、安徽、北京、福建、广东、贵州、河北、黑龙江、湖北、湖南、吉林、江苏、江西、辽宁、宁夏、山东、陕西、上海、四川、浙江；朝鲜，日本。

（365）棉塘水螟 *Elophila interruptalis* (Pryer, 1877)

翅展 25.5–32.5 mm。头部黄白色，掺杂黄褐色。前翅底色淡橘色；基线褐色，亚基线为靠近基线的 2 个褐点；内横线几乎与外缘平行，深褐色；内横区淡橘色；中横线从翅前缘基部近 3/5 处发出斜向中室后缘；外横线从前缘近 3/4 处发出至 M_3 脉与外缘平行，然后收缩与中区相连形成中线外白区。后翅基线和亚基线缺，内横区窄，边缘有褐鳞；中横线直，中室白区和中室下白区相连形成 1 大白区；前后中区相连形成中室端脉月斑；外横线源自前缘基部 2/3 处。腹部黄白色，各节基部黄褐色至褐色。

寄主： 水鳖、眼子菜、睡莲、丘角菱。

分布： 天津（八仙山）、安徽、福建、广东、河北、河南、黑龙江、湖北、湖南、吉林、江苏、江西、山东、上海、四川、云南、浙江；朝鲜，日本，俄罗斯。

（366）褐萍塘水螟 *Elophila* (*Cyrtogramme*) *turbata* (Butler, 1881)

翅展 10.5–28.0 mm。额和头顶黄褐色；头顶掺杂褐色。

雄性翅斑：底色黄褐色；前翅基线不明显；亚基线黄褐色，前部和褐色内横线相接；内横线外缘在中室处具 1 个凸角；内横区宽，黄褐色，前部色深；内缘波曲，外缘在中室外斜，沿中室后缘波状，然后弯向翅后缘；中横线楔形，与翅前缘形成钝角，在中室缩减，后部黄褐色，波状；中室白区楔形，中室下白区宽而中线外白区细小；外横区宽，暗黄褐色掺杂深褐色，前缘与外横线平行；亚缘线弯曲，前部内缘有深曲边，后部外缘色深；亚缘区淡黄褐色。后翅内横区仅在下部明显，褐色；中横线直，黄褐色，内边细，褐色，外缘不明显；中区形成 1 条细线；外横线直，前部褐色，后部淡黄色。

雌性翅斑：翅底色暗褐色；前翅基线褐色，亚基线倾斜，亮褐色；内横线宽，外缘波形；内横区宽，深褐色；两边波形，外缘在中室下角扩展，与外横区相接，内斜，止于翅后缘中部；中横线细，褐色，与前缘形成钝角，在中室扩展，而后中断，然后又在中室后出现，波曲到翅后缘；中室白区楔形；前中区和后中区模糊，褐色；中室端脉月斑褐色；外横线由翅前缘 4/5 处发出；中室下白区宽，掺杂褐色；亚缘线平行于外缘，前部内缘波曲，外缘色暗；亚缘区褐色。后翅同雄性。

寄主： 稻、田字草、满江红、浮萍、槐叶苹、鸭舌草、水鳖、凤眼莲。

分布： 天津（八仙山）、安徽、北京、重庆、福建、广东、广西、贵州、河北、河南、黑龙江、湖北、湖南、吉林、江苏、辽宁、山东、上海、四川、台湾、云南、浙江；朝鲜，日本，俄罗斯。

364. 黄纹塘水螟 Elophila (Munroessa) fengwhanalis (Pryer); 365. 棉塘水螟
E. interruptalis (Pryer); 366. 褐萍塘水螟 E. (Cyrtogramme) turbata (Butler)

（367）小筒水螟 Parapoynx diminutalis Snellen, 1880

翅展 14.0–20.0 mm。头黄白色掺杂褐色。胸部黄白色。前翅基线、亚基线为
1 个模糊的斜斑；内横线宽，斜向后缘；中室端脉月斑在中室前后角形成 2 个黑
斑；外横线宽，雄性黄褐色，雌性土褐色，后部色深；外横区与外横线近平行，
雄性黄褐色，雌性土褐色；亚缘线细，平行于翅外缘；外缘线不明显，缘毛土黄
色，基部白色，各翅脉处有黑点。后翅基线、亚基线细；中室端脉月斑小，褐色；
外横区前后褐色，中部棕黄色。足黄白色，前足腿节和胫节及跗节外侧褐色。腹
黄白色。

寄主： 水鳖。

分布： 天津（八仙山）、广东、贵州、河南、湖南、山东、陕西、上海、四川、
台湾、云南、浙江；马来西亚，印度尼西亚，菲律宾，印度，斯里兰卡，非洲。

（368）重筒水螟 Parapoynx stratiotata (Linnaeus, 1758)

翅展 17.0–21.5 mm。额和头顶黄白色，头顶中部具黑斑。触角鞭节各节端部
被长鳞毛。胸背面黄白色杂有黑斑。前翅斑纹雄性明显，雌性不清晰；基线、亚
基线褐色；内横线为 2 个褐斑，前中区和后中区形成 1 个褐斑；外横线起于翅前

缘 3/4 处，在中室后缘内弯，止于翅后缘中部；外横区宽，雄性色淡；亚缘线波形。后翅基部白色，中室端脉月斑小，褐色；外横线起于翅前缘 2/3 处，止于翅后缘中部，外横区及亚缘白区宽，平行于外横线。腹部第 1、2 节背面黄白色，其他褐色，各节后缘具白带，腹面白色。

寄主：眼子菜、水马齿、金鱼藻、欧泽泻。

分布：天津（八仙山）、山东、新疆；澳大利亚，欧洲。

（369）稻筒水螟 *Parapoynx vittalis* (Bremer, 1864)

翅展 13.0–24.5 mm。额和头顶黄白色，头顶中部掺杂褐色。胸背面黄白色掺杂褐色，腹面黄白色。前翅基部黄褐色至黄白色，内横线在中室后明显；中室有暗棕色横带；后中区形成 2 个小黑斑；外横区宽，平行于翅外缘，橘黄色，边缘棕褐色；亚缘白区平行于外缘，亚缘线细；亚缘区橘黄色，外缘线不明显。后翅基部白色；外横线褐色，从前缘 2/3 斜向后缘中部；外横区宽，橘黄色，边缘褐色。腹部背面黄白色，各节后缘棕褐色，腹面黄白色。

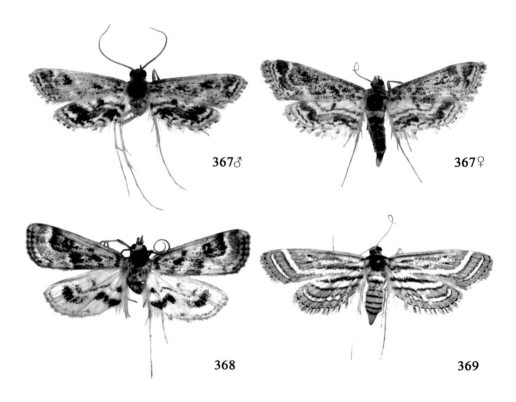

367. 小筒水螟 *Parapoynx diminutalis* Snellen; 368. 重筒水螟 *P. stratiotata* (Linnaeus);
369. 稻筒水螟 *P. vittalis* (Bremer)

寄主：稻、微齿眼子菜、菹草、眼子菜、浮萍、看麦娘。

分布：天津（八仙山）、北京、福建、河北、黑龙江、湖北、湖南、吉林、江苏、江西、辽宁、内蒙古、宁夏、山东、陕西、上海、四川、台湾、云南、浙江；朝鲜，日本，俄罗斯。

（370）元参棘趾野螟 *Anania verbascalis* (Denis et Schiffermüller, 1775)

翅展 21.5–24.0 mm。头部浅黄褐色。触角黄褐色。前、后翅黄色，散布褐色鳞片。前翅前缘带深褐色；前中线出自前缘 1/4 处，略呈弧形达后缘 1/3 处；中室圆斑和中室端脉斑之间为 1 个淡黄色的长方形斑；后中线出自前缘 3/4 处，在 CuA$_1$脉后急剧内折至中室后角，然后直达后缘 2/3 处；缘毛从基部依次是淡黄色线、黑褐色宽带、乳白色线、淡褐色线。后翅后中线出自前缘 2/3 处，在 CuA$_1$脉后急剧内折至 CuA$_2$脉基部 1/3 处，然后直达后缘 2/3 处；缘毛基半部是淡黄色线和黑褐色宽带，端半部乳白色。

寄主：玄参、藿香。

分布：天津（八仙山）、福建、广东、贵州、河北、河南、湖南、青海、山西、陕西、四川、云南；朝鲜，日本，印度，斯里兰卡，俄罗斯远东地区，西亚，欧洲。

（371）横线镰翅野螟 *Circobotys heterogenalis* (Bremer, 1864)

翅展 22.5–27.0 mm。头深黄色。触角黄褐色，背面基部 1/3 被白色鳞片和微毛。前翅深黄色，翅面斑纹褐色；前中线出自前缘 1/4 处，略呈锯齿状，达后缘 1/3 处；中室圆斑位于中室基部 2/3 处；后中线锯齿状，出自前缘 3/4 处，略呈弧形至 CuA$_1$脉后急剧内折；后中线与外缘线之间略带褐色；外缘线黑褐色；缘毛淡黄色，顶角和臀角处褐色，近基部有褐色线。后翅颜色较前翅略浅；后中线褐色，外缘伴随浅黄色线；外缘线黑褐色；缘毛浅黄色。

分布：天津（古强峪）、福建、贵州、河北、河南、湖南、江苏、江西、山东、山西；朝鲜，日本，俄罗斯。

（372）红纹细突野螟 *Ecpyrrhorhoe rubiginalis* (Hübner, 1796)

翅展 17.0–22.5 mm。额棕褐色，两侧具白条；头顶棕黄色。触角棕褐色，柄节前具白色纵条。前、后翅黄色，有的散布红棕色或褐色鳞片；外缘具黄褐色、棕褐色或褐色宽带，宽带内缘锯齿状。前翅前中线、中室圆斑、中室端脉斑和后中线褐色。后翅后中线褐色，中室后角斑块大，褐色。前、后翅缘毛基部褐色，端半部浅褐色。足淡黄色，前足胫节棕褐色。腹部背面黄色，腹面灰白色。

寄主：水苏、鼬瓣花。

分布：天津（八仙山）、北京、广东、河南、内蒙古、陕西、新疆；日本，欧洲。

（373）旱柳原野螟 *Euclasta stoetzneri* (Caradja, 1927)

翅展 28.0–38.0 mm。额褐色，两侧和正中有白色纵条；头顶淡黄色。触角柄节前方具白斑或白纵带，鞭节背面被白色平伏鳞片。前翅前缘域灰褐色；中室前半部灰褐色，后半部白色，二者分界线黑褐色；R_3 至 2A 脉各翅脉间白色，正中是褐色纵带；外缘带黑褐色。后翅半透明，外缘带前半部宽，灰褐色，向后逐渐减弱；外缘线黑褐色，向臀角逐渐减弱。

寄主： 旱柳。

分布： 天津（八仙山、九龙山）、北京、福建、甘肃、河北、河南、黑龙江、湖北、吉林、内蒙古、宁夏、山东、山西、陕西、四川、西藏；蒙古。

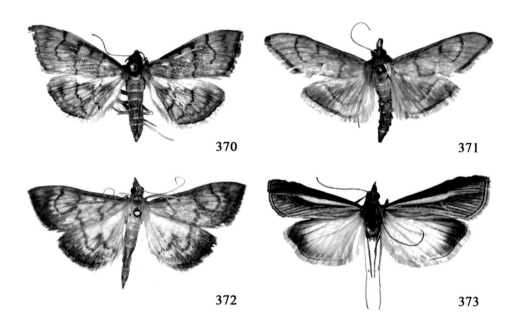

370. 元参棘趾野螟 *Anania verbascalis* (Denis *et* Schiffermüller); 371. 横线镰翅野螟 *Circobotys heterogenalis* (Bremer); 372. 红纹细突野螟 *Ecpyrrhorrhoe rubiginalis* (Hübner); 373. 旱柳原野螟 *Euclasta stoetzneri* (Caradja)

（374）艾锥额野螟 *Loxostege aeruginalis* (Hübner, 1796)

翅展 28.0–32.0 mm。额褐色，两侧具宽白条。触角黑褐色，背面基部 1/3 白色。胸部背面白色，正中是褐色纵条；腹面乳白色。前翅乳白色，前缘带浅褐色，散布乳白色鳞片；前中线褐色，从中室前缘 1/3 处发出，向外倾斜至 2A 脉，与和外缘平行的褐色后中线相连成 1 钝角；中室圆斑扁圆形，褐色；中室端脉斑大，褐色，近横"V"形，与中室后角的大三角形斑相连；A 脉是褐色横带；亚外缘线褐色，宽带状。后翅乳白色，后中线和亚外缘线是褐色宽带，二者近平行。腹部灰白色，腹面两侧略带褐色。

寄主：艾蒿。

分布：天津（八仙山、梨木台）、北京、河北、河南、湖北、青海、山西、陕西；欧洲。

（375）网锥额野螟 *Loxostege sticticalis* (Linnaeus, 1761)

翅展 24.0–26.5 mm。额黑褐色；头顶浅褐色。胸部背面褐色，腹面污白色。前翅棕褐色掺杂着污白色鳞片；中室圆斑扁圆形黑褐色，中室端脉斑肾形黑褐色，二者之间为 1 个近平行四边形淡黄色斑；后中线黑褐色，略呈锯齿状，出自前缘 4/5 处，在 CuA_1 脉后内折至 CuA_2 脉中部，达后缘 2/3 处；亚外缘线是淡黄色带，被翅脉断开；外缘线和缘毛黑褐色。后翅褐色；后中线黑褐色，外缘伴随着淡黄色线；亚外缘线黄色；外缘线黑褐色；缘毛从基部开始依次是黑褐色带、浅黄色线、浅褐色宽带和污白色带。

寄主：甜菜、藜、苜蓿、大豆、豌豆、向日葵、菊芋、马铃薯、紫苏、葱、洋葱、胡萝卜、黄瓜、亚麻、玉米、高粱、蒿类。

分布：天津（八仙山、九龙山）、甘肃、河北、河南、吉林、江苏、内蒙古、宁夏、青海、山西、陕西、四川、西藏、新疆；朝鲜，日本，印度，意大利，奥地利，波兰，匈牙利，捷克斯洛伐克，罗马尼亚，保加利亚，德国，俄罗斯，美国，加拿大。

（376）亚洲玉米螟 *Ostrinia furnacalis* (Guenée, 1854)

翅展 18.0–30.0 mm。额黄色；头顶浅黄色。触角浅黄色。胸部背面黄色，前部略带浅棕色；腹面乳白色。雄性前翅黄色，斑纹褐色，翅基部至前中线散布褐色鳞片；雌性前翅浅黄色，不散布或极少散布褐色鳞片。前中线出自前缘 1/4 处，呈圆齿状达后缘 1/3 处；中室圆斑和中室端脉之间是黄色方斑；后中线外缘浅黄色，出自前缘 4/5 处，锯齿状，在 CuA_2 脉上形成 1 直角；亚外缘带内缘锯齿状。后翅浅黄色，后中线直，褐色；亚外缘带褐色，内缘不规则。腹部背面黄色，各节后缘白色。

寄主：玉米、高粱、小麦、大麦、甘蔗、芦苇、苍耳、向日葵、大豆、豌豆、马铃薯、番茄、茄、大麻、甜菜、棉等。

分布：天津（八仙山、九龙山、古强峪）、广西、河北、河南、黑龙江、吉林、江苏、辽宁、山东、山西、陕西、四川、台湾、浙江；朝鲜，日本，印度，欧洲。

（377）款冬玉米螟 *Ostrinia scapulalis* (Walker, 1859)

翅展 22.0–33.0 mm。额黄色，两侧具乳白色纵条；头顶黄色。雄性前翅浅褐色或褐色，前缘带褐色；前中线黑褐色，内缘黄色，出自前缘 1/4 处，呈圆齿状达后缘 1/3 处；中室圆斑和中室端脉斑黑褐色，二者之间是黄色扁方斑；后中线褐色，出自前缘 3/4 处，呈锯齿状达后缘 1/3 处；外缘带褐色，其内缘锯齿状；后翅浅褐色，后中线为浅黄色宽带。雌性前翅浅黄色或黄色，有时散布褐色鳞片；翅面斑纹褐色；中室端脉斑与后中线之间具 1 个不规则浅褐色斑块；外缘带褐色。后翅浅黄色，后中线褐色线状。足污白色，雄性中足胫节中等膨大，约为正常胫节宽度的 2 倍。

分布：天津（八仙山）、福建、广西、贵州、河北、河南、湖北、湖南、吉林、江苏、陕西、上海、台湾、西藏、新疆、云南、浙江；朝鲜，日本，印度，俄罗斯。

（378）眼斑脊野螟 *Proteurrhypara ocellalis* (Warren, 1892)

翅展 32.0–35.0 mm。额褐色，两侧具淡黄条；头顶褐色。前翅褐色，翅基至前中线区域颜色稍浅；前中线淡黄色，外缘伴随褐色线，从前缘 1/5 处发出，略向外倾斜，在 2A 脉上形成 1 外凸钝角；中室圆斑和中室端脉斑黑褐色，二者之间为矩形淡黄斑；后中线淡黄色，锯齿状，内缘伴随褐色线。后翅黑褐色；后中线浅黄色，从前缘至 CuA$_1$ 脉直，然后略向内弯，在 CuA$_2$ 脉处形成 1 个内凹的锐角。中足外距长度是内距的 1/2，后足外距长度是内距的 1/6–1/4。

分布：天津（八仙山）、黑龙江；日本。

（379）芬氏羚野螟 *Pseudebulea fentoni* Butler, 1881

翅展 23.0–29.0 mm。额褐色或浅褐色，两侧具浅黄色短纵条；头顶浅黄色至浅褐色。前翅浅黄色，翅基部至后中线之间大部分褐色；前中线浅黄色，出自前缘 1/5 处，达后缘 1/4 处；中室半透明，中室圆斑和中室端脉斑褐色；后中线褐色，出自前缘带中部，沿中室端脉及其后缘到达 CuA$_2$ 脉后向外倾斜，达后缘中部；亚外缘带黑褐色，前缘处有黄色斑点；各脉端具褐色斑点。后翅浅黄色；中室端脉斑褐色；后中线褐色，出自前缘 2/3 处，在 M$_1$ 脉与 CuA$_2$ 脉之间呈外凸的半圆形；顶角处和各脉端具褐色斑点。

分布：天津（八仙山、梨木台、孙各庄）、福建、广西、贵州、河北、河南、湖北、湖南、四川、浙江；朝鲜，俄罗斯，日本，印度，印度尼西亚。

374. 艾锥额野螟 *Loxostege aeruginalis* (Hübner); 375. 网锥额野螟 *L. sticticalis* (Linnaeus);
376. 亚洲玉米螟 *Ostrinia furnacalis* (Guenée); 377. 款冬玉米螟 *O. scapulalis* (Walker);
378. 眼斑脊野螟 *Proteurrhypara ocellalis* (Warren)

（380）黄缘红带野螟 *Pyrausta contigualis* South, 1901

翅展 16.5–23.5 mm。额黄色，两侧具白色纵条；头顶黄色。前翅玫瑰红色，从翅基到前中线黄色；中室末端上角具黄色方形斑；后中线为黄色宽带，在 CuA$_1$ 脉处断开；外缘和缘毛黄色。后翅淡黄色，臀域有细长毛；亚外缘带褐色，末端具玫瑰红色鳞片，在臀角处减弱；外缘线和缘毛黄色。

分布：天津（八仙山）、甘肃、河北、河南、辽宁、陕西、四川；朝鲜，日本。

（381）褐小野螟 *Pyrausta despicata* Scopoli, 1763

翅展 16.0–21.0 mm。额和头顶浅黄褐色。前翅褐色，散布浅黄褐色鳞片；前中线为浅黄色带，出自前缘 1/3 处；中室圆斑和中室端脉斑褐色，二者之间为淡黄色方形斑；后中线为淡黄色带，在翅前缘和后缘处加宽，出自前缘 3/4 处，在 R_5 脉上形成 1 个内凹的锐角。后翅黑褐色，翅基部和后中线之间具黄色鳞片；后中线为黄色宽带，出自前缘 2/3 处，与外缘平行；亚外缘线为黄色带，在顶角处减弱。前、后翅缘毛浅褐色和深褐色相间。腹部褐色，散布淡黄色鳞片，各节后缘淡黄色。

寄主：车前、鼠尾草、蝶须。

分布：天津（八仙山）、北京、甘肃、河北、河南、内蒙古、宁夏、青海、陕西、上海、四川、新疆；朝鲜，日本，印度，缅甸，阿富汗，土耳其，欧洲。

（382）斑点野螟 *Pyrausta pullatalis* (Christoph, 1881)

翅展 18.5 mm。额黑褐色，两侧具乳白色纵条，中部具乳白色斑点；头顶褐色，掺杂黑褐色斑点。触角黑褐色，腹面具微毛。胸部背面黑色，腹面灰褐色。前、后翅黑色。前翅前缘 4/5 处具浅黄色狭长斑点达 M_1 和 M_2 脉之间；缘毛黑色，前半部端半部乳白色。后翅缘毛黑色，端部 2/3 乳白色，臀角处完全黑褐色。足枯黄色。

379   380

381   382

379. 芬氏羚野螟 *Pseudebulea fentoni* Butler; 380. 黄缘红带野螟 *Pyrausta contigualis* South; 381. 褐小野螟 *P. despicata* Scopoli; 382. 斑点野螟 *P. pullatalis* (Christoph)

分布：天津（八仙山）、河北、华西、华中；朝鲜，日本。

（383）尖双突野螟 *Sitochroa verticalis* (Linnaeus, 1758)

翅展 21.5–28.0 mm。额黄色，两侧具乳白短条；头顶黄色。触角背面鳞片浅黄色，腹面褐色。前翅黄色，斑纹黑褐色；中室后缘和 CuA_2 脉基部加宽；后中线宽，出自前缘 3/4 处，与外缘平行，达后缘 2/3 处；亚外缘线宽，在顶角处加大为斑块，略弯。后翅颜色较前翅稍浅，斑纹黑褐色；后中线出自前缘 2/3 处，与外缘略平行，在 M_1 和 M_2 脉之间以及 1A 脉上形成内凹的角；亚外缘线在顶角处膨大为斑块，其余部分由断续的斑点组成。

寄主：甜菜、苜蓿、紫苜蓿、藿香、酸模、小蓟、矢车菊、荨麻。

分布：天津（八仙山）、甘肃、河北、黑龙江、江苏、辽宁、内蒙古、宁夏、青海、山东、山西、陕西、四川、西藏、新疆、云南；朝鲜，日本，印度，俄罗斯，欧洲。

（384）黄翅缀叶野螟 *Botyodes diniasalis* (Walker, 1859)

翅展 28.0–33.0 mm。额黄褐色，两侧具白条。前翅黄色，斑纹褐色；亚基线不明显；中室圆斑小；前中线断续；中室端脉斑肾形，斑纹内具 1 条白色新月形纹；后中线和亚外缘线波纹状弯曲；亚外缘线至外缘棕褐色。后翅中室端脉斑新月形；后中线和亚外缘线与前翅相似；外缘线色深。前、后翅缘毛基部具暗褐色线，顶端色泽浅。雄性腹末具黑色毛簇。

寄主：杨。

分布：天津（八仙山）、安徽、北京、福建、甘肃、广东、广西、贵州、海南、河北、河南、湖北、江苏、辽宁、内蒙古、宁夏、山东、山西、陕西、四川、台湾、云南、浙江；朝鲜，日本，缅甸，印度。

（385）稻纵卷叶野螟 *Cnaphalocrocis medinalis* (Guenée, 1854)

翅展 16.0–20.0 mm。头部及颈片暗褐色。胸、腹部灰黄褐色。前翅浅黄色，前翅沿前缘及外缘具较宽的暗褐色带；中室端脉斑暗褐色；前中线褐色弯曲；后中线直而倾斜。后翅黄色三角形；中室端脉斑暗褐色；外缘具暗褐色带。腹部腹面白色，背面具白色及暗褐色横纹，腹部末端具成束的黑白色鳞毛。

寄主：稻、游草、马唐、雀稗等。

分布：天津（八仙山）、安徽、北京、福建、广东、广西、贵州、河北、河南、黑龙江、湖北、湖南、吉林、江苏、江西、辽宁、内蒙古、山东、山西、陕西、四川、台湾、云南、浙江；朝鲜，日本，越南，缅甸，泰国，马来西亚，印度尼西亚，菲律宾，印度，澳大利亚，巴布亚新几内亚，马达加斯加。

（386）桃多斑野螟 *Conogethes punctiferalis* (Guenée, 1854)

别名：桃蛀螟、桃蛀野螟、桃蛀心虫、桃蠹心虫、桃螟、桃实螟、桃果蠹等。

翅展 22.0–29.0 mm。通体头部黄至橙黄色，布满黑色斑点，有的斑点不明显。胸部背面共 7 个黑斑。前翅共有黑斑 26–27 个（基部前缘 1 个，基线 3 个，亚基线 3 个，中室端脉及其内侧各 1 个，后中线 6–7 个，亚外缘线 8 个，外缘 3 个）；后翅 17 个（中室 2 个，后中线 7 个，亚外缘线 8 个）。腹面背面第 1、3、4、5 节各节背面具 3 个黑斑，后 6 节有时具 1 个黑斑，第 2、7 节背面无斑，腹末黑色。

寄主：桃、李、枇杷、樱桃、向日葵、高粱、玉米、柿、蓖麻、石榴、无花果、马尾松、棉、姜。

分布：天津（八仙山、梨木台）、安徽、北京、福建、甘肃、广东、广西、贵州、河北、河南、湖北、湖南、江苏、江西、辽宁、山东、山西、陕西、四川、台湾、西藏、香港、云南、浙江；东南亚至澳大利亚。

383. 尖双突野螟 *Sitochroa verticalis* (Linnaeus); 384. 黄翅缀叶野螟 *Botyodes diniasalis* (Walker); 385. 稻纵卷叶野螟 *Cnaphalocrocis medinalis* (Guenée); 386. 桃多斑野螟 *Conogethes punctiferalis* (Guenée)

（387）黄杨绢野螟 *Cydalima perspectalis* (Walker, 1859)

翅展 32.0–48.0 mm。头部暗褐色。触角褐色。领片褐色，背面中央具白色鳞片。胸、腹部背面白色掺杂棕色鳞片，末端深褐色。前、后翅白色，缘毛灰褐色。

前翅前缘、外缘具褐色阔带；中室内具 1 小白点；中室端斑弯月形，白色。后翅外缘具 1 褐色阔带。臀毛深褐色。

寄主：黄杨木。

分布：天津（八仙山、城关）、安徽、福建、广东、广西、贵州、河北、河南、湖北、湖南、江苏、江西、青海、山东、陕西、上海、四川、西藏、浙江；朝鲜，日本，印度。

（388）瓜绢野螟 *Diaphania indica* (Saunders, 1851)

翅展 24.0–28.0 mm。头部黑色。触角灰褐色，长度接近翅长。胸部黑褐色，领片及翅基片末端鳞片白色细长。翅白色半透明，闪金属紫光；前翅沿前缘及外缘各具 1 条黑褐色带；后翅外缘具 1 条黑褐色带；缘毛黑褐色。腹部白色，第 7、8 节为黑褐色，腹部末端左右两侧各具 1 束黄褐色鳞毛丛。

寄主：棉、冬葵、木槿、大豆、黄瓜、西瓜、丝瓜、常春藤、梧桐。

分布：天津（八仙山）、安徽、重庆、福建、广东、广西、贵州、河北、河南、湖北、湖南、江苏、江西、山东、四川、台湾、云南、浙江；朝鲜，日本，越南，泰国，印度尼西亚，印度，以色列，澳大利亚，法国，萨摩亚群岛，斐济岛，留尼汪（法），塔希提岛，马克萨斯群岛，非洲。

（389）桑绢丝野螟 *Glyphodes pyloalis* Walker, 1859

翅展 21.0–24.0 mm。头顶白色。触角黄褐色。胸部背面棕褐色，腹面白色；翅基片白色。前翅白色，基部褐色；沿前缘具 1 条黄色纵带；前中线、中横线、后中线和亚外缘线棕黄色，边缘深褐色，前中线、中横线和后中线在近内缘处连接；亚外缘线宽，近前缘向内具齿；有的个体中室内近前缘具 1 个小黑点。后翅白色，半透明；外缘具 1 条棕黄色带，窄于翅基部到外缘的 1/3，边缘褐色；近臀角处具 1 个小黑点。前、后翅缘毛基部浅棕黄色，顶端灰白色。腹部背面棕褐色，两侧白色，腹面白色掺杂浅棕黄色。

寄主：桑。

分布：天津（八仙山、盘山、孙各庄）、安徽、北京、福建、广东、广西、贵州、河北、河南、黑龙江、湖北、吉林、江苏、辽宁、山西、陕西、四川、台湾、云南、浙江；日本，越南，缅甸，印度锡金，斯里兰卡。

（390）四斑绢丝野螟 *Glyphodes quadrimaculalis* (Bremer *et* Grey, 1853)

翅展 31.5–38.0 mm。头顶黑褐色，两侧近复眼处具 2 白色细条。触角黑褐色，丝状。下唇须前伸，腹面白色，其余黑褐色。胸、腹部腹面及两侧白色，背面黑色。前翅黑色，具 4 个白斑，最外侧白斑下侧沿翅外缘具 5 个小白斑排成 1 列；缘毛黑褐色，臀角处白色。后翅白色，外缘具 1 条黑色宽带，缘毛白色，顶角和

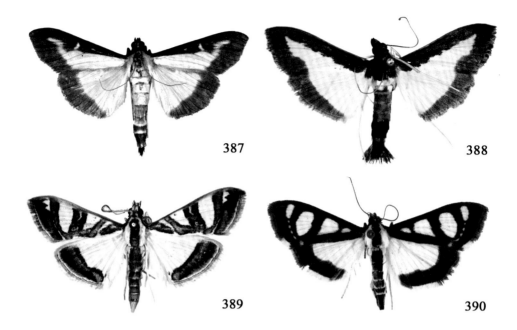

387. 黄杨绢野螟 *Cydalima perspectalis* (Walker); 388. 瓜绢野螟 *Diaphania indica* (Saunders);
389. 桑绢丝野螟 *Glyphodes pyloalis* Walker; 390. 四斑绢丝野螟 *G. quadrimaculalis* (Bremer et Grey)

臀角处褐色。

分布：天津（八仙山、盘山、孙各庄）、福建、甘肃、广东、贵州、河北、河南、黑龙江、湖北、吉林、辽宁、宁夏、山东、山西、陕西、四川、云南、浙江；朝鲜，日本，俄罗斯远东地区。

（391）葡萄切叶野螟 *Herpetogramma luctuosalis* (Guenée, 1854)

翅展 23.0–27.0 mm。额黑褐色，两侧有白条。触角黄褐色，背面黑色；雄性触角基节端部内侧具 1 个锥状突，鞭节第 1 小节内侧具 1 个凹窝。胸、腹部背面黑褐色，腹面白色。前翅黑褐色；前中线淡黄色向外倾斜；中室圆斑淡黄色；中室端脉内侧具 1 个淡黄色方形斑纹；后中线淡黄色弯曲，其前缘及后缘各具 1 个淡黄色斑纹，前缘的斑纹大，后缘的稍小。后翅颜色同前翅；中室具 1 个小黄点；后中线弯曲，宽阔，黄色。前、后翅缘毛黑褐色。前足胫节具褐色环。各腹节背面后缘白色。

寄主：葡萄。

分布：天津（八仙山、孙各庄）、安徽、福建、甘肃、广东、贵州、河北、河南、黑龙江、湖北、吉林、江苏、陕西、四川、台湾、云南、浙江；朝鲜，日本，越南，印度尼西亚，印度，尼泊尔，不丹，斯里兰卡，俄罗斯远东地区，欧洲南部，非洲东部。

（392）豆荚野螟 *Maruca vitrata* (Fabricius, 1787)

翅展 23.0–28.5 mm。额棕褐色，两侧和正中各具 1 白条。胸、腹部背面棕褐色，腹面白色。前翅棕褐色或黑褐色；中室内具 1 个倒杯形透明斑；中室下具 1 个小透明斑；中室外具 1 个从翅前缘延伸至 CuA_2 脉的长透明斑。后翅白色，半透明，外缘域棕褐色或黑褐色；前缘处具 2 个黑斑；中线纤细，波纹状；在中线与后中线之间近臀角处具不连续的淡褐色线。缘毛棕褐色或暗褐色，臀角处白色。

寄主： 大豆、菜豆、豌豆、豇豆、扁豆、绿豆、玉米。

分布： 天津（八仙山）、安徽、北京、重庆、福建、甘肃、广东、广西、贵州、海南、河北、河南、湖北、湖南、江苏、内蒙古、山东、山西、陕西、四川、台湾、西藏、香港、云南、浙江；朝鲜，日本，印度，斯里兰卡，尼日利亚，坦桑尼亚，澳大利亚，夏威夷群岛。

（393）贯众伸喙野螟 *Mecyna gracilis* (Butler, 1879)

翅展 20.0–24.0 mm。额黄褐色，两侧具白条。触角黄褐色。胸、腹部背面黄褐色。翅黄色，前翅前缘灰褐色，前中线紫褐色弯曲向外倾斜，中室内及中室下方各具 1 个紫褐色圆形斑纹，中室端具 1 个紫褐色方形斑纹，后中线紫褐色锯齿状，在 CuA_2 脉处弯向中室下角后呈波状至后缘。后翅中室端具 1 个紫褐色条斑，后中线与前翅后中线相同。前、后翅外缘有紫褐色宽带，缘毛紫褐色。

分布： 天津（八仙山、梨木台）、安徽、北京、福建、河北、河南、黑龙江、湖北、江西、山东、陕西、台湾；韩国，日本，俄罗斯远东地区。

（394）斑点须野螟 *Nosophora maculalis* (Leech, 1889)

翅展 17.0–22.0 mm。额淡黄色。胸部背面淡褐色，具深褐色斑纹。腹背深褐色，各节前缘白色。前翅黑褐色，翅基部具黄色斜条纹；前中线黄色，半圆形弯曲；中室圆斑黄色点状，其两侧具淡黄色方形斑纹；中室端脉斑黄色条状；后中线淡黄色弯曲；后中线内侧前缘及后缘各具 1 个淡黄色大斑纹，后缘黄色斑纹外侧具 1 条黄色细线。后翅黑褐色，翅基淡黄色；中室端具 1 个黑斑，黑斑外侧具 1 个大型黄色斑；后中线细弱弯曲。前、后翅缘毛褐色，臀角处淡黄色。

分布： 天津（八仙山）、安徽、福建、甘肃、广东、贵州、黑龙江、湖北、湖南、四川、台湾；日本。

（395）扶桑大卷叶野螟 *Notarcha quaternalis* (Zeller, 1852)

翅展 15.0–22.0 mm。额淡黄色。胸、腹部背面橘黄色，腹部背面各节后缘淡黄色。前翅银白色；翅前缘具 3 个黑斑；中室端具 1 个黑斑；基线、前中线、中线、后中线和亚外缘线为宽橘黄色带；后中线弯曲。后翅前中线、中线、后中线和亚外缘线与前翅相似。前、后翅缘毛橘黄色。

寄主：木芙蓉。

分布：天津（古强峪）、北京、广东、贵州、河北、陕西、四川、台湾、云南；缅甸，印度，斯里兰卡，澳大利亚，非洲。

391. 葡萄切叶野螟 *Herpetogramma luctuosalis* (Guenée); 392. 豆荚野螟 *Maruca vitrata* (Fabricius); 393. 贯众伸喙野螟 *Mecyna gracilis* (Butler); 394. 斑点须野螟 *Nosophora maculalis* (Leech)

（396）白蜡绢须野螟 *Palpita nigropunctalis* (Bremer, 1864)

翅展 28.0–36.0 mm。头顶黄褐色。体白色。前翅紧靠翅前缘棕黄色带内侧具 3 个小黑点，中室下角具 1 个黑点，2A 和 CuA$_2$ 脉间有 1 个不甚清楚的黑环状斑。后翅中室端具黑色斜斑纹；中室下方具 1 个黑点。前、后翅亚外缘线暗褐色，与翅外缘平行；各脉端具黑点；缘毛白色。

寄主：白蜡、木樨、女贞、丁香、梧桐、橄榄。

分布：天津（八仙山）、福建、甘肃、广西、贵州、河北、河南、黑龙江、湖北、吉林、江苏、辽宁、山西、陕西、四川、台湾、西藏、云南、浙江；朝鲜，日本，东南亚。

（397）三条扇野螟 *Patania chlorophanta* (Butler, 1878)

翅展 24.5–28.0 mm。额淡黄色。前翅黄色；前中线黑褐色，略呈弧形；中室圆斑和中室端脉斑黑褐色；后中线黑褐色，从 M$_2$ 至 CuA$_2$ 脉之间向外凸出。后翅中室端脉斑浅褐色；后中线与前翅相似。前足胫节端具黑环。腹部各节后缘白色，末节背面具 1 条黑色横带。

寄主：板栗、栎、柿、泡桐、梧桐。

分布：天津（八仙山）、安徽、北京、福建、甘肃、广东、广西、贵州、河北、河南、湖北、江苏、江西、内蒙古、宁夏、山东、陕西、四川、台湾、浙江；朝鲜，日本。

（398）甜菜青野螟 *Spoladea recurvalis* (Fabricius, 1775)

翅展 17.0–23.0 mm。额白色，具棕褐色条纹。胸、腹部背面黑褐色，腹面白色，腹部背面各节后缘白色。前翅黑褐色；前中线淡褐色，细弱不明显；中室端具 1 个白斑；后中线白色宽阔，由前缘 3/4 处伸至中部后向内弯曲至中室下角与中室端脉斑相连接，并向外侧伸出细尖齿。后翅黑褐色，从前缘中部伸向后缘中部形成 1 条白色带。缘毛在中部和臀角处白色，其余褐、白相间。

寄主：甜菜、藜、甘蔗、苋、茶。

分布：天津（八仙山）、安徽、北京、甘肃、广东、广西、贵州、河北、河南、黑龙江、湖北、湖南、吉林、江西、辽宁、内蒙古、宁夏、山东、山西、陕西、四川、台湾、西藏、云南；朝鲜，日本，越南，缅甸，泰国，印度尼西亚，菲律宾，印度，澳大利亚，尼泊尔，夏威夷群岛，非洲，美洲。

（399）齿纹卷叶野螟 *Syllepte invalidalis* South, 1901

翅展 25.0–28.0 mm。体、翅浅褐色至褐色。头顶黄褐色。胸、腹部背面浅褐色至褐色，腹面黄白色至浅褐色。前翅中室圆斑褐色，中室端斑褐色肾形，中央白色或淡褐色；前中线褐色；后中线褐色，前缘至 CuA_1 脉部分呈锯齿状，CuA_1 脉后向内弯曲达中室端斑下方；外缘具褐色宽带。后翅中室内具 1 个圆斑；后中线褐色，CuA_1 脉后向内弯曲达中室圆斑下方。前、后翅缘毛褐色。

分布：天津（八仙山）、安徽、福建、甘肃、广东、河北、河南、湖北、江西、陕西、四川、浙江；韩国，日本。

（400）锈黄缨突野螟 *Udea ferrugalis* (Hübner, 1796)

翅展 17.0–21.0 mm。额浅黄褐色，两侧具乳白色纵条；头顶浅黄褐色。前翅

395. 扶桑大卷叶野螟 *Notarcha quaternalis* (Zeller); 396. 白蜡绢须野螟 *Palpita nigropunctalis* (Bremer); 397. 三条扇野螟 *Patania chlorophanta* (Butler); 398. 甜菜青野螟 *Spoladea recurvalis* (Fabricius); 399. 齿纹卷叶野螟 *Syllepte invalidalis* South; 400. 锈黄缨突野螟 *Udea ferrugalis* (Hübner)

黄色或深黄色；前中线褐色，出自前缘 1/4 处，向外倾斜，在中室后缘向内折后形成 1 外凸锐角；中室圆斑和中室端脉斑深褐色；后中线褐色，锯齿状，出自前缘 4/5 处，与外缘略平行，在 CuA_2 脉上形成 1 个内凹的锐角，达后缘 2/3 处；各脉端具褐色小斑点。后翅乳白色，半透明；中室端脉斑浅褐色，在中室后角处形成 1 小黑斑；后中线浅褐色，锯齿状，与外缘平行；各脉端具褐色小斑点。

寄主：大豆。

分布：天津（八仙山）、福建、甘肃、广东、广西、贵州、河北、河南、湖北、湖南、江苏、青海、山东、陕西、四川、台湾、西藏、云南、浙江；日本，印度，斯里兰卡。

卷蛾科 Tortricidae

（401）苹褐带卷蛾 *Adoxophyes orana* (Fischer von Röslerstamm, 1834)

翅展 13.5–20.5 mm。额及头顶被粗糙黄褐色鳞片。下唇须长约为复眼直径的 1.5 倍。前翅宽，前缘从基部到 1/3 均匀凸起，其后较平直，顶角近直角；臀角宽圆；前缘褶宽阔，约占翅前缘的 1/2；前翅底色黄褐色，斑纹暗褐色，后缘近基部具 1 个横斑；中带出自翅前缘中部，伸达翅后缘 2/3 处，中间明显缢缩；亚端纹较小，与亚外缘线连接；缘毛基部黄褐色，端部暗褐色。后翅及缘毛暗灰色，顶角略带黄白色。足黄白色，前足及中足跗节被暗褐色鳞片。

寄主：苹果、李属、蔷薇属、毛榛、榛、蒙古栎、日本桤木、龙江柳、春榆、胡枝子、柳属、杨属、槭属、忍冬属、茶藨子属、女贞属、葎草属、茄科。

分布：天津（八仙山）、河北、黑龙江、辽宁、山东、陕西；韩国，日本，俄罗斯远东地区，欧洲。

（402）后黄卷蛾 *Archips asiaticus* Walsingham, 1900

翅展 20.5–28.5 mm。额被灰色及暗褐色短鳞片；头顶被粗糙灰褐色鳞片。前翅宽阔，前缘从基部到 1/3 均匀凸起，其后较平直，顶角明显凸出，外缘在 R_5 和 M_3 脉之间明显内凹；臀角宽圆；前缘褶宽阔，约占前缘的 1/3；前翅底色黄褐色，前缘褶周围灰褐色，斑纹暗褐色或锈褐色；基斑较大，指状，端部向上方弯曲；中带前缘很窄，后半部宽阔，且颜色逐渐变浅；亚端纹弯月形，延伸达翅外缘中部之后。后翅灰色。雌雄二型，雌性前翅顶角强烈伸出，基斑、中带模糊，其余同雄性。

寄主：苹果、李、杏李、日本樱花、花楸、梨属、木通、及己、蕺菜、防己。

分布：天津（八仙山）、安徽、北京、福建、甘肃、广东、河南、湖南、吉林、江苏、江西、山东、陕西、四川、浙江；韩国，日本。

（403）落黄卷蛾 *Archips issikii* Kodama, 1960

翅展 17.5–25.5 mm。额被黄白色及暗褐色短鳞片；头顶被粗糙灰褐色鳞片和少量黄褐色鳞片。下唇须长约为复眼直径的 1.5 倍；第 2 节鳞片向外侧略扩展。胸部基半部灰褐色，端半部黄褐色。前翅宽阔，前缘从基部到中部均匀凸起，其后较平直，顶角略凸出，外缘在 R_5 和 M_3 脉之间内凹；臀角宽圆；前缘褶细长，约占前缘的 1/2；前翅底色灰褐色，斑纹暗褐色或锈褐色；基斑较大，指状，端部向上方弯曲；中带前缘很窄，后半部宽阔，边缘不光滑；亚端纹弯月形，延伸达臀角。后翅暗灰色，前缘灰白色。

寄主：日本冷杉、杉松、日本落叶松、库页冷杉、白冷杉。

分布：天津（八仙山）、甘肃、河北、黑龙江、辽宁、内蒙古、青海、山东、陕西、新疆；韩国，日本，俄罗斯远东地区。

401

402♂

402♀

403

404

401. 苹褐带卷蛾 *Adoxophyes orana* (Fischer von Röslerstamm); 402. 后黄卷蛾 *Archips asiaticus* Walsingham; 403. 落黄卷蛾 *A. issikii* Kodama; 404. 蔷薇黄卷蛾 *A. rosana* (Linnaeus)

（404）蔷薇黄卷蛾 *Archips rosana* (Linnaeus, 1758)

翅展 13.5–24.5 mm。额被黄白色短鳞片；头顶被粗糙浅黄色鳞片。下唇须长不及复眼直径的 1.5 倍。前翅宽阔，前缘从基部到中部均匀凸起，其后较平直，顶角略凸出，外缘在 R_5 和 M_3 脉之间内凹；臀角宽圆；前缘褶细长，约占前缘的 3/5；前翅底色黄白色，斑纹由黄褐色或锈褐色鳞片组成；基斑较大，指状，端部窄；中带前缘很窄，后半部宽阔，边缘不光滑，亚端纹弯月形，延伸达臀角，基半部宽，端半部细；缘毛基半部黄白色，端半部灰褐色。后翅及缘毛暗灰色，翅前缘灰白色，顶角略带黄白色。

寄主：库页悬钩子、杜鹃、蛇麻草、蔷薇属、苹果属、梨属、山楂属、女贞属、桦木科、毛茛属。

分布：天津（八仙山）、河北、河南、黑龙江、辽宁、青海、陕西；韩国，日本，俄罗斯远东地区，欧洲。

（405）尖色卷蛾 *Choristoneura evanidana* (Kennel, 1901)

翅展 17.5–30.5 mm。额灰白色；头顶鳞片基部黄白色，端部暗褐色。下唇须略长于复眼直径。前翅前缘基半部明显隆起，其后较平直，顶角钝；外缘在 R_3 和 M_3 之间略内凹；臀角宽圆；前缘褶短而细，位于基部之后；底色呈土黄色，翅面散布黄褐色细纹，斑纹黄褐色：基斑不明显；中带出自翅前缘中部，斜伸至翅后缘末端之前，前半部窄，端半部较宽；亚端纹仅端部明显。后翅暗灰色，顶角黄白色。

寄主：杉松、青楷槭、五加科、东北杏、桦叶绣线菊、黑桦、川榛、毛榛、胡枝子、朝鲜槐、芸香科、东北山梅花、堇叶山梅花、蒙古栎、迎红杜鹃、五味子、紫椴。

分布：天津（八仙山）、甘肃、河北、河南、黑龙江、湖北、陕西、四川、浙江；韩国，日本，俄罗斯远东地区。

（406）南色卷蛾 *Choristoneura longicellana* (Walsingham, 1900)

翅展 19.5–33.5 mm。额、头顶被粗糙鳞片，鳞片基部黄白色，端部暗褐色。下唇须长约为复眼直径的 1.5 倍。前翅前缘明显隆起，近端部内凹，顶角突出；外缘在 R_3 和 M_3 之间内凹；臀角宽圆；前缘褶发达，从翅前缘 1/5 处伸达 3/5 处，前半部较宽，后半部较窄；底色呈土黄色，斑纹暗褐色：基斑大而明显，中带较宽，亚端纹较明显，翅后缘近基部具 1 个小黑斑。后翅暗灰色，顶角黄白色。

寄主：苹果、日本樱花、黑樱桃、杏、蔷薇属、桑属、日本栗、麻栎、槲树、蒙古栎、虎耳草、花曲柳、杨柳科、迎红杜鹃。

分布：天津（八仙山）、甘肃、贵州、河北、河南、湖北、江苏、陕西、四川、浙江；韩国，日本，俄罗斯远东地区。

（407）棉花双斜卷蛾 *Clepsis pallidana* (Fabricius, 1776)

翅展 15.5–21.5 mm。额区黄白色，鳞片短；头顶被粗糙黄褐色鳞片。下唇须长约为复眼直径的 1.5 倍，第 2 节端部扩展。胸部黄白色，夹杂锈褐色鳞片。前翅前缘基部 1/3 隆起，其后较平直；顶角略突出；外缘斜直；前缘褶短，中部宽，两侧窄，伸达中带前缘；前翅底色黄色，斑纹红褐色：翅后缘近基部具 1 个小斑，自前缘近基部至后缘近中部以及自前缘近中部至臀角各具 1 条斜横带，端纹呈倒三角形或与第 2 条斜纹相连。后翅灰白色。足黄白色，前足、中足、后足跗节外侧和中足外端距黑褐色。

寄主：白车轴草、紫苜蓿、锦鸡儿属、荒野蒿、苓菊属、鼠麹草属、一枝黄花属、紫菀属、莴苣属、苹果、大戟属、荨麻属、鸢尾属、景天属、棉属、大麻。

405♂　　　405♀

406♂　　　406♀

407

405. 尖色卷蛾 *Choristoneura evanidana* (Kennel); 406. 南色卷蛾 *C. longicellana* (Walsingham); 407. 棉花双斜卷蛾 *Clepsis pallidana* (Fabricius)

分布：天津（八仙山）、北京、甘肃、黑龙江、吉林、内蒙古、宁夏、青海、山东、陕西、四川、新疆；韩国，日本，中欧。

（408）忍冬双斜卷蛾 *Clepsis rurinana* (Linnaeus, 1758)

翅展 14.5–22.5 mm。额区黄白色；头顶和胸部黄褐色。下唇须长不及复眼直径的 1.5 倍。触角背面白色和黄褐色相间。前翅前缘基部 1/3 隆起，其后较平直；顶角近直角；外缘斜直；前缘褶较宽，伸达中带前缘；前翅底色黄白色，基斑、中带和端纹深褐色；基斑指状；中带前缘窄，后缘宽；亚端纹端部呈倒三角形，后缘细。后翅灰白色，端部略带黄白色。足黄白色，前足、中足、后足跗节外侧黑褐色。

寄主：日本落叶松、新疆沙参、黄芪、荨麻属、白屈菜属、旋花属、大戟属、酸模属、乌头属、百合属、峨参属、紫菀属、蔷薇属、忍冬、槭属、栎属。

分布：天津（八仙山）、安徽、北京、甘肃、贵州、河北、河南、黑龙江、湖北、湖南、吉林、辽宁、宁夏、青海、山东、山西、陕西、四川、浙江；韩国，日本，俄罗斯远东地区，中亚，欧洲。

（409）泰丛卷蛾 *Gnorismoneura orientis* (Filipjev, 1962)

翅展 13.0–18.5 mm。额被短的灰褐色鳞片；头顶被粗糙灰褐色鳞片。下唇须长不及复眼直径的 1.5 倍；第 2 节端部略扩展。前翅宽短，顶角较钝，外缘斜直，臀角宽阔；前翅底色土黄色，斑纹黄褐色夹杂黑褐色鳞片；基斑小；中带从前缘中部之前斜伸至后缘，中部之后分叉；亚端纹大，端部呈块状，后半部呈线状，伸达臀角。后翅暗灰色。足黄白色，前足、中足跗节外侧被暗褐色鳞片。

分布：天津（八仙山）、甘肃、河北、河南、黑龙江、宁夏、山东、山西、陕西；韩国，日本，俄罗斯远东地区。

（410）截圆卷蛾 *Neocalyptis angustilineana* (Walsingham, 1900)

翅展 12.5–16.5 mm。额黄白色；头顶被粗糙的浅黄色鳞片。下唇须长约为复眼直径的 1.5 倍。前翅窄，前缘 1/3 隆起，其后平直；顶角较钝；外缘斜直；臀角宽阔；前翅底色土黄色，翅面夹杂黄褐色鳞片，斑纹暗褐色；基斑很小或退化消失；中带细，自前缘近中部斜伸达后缘近端部，末端常较前面部分宽；亚端纹小，呈半圆形。后翅灰色或灰白色，顶角色较淡。足黄白色，前足、中足跗节外侧被黑褐色鳞片。

寄主：蔷薇。

分布：天津（八仙山）、安徽、福建、河南、湖南、江西、浙江；韩国，日本，俄罗斯远东地区。

（411）细圆卷蛾 *Neocalyptis liratana* (Christoph, 1881)

翅展 14.5–20.5 mm。额鳞片短，黄白色；头顶被粗糙的黄白色鳞片。下唇须约与复眼直径等长。前翅窄，前缘 1/3 隆起，其后平直；顶角较尖；外缘斜直；臀角宽阔；前缘褶发达，伸达前缘中部之前，基部黑色；前翅底色土黄色，斑纹黑色；基斑退化消失；中带前缘 1/3 清晰，其后模糊；亚端纹较大；翅端部散布灰褐色短纹。后翅灰暗，顶角色更暗。足黄白色，前足、中足跗节外侧被黑褐色鳞片。

危害：为害双子叶植物的枯枝落叶。

分布：天津（八仙山）、安徽、福建、甘肃、河北、河南、黑龙江、湖南、江西、青海、陕西、四川、台湾、云南、浙江；韩国，日本，俄罗斯远东地区。

408. 忍冬双斜卷蛾 *Clepsis rurinana* (Linnaeus)；409. 泰丛卷蛾 *Gnorismoneura orientis* (Filipjev)
410. 截圆卷蛾 *Neocalyptis angustilineana* (Walsingham)；411. 细圆卷蛾 *N. liratana* (Christoph)

（412）松褐卷蛾 *Pandemis cinnamomeana* (Treitschke, 1830)

翅展 17.5–22.5 mm。额及头顶前方被白色鳞片，头顶后方被灰褐色粗糙鳞片。下唇须细长，约为复眼直径的 2 倍。前翅宽阔，前缘 1/3 隆起，其后平直，顶角近直角，外缘略斜直；前翅底色灰褐色，斑纹暗褐色，翅端部具横或斜短纹；基斑大；中带后半部略宽于前部；亚端纹小。后翅暗灰色，翅顶角略带黄白色。足灰白色，前足、中足胫节被灰褐色鳞片。

寄主：苹果、梨属、柳属、春榆、落叶松属、冷杉属、槭属、栎属、桦木属、越橘属。

分布：天津（八仙山）、重庆、河北、河南、黑龙江、湖北、湖南、江西、陕西、四川、云南、浙江；韩国，日本，俄罗斯远东地区，欧洲。

（413）榛褐卷蛾 *Pandemis corylana* (Fabricius, 1794)

翅展 19.5–24.5 mm。额及头顶被黄白色鳞片。下唇须细长，约为复眼直径的 2.5 倍；第 2 节鳞片较松散。前翅宽阔，前缘 1/3 隆起，其后平直，顶角近直角，外缘略斜直；前翅底色土黄色，斑纹黄褐色；基斑大；中带后半部略宽于前部；亚端纹小；顶角和外缘端部缘毛黄褐色，其余灰色。后翅灰色，顶角略黄白。

寄主：桦木属、水曲柳、李属、悬钩子属、栎属、松属、落叶松属、枸杞、欧鼠李。

分布：天津（八仙山）、北京、黑龙江、吉林；韩国，日本，俄罗斯远东地区，中欧。

（414）苹褐卷蛾 *Pandemis heparana* (Denis *et* Schiffermüller, 1775)

翅展 16.5–26.5 mm。额被灰白色长鳞片；头顶被灰褐色粗糙鳞片。下唇须细

412   413

414♂   414♀

412. 松褐卷蛾 *Pandemis cinnamomeana* (Treitschke); 413. 榛褐卷蛾 *P. corylana* (Fabricius);
414. 苹褐卷蛾 *P. heparana* (Denis *et* Schiffermüller)

长，约为复眼直径的 2.5 倍；第 2 节端部鳞片松散。触角基部白色，其余灰白色。前翅宽阔，中部之前均匀隆起，其后平直，顶角近直角，外缘略斜直；前翅底色灰褐色，斑纹由灰褐色和黄褐色鳞片组成；中带后半部宽于前部，有时中带常断裂；亚端纹小；顶角缘毛暗褐色，其余黄褐色。后翅及缘毛暗灰色，翅顶角略带黄白色。

寄主：苹果、桃、李、杏、日本樱花、榅桲、草莓、绿肉山楂、花楸属、悬钩子属、蔷薇属、绣线菊、杨属、柳属、白桦、日本桤木、榛属、牛蒡、白车轴草、越橘、胡颓子属、核桃、甜菜、亚麻、桑属、欧丁香、钝叶酸模、椴属、槭属、灯台树、日本栗、栎、迎红杜鹃、黑榆、鼠李。

分布：天津（八仙山）、河北、黑龙江、青海、陕西；韩国，日本，俄罗斯远东地区，欧洲。

（415）黄斑长翅卷蛾 *Acleris fimbriana* (Thunberg *et* Becklin, 1791)

翅展 17.0–21.0 mm。额黄白色；头顶被粗糙的黄色鳞片。下唇须长约为复眼直径的 2 倍；第 2 节端半部逐渐膨大，第 3 节细小而前伸。触角灰褐色。前翅前缘基半部略隆起，其后平直；顶角较钝；外缘略倾斜；臀角宽圆；底色黄色，翅面散布黄白色竖鳞；缘毛同底色。后翅灰暗，前缘灰白色，外缘略带浅黄色，缘毛黄白色。足黄白色，前足、中足跗节具少量褐色鳞片。

寄主：苹果、海棠、山荆子、桃、杏、桦。

分布：天津（八仙山）、河北、辽宁、山东、山西、陕西；韩国，日本，俄罗斯远东地区，欧洲。

（416）白褐长翅卷蛾 *Acleris japonica* (Walsingham, 1900)

翅展 13.0–15.0 mm。额、头顶白色。下唇须与复眼直径近等长。触角灰褐色。前翅前缘基半部强烈隆起，中部凹陷，其后平直；顶角钝圆；臀角宽圆；前翅底色白色，翅基部具少许灰色鳞片，后缘近基部具 1 个小黑褐色斑；翅端部黄褐色，形成大斑纹从前缘中部之后斜伸到臀角之前；散布锈褐色鳞片，顶角处具 2 个黑褐色鳞片簇。后翅灰暗。足黄白色，前足、中足跗节具黑褐色鳞片。

寄主：麻栎、榉树。

分布：天津（八仙山）、河南、陕西、台湾；韩国，日本，俄罗斯远东地区。

（417）杜鹃长翅卷蛾 *Acleris laterana* (Fabricius, 1794)

翅展 11.0–17.5 mm。额、头顶灰褐色。下唇须长约为复眼直径的 1.5 倍；第 2 节端部略膨大。触角灰褐色。前翅前缘基半部隆起，其后平直；顶角略突出；臀角宽圆；前翅底色灰白色到灰色，前缘中部具 1 个锈褐色倒三角形斑纹，此斑纹颜色有变异，翅基部具锈褐色鳞片。后翅灰白色，翅顶角色较暗。足黄白色，前足、中足跗节具黑褐色鳞片。

寄主：柳属、杨属、桦叶绣线菊、欧亚绣线菊、绣线菊、库页悬钩子、花楸属、山楂属、李属、杜鹃属、黑果越橘、聚合草。

分布：天津（八仙山）、甘肃、广西、贵州、河南、黑龙江、湖北、山东、陕西、浙江；韩国，日本，俄罗斯远东地区，中欧。

（418）榆白长翅卷蛾 *Acleris ulmicola* (Meyrick, 1930)

翅展 19.2–23.5 mm。额灰色至灰白色；头顶被粗糙灰色鳞片。下唇须第 2 节端部扩展。前翅前缘基部强烈隆起，其后较平直，端部略扩展；顶角短而钝；臀角宽阔。前翅底色灰色，翅面具许多灰褐色短纹组成的小网格；翅面具 3 个由分散竖鳞形成的灰褐色斑纹：第 1 条很窄，出自翅前缘 1/5 处，伸达后缘 1/4；第 2 条出自翅前缘中部之前，伸达后缘 3/4 处，斑纹前半部不明显；第 3 条从翅前缘 2/3 处延伸并扩展到臀角，较宽。后翅灰白色，顶角处较暗。足灰白色，前足、中足及后足跗节有灰褐色鳞片。

寄主：黑榆、裂叶榆、春榆、榆。

分布：天津（八仙山）、北京、河北、河南、黑龙江、吉林、内蒙古、宁夏、青海、山东、台湾、西藏；韩国，日本，俄罗斯远东地区。

415. 黄斑长翅卷蛾 *Acleris fimbriana* (Thunberg *et* Becklin); 416. 白褐长翅卷蛾 *A. japonica* (Walsingham); 417. 杜鹃长翅卷蛾 *A. laterana* (Fabricius); 418. 榆白长翅卷蛾 *A. ulmicola* (Meyrick)

（419）豌豆镰翅小卷蛾 *Ancylis badiana* (Denis *et* Schiffermüller, 1775)

翅展 11.0–16.0 mm。头顶黄褐色；额白色。下唇须第 3 节隐藏在第 2 节的长鳞片中。前翅基部前缘 1/3 处到翅后缘中部具 1 个半椭圆形深褐色斑；中带灰白色；前缘中部到顶角具 1 个倒三角形箭头状黄褐色斑；顶角呈镰刀状；端带和亚端带中部具 2 条黑色平行横线；前缘从基部到顶角具 9 对钩状纹，第 1–5 对黑色的钩状纹分布在翅基部和中带之间，第 6–9 对白色的钩状纹在中带和顶角之间，第 6 对钩状纹延伸到 R$_5$ 脉处。后翅灰褐色。足灰黄色，跗节有褐色环状纹。

寄主：豌豆、蚕豆、白车轴草。

分布：天津（八仙山）、北京、江西；欧洲。

（420）枣镰翅小卷蛾 *Ancylis sativa* Liu, 1979

翅展 10.0–17.0 mm。头顶和额褐色。下唇须第 3 节隐藏在第 2 节的长鳞片中。前翅底色黄褐色或深褐色；翅面具 3 条斑，1 条从翅前缘中部到顶角；1 条从翅中部波状伸出达顶角；1 条从翅基部前缘 2/3 处延伸到翅后缘 3/4 处；顶角凸出，呈镰刀状；前缘从基部到顶角具 10 对清晰的橘白色钩状纹，第 1–5 对钩状纹分布在翅基部和中带之间，第 6、7 对钩状纹靠近中带后缘，第 8–10 对钩状纹分布在 R 脉间。足灰黄色，跗节均夹杂褐色。腹部灰褐色。

寄主：枣、酸枣。

分布：天津（八仙山、梨木台）、河北、河南、湖北、湖南、山东、山西。

（421）苹镰翅小卷蛾 *Ancylis selenana* (Guenée, 1845)

翅展 9.0–15.0 mm。头顶和额黑褐色。下唇须第 3 节略下垂。前翅底色黑褐色或灰褐色；整个翅面无明显斑纹；臀斑为 1 椭圆形白斑；顶角锈褐色，镰刀状；前缘从基部到顶角有 9 对钩状纹，第 1–4 对钩状纹不明显，分布在基部和中带之间；第 5、6 对钩状纹不明显，看似 1 对钩状纹；第 7–9 对钩状纹，白色，极短，分布在中带和顶角之间；缘毛基部褐色，端半部白色。后翅灰褐色，缘毛基部白色，端半部灰色。足灰黄色，跗节夹杂褐色鳞片。腹部褐色。

寄主：苹果、山楂、梨。

分布：天津（八仙山）、黑龙江；朝鲜，俄罗斯，日本，欧洲。

（422）白块小卷蛾 *Epiblema autolitha* (Meyrick, 1931)

翅展 11.0–20.0 mm。头顶鳞片灰白色夹杂灰褐色；额白色。触角褐色。下唇须灰色，末节和第 2 节端部白色。胸部和翅基片灰褐色。前翅底色灰白色；前缘

419. 豌豆镰翅小卷蛾 *Ancylis badiana* (Denis *et* Schiffermüller); 420. 枣镰翅小卷蛾 *A. sativa* Liu; 421. 苹镰翅小卷蛾 *A. selenana* (Guenée)

褐色，端半部具 5 对钩状纹；肛上纹椭圆形，色浅，内含若干褐色短横带。后翅灰色。

分布：天津（八仙山）、安徽、北京、福建、甘肃、广东、贵州、河北、河南、黑龙江、湖北、湖南、吉林、陕西、四川、浙江；韩国，日本。

（423）白钩小卷蛾 *Epiblema foenella* (Linnaeus, 1758)

翅展 12.0–26.0 mm。头顶鳞片灰色；额白色。下唇须灰褐色，末节平伸。前翅底色褐色；前缘具 4 对白色钩状纹；翅面的白色斑纹有 4 种主要类型：①由后缘 1/3 处伸出 1 条白色宽带，到中室前缘以 90°角折向后缘，而后又折向顶角，触及臀斑；②由后缘 1/3 处伸出 1 条宽的白带，到中室前缘以 90°角折向臀斑，但不触及臀斑；③由后缘基部 1/4 伸出 1 条白色细带，达中室前缘；④由后缘 1/4 处伸出 1 条白色宽带，伸向前缘，端部变窄，但不达前缘。后翅及缘毛灰色或褐色。

寄主：艾蒿、北艾、芦苇。

分布：天津（八仙山）、安徽、福建、甘肃、广西、贵州、河北、河南、黑龙江、湖北、湖南、吉林、江苏、江西、内蒙古、宁夏、青海、山东、陕西、四川、台湾、新疆、云南、浙江；蒙古，韩国，日本，泰国，印度，俄罗斯远东地区，哈萨克斯坦，中亚。

（424）栎叶小卷蛾 *Epinotia bicolor* (Walsingham, 1900)

翅展 11.0–15.0 mm。头部和触角褐色。下唇须褐色，末节略下垂。前翅中部
1/3 呈黄色，其余部分呈黑色；前缘从 1/3 处起具 6 对钩状纹；缘毛黑褐色。雄性
前翅无前缘褶。后翅黑褐色，缘毛灰色。

寄主：栎、青冈、乌冈栎、麻栎。

分布：天津（八仙山）、福建、甘肃、贵州、河北、河南、湖北、湖南、陕西、
四川、台湾；韩国，日本，越南，印度。

（425）松叶小卷蛾 *Epinotia rubiginosana* (Herrich-Schäffer, 1851)

翅展 16.0 mm。头顶鳞片灰色；额白色。触角灰色。下唇须灰色，末节下垂。
胸部和翅基片灰色。前翅灰色；前缘端半部具 5 对钩状纹；基斑褐色，约占翅面
1/3；中带从前缘中部伸达臀角前；肛上纹不规则形，内有几条褐色纵带；缘毛灰
褐色。后翅及缘毛深灰色。

寄主：油松、欧洲赤松。

分布：天津（八仙山）、北京、福建、河南、湖北、湖南、江西、陕西、浙江；
日本，俄罗斯，欧洲，北美洲。

422. 白块小卷蛾 *Epiblema autolitha* (Meyrick)；423. 白钩小卷蛾 *E. foenella* (Linnaeus)；424. 栎
叶小卷蛾 *Epinotia bicolor* (Walsingham)；425. 松叶小卷蛾 *E. rubiginosana* (Herrich-Schäffer)

（426）浅褐花小卷蛾 *Eucosma aemulana* (Schläger, 1848)

翅展 12.0–16.0 mm。头顶鳞片灰色；额白色。触角褐色。下唇须灰色夹杂白色，末节小，隐藏在第 2 节的长鳞片中。前翅底色褐色；前缘从顶角到中部具 5 对灰白色钩状纹；基斑从前缘 1/4 伸向后缘 1/3，中部向外突出；肛上纹灰色，近方形，内有三条平行的褐色横带；缘毛灰色，顶角处褐色。后翅及缘毛灰色或褐色。前、中足褐色，后足灰色，跗节具褐色鳞片。

寄主：毛果一枝黄花。

分布：天津（八仙山）、安徽、福建、甘肃、贵州、河南、山西、陕西、四川、浙江；韩国，俄罗斯，德国。

（427）短斑花小卷蛾 *Eucosma brachysticta* Meyrick, 1935

翅展 13.0–14.5 mm。头部白色。触角柄节白色，鞭节浅褐色。下唇须白色，末节小，下垂。前翅底色白色，前缘褐色；从顶角到前缘 1/3 处具 7 对白色钩状纹；基斑前半部退化，仅在后缘形成 1 不规则褐斑；肛上纹圆形，内有褐点，其内侧褐色；缘毛灰色。后翅及缘毛灰色。前、中足灰色，后足灰白色，跗节有褐色鳞片。

分布：天津（八仙山）、甘肃、江苏、宁夏、四川。

（428）黄斑花小卷蛾 *Eucosma flavispecula* Kuznetzov, 1964

翅展 11.0–19.0 mm。头顶鳞片灰黄色。触角褐色。下唇须灰白色，末节隐藏在第 2 节的长鳞片中。前翅褐色，前缘色浅；从顶角到前缘中部具 5 对灰色钩状纹；肛上纹近圆形，浅褐色，内有 2 条褐色短带；缘毛浅褐色，顶角处褐色。后翅及缘毛灰色。前、中足褐色，后足灰色。

分布：天津（八仙山）、河北、黑龙江、内蒙古、宁夏、山西、陕西、浙江；蒙古，俄罗斯远东地区，哈萨克斯坦，欧洲。

（429）青城突小卷蛾 *Gibberifera qingchengensis* Nasu et Liu, 1996

翅展 11.5–15.0 mm。头顶、额白色。触角灰褐色。下唇须灰褐色，末节灰白色，短小，平伸。前翅底色白色；前缘端半部具 4 对钩状纹；基斑褐色，约占翅面的 1/4；前缘和后缘中部各具 1 个三角形小褐斑；肛上纹椭圆形；缘毛灰色。后翅及缘毛灰色。

分布：天津（八仙山）、贵州、四川。

（430）杨柳小卷蛾 *Gypsonoma minutana* (Hübner, [1796–1799])

翅展 11.0–17.0 mm。下唇须平伸，末节短，端部钝。前翅狭长，阔三角形；

426. 浅褐花小卷蛾 *Eucosma aemulana* (Schläger); 427. 短斑花小卷蛾 *E. brachysticta* Meyrick; 428. 黄斑花小卷蛾 *E. flavispecula* Kuznetzov

顶角略突出，外缘在顶角下内凹；前缘钩状纹明显；基斑浅棕色，夹杂少许白条纹；中带从前缘中部伸达臀角前；肛上纹不明显；缘毛灰色。后翅及缘毛灰色。

寄主：银白杨、黑杨、欧洲山杨、甜杨、山杨、青杨、柳属、海棠。

分布：天津（八仙山）、北京、甘肃、河北、河南、黑龙江、宁夏、青海、山东、山西、陕西、新疆；蒙古，韩国，日本，阿富汗，伊朗，以色列，俄罗斯远东地区，欧洲，北非。

（431）丽江柳小卷蛾 *Gypsonoma rubescens* Kuznetzov, 1971

翅展 13.0 mm。头、触角、下唇须和胸部灰色。前翅底色灰色，顶角尖；前缘从顶角到中部具 5 对白色钩状纹；基斑从前缘 1/4 伸达后缘近中部；中带从前缘 1/3 处发出，伸达后缘；肛上纹外缘铅灰色，具淡光泽，内含 3 个黑点；缘毛黑色，由 1 组长度不齐的鳞片组成。后翅和缘毛灰褐色。

分布：天津（八仙山）、贵州、河南、青海、陕西、四川、云南。

（432）鼠李尖顶小卷蛾 *Kennelia xylinana* (Kennel, 1900)

翅展 15.0–19.0 mm。头顶和额浅褐色。下唇须长约为复眼直径的 3/2。前翅底色浅褐色，顶角黑色；前缘在 3/4 处凸出，顶角前方凹陷；顶角呈锐角，略凸出；

429. 青城突小卷蛾 *Gibberifera qingchengensis* Nasu *et* Liu; 430. 杨柳小卷蛾 *Gypsonoma minutana* (Hübner); 431. 丽江柳小卷蛾 *G. rubescens* Kuznetzov

整个翅面斑纹不明显，分散着一些深褐色条纹和斑点；前缘从翅基部到顶角具 10 对白色钩状纹，前 5 对钩状纹在翅基部和前缘 Sc 脉之间，后 5 对钩状纹在中带后缘和顶角之间，汇合至 R_4 和 R_5 脉之间。后翅灰褐色。足黄色，跗节具深褐色环状纹。

　　寄主：乌苏里鼠李、鼠李。

　　分布：天津（八仙山）、甘肃、贵州、河北、河南、黑龙江、湖北、吉林、宁夏、陕西、四川、浙江；韩国，日本，俄罗斯远东地区。

（433）褪色刺小卷蛾 *Pelochrista decolorana* (Freyer, 1842)

　　翅展 11.0–17.0 mm。头顶鳞片灰白色夹杂褐色。触角浅褐色。下唇须灰褐色，末节小，隐藏在第 2 节的长鳞片中。胸部和翅基片灰色。前翅灰色，前缘色深；从顶角到前缘 1/3 处具 4 对灰色钩状纹；翅面散布褐色小点；肛上纹椭圆形，内有褐点；缘毛上半部褐色，下半部灰色。后翅及缘毛灰色。前、中足褐色，后足灰白色，跗节有褐色鳞片。

分布：天津（八仙山）、安徽、甘肃、河北、河南、黑龙江、内蒙古、陕西、新疆；蒙古，韩国，日本，俄罗斯，欧洲。

（434）松实小卷蛾 *Retinia cristata* (Walsingham, 1900)

翅展 10.5–16.0 mm。头顶鳞片黄褐色；额白色。触角灰色。下唇须黄褐色，末节短，略下垂。胸部和翅基片褐色。前翅狭长，底色灰色；前缘具 5 对钩状纹；基斑褐色，约占翅面 1/3；中带从前缘中部伸达后缘臀角前；肛上纹椭圆形，内含若干短的黑色纵带；缘毛褐色。后翅及缘毛深灰色。

寄主：马尾松、油松、黑松、赤松、黄山松等幼树嫩梢及球果中。

分布：天津（八仙山）、安徽、北京、广东、广西、河北、河南、黑龙江、湖北、湖南、江苏、江西、辽宁、山东、山西、陕西、四川、台湾、云南、浙江；韩国，日本。

（435）粗刺筒小卷蛾 *Rhopalovalva catharotorna* (Meyrick, 1935)

翅展 12.0 mm。头顶鳞片灰黄色；额鳞片白色。下唇须灰色，末节隐藏在第 2 节的长鳞片中。胸部浅褐色，两侧白色。前翅底色浅褐色；顶角强烈突出，镰状，外缘在顶角下内凹；钩状纹 8 对，灰褐相间，端部 3 对彼此汇合，伸向外缘；基斑比底色略深，近前缘处模糊；中带从前缘中部伸出，斜向后缘 2/3 处；肛上纹近圆形，灰白色。后翅灰色，后缘基部具长鳞片。

分布：天津（八仙山）、湖南、上海、台湾、浙江；日本。

（436）李黑痣小卷蛾 *Rhopobota latipennis* (Walsingham, 1900)

翅展 15.0 mm。头灰色。下唇须灰色夹杂褐色，第 2 节膨大，密被鳞片。前翅灰褐色，顶角凸出，呈镰刀状；前缘从基部 1/3 到顶角具 7 对白色钩状纹，基部 2 对略模糊，端半部 5 对清晰可见；基斑约占翅面 1/3，前半部模糊；中带从前缘中部伸达后缘近臀角处；肛上纹近圆形，灰色；肛上纹内侧上角处具 1 个黑色斑点；缘毛深灰色。后翅及缘毛灰色。前足褐色，中、后足灰色，胫节和跗节具褐色鳞片。

寄主：山梨、稠李等。

分布：天津（八仙山）、河南、黑龙江、江西；日本，俄罗斯。

432 433

434 435

432. 鼠李尖顶小卷蛾 *Kennelia xylinana* (Kennel); 433. 褪色刺小卷蛾 *Pelochrista decolorana* (Freyer); 434. 松实小卷蛾 *Retinia cristata* (Walsingham); 435. 粗刺筒小卷蛾 *Rhopalovalva catharotorna* (Meyrick)

（437）苹黑痣小卷蛾 *Rhopobota naevana* (Hübner, [1814–1817])

翅展 7.0–17.0 mm。头部灰褐色。下唇须端节略下垂。前翅灰褐色，顶角突出，镰状；基斑明显，占翅面 1/3；中带从前缘中部伸达后缘臀角前；臀斑卵形；缘毛灰褐色。后翅灰褐色，前缘具 1 块蓝色斑，从反面看近黑色；缘毛灰色。

寄主：水曲柳、花曲柳、越橘、海棠花、毛山荆子、山梨、山楂、杏、梅、花楸属、鼠李、钝齿冬青、暴马丁香。

分布：天津（八仙山）、安徽、福建、甘肃、广东、贵州、河北、河南、黑龙江、湖北、湖南、吉林、江西、辽宁、内蒙古、陕西、四川、台湾、西藏、云南、浙江；蒙古，韩国，日本，印度，斯里兰卡，俄罗斯，欧洲。

（438）松梢小卷蛾 *Rhyacionia pinicolana* (Doubleday, 1850)

翅展 18.0–21.0 mm。头顶鳞片灰黄色；额白色。触角灰色。下唇须灰褐色，第 2 节长，末节平伸，端部尖。胸部和翅基片棕色。前翅狭长，底色红褐色；前缘具 6 对银色钩状纹；翅面具银色横条纹；缘毛灰色。后翅深灰色，缘毛灰色。

寄主：油松、偃松、欧洲赤松、樟子松、赤松。

436. 李黑痣小卷蛾 *Rhopobota latipennis* (Walsingham); 437. 苹黑痣小卷蛾 *R. naevana* (Hübner); 438. 松梢小卷蛾 *Rhyacionia pinicolana* (Doubleday)

分布：天津（八仙山、九龙山、梨木台）、北京、福建、贵州、河北、河南、黑龙江、吉林、江西、辽宁、内蒙古、宁夏、山西、陕西；韩国，日本，俄罗斯远东地区，欧洲。

（439）桃白小卷蛾 *Spilonota albicana* (Motschulsky, 1866)

翅展 14.0–18.0 mm。头部、触角和下唇须灰白色。下唇须细长，末节略下垂。胸部和翅基片灰色。前翅灰白色；前缘端半部具 5 对钩状纹；由后缘端部 1/3 处斜向顶角具 1 斜线，由斜线到外缘之间呈褐色；缘毛灰褐色。后翅及缘毛灰色。

寄主：苹果、三叶海棠、毛山荆子、光叶石楠、梨、杏、桃、李、樱桃、毛樱桃、黑果枸子、山楂、光叶山楂、毛山楂、北美落叶松、落叶松、榛。

分布：天津（八仙山）、福建、甘肃、贵州、河北、河南、黑龙江、湖北、湖南、陕西、四川、浙江；韩国，日本，俄罗斯。

（440）芽白小卷蛾 *Spilonota lechriaspis* Meyrick, 1932

翅展 12.0–15.0 mm。头部、触角和下唇须深灰色。下唇须短，末节下垂。胸部和翅基片深灰色。前翅浅灰褐色；前缘端半部具 4 对钩状纹；基斑暗褐色，外

439. 桃白小卷蛾 *Spilonota albicana* (Motschulsky); 440. 芽白小卷蛾 *S. lechriaspis* Meyrick; 441. 棕白小卷蛾 *S. semirufana* (Christoph)

缘中部突出；中带间断，近后缘处色深；肛上纹近长方形，内有 4 条褐色纵带；缘毛灰褐色。后翅及缘毛灰色。

寄主：梨、苹果、山楂、枇杷、窄叶火棘。

分布：天津（八仙山）、福建、河北、河南、黑龙江、陕西；韩国，日本，俄罗斯。

（441）棕白小卷蛾 *Spilonota semirufana* (Christoph, 1882)

翅展 16.0–18.0 mm。头部鳞片灰白色；额白色。触角灰色。下唇须长，灰白色，末节略下垂。胸部和翅基片棕色。前翅阔三角形，基部 2/3 棕色；端部 1/3 灰白色；近外缘具 1 列黑点；缘毛灰褐色。后翅及缘毛深灰色。

分布：天津（八仙山）、河南、黑龙江、吉林；韩国，日本，俄罗斯远东地区。

（442）日微小卷蛾 *Dichrorampha okui* Komai, 1979

翅展 12.0–14.0 mm。头和额黄褐色。触角深灰色，短，长不及前翅长的 1/2。下唇须上举，第 2 节端部膨大呈三角形。前翅灰褐色，混杂黄褐色，端部 1/2 较多；前缘钩状纹灰黄色，5 对；前缘褶伸至前缘基部 2/5 处；顶角钝圆；具亚端切口；肛上纹不规则铅色环，内有 3 个黑色缘点；背斑黄褐色，伸至翅中部。后翅灰褐色。足跗节具黄色和灰褐色相间环状纹。

寄主：栎属。

分布：天津（八仙山）、北京、甘肃、河北、宁夏、四川；日本。

（443）柠条支小卷蛾 *Fulcrifera luteiceps* (Kuznetzov, 1962)

翅展 12.0–18.0 mm。头部黄褐色。触角长约为前翅长的 1/2。下唇须第 2 节腹面具长鳞片。前翅浅黑褐色，基部 1/3 灰黄褐色，端部 1/3 处混有淡黄赭色鳞片；中带深褐色，出自前缘中央，在翅中部呈钝角弯曲达后缘，在后缘附近约与背斑等宽；前缘钩状纹黄褐色，端部第 3 对钩状纹发出 1 条铅色线，在中部略弯，达外缘；第 5 对钩状纹间的铅色线和肛上纹的内缘线愈合；背斑淡黄白色，明显，伸达翅中部；肛上纹内缘线和外缘线均具金属光泽，内有 5 条黑色短横线。后翅浅灰褐色。

寄主：蒙古锦鸡儿等豆科植物。

分布：天津（八仙山）、甘肃、四川；蒙古，俄罗斯西伯利亚。

442♂ 442♀

443♂ 443♀

442. 日微小卷蛾 *Dichrorampha okui* Komai; 443. 柠条支小卷蛾 *Fulcrifera luteiceps* (Kuznetzov)

（444）麻小食心虫 *Grapholita delineana* Walker, 1863

别名：四纹小卷叶蛾、大麻食心虫。

翅展 8.0–14.0 mm。头部灰褐色；额黄白色。触角黄褐色，长约为前翅的 1/2。

前翅基部 1/3 灰褐色，端部 2/3 棕褐色；前缘微突；顶角钝；前缘钩状纹黄白色，9 对，每对钩状纹由 2 个短斑组成，各有 1 条铅色暗纹延伸；肛上纹内、外缘线铅色，具金属光泽，内无短横线；背斑由 4 条黄白色或灰白色的平行弧状纹组成；具亚端切口。后翅黄棕色。腹部背面黑褐色，腹面灰褐色。

寄主：大麻、葎草。

分布：天津（八仙山）、安徽、北京、福建、甘肃、河北、河南、黑龙江、湖北、江西、陕西、四川、浙江；摩尔多瓦，乌克兰，外高加索，中欧，南欧，从大西洋海岸到太平洋海岸。

（445）李小食心虫 *Grapholita funebrana* Treitschke, 1835

别名：李小蠹蛾。

翅展 10.0–14.0 mm。头和额黄褐色。触角黄褐色，长约为前翅的 1/2。下唇须上举，背面鳞片平伏，腹面粗糙。前翅灰褐色，混杂黄白色；前缘钩状纹黄色，9 对，每对钩状纹由 2 个短斑组成，各有铅色暗纹延伸；肛上纹内、外缘线铅色，具金属光泽，内有 5 条黑色短横线，并具黄白色鳞片，沿外缘线分布 2 个黑色斑点；背斑黄白色，不规则波状纹位于后缘中部，斜至中部；具亚端切口。后翅黄棕色。

寄主：李、杏、樱桃。

分布：天津（八仙山）、北京、甘肃、河北、黑龙江、宁夏、新疆；俄罗斯西伯利亚、远东地区，韩国，日本，欧洲至亚洲中部。

（446）梨小食心虫 *Grapholita molesta* (Busck, 1916)

别名：东方果蛀蛾、折心虫。

翅展 9.5–14.0 mm。头和额棕褐色。触角长约为前翅长的 1/2。下唇须上举，背面鳞片平伏，腹面粗糙。前翅褐色，混杂黄白色；前缘钩状纹黄色，9 对，每对钩状纹由 2 个短斑组成，各有铅色暗纹延伸；肛上纹内、外缘线铅色，具金属光泽，内有 5–6 条黑色短横线，散布黄白色鳞片，沿外缘线具黄白色鳞片；背斑黄白色，自后缘中部斜达翅中部；具亚端切口；缘毛灰褐色。后翅黄棕色，缘毛灰黄色。

寄主：梨、苹果、桃、枇杷、李、杏、杨梅、樱桃、海棠、木瓜等。

分布：天津（八仙山）、北京、广西、河北、吉林、江苏、江西、辽宁、宁夏、山东、陕西、新疆、云南；韩国，日本，澳大利亚，新西兰，北美洲，南美洲，欧洲，非洲。

（447）大豆食心虫 *Leguminivora glycinivorella* (Matsumura, 1898)

别名：豆荚蠹。

444. 麻小食心虫 *Grapholita delineana* Walker; 445. 李小食心虫 *G. funebrana* Treitschke; 446. 梨小食心虫 *G. molesta* (Busck)

翅展 12.0–15.0 mm。头和额黄色。触角长约为前翅长的 1/2。下唇须第 2 节腹面具较长鳞片。前翅黄褐色或黑褐色，前缘略凸；具亚端切口，切口与外缘同色；基部浅黄色，端部较深；前缘钩状纹黄色，9 对，每对钩状纹由 2 个短斑组成，均发出铅色暗纹；前翅基斑缺失，其他斑纹不明显；背斑浅黄色，向外斜伸至近臀斑内缘上方；臀斑内缘线不明显，外缘线明显，具金属光泽，内有 3 条黑色短横线。后翅深灰褐色。足浅黄褐色，跗节具灰色和浅黄色相间的环纹。腹部腹面具灰白色和黑褐色相间的半环状纹。

寄主：大豆、野大豆、苦参。

分布：天津（八仙山）、北京、福建、甘肃、贵州、河北、河南、黑龙江、湖北、湖南、吉林、江西、内蒙古、宁夏、山西、陕西、四川、西藏、浙江；朝鲜，日本，越南，印度，俄罗斯西伯利亚。

（448）豆小卷蛾 *Matsumuraeses phaseoli* (Matsumura, 1900)

雌雄异型。雄性翅展 14.0–20.0 mm。头和额灰褐色。触角黄褐色，长约为前翅长的 1/2。下唇须上举，第 2 节基部细，端部膨大呈三角形。前翅灰黄褐色，基部灰褐色，中室外侧具 1 个褐色斑点，其上方具 1 个三角形的大褐色斑纹和基斑相连；肛上纹内、外缘线不明显，内有 3 个黑色斑点，近顶角处具 2 个黑色斑点，略靠近外缘；前缘端部 2/5 处呈直线向外缘方向具几个黑色小斑点；外缘前端略微凹入。后翅灰黄色。雌性翅展 15.0–20.0 mm，颜色较雄性深，棕褐色，翅面斑纹不明显。

寄主：草木樨、紫苜蓿等。

分布：天津（八仙山）、甘肃、贵州、河北、河南、黑龙江、湖北、吉林、江苏、江西、辽宁、内蒙古、山东、山西、陕西、四川、西藏、云南；朝鲜，日本，印度尼西亚，尼泊尔，俄罗斯。

（449）林超小卷蛾 *Pammene nemorosa* Kuznetzov, 1968

翅展 9.0–15.0 mm。头和额灰褐色。触角黄褐色，约为前翅的 1/2。下唇须上举，第 2 节端部膨大呈三角形。前翅灰褐色，端部 2/5 混杂黄白色；前缘微凸，顶角钝；钩状纹黄色，9 对，各由 2 个短斑组成，每对发出 1 条铅色暗纹；前翅基斑缺失，其他斑纹不明显；肛上纹明显，内、外缘线铅色，具金属光泽，外缘线较内缘线细长，自中间被分为 2 段，内有 4–5 个黑褐色短横线；中室端部中间具 1 个黑褐色短横线；背斑灰白色，倾达翅中部；缘毛灰褐色。后翅棕黄色，前缘灰白色，缘毛灰黄色。

寄主：栎属。

分布：天津（八仙山）、甘肃、河南；俄罗斯南部滨海地区。

（450）云杉超小卷蛾 *Pammene ochsenheimeriana* (Lienig *et* Zeller, 1846)

翅展 8.0–12.5 mm。头和额灰黄褐色。触角深褐色，长约为前翅长的 1/2。下唇须上举，第 2 节端部膨大呈三角形。前翅赭灰褐色，端部 1/3 混杂黄色；前缘钩状纹黄色，钩状纹间有黑色条纹相间；端部第 1–3 对钩状纹间各发出 1 条铅色线，具金属光泽，愈合后达外缘前端 1/5 处；第 5 对钩状纹发出的铅色线达中室端部；顶角钝，外缘约呈直线向翅基部倾斜；肛上纹明显，内、外缘线铅色，具金属光泽，内无黑色斑纹。后翅棕黄褐色，前缘基部灰白色，缘毛灰黄色。

寄主：云杉属。

分布：天津（八仙山）、甘肃、贵州、河北、河南、黑龙江、陕西；俄罗斯，立陶宛，欧洲。

（451）金水小卷蛾 *Aterpia flavipunctana* (Christoph, 1881)

翅展 4.0–8.0 mm。前翅底色浅褐色，斑纹褐色；前缘具 9 对白色杂有浅褐色的钩状纹；基斑不明显；中带前缘处窄，在中室上缘 3/4 至 R_4 脉基部加宽，向后至后缘中部至末端；中室外侧至外缘与臀角杂有白色小点；后中带模糊，端纹

447. 大豆食心虫 *Leguminivora glycinivorella* (Matsumura); 448. 豆小卷蛾 *Matsumuraeses phaseoli* (Matsumura); 449. 林超小卷蛾 *Pammene nemorosa* Kuznetzov; 450. 云杉超小卷蛾 *P. ochsenheimeriana* (Lienig *et* Zeller)

不明显；翅腹面浅褐色，前缘钩状纹浅黄色，外缘处及后缘与后翅交叠处浅黄色。后翅浅褐色，前缘与前翅交叠处近白色。

分布：天津（八仙山）、福建、河南、湖北、湖南、广东、陕西；韩国，日本，俄罗斯。

（452）小凹尖翅小卷蛾 *Bactra lacteana* Caradja, 1916

翅展 11.0–16.0 mm。头部鳞片粗糙，头顶黄褐色；额灰褐色。下唇须上举，第 2 节端部长鳞片堆积呈三角形。前翅灰黄褐色；前缘从基部到顶角具 9 对白色钩状纹；基斑黄褐色；中室端部具 1 个镰刀形黄褐色斑纹，此斑纹下面左右各具 1 个黄褐色小斑纹，呈倒"八"字形；中室顶端到顶角具 1 个较大的黄褐色斑纹；外缘中部起具 1 个向后缘走向的黄褐色斑纹，长约为外缘长的 1/3；顶角深黄褐色。

后翅暗灰色。足黄褐色，跗节具黄色和黑色相间的环状纹。

分布: 天津（八仙山）、黑龙江、江西、青海、山东、浙江；日本，俄罗斯，欧洲，北美洲，大洋洲。

（453）草小卷蛾 *Celypha flavipalpana* (Herrich-Schäffer, 1851)

翅展 12.0–17.0 mm。头顶粗糙，浅茶色至棕色。触角褐色至深褐色。胸部浅黄色、赭黄色至浅褐色，在基部 1/3 与 2/3 处分别被 1 个深褐色横纹。前翅前缘略弯曲，钩状纹白色，9 对，下方暗纹浅铅色；基斑与亚基斑连接，黑褐色，杂有白色斑块及赭色，外缘中部略凸出；中带窄，前端深褐色杂有赭色，后端浅黄色杂有深褐色；后中带褐色，覆有赭色，略呈弯月形，自 R_3 脉中部至外缘 M_3 与 CuA_2 脉末端；端纹小点状，褐色覆有赭色。后翅浅灰色至灰色，基部略浅，前缘近白色。后足白色至浅黄色，雄性胫节具 1 束黑色细长毛刷，跗节除第 1 亚节外褐色，被浅黄色环状纹。

451. 金水小卷蛾 *Aterpia flavipunctana* (Christoph); 452. 小凹尖翅小卷蛾 *Bactra lacteana* Caradja; 453. 草小卷蛾 *Celypha flavipalpana* (Herrich-Schäffer)

分布：天津（八仙山）、安徽、北京、甘肃、贵州、河北、河南、黑龙江、湖北、湖南、吉林、内蒙古、宁夏、青海、山东、陕西、四川、新疆、浙江；日本，韩国，俄罗斯，欧洲。

（454）植黑小卷蛾 *Endothenia genitanaeana* (Hübner, [1796–1799])

翅展 13.0 mm 左右。头部、触角深褐色。胸部褐色。下唇须前伸，第 2 节膨大。前翅前缘具一系列杏黄色钩状纹；由前缘 3/4 至后缘臀角附近连线以内呈深褐色；基斑和中带黑褐色夹杂银色；翅端部杏黄色。后翅灰褐色。

分布：天津（八仙山）、安徽、江西；日本。

（455）水苏黑小卷蛾 *Endothenia nigricostana* (Haworth, [1811])

翅展 12.0 mm 左右。头、胸部暗灰色。下唇须第 2 节膨大。前翅基部、前缘及外缘灰褐色；前缘上钩状纹清晰可辨；后缘及翅中央杏黄色，外缘内侧散布不规则黑斑点。

寄主：水苏、野芝麻、银条。

分布：天津（八仙山）、北京、河南、黑龙江、吉林、青海。

（456）葱花翅小卷蛾 *Lobesia bicinctana* (Duponchel, 1842)

翅展 10.0–13.0 mm。头部浅茶色，头顶丛毛色较深。触角白赭色，有深褐色纹。前翅有明显翅痣，浅赭色夹杂暗灰紫色；基斑明显，深褐色，具钝角突；中带模糊不清，内缘接近底色，外缘深灰褐色；臀前斑发达，暗灰紫色；顶斑明显，延长，暗灰紫色。后翅接近梯形，浅灰紫色。

寄主：葱属。

分布：天津（八仙山）、安徽；蒙古，日本，俄罗斯，土耳其，欧洲。

（457）梅花新小卷蛾 *Olethreutes dolosana* (Kennel, 1901)

翅展 13.0–16.0 mm。额光滑，浅黄色。下唇须上举，白色；第 2 节膨大，外侧基部与中部分别被 1 个褐色小点。前翅前缘略弯曲，钩状纹白色；基斑与亚基斑深褐色，前端被白色斑点，亚基斑外缘被浅黄色或白色边；第 2 对钩状纹的暗纹向后端延伸；第 5、6 对钩状纹的暗纹断裂为 4 部分，后两部分之间具 1 个深褐色长方形斑。后翅棕褐色，基部略浅，前缘浅灰色。前足、中足跗节黑色，每亚节末端被浅黄色环状纹；中足胫节 1/3 处与 2/3 处分别被 1 褐色大斑；后足胫节外侧浅灰色，雄性具 1 束黑色毛刷。

寄主：东北山梅花。

分布：天津（八仙山）、福建、甘肃、贵州、河北、河南、黑龙江、湖北、湖南、吉林、山东、陕西、四川、云南、浙江；日本，俄罗斯。

454. 植黑小卷蛾 Endothenia genitanaeana (Hübner); 455. 水苏黑小卷蛾 E. nigricostana (Haworth); 456. 葱花翅小卷蛾 Lobesia bicinctana (Duponchel)

（458）溲疏新小卷蛾 Olethreutes electana (Kennel, 1901)

翅展 14.0–19.0 mm。头顶粗糙，黄褐色。下唇须上举，第 2 节略膨大。前翅顶角尖或近成直角，黑褐色或褐色，斑纹不明显；前缘略弯曲，钩状纹白色，显著；第 5、6 对钩状纹斜向后端延伸至臀角，后端略宽，杂有褐色与浅赭色鳞片；缘毛白色，外缘中部处褐色，外缘处具褐色基线，臀角处无基线。后翅灰色；缘毛浅灰色，有灰色基线。前足、中足跗节深褐色，每小节末端被淡黄色环状纹；后足胫节不膨大，雄性胫节具 1 束深灰色长毛刷。

寄主：溲疏、蚊子草。

分布：天津（八仙山）、安徽、北京、甘肃、河北、河南、黑龙江、吉林、四川、云南、浙江；日本，俄罗斯远东地区。

（459）中新小卷蛾 Olethreutes moderata Falkovitsh, 1962

翅展 14.0–20.0 mm。头部浅黄褐色。触角黄褐色，不超过前翅的 1/2。下唇须前伸，略上举；第 2 节基部深褐色，端部及末节浅黄褐色。胸部黄褐色。前翅基斑黄褐色；中带黄褐色；基斑与中带之间浅黄褐色，有 3–4 条黄褐色细横纹；端纹黄褐色；顶角黄褐色；臀角淡黄褐色；缘毛短，淡黄色。后翅灰色，前缘灰白色。足白色。

分布：天津（八仙山）、安徽、贵州、河北；日本，俄罗斯。

（460）桑新小卷蛾 *Olethreutes mori* (Matsumura, 1900)

翅展 17.5–22.0 mm。头顶粗糙，浅黄褐色。触角浅褐色。下唇须第 2 节膨大。前翅宽，前缘弯曲，外缘近平截；翅面灰白色，散布浅赭色及赭色鳞片；前缘黑褐色，基半部具 5 对灰白色波状纹，抵达后缘，端半部具 5 对白色钩状纹，其下端密被赭色鳞片；基斑褐色，有灰白色波状纹纵贯其中；中带灰褐色，外缘中部向外侧凸出；端纹浅褐色，下端分为两支，分别抵达外缘中部及后缘末端；臀角内侧灰白色。后翅宽卵圆形，浅灰色至灰色。足淡黄色，跗节每小节端部具淡黄色环状纹。

分布：天津（八仙山）、甘肃、河南、湖北、辽宁、陕西、西藏；日本，韩国，俄罗斯。

（461）角新小卷蛾 *Olethreutes nigricrista* Kuznetzov, 1976

翅展 11.0–12.0 mm。头顶灰褐色至深褐色。触角褐色，未达前翅的 1/2 处。下唇须上举。前翅长卵圆形，前缘略弯曲，顶角钝，外缘斜；翅面淡灰色，杂有白色斑点及斑纹，并散布赭色鳞片；前缘具 9 对白色钩状纹，基部 4 对的暗纹白色，波状弯曲，抵达后缘；基斑褐色，杂有黑色鳞片，中部有钩状纹的暗纹纵贯其中；中带褐色，上半部黑褐色；端纹褐色，杂有黑色斑点；臀角白色。后翅近卵圆形，灰色。足浅褐色至褐色，跗节深褐色，每小节末端具浅灰色环状纹。

分布：天津（八仙山）、河北、辽宁、山东；韩国，俄罗斯。

刺蛾科 Limacodidae

（462）灰双线刺蛾 *Cania bilineata* (Walker, 1859)

别名：双线刺蛾、两线刺蛾。

翅展 23.0–38.0 mm。头赭黄色，胸背褐灰色，翅基片灰白色，腹部褐黄色。前翅灰褐黄色，具 2 条外衬浅黄白边的暗褐色横线，在前缘近翅顶发出（雌性较分开），以后互相平行，稍外曲，分别伸达后缘的 1/3 和 2/3。

寄主：柑橘、枇杷、香蕉、茶、油桐、油茶、樟、榆等植物。

分布：天津（八仙山）、安徽、福建、广东、广西、贵州、海南、湖南、吉林、江苏、江西、陕西、四川、台湾、西藏、云南、浙江；越南，印度，马来群岛。

457. 梅花新小卷蛾 Olethreutes dolosana (Kennel); 458. 溲疏新小卷蛾 O. electana (Kennel); 459. 中新小卷蛾 O. moderata Falkovitsh; 460. 桑新小卷蛾 O. mori (Matsumura); 461. 角新小卷蛾 O. nigricrista Kuznetzov

（463）客刺蛾 Ceratonema retractata (Walker, 1865)

翅展 20.0–23.0 mm。身体赭色。前翅赭黄色至黄白色，具 3 条暗褐色横线：中线直斜，从前缘中央稍后伸至后缘中央；外线微波浪形，从 M_1 脉伸至后缘，有的不清晰；亚缘线从前缘中线稍后斜向外伸至 CuA_1 脉。后翅浅黄色，靠近臀角具 1 条赭色纵纹。

寄主：枫杨、茶。

分布：天津（八仙山）、甘肃、河南、黑龙江、湖北、湖南、江西、青海、山东、陕西、西藏、云南；印度，尼泊尔。

（464）艳刺蛾 *Demonarosa rufotessellata* (Moore, 1879)

翅展 22.0–27.0 mm。头和胸背浅黄色，胸背具黄褐色横纹；腹部橘红色，具浅黄色横线；前翅褐赭色，被一些浅黄色横线分割成许多带形或小斑，尤以后缘和前缘外半部较显；横脉纹为 1 个红褐色圆点；亚端线不清晰，褐赭色，外衬浅黄边，从前缘 3/4 向翅顶呈拱形弯伸至 CuA$_2$ 脉末端；端线由 1 列脉间红褐色点组成。后翅橘红色。

分布：天津（八仙山、梨木台）、广东、江西、四川、云南、浙江；印度，印度尼西亚。

（465）黄刺蛾 *Monema flavescens* Walker, 1855

别名：八角虫、八角罐、洋辣子、羊蜡罐、刺毛虫等。

翅展 30.0–39.0 mm。头、胸背面黄色；腹部背面黄褐色。前翅内半部黄色，外半部黄褐色，具 2 条暗褐色斜线，在翅顶前汇合于一点，呈倒"V"字形；内面 1 条伸到中室下角，形成两部分颜色的分界线；外面 1 条稍外曲，伸达臀角前方，但不达于后缘；横脉纹为 1 暗褐色点，中室中央下方有时具 1 个模糊或明显的暗点。后翅黄或赭褐色。

寄主：寄主植物多达 38 科近 90 种，主要为蔷薇科、槭树科、忍冬科、杨柳科、山茶科等植物。

分布：天津（八仙山）、安徽、北京、福建、广东、广西、河北、黑龙江、湖北、湖南、吉林、江苏、江西、辽宁、内蒙古、山东、山西、陕西、四川、台湾、云南、浙江；朝鲜，日本，俄罗斯西伯利亚南部。

（466）白眉刺蛾 *Narosa edoensis* Kawada, 1930

翅展 16.0–21.0 mm。全体灰白色，胸腹背面掺有灰黄褐色。前翅赭黄白色，具几块模糊的灰浅褐色斑，似由 3 条不清晰白色横线分隔而成；亚基线难见，内线在中央呈角形外曲；外线呈不规则弯曲，其中在 M$_2$ 脉呈乳头状外突较可见，此段内侧衬有 1 条波状黑纹，从前缘下方斜向外伸至 M$_2$ 脉外方，是中室外较大的灰黄褐斑的边缀；横脉纹为 1 黑点；端线由 1 列脉间小黑点组成，但在 CuA$_1$ 脉以后消失，脉间末端和基部缘毛褐灰色。后翅灰黄色。

分布：天津（八仙山）、贵州、河北、辽宁、山东、浙江。

（467）梨娜刺蛾 *Narosoideus flavidorsalis* (Staudinger, 1887)

翅展 30.0–35.0 mm。全体褐黄色。雌性触角短单栉状，雄性触角双栉齿状分枝到末端。前翅外线以内的前半部褐色较浓，有时有浓密的黑褐色鳞片，后半部黄色较显，其中 A 脉暗褐色，外缘较明亮；外线清晰暗褐色，无银色端线。后翅褐黄色，有时有较浓的黑褐色鳞片。

寄主：梨。

分布：天津（八仙山、梨木台）、广东、河北、黑龙江、吉林、江苏、江西、辽宁、山西、台湾、浙江；韩国，日本，俄罗斯西伯利亚东南部。

462. 灰双线刺蛾 *Cania bilineata* (Walker); 463. 客刺蛾 *Ceratonema retractata* (Walker); 464. 艳刺蛾 *Demonarosa rufotessellata* (Moore); 465. 黄刺蛾 *Monema flavescens* Walker; 466. 白眉刺蛾 *Narosa edoensis* Kawada

（468）黄缘绿刺蛾 *Parasa consocia* Walker, 1863

别名：青刺蛾、褐缘绿刺蛾、四点刺蛾、曲纹绿刺蛾、洋辣子。

翅展 35.0–40.0 mm。头部和胸绿色。触角棕色，雄栉齿状，雌丝状。胸部绿色，背中央具 1 条棕色纵线。前翅基部暗褐色大斑，中间大部分绿色，外缘为灰黄色宽带，带上散有暗褐色小点和细横线，带内缘内侧具暗褐色波状细线。后翅灰黄色。腹部灰黄色。

寄主：寄主植物多达 32 科 60 余种，主要为蝶形花科、蔷薇科、木樨科、杨柳科、木兰科等植物。

分布：天津（八仙山、九龙山、孙各庄）、安徽、北京、广东、广西、贵州、河北、河南、黑龙江、湖北、湖南、吉林、江苏、江西、辽宁、内蒙古、山东、山西、陕西、上海、四川、台湾、云南、浙江等；韩国，日本，俄罗斯。

（469）中国绿刺蛾 *Parasa sinica* Moore, 1877

别名：棕边青刺蛾、棕边绿刺蛾、大黄青刺蛾、双齿绿刺蛾。

翅展 21.0–28.0 mm。触角和下唇须暗褐色，头顶和胸背绿色，腹背苍黄色。前翅绿色，基斑和外缘带暗灰褐色；基斑在中室下缘呈角状外突，略呈五角形；外缘及缘毛黄褐色；外缘线较宽，向内突出 2 钝齿，1 个在 CuA_2 脉上，较大，1 个在 M_2 脉上。后翅淡黄色，外缘稍带褐色，臀角暗褐色。足密被鳞毛。

分布：天津（八仙山、九龙山）、贵州、河北、黑龙江、湖北、吉林、江苏、江西、辽宁、内蒙古、山东、台湾、云南、浙江；韩国，日本，俄罗斯西伯利亚东南部。

（470）枣奕刺蛾 *Phlossa conjuncta* (Walker, 1855)

翅展 28.0–33.0 mm。通体褐色。头小。胸背上部鳞毛稍长，中间微显红褐色，两边褐色。腹部背面各节具似"人"字形的褐红色鳞毛。前翅基部褐色，其外缘形成直的内线；中部黄褐色；近外缘处具 2 块近似菱形的斑纹彼此连接，靠前缘 1 块为褐色，靠后缘 1 块为红褐色；横脉上具 1 个黑点。后翅灰褐色。

寄主：油桐、苹果、梨、杏、桃、樱桃、枣、柿、核桃、杧果、茶。

分布：天津（八仙山、孙各庄）、安徽、福建、广东、广西、贵州、河北、河南、黑龙江、湖北、湖南、江苏、江西、辽宁、山东、陕西、四川、台湾、西藏、云南、浙江；韩国，日本，越南，泰国，印度。

（471）桑褐刺蛾 *Setora postornata* (Hampson, 1900)

翅展 30.0–41.0 mm。体褐色至深褐色，雌性体色较浅，雄性体色较深。复眼黑色。前翅灰褐色到粉褐色；中线从前缘离翅基 2/3 处斜伸到后缘 1/3 处，内侧衬浅色影带；外线较垂直，内侧衬浅色影带，外侧衬铜斑不清晰，仅在臀角呈梯形；外线外侧到翅顶的前缘无灰色斑。前足腿节末端具白斑。

寄主：寄主植物多达 41 科 70 余种，种类最多科主要为蔷薇科、大戟科、木樨科、鼠李科等。

分布：天津（八仙山、九龙山）、安徽、福建、广东、广西、河北、湖南、江苏、江西、山东、陕西、四川、台湾、云南、浙江；印度。

（472）中国扁刺蛾 *Thosea sinensis* (Walker, 1855)

翅展 26.0–38.0 mm。头部灰褐色。胸部灰褐色。前翅褐灰到浅灰色，内半部和外线以外带黄褐色并稍具黑色雾点；外线暗褐色，从前缘近翅顶直向后斜伸到后缘中央前方；横脉纹为 1 黑色圆点。后翅暗灰到黄褐色。前胫节端部具白点。南方种群的体型大于北方种群，中室端的黑点较北方种群明显。

467. 梨娜刺蛾 *Narosoideus flavidorsalis* (Staudinger); 468. 黄缘绿刺蛾 *Parasa consocia* Walker; 469. 中国绿刺蛾 *P. sinica* Moore; 470. 枣奕刺蛾 *Phlossa conjuncta* (Walker); 471. 桑褐刺蛾 *Setora postornata* (Hampson); 472. 中国扁刺蛾 *Thosea sinensis* (Walker)

寄主：寄主植物多达 37 科 70 余种，主要为蔷薇科、蝶形花科、山茶科、芸香科、杨柳科、桑科等。

分布：天津（八仙山、孙各庄）、安徽、福建、广东、广西、贵州、海南、河北、河南、黑龙江、湖北、湖南、吉林、江苏、江西、辽宁、山东、山西、陕西、四川、台湾、西藏、云南、浙江；韩国，越南北部，印度，印度尼西亚。

木蠹蛾科 Cossidae

（473）芳香木蠹蛾东方亚种 *Cossus cossus orientalis* Gaede, 1929

别名：杨木蠹蛾、红虫子。

翅展 53.5–82.0 mm。头顶毛丛和领片鲜黄色，中前半部深褐色，后半部白、黑、黄相间。触角单栉状。翅基片和胸背面土褐色，后胸具 1 条黑横带，其前为银灰色。腹部灰褐色，具不明显的浅色环。中足胫节 1 对距；后足胫节 2 对距，中距位于胫节端部 1/3 处；基跗节膨大明显，爪间突退化。

寄主：杨、柳、榆等。

分布：天津（八仙山）、北京、甘肃、河北、河南、黑龙江、吉林、辽宁、内蒙古、宁夏、青海、山东、山西、陕西、四川等；欧洲，中亚，非洲。

（474）咖啡豹蠹蛾 *Zeuzera coffeae* Nietner, 1861

翅展 26.0–58.0 mm。头部小；额黑褐色。下唇须短小，黄褐色，仅达复眼中部。触角黑褐色，雄性基半部双栉齿状，雌性丝状。胸部灰白色，具 3 对青蓝色圆点。翅灰白色，在翅脉间密布大小不等的青蓝色短斜纹，雌性清晰，雄性模糊；前翅较后翅明显；后缘及脉端的斑纹显著。腹部白灰色，各节具 3 条斑纹，两侧各具 1 个圆斑。

寄主：咖啡、棉、樱花、荔枝、蓖麻、茶、番石榴、龙眼等。

分布：天津（八仙山）、福建、河北、江西、山东、四川、台湾、浙江；印度，印度尼西亚等。

透翅蛾科 Sesiidae

（475）白杨透翅蛾 *Paranthrene tabaniformis* (Rottemburg, 1775)

翅展 31.0–34.0 mm。头部半圆形。触角棒状，端部具微小毛束。头胸间具橘黄色鳞片。下唇须基部黑色密布淡黄色毛。复眼灰黑色。胸部背面青黑色，两侧具橘黄色鳞片。前翅褐色，中室与后缘略透明，缘毛黄褐色；后翅透明。足黄褐色，各足胫节具 1 对端距。腹部黑色，第 2、4、6 腹节后缘的背面和腹面各具 1

个黄色鳞片形成的黄色环带。

寄主：白杨。

分布：天津（八仙山、孙各庄）、北京、河北、河南、江苏、辽宁、内蒙古、山西、陕西、浙江；俄罗斯，西欧。

斑蛾科 Zygaenidae

（476）梨叶斑蛾 *Illiberis pruni* Dyar, 1905

别名：梨星毛虫、梨狗子、饺子虫。

翅展 18.0–30.0 mm。体灰黑色至黑褐色。头、胸部具黑褐色绒毛。雄性触角双栉状，雌性锯齿状。复眼深褐色。翅灰黑色，半透明，翅脉明显，上生许多短毛；翅缘颜色较深。

寄主：梨、苹果、海棠、桃、杏、樱桃和沙果等果树。

分布：天津（八仙山、马伸桥、九龙山、梨木台）、安徽、北京、甘肃、广西、河北、河南、黑龙江、湖南、江苏、江西、辽宁、内蒙古、宁夏、青海、山东、山西、陕西、四川、新疆、云南、浙江；日本。

473. 芳香木蠹蛾东方亚种 *Cossus cossus orientalis* Gaede; 474. 咖啡豹蠹蛾 *Zeuzera coffeae* Nietner; 475. 白杨透翅蛾 *Paranthrene tabaniformis* (Rottemburg); 476. 梨叶斑蛾 *Illiberis pruni* Dyar

舟蛾科 Notodontidae

（477）杨二尾舟蛾 *Cerura menciana* Moore, 1877

　　别名：双尾天社蛾、大双尾天社蛾。

　　体长 28.0–30.0 mm，翅展 75.0–80.0 mm。体灰白色。下唇须黑色。头和胸部灰白略带紫色。胸背具 10 个黑点对称排成 4 纵列。前翅基具 2 个黑点，翅面具数排锯齿状黑色波纹，外缘具 8 个黑点。后翅白色，外缘具 7 个白点。

　　寄主：多种杨、柳。

　　分布：天津（蓟州、宝坻、宁河、汉沽、东丽），除新疆、贵州和广西尚无记录外，几乎遍布全国；朝鲜，日本，越南。

（478）杨扇舟蛾 *Clostera anachoreta* (Denis *et* Schiffermüller, 1775)

　　别名：白杨天社蛾、杨树天社蛾。

　　体长 13.0–20.0 mm，翅展 28.0–42.0 mm。虫体灰褐色。头顶具 1 个椭圆形黑斑。前翅灰褐色，具灰白色横带 4 条，前翅顶角处具 1 个暗褐色三角形大斑；外线前半段横过顶角斑，呈斜伸的双齿形曲；亚端线由 1 列脉间黑点组成，其中以 2–3 脉间一点较大而显著。后翅灰白色，中间具 1 条横线。

　　寄主：多种杨、柳。

　　分布：天津（八仙山等）、全国广布；朝鲜，日本，印度，斯里兰卡，印度尼西亚，欧洲。

（479）黑蕊舟蛾 *Dudusa sphingiformis* Moore, 1872

　　别名：黑蕊尾舟蛾。

　　体长 23.0–37.0 mm，翅展 70.0–89.0 mm。头和胸部棕灰色，胸部两侧具褐色条纹分布，腹部紫黑色，尾部鳞毛蕊形。前翅棕灰色，散布红褐色条纹，内、外横线灰色，外缘区后半部到后缘区黑色，翅脉多黑色；后翅大部分散布黑色，翅脉棕色。

　　寄主：栾树、槭属。

　　分布：天津（八仙山等）、北京、福建、甘肃、广西、贵州、河北、河南、湖北、湖南、江西、山东、陕西、四川、云南、浙江；朝鲜，日本，缅甸，越南，印度。

（480）绿斑娓舟蛾 *Ellida viridimixta* (Bremer, 1861)

　　体长 17.0–18.5 mm，翅展 43.0–52.0 mm。颈板灰白色带褐色。翅基片带绿色，具 1 条黑褐色横线。前翅灰带紫色，基部、内线中央、臀角及外线以外的翅顶部分染有不规则黄绿色斑；横脉外具 1 大白斑；内线双股平行，外线 3 股，锯齿形。后翅灰褐色，臀角具灰黑色斑，斑上具 2 条灰白色线。

寄主： 蒙古栎、榉树、椴树。

分布： 天津（八仙山）、北京、福建、甘肃、广西、贵州、河北、河南、黑龙江、湖北、湖南、吉林、江西、山东、陕西、四川、云南、浙江；朝鲜，日本，缅甸，印度，越南。

477. 杨二尾舟蛾 *Cerura menciana* Moore; 478. 杨扇舟蛾 *Clostera anachoreta* (Denis *et*
Schiffermüller); 479. 黑蕊舟蛾 *Dudusa sphingiformis* Moore; 480. 绿斑娓舟蛾 *Ellida viridimixta*
(Bremer)

（481）黄二星舟蛾 *Euhampsonia cristata* (Butler, 1877)

别名： 槲天社蛾、大光头。

体长 23.0–31.0 mm，翅展 65.0–88.0 mm。体黄褐色，胸部背面灰黄色带赭色，冠形毛簇端部和后胸边缘黄褐色。前翅黄褐色，具 3 条深褐色横纹，横脉纹由 2 个大小相同的黄白色圆点组成，脉间缘毛灰白色。后翅褐黄色，前缘较淡。

寄主：蒙古栎。

分布：天津（八仙山、盘山）、北京、广东、广西、贵州、河北、黑龙江、湖南、吉林、辽宁、内蒙古、山西、四川、台湾、云南；印度，印度尼西亚。

（482）辛氏星舟蛾 *Euhampsonia sinjaevi* Schintlmeister, 1997

体长 20.0–28.0 mm，翅展 70.0–90.0 mm。头和颈板灰白色；胸部背面和冠形毛簇棕红色。前翅灰褐色，具 3 条不清晰的横线；内线不规则弯曲，伸达后缘齿状毛簇；中线和外线呈松散带状；横脉纹为长椭圆形浅黄色小斑；脉间缘毛灰白色。后翅黄褐色，前缘黄白色，后缘带赭色。

分布：天津（八仙山、孙各庄）、甘肃、河北、河南、湖北、湖南、陕西、四川、云南；越南。

（483）银二星舟蛾 *Euhampsonia splendida* (Oberthür, 1881)

体长 23.0–25.0 mm，翅展 59.0–74.0 mm。头和颈板灰白色；胸部背面和冠形毛簇柠檬黄色。前翅灰褐色，前缘灰白色，CuA_2 脉和中室下缘后方的整个后缘区柠檬黄色；内、外线暗褐色，呈 "V" 字形汇合于后缘中央；横脉纹由 2 个银白色圆点组成。后翅暗灰褐色，前缘灰白色，具 1 条模糊暗褐色中线。

寄主：蒙古栎。

分布：天津（八仙山、孙各庄）、北京、河北、河南、黑龙江、湖北、湖南、吉林、辽宁、山东、陕西、浙江；朝鲜，俄罗斯，日本。

（484）栎纷舟蛾 *Fentonia ocypete* (Bremer, 1861)

别名：细翅天社蛾、罗锅虫、花罗锅、屁豆虫、气虫、旋风舟蛾。

体长 17.0–22.5 mm，翅展 44.0–52.0 mm。头和胸部褐色与灰白色混杂。前翅暗灰褐色；内线模糊双股，内线以内的亚中褶上具 1 条黑色纵纹；外线黑色双股，CuA_2 脉之后具 2–3 个深锯齿形曲伸达后缘臀角处；横脉纹为 1 苍褐色圆点，中央暗褐色。

寄主：日本栗、麻栎、蒙古栎。

分布：天津（八仙山、孙各庄）、北京、重庆、福建、甘肃、广西、贵州、黑龙江、湖北、湖南、吉林、江苏、江西、山西、陕西、四川、云南、浙江；朝鲜，俄罗斯，日本。

（485）燕尾舟蛾 *Furcula furcula* (Clerck, 1759)

别名：腰带燕尾舟蛾、绯燕尾舟蛾、小双尾天社蛾、中黑天社蛾、黑斑天社蛾。

体长 14.0–16.0 mm，翅展 33.0–41.0 mm。头和颈板灰色。胸部背面具 4 条黑

481. 黄二星舟蛾 *Euhampsonia cristata* (Butler); 482. 辛氏星舟蛾 *E. sinjaevi* Schintlmeister;
483. 银二星舟蛾 *E. splendida* (Oberthür); 484. 栎纷舟蛾 *Fentonia ocypete* (Bremer)

带，带间赭黄色。前翅灰色，内、外横带间较暗；基部具 2 个点；亚基线由 4–5 个黑点组成，排列拱形；外线黑色；横脉纹为 1 黑点。后翅灰白色；横脉纹黑色。跗节具白环。腹部背面黑色，每节后缘衬灰白色横线。

寄主：杨、柳。

分布：天津（八仙山、孙各庄）、甘肃、河北、黑龙江、湖北、吉林、江苏、内蒙古、陕西、四川、新疆、云南、浙江；朝鲜，俄罗斯西伯利亚，日本。

（486）栎枝背舟蛾 *Harpyia umbrosa* (Staudinger, 1892)

翅展 48.0–55.5 mm。头和胸部黑褐色，翅基片灰白色具黑边，腹部灰褐色。前翅褐灰色，外半部翅脉黑色，具 1 条很宽的黄褐色外带，带内两侧具松散的暗褐色边，前、后缘具 2 个大的暗斜斑；后翅灰白色，后角具 1 个黑褐色斑。

寄主：日本栗、板栗、麻栎、蒙古栎。

分布：天津（八仙山等）、北京、黑龙江、湖北、湖南、山东、山西、陕西、四川、云南、浙江；朝鲜，日本。

（487）弯臂冠舟蛾 *Lophocosma nigrilinea* (Leech, 1899)

别名：膝冠舟蛾、肘拐舟蛾、膝盖舟蛾。

翅展 46.0–65.0 mm。雄性触角分支较短。头和颈板暗红褐色到黑褐色。前翅灰褐色，基半部密布灰白色鳞片；5 条暗褐色横线在前缘呈不同大小的斑，其中以中线的最大；内线波浪形，不清晰；外线锯齿形；亚缘线为 1 模糊的波浪形宽带；脉间缘毛末端灰白色。后翅灰褐色。

分布：天津（八仙山、孙各庄、梨木台）、甘肃、湖北、山西、陕西、四川、台湾、浙江。

485. 燕尾舟蛾 *Furcula furcula* (Clerck); 486. 栎枝背舟蛾 *Harpyia umbrosa* (Staudinger); 487. 弯臂冠舟蛾 *Lophocosma nigrilinea* (Leech); 488. 云舟蛾 *Neopheosia fasciata* (Moore)

（488）云舟蛾 *Neopheosia fasciata* (Moore, 1888)

体长 18.0–23.0 mm，翅展 42.0–59.0 mm。下唇须黄白色，背缘黄褐色。头部、胸部和基毛簇灰色掺杂红褐色。前翅淡黄褐带赭红色，翅基部和后缘黑棕色连接成带形；具 3 条暗褐色云雾状斜斑。后翅灰白带褐色，外缘暗褐色，臀角特别暗。

寄主：李属。

分布：天津（八仙山等）、北京、福建、甘肃、广东、广西、贵州、海南、湖南、江西、陕西、四川、台湾、西藏、云南、浙江；日本，印度，缅甸，泰国，越南，印度尼西亚，马来西亚，菲律宾。

（489）榆白边舟蛾 *Nerice davidi* Oberthür, 1881

别名：榆天社蛾、榆红肩天社蛾。

体长 14.5–20.0 mm，翅展 32.5–45.0 mm。头和胸部背面暗褐色，翅基片灰白色。前翅前半部暗灰褐带棕色，脉中央稍下方呈一大齿形曲；前缘外半部具 1 个灰白色纺锤形影状斑；内、外线黑色，内线只有后半段可见，并在中室中央下方膨大成 1 个近圆形斑点；外线锯齿形；前缘近翅顶处具 2–3 个黑色小斜点。

寄主：榆。

分布：天津（八仙山等）、北京、甘肃、河北、黑龙江、吉林、江苏、江西、内蒙古、山东、山西、陕西；朝鲜，俄罗斯，日本。

（490）黄斑舟蛾 *Notodonta dembowskii* Oberthür, 1879

体长 15.0–18.0 mm，翅展 43.0–48.0 mm。头和胸部背面暗灰褐色。前翅暗灰褐色；内、外线之间的后缘与外线外的前缘处各具 1 个浅黄色斑；内线暗红褐色，波浪形，外衬灰白边；外线双股平行，外曲；亚端线较粗，暗红色；横脉纹为 1 黑色长点，具白边。后翅褐灰色，臀缘和外缘稍暗。

寄主：桦。

分布：天津（八仙山）、黑龙江、吉林、内蒙古、山西；朝鲜，俄罗斯，日本。

（491）厄内斑舟蛾 *Peridea elzet* Kiriakoff, 1963

体长 15.0–18.0 mm，翅展 43.0–48.0 mm。头和胸部背面灰褐色，翅基片边缘黑色。前翅暗灰褐色带暗红色，齿形毛簇黑褐色，4 条横线暗红褐色；内线波浪形，中央的弧度最大；外线锯齿形，前缘一段较显著；横脉纹暗红褐色，周边衬浅黄色。后翅灰褐色，前缘和外缘较暗。

分布：天津（八仙山、孙各庄）、北京、福建、甘肃、湖北、湖南、江苏、江西、辽宁、山西、陕西、四川、云南、浙江；朝鲜，日本。

（492）侧带内斑舟蛾 *Peridea lativitta* (Wileman, 1911)

体长 21.0–27.0 mm，翅展 53.0–65.0 mm。头和胸部背面灰褐色，颈板和翅基片边缘暗褐色。前翅灰褐色，从基部沿亚中褶到亚端线具 1 条赭黄色宽带；亚基线从前缘伸至 A 脉呈双齿形曲；横脉纹暗褐色，其上方前缘具 1 个模糊的暗灰褐色斑点；外线暗褐色锯齿形。后翅灰白色，雄性具 1 条不清晰的灰褐色外带。

489. 榆白边舟蛾 *Nerice davidi* Oberthür; 490. 黄斑舟蛾 *Notodonta dembowskii* Oberthür; 491. 厄内斑舟蛾 *Peridea elzet* Kiriakoff; 492. 侧带内斑舟蛾 *P. lativitta* (Wileman)

寄主：蒙古栎。

分布：天津（八仙山）、北京、黑龙江、湖北、吉林、辽宁、山东、山西、陕西、四川、浙江；朝鲜，俄罗斯，日本。

（493）窄掌舟蛾 *Phalera angustipennis* Matsumura, 1919

翅展 50.0–58.0 mm。下唇须和额棕色，头顶和颈板赭黄色，翅基片基部和后胸具 2 条暗褐色横线。前翅灰褐色；顶角斑淡黄白色，似掌形；亚基线、内线和外线黑褐色较清晰；内、外线间具 3–4 条不清晰的黑褐色波浪形横线；横脉纹椭圆形，黄白色，中央灰褐色。后翅赭褐色，具 1 条模糊的灰白色外带。

寄主：柞木、糙叶树。

分布：天津（八仙山等）、辽宁；朝鲜，日本。

（494）栎掌舟蛾 *Phalera assimilis* (Bremer *et* Grey, 1853)

别名：栎黄斑天社蛾、黄斑天社蛾、榆天社蛾、彩节天社蛾、麻栎毛虫、肖黄掌舟蛾、栎黄掌舟蛾。

体长 22.0–25.0 mm，翅展 44.0–75.0 mm。下唇须和额棕色，头顶和颈板黄灰白色。前翅灰褐色；前缘较暗；顶角斑淡黄白色，似掌形；亚基线、内线和外线黑褐色较清晰；内、外线间具 3–4 条不清晰的黑褐色波浪形横线；横脉纹肾形，黄白色，中央灰褐色。后翅暗褐色，具 1 条模糊的灰白色外带。

寄主：麻栎、栓皮栎、蒙古栎、白栎等栎属植物，以及板栗、榆和白杨。

分布：天津（八仙山等）、北京、甘肃、广西、海南、河北、河南、湖北、湖南、江苏、江西、辽宁、山西、陕西、四川、台湾、云南、浙江；朝鲜，俄罗斯，日本。

（495）苹掌舟蛾 *Phalera flavescens* Bremer *et* Grey, 1853

别名：舟形毛虫、举尾毛虫、举肢毛虫、秋黏虫、苹天社蛾、苹黄天社蛾、黑纹天社蛾。

体长 17.0–26.0 mm，翅展 34.0–66.0 mm。头部和胸部背面浅黄白色。前翅黄白色，具 4 条不清晰的黄褐色波浪形横线；基部和外缘各具 1 条暗褐色斑，前者圆形，后者波浪形宽带。后翅黄白色，具 1 条模糊的暗褐色亚端带。

寄主：苹果、杏、梨、桃、李、樱桃、山楂、枇杷、海棠、沙果、榆叶梅、板栗、榆等。

分布：天津（八仙山等）、北京、福建、甘肃、广东、广西、贵州、海南、河北、黑龙江、湖北、湖南、江苏、江西、辽宁、山东、山西、陕西、上海、四川、台湾、云南、浙江；朝鲜，俄罗斯，缅甸，日本。

（496）刺槐掌舟蛾 *Phalera grotei* Moore, 1859

体长 29.0–43.0 mm，翅展 62.0–102.0 mm。下唇须黄褐色，额暗褐到黑褐色，触角基毛簇和头顶白色。前翅顶角斑暗棕色掌形，斑内缘弧形平滑，外缘锯齿状；内、外线之间具 4 条不清晰的暗褐色波浪形横线；肾形的横脉纹和中室内环纹灰白色。后翅暗褐色，隐约可见 1 条模糊的浅色外带。

寄主：刺槐、刺桐。

分布：天津（八仙山、孙各庄）、安徽、北京、福建、广东、广西、贵州、海南、河北、湖北、湖南、江苏、江西、辽宁、山东、四川、云南、浙江；朝鲜，印度，尼泊尔，缅甸，越南，印度尼西亚，马来西亚。

（497）灰羽舟蛾 *Pterostoma griseum* (Bremer, 1861)

翅展 52.0–68.0 mm。头和胸部褐黄色，颈板边缘较暗。前翅灰褐色，后缘具 1 个锈灰褐色斑；基线、内线和外线双股锯齿形。后翅灰褐色，基部和后缘浅黄色，外线为 1 条模糊灰色带，端线由脉间黑色细线组成。腹部背面灰黄褐色，末端和臀毛簇浅黄白色；腹面浅灰黄色，中央具 2 条暗褐色纵线。

　　寄主：山杨、朝鲜槐。

　　分布：天津（八仙山等）、北京、甘肃、黑龙江、吉林、内蒙古、山西、四川、云南；朝鲜，俄罗斯，日本。

493. 窄掌舟蛾 *Phalera angustipennis* Matsumura; 494. 栎掌舟蛾 *P. assimilis* (Bremer *et* Grey); 495. 苹掌舟蛾 *P. flavescens* Bremer *et* Grey; 496. 刺槐掌舟蛾 *P. grotei* Moore; 497. 灰羽舟蛾 *Pterostoma griseum* (Bremer); 498. 锈玫舟蛾 *Rosama ornata* (Oberthür)

（498）锈玫舟蛾 *Rosama ornata* (Oberthür, 1884)

体长 15.0–16.0 mm，翅展 31.5–36.0 mm。下唇须、头部和胸部背面锈红褐色；后胸背面具 2 个白点。前翅锈红褐色；前缘灰白色，从基部向外逐渐缩小伸达翅顶；CuA_2 脉基部具 1 个银白色的三角形小斑，雌性银斑较小或消失；所有横线暗红褐色；外线双股，内面 1 条略呈"S"形曲。腹部背臀毛簇端部锈红褐色。

寄主：胡枝子。

分布：天津（八仙山等）、北京、广东、黑龙江、湖北、湖南、江苏、辽宁、上海、浙江、台湾；朝鲜，俄罗斯，日本。

（499）艳金舟蛾 *Spatalia doerriesi* Graeser, 1888

体长 18.0–21.0 mm，翅展 39.0–48.0 mm。头和颈板暗灰褐色，颈板后缘带赭黄色。前翅暗灰褐或黄褐色；基部具 1 个黑点；中室下缘中央具 1 个三角形大银斑，斑的两侧上下端共伴有 4 个银点；外线只有从前缘到 M_3 脉一段可见，灰黄白色，向内斜伸，两侧具暗边；外线和亚端线之间具 1 条模糊的暗带。

寄主：蒙古栎、紫椴。

分布：天津（八仙山等）、贵州、河南、黑龙江、湖北、吉林、内蒙古、陕西、四川；朝鲜，俄罗斯，日本。

（500）丽金舟蛾 *Spatalia dives* Oberthür, 1884

体长 17.0–20.0 mm，翅展 38.0–54.0 mm。头和胸背暗红褐色，后胸背面具 2 个白斑。前翅暗红褐色，翅脉黑色，基部中央具 1 个黑点，中室下方具 3 个较大的多角形银色斑，从中室下缘近中央斜向后缘达内齿形毛簇外侧，排成 1 行，前 2 个银斑内侧伴有 2–3 个小银点。后翅浅黄灰色，外半部带褐色。

寄主：蒙古栎。

分布：天津（八仙山等）、贵州、黑龙江、湖北、湖南、吉林、辽宁、山西、陕西、台湾；朝鲜，俄罗斯，日本。

（501）富金舟蛾 *Spatalia plusiotis* (Oberthür, 1880)

体长 18.0–21.0 mm，翅展 42.0–45.0 mm。头和胸背暗褐色，后胸背中央具 2 个黄白色斑点。前翅暗褐色；后缘弧形缺刻较深；中室下方的后缘区具几个较分散的银斑，其中在中室下缘中央的较大，近三角形；外线双股灰黑色，微波浪形。后翅黄褐色或灰褐色，缘毛色浅。

寄主：蒙古栎。

分布：天津（八仙山等）、北京、甘肃、黑龙江、湖北、湖南、吉林、陕西、四川、浙江；朝鲜，俄罗斯。

（502）核桃美舟蛾 *Uropyia meticulodina* (Oberthür, 1884)

别名：核桃天社蛾、核桃舟蛾。

体长 18.0–23.0 mm，翅展 44.0–63.0 mm。头部赭色；颈板灰褐色。前翅暗棕色，前、后缘各具 1 块黄褐色至黄白色大斑，前缘斑几乎占满中室以上的整个前缘区，呈大刀形，后缘斑半椭圆形；每斑内各具 4 条衬明亮边的暗褐色横线；横脉纹暗褐色。后翅淡黄色，后缘色较暗。

寄主：核桃、枫杨、核桃楸。

分布：天津（八仙山等）、北京、福建、甘肃、广西、贵州、湖北、湖南、吉林、江苏、江西、辽宁、山东、陕西、四川、云南、浙江；朝鲜，俄罗斯远东地区，日本。

499. 艳金舟蛾 *Spatalia doerriesi* Graeser; 500. 丽金舟蛾 *S. dives* Oberthür; 501. 富金舟蛾 *S. plusiotis* (Oberthür); 502. 核桃美舟蛾 *Uropyia meticulodina* (Oberthür)

毒蛾科 Lymantriidae

（503）雪白毒蛾 *Arctornis nivea* Chao, 1987

翅展约 40.0 mm。雄性触角干白色，栉齿浅棕黄色；头部、胸部和腹部白色。

前翅和后翅白色，无斑纹。

分布：天津（蓟州）、河南、北京。

（504）叉带黄毒蛾 *Euproctis angulata* Matsumura, 1927

翅展 28.0–38.0 mm。触角黄色。头、胸淡黄色带橙黄色。前翅黄色至橙黄色；内线和中线黄白色，两线间带棕色鳞片，近后缘半部尤其明显，中线外近后缘具少许棕色鳞片；亚外缘近顶角处具 2 个黑色圆斑，近臀角亦有 1 个小黑斑。后翅黄色。

寄主：刺槐。

分布：天津（八仙山）、福建、广东、广西、河南、湖北、湖南、江西、陕西、四川、台湾、浙江。

（505）折带黄毒蛾 *Euproctis flava* (Bremer, 1861)

别名：黄毒蛾、柿叶毒蛾、杉皮毒蛾。

体长约 16.0 mm，翅展约 40.0 mm。体浅橙黄色。前翅黄色，内线和外线浅黄色，从前缘外斜至中室后缘，折角后内斜，两线间棕褐色，形成折带，翅顶区具 2 个褐色圆点，缘毛黄白色。后翅黄色，基部色浅。

寄主：樱桃、梨、苹果、桃、梅、李、海棠、石榴、茶、刺槐、赤杨、紫藤、野漆、杉、松、柏等。

分布：天津（八仙山等）、安徽、福建、广东、广西、贵州、河北、河南、黑龙江、湖北、湖南、吉林、江西、辽宁、山东、山西、陕西、四川、浙江；朝鲜，俄罗斯，日本。

（506）鲜黄毒蛾 *Euproctis lutea* Chao, 1984

翅展 33.0–42.0 mm。头部鲜黄色；触角浅黄色。前翅鲜黄色，无斑纹；反面浅黄色，前缘鲜黄色；后翅浅黄色，无斑纹。腹部基半部浅黄色，端半部浅灰棕色，节间有浅黄色横带。足浅黄色，前足腿节和胫节带黄色。

分布：天津（八仙山、梨木台、孙各庄）、四川、广西。

（507）榆黄足毒蛾 *Leucoma ochropoda* (Eversmann, 1847)

别名：榆毒蛾、榆白蛾。

体长 12.0 mm，翅展 24.0–40.0 mm。下唇须鲜黄色，体和翅白色，前足腿节端半部、胫节和跗节橙黄色。总体和柳毒蛾十分相似，但触角干白色，足的胫节和跗节橙黄色。

寄主：榆、柳、木荷、蚬木、旱柳、栎、板栗、枫香。

分布：天津（八仙山等）、北京、河北、河南、黑龙江、吉林、辽宁、内蒙古、宁夏、山东、山西、陕西；朝鲜，俄罗斯，日本。

（508）舞毒蛾 *Lymantria dispar* (Linnaeus, 1758)

别名：秋千毛虫、苹果毒蛾、柿毛虫、松针黄毒蛾。

雌雄异型。雄性体长约 20.0 mm，翅展 40.0–75.0 mm。前翅茶褐色，斑纹黑褐色，基部具黑褐色点，中室中央具 1 个黑点，横脉纹弯月形，内线、中线波浪形折曲，外线和亚端线锯齿形折曲，亚端线以外颜色较深。雌性体长约 25.0 mm，翅展 50.0–80.0 mm。前翅灰白色，每 2 条脉纹间具 1 个黑褐色点。后翅黄棕色，雌性横脉纹和亚端线棕色，端线为 1 列棕色小点。腹末具黄褐色毛丛。

503. 雪白毒蛾 *Arctornis nivea* Chao；504. 叉带黄毒蛾 *Euproctis angulata* Matsumura；505. 折带黄毒蛾 *E. flava* (Bremer)；506. 鲜黄毒蛾 *E. lutea* Chao；507. 榆黄足毒蛾 *Leucoma ochropoda* (Eversmann)；508. 舞毒蛾 *Lymantria dispar* (Linnaeus)

寄主：栎、山杨、柳、桦、槭、鹅耳枥、山毛榉、杏、稠李、柿、稻、麦类等 500 余种植物。

分布：天津（八仙山等）、甘肃、贵州、河北、河南、黑龙江、吉林、江苏、辽宁、内蒙古、宁夏、青海、山东、山西、陕西、四川、新疆、台湾；朝鲜，俄罗斯，日本，欧洲，美洲。

（509）模毒蛾 *Lymantria monacha* (Linnaeus, 1758)

别名：松针毒蛾。

体长 20.0–28.0 mm，翅展 40.0–60.0 mm。头部和胸部白棕色，胸部具黑褐色斑；腹部粉红色，节间黑褐。前翅白色具黑褐色斑纹，基部具 7 个点，内线波浪形，中室中央具 1 个圆点，横脉纹新月形，外线双重，锯齿状折曲，亚端线锯齿状，端线为 1 列小点，缘毛白色与黑褐色相间；后翅灰色，外缘色暗。

寄主：油杉、华山松、落叶松、麻栎、千金榆、柳、椴、山榆、槭、榆、花楸、榛、苹果、杏等。

分布：天津（八仙山等）、广东、广西、贵州、海南、河南、黑龙江、吉林、江西、辽宁、内蒙古、陕西、四川、台湾、西藏、云南、浙江；朝鲜，土耳其，俄罗斯，日本，欧洲。

（510）侧柏毒蛾 *Parocneria furva* (Leech, [1889])

别名：柏毒蛾、基白柏毒蛾、圆柏毛虫。

体长 14.0–20.0 mm，翅展 17.0–33.0 mm。雄性触角灰黑色，呈羽毛状；雌性触角灰白色，呈短栉齿状。前翅浅灰色，翅面具不显著的齿状波纹，近中室处具 1 个暗色斑点，外缘较暗，布有若干黑斑。后翅浅黑色。

寄主：侧柏、千头柏、柏木、圆柏、叉子圆柏。

分布：天津（八仙山等）、安徽、广西、河南、湖北、湖南、江苏、辽宁、青海、陕西、山东、山西、四川、浙江。

（511）盗毒蛾 *Porthesia similis* (Fueszly, 1775)

别名：桑斑褐毒蛾、纹白毒蛾、桑毒蛾、黄尾毒蛾、桑毛虫。

体长 14.0–20.0 mm，翅展 30.0–40.0 mm。触角干白色，栉齿棕黄色；下唇须白色，外侧黑褐色；头、胸、腹部基部白色微带黄色。前、后翅白色，前翅后缘具 2 个褐色斑，有的个体内侧褐色斑不明显；前、后翅反面白色，前翅前缘黑褐色。

寄主：柳、杨、桦、榛、山毛榉、栎、李、山楂、苹果、桑、石楠、黄檗、樱桃、刺槐、桃、梅、杏、泡桐等。

分布：天津（八仙山等）、福建、甘肃、广西、河北、河南、黑龙江、湖北、湖南、吉林、江苏、江西、辽宁、内蒙古、青海、山东、四川、台湾、浙江；朝鲜，俄罗斯，日本，欧洲。

（512）戟盗毒蛾 *Porthesia kurosawai* Inoue, 1956

雄性翅展 20.0–22.0 mm，雌性 30.0–33.0 mm。头部橙黄色；触角干橙黄色，栉齿褐色；胸部灰棕色。前翅赤褐色布黑色鳞，前缘和外缘黄色，赤褐色部分外缘带银白色斑；后翅黄色，基半部棕色。腹部灰棕色带黄色。

寄主：刺槐、茶、油茶、苹果、柑橘。

509. 模毒蛾 *Lymantria monacha* (Linnaeus); 510. 侧柏毒蛾 *Parocneria furva* (Leech);
511. 盗毒蛾 *Porthesia similis* (Fueszly); 512. 戟盗毒蛾 *P. kurosawai* Inoue;
513. 杨雪毒蛾 *Stilpnotia candida* Staudinger

分布：天津（八仙山等）、安徽、福建、广西、河北、河南、湖北、江苏、辽宁、陕西、四川、台湾、浙江；朝鲜，日本。

（513）杨雪毒蛾 *Stilpnotia candida* Staudinger, 1892

别名：柳叶毒蛾、雪毒蛾。

体长 12.0–13.0 mm，翅展 35.0–45.0 mm。体白色微带浅黄色，下唇须、复眼外侧和下面黑色。触角黑色，带有白色环节，黑白相间呈斑点状。头胸腹部稍带浅黄色。前翅白色稀布鳞片，微带透明光泽，前缘和基部微带黄色。足白色，胫节和跗节具黑环。

寄主：杨、柳、白桦、白蜡、榛、槭。

分布：天津（八仙山等）、安徽、北京、福建、甘肃、贵州、河北、河南、黑龙江、湖北、湖南、吉林、江苏、江西、辽宁、内蒙古、宁夏、青海、山东、山西、陕西、四川、西藏、新疆、云南；俄罗斯，蒙古，日本，朝鲜，加拿大，西欧，地中海。

裳夜蛾科 Erebidae

（514）燕夜蛾 *Aventiola pusilla* (Butler, 1879)

体长 6.0 mm 左右，翅展 16.0 mm 左右。头部及胸部灰白色；下唇须褐色，外侧具黑鳞；腹部褐黑色，基部褐色，各节间灰色。前翅灰褐色，基部带白色，具黑色细点；内线黑色间断；中线黑色外弯；外线与亚端线前段之间具 1 个黑褐色梯形斑，前缘具白点，端线由 1 列黑褐色点组成。后翅灰褐色，横脉纹为黑圆点。

寄主：地衣。

分布：天津（八仙山等）、河北、黑龙江、江苏、四川；日本。

（515）弓巾夜蛾 *Bastilla arcuata* (Moore, 1877)

体长 20.0 mm 左右，翅展 45.0 mm 左右。头部及胸部暗褐色。前翅内线以内深棕色带紫色，基线内斜至亚中褶，内线外斜至中室然后外弯，中线稍内弯，内线与中线间灰褐色，顶角至外线折角处具 1 个双齿形黑纹，亚端线不明显，暗褐色锯齿形；后翅暗灰褐色，中部具 1 条灰色纹，近臀角具 1 条灰纹。

分布：天津（八仙山等）、福建、海南、山东、台湾、浙江；朝鲜，日本，印度，斯里兰卡，印度尼西亚等。

（516）平嘴壶夜蛾 *Calyptra lata* (Butler, 1881)

体长 23.0 mm，翅展 47.0 mm。头、胸及腹部灰褐色；下唇须下缘土黄色，端部平截。前翅黄褐带紫红色，基线、内线和中线深棕色，肾纹仅外缘明显深棕色，1 条红棕线自顶角内斜至后缘近中部，亚端区具 2 条暗褐曲线，在翅脉上为黑点；后翅浅黄褐色，外线暗褐色，端区较宽暗褐色。

寄主：柑橘、紫堇、唐松草。

分布：天津（八仙山等）、福建、河北、黑龙江、山东、云南；朝鲜，日本。

514. 燕夜蛾 *Aventiola pusilla* (Butler)；515. 弓巾夜蛾 *Bastilla arcuata* (Moore)；
516. 平嘴壶夜蛾 *Calyptra lata* (Butler)

（517）布光裳夜蛾 *Catocala butleri* Leech, 1900

体长 35.0 mm 左右，翅展 75.0 mm 左右。头部及胸部黑棕色杂灰色，颈板端部白色。前翅灰色，内侧以内较黑，端区带褐色，全翅布黑色细点；基线在亚中褶处具 1 个黑纵纹，肾纹中具黑圈；端线为 1 列黑白并列的点。后翅金黄色，带黑色，后端在亚中褶处于后缘区的大黑斑组合。

分布：天津（八仙山等）、福建、贵州、四川、西藏、云南。

（518）栎光裳夜蛾 *Catocala dissimilis* Bremer, 1861

体长 20.0 mm 左右，翅展 50.0 mm 左右。头部及胸部黑棕色，头与颈板杂有白色。前翅灰黑色，内线以内色深，外侧具 1 个灰白斜斑，肾纹不清晰，外线锯齿形，伸至肾纹外端后返回，端线为黑白并列的点组成。后翅棕黑色，顶角白色。

寄主：蒙古栎、槲树。

分布：天津（八仙山等）、河南、黑龙江、湖北、陕西、云南；俄罗斯，日本。

（519）柳裳夜蛾 *Catocala electa* (Vieweg, 1790)

体长约 30.0 mm，翅展 76.0 mm 左右。头和胸部灰黑色，颈板具黑色纹。前翅灰黑色，翅面具黑褐色波浪线纹，肾斑明显，外缘灰色，锯齿形，端线由排列黑点组成；后翅桃红色，中部有条弓形黑色宽带，外缘附近为黑色，中部较凹，其后渐窄。腹部背面灰褐色，具毛簇。

寄主：杨、柳。

分布：天津（八仙山等）、河南、黑龙江、湖北、山东、新疆；朝鲜，日本，欧洲。

（520）光裳夜蛾浙江亚种 *Catocala fulminea chekiangensis* Mell, 1933

翅展 51.0–54.0 mm。头、胸紫灰色，头顶与颈板大部分黑棕色。前翅紫灰色带棕色，基线、内线及外线黑色，内线前半侧具 1 条外斜灰带，肾纹灰色，外侧具几个黑齿纹，前方 1 条黑棕斜带，近顶角具 1 个黑纵纹。后翅黄色，中带与端带黑色。与指名亚种区别在于前翅中带浅灰色，后翅端带在亚中褶处窄缩但不中断。

分布：天津（八仙山等）、黑龙江、浙江。

（521）裳夜蛾 *Catocala nupta* (Linnaeus, 1767)

体长 27.0–30.0 mm，翅展 70.0–74.0 mm。头部及胸部黑灰色，颈板中部具 1 条黑横线。前翅黑灰色带褐色，基线黑色达中室后缘，内线黑色波浪形外斜，外线锯齿形，端线为 1 列黑长点。后翅红色，中袋黑色弯曲，达亚中褶，顶角具 1 个白斑。

寄主：杨、柳。

分布：天津（八仙山等）、福建、河北、黑龙江、辽宁、四川、西藏、新疆；朝鲜，日本，欧洲。

（522）奥裳夜蛾 *Catocala obscena* Alphéraky, 1897

翅展约 76.0 mm。下唇须大部分黑色，颈板端部与翅基片基部灰白色。前翅褐灰色，基线仅在中室前可见 1 条黑细线，内线黑色；环纹不显，肾纹灰色，轮廓不清晰，前方具 1 个黑斜纹，后方具 1 个灰色斜圆斑；外线与亚端线间具 1 个黑色斜纹。后翅黄色，中部具 1 条黑带，端区也具 1 条黑带，其后方具 1 个扁圆形黑斑。

分布：天津（八仙山等）、河北、四川、云南；朝鲜。

517. 布光裳夜蛾 *Catocala butleri* Leech; 518. 栎光裳夜蛾 *C. dissimilis* Bremer; 519. 柳裳夜蛾 *C. electa* (Vieweg); 520. 光裳夜蛾浙江亚种 *C. fulminea chekiangensis* Mell; 521. 裳夜蛾 *C. nupta* (Linnaeus); 522. 奥裳夜蛾 *C. obscena* Alphéraky

（523）客来夜蛾 *Chrysorithrum amata* (Bremer *et* Grey, 1853)

　　体长 22.0–24.0 mm，翅展 64.0–67.0 mm。头部及胸部深褐色。前翅灰褐色，密布棕色细点；基线与内线白色外弯，环纹为黑色圆点，肾纹不显，中线细，外弯，外线前半波曲外弯，外线与亚端线间暗褐色，约呈 "Y" 字形。后翅暗褐色，中部具 1 条橙黄色曲带，顶角具 1 个黄斑，臀角具 1 条黄纹。

　　寄主：胡枝子。

　　分布：天津（八仙山等）、福建、河北、河南、黑龙江、辽宁、内蒙古、山东、陕西、云南、浙江；朝鲜，日本。

（524）钩白肾夜蛾 *Edessena hamada* (Felder *et* Rogenhofer, 1874)

别名：肾白夜蛾。

体长 17.0 mm 左右，翅展 40.0 mm 左右。全体灰褐色。前翅内线暗褐色，肾纹白色，后半向外折而突出，外线暗褐色波浪形，亚端线暗褐色，波浪形，两线曲度相似。后翅横脉纹暗褐色，后半为 1 个白点，外线暗褐色，微外弯，亚端线暗褐色。

分布：天津（八仙山等）、福建、河北、湖南、江西、四川、云南；日本。

（525）涡猎夜蛾 *Eublemma cochylioides* (Guenée, 1852)

体长 5.0 mm 左右，翅展 12.0 mm 左右。头部及胸部淡黄色。前翅近中部具 1 条内斜褐色线，其内侧区域淡黄色，外侧区域在亚端线内均带桃红色，外线褐色，前段外弯近亚端线，然后内斜，亚端线褐色，前半具 1 列黑点，后半内侧具黑纹，顶角具 1 个黑褐色斜纹。后翅淡黄色带褐色。

分布：天津（八仙山等）、台湾、云南；印度，斯里兰卡，印度尼西亚，大洋洲，非洲。

（526）枯叶夜蛾 *Eudocima tyrannus* (Guenée, 1852)

体长 35.0–38.0 mm，翅展 96.0–106.0 mm。头、胸部棕色。前翅枯叶色深棕微绿；顶角很尖，外缘弧形内斜，后缘中部内凹；从顶角至后缘凹陷处具 1 条黑褐色斜线；内线黑褐色；翅脉上具许多黑褐色小点；翅基部和中央有暗绿色圆纹。后翅杏黄色，中部具 1 个肾形黑斑；亚端区具 1 个牛角形黑纹。

寄主：木通、柑橘、苹果、葡萄、枇杷、杧果、梨、桃、杏、李、柿等植物的果实。

分布：天津（八仙山等）、广西、河北、湖北、江苏、辽宁、山东、四川、台湾、云南、浙江；日本，印度。

（527）大斑鬚须夜蛾 *Hypena narratalis* Walker, [1859]

翅展 40.0 mm 左右。头部与胸部褐色杂黑色。前翅灰色带褐色，基线黑褐色，自前缘脉至中室；内线黑褐色，在中室前后呈锯齿形；环纹黑色，肾纹仅在中室横脉前后端各具 1 个黑点；亚端线由 1 列黑点组成，端线由锯齿形黑点组成。后翅褐灰色。足跗节外侧黑褐色，各节端部灰白色。

分布：天津（八仙山等）、山东、四川、西藏、云南、浙江；日本，印度，克什米尔地区。

523. 客来夜蛾 *Chrysorithrum amata* (Bremer *et* Grey); 524. 钩白肾夜蛾 *Edessena hamada* (Felder *et* Rogenhofer); 525. 涡猎夜蛾 *Eublemma cochylioides* (Guenée); 526. 枯叶夜蛾 *Eudocima tyrannus* (Guenée)

（528）豆鬃须夜蛾 *Hypena tristalis* Lederer, 1853

别名：豆卜馍夜蛾、豆三星夜蛾。

翅展 28.0–32.0 mm。头部棕黑色杂少许黑色，下唇须第 2 节上下缘密布鳞毛；胸部背面棕褐色。前翅棕褐色，基线黑色，自前缘脉斜至中室后缘；内线黑色，外侧具 1 个斜方形黑斑，其中前缘区具 1 列黑点及一些黑色纹、肾纹；亚端线为 1 列黑点。前足及中足胫节外侧暗褐色，前足跗节外侧黑褐色，各节间具灰色斑。

寄主：大豆、大麻、葎草。

分布：天津（古强峪）、北京、河北、黑龙江；日本，俄罗斯。

（529）苹梢鹰夜蛾 *Hypocala subsatura* Guenée, 1852

翅展 38.0–42.0 mm。头部及胸部灰褐色。前翅红棕色带灰，密布黑棕细点，内线棕色，波浪形外弯，肾纹黑边，外线黑棕色，波曲外弯，在肾纹后端折向后。后翅黄色，中室端部具 1 个大黑斑，亚中褶具 1 条黑纵带，端区具 1 条黑宽带，亚中褶端部具 1 个黄点，后缘黑色。腹部黄色，背面有黑棕色横条。

寄主：苹果、栎。

分布：天津（八仙山等）、福建、甘肃、广东、海南、河北、河南、江苏、辽宁、内蒙古、山东、陕西、台湾、西藏、云南、浙江；日本，印度，孟加拉国。

（530）勒夜蛾 *Laspeyria flexula* (Denis *et* Schiffermüller, 1775)

体长 11.0 mm 左右，翅展 29.0 mm 左右。头部及颈板褐色；胸背紫褐灰色。前翅灰色，密布褐黑色细点，前缘赭色；内线淡黄色，外斜至亚前缘脉，折向内斜；肾纹为 2 个黑点，呈 "8" 字形；外线色泽曲度与内线相似，外缘前半部金褐色并具几个黑点。后翅淡黄色，后半部密布暗褐色细点。腹部背面灰色带黑。

寄主：栎、松、云杉、地衣。

分布：天津（八仙山等）、黑龙江、云南；欧洲。

527. 大斑鬚须夜蛾 *Hypena narratalis* Walker; 528. 豆鬚须夜蛾 *H. tristalis* Lederer; 529. 苹梢鹰夜蛾 *Hypocala subsatura* Guenée; 530. 勒夜蛾 *Laspeyria flexula* (Denis *et* Schiffermüller)

（531）直影夜蛾 *Lygephila recta* (Bremer, 1864)

体长 16.0 mm 左右，翅展 39.0 mm 左右。头顶及颈板紫棕色，额、下唇须及胸背灰褐色。前翅棕色，内线黑棕色，较直外斜，中线外斜至中室下角折向内斜，肾纹略呈三角形，外侧由黑点组成，后端内半为 1 个近圆形黑斑，外线浅褐色，外弯一段后折向内斜，亚端线浅褐色。后翅褐棕色。腹部灰褐色。

寄主：胡颓子属。

分布：天津（八仙山等）、福建、黑龙江、湖南、江西、四川、云南；朝鲜，日本。

（532）白痣眉夜蛾 *Pangrapta albistigma* (Hampson, 1898)

体长 8.0 mm 左右，翅展 23.0 mm 左右。头部及胸部白色杂褐色。前翅白色带褐，密布暗褐色点，基线黑色达中室，环纹为 1 黑点，肾纹重色暗褐边，亚端线前半为 1 列暗褐色的白色斜点，端区各脉具暗褐纹。后翅白色布暗褐色，横脉处具 1 个白斑，亚端区及端区由 1 条黑线及黑色翅脉分割成 2 列白斑。

分布：天津（八仙山、九龙山）、河北、湖北、陕西、四川、浙江；朝鲜，日本，印度。

（533）小折巾夜蛾 *Parallelia obscura* Bremer *et* Grey, 1853

体长 11.0–12.0 mm，翅展 21.0–23.0 mm。头部、胸部及腹部暗灰褐色。前翅内线以内暗褐色，中线前半外弯，后半内弯，与内线间呈褐灰色，肾纹隐约可见椭圆形，外线三曲，顶角具 2 个裂形黑褐斑。后翅暗褐色，中线及外线隐约可见，缘毛大半灰白色。

分布：天津（古强峪）、河北、黑龙江、江苏、山东；俄罗斯，朝鲜。

（534）洁口夜蛾 *Rhynchina cramboides* (Butler, 1879)

体长 13.0 mm 左右，翅展 29.0 mm。头部及胸部褐灰色，下唇须长，平伸，上缘具长毛，第 3 节斜向上伸，端部尖。前翅沙黄色，微带褐色，翅尖锐，环纹为 1 个小褐点，肾纹褐色窄斜，顶角具 1 个暗褐内斜纹，端区具不清晰褐纹，翅外缘 1 列暗褐点。后翅色似前翅。腹部浅褐黄色带灰色。

分布：天津（八仙山等）、湖北、山东、四川、西藏；日本。

（535）棘翅夜蛾 *Scoliopteryx libatrix* (Linnaeus, 1758)

体长 16.0 mm，翅展 35.0 mm 左右。头部及胸部褐色。前翅灰褐色，布有黑褐色细点，翅基部、中室端部及中室后橘黄色，内线白色，环纹为 1 个白点，肾纹为 2 个黑点，端区翅脉及中脉白色，翅尖及外缘后半锯齿状。后翅暗褐色。

寄主：柳、杨。

分布：天津（八仙山等）、河南、黑龙江、辽宁、陕西、云南；朝鲜，日本，欧洲。

531. 直影夜蛾 *Lygephila recta* (Bremer); 532. 白痣眉夜蛾 *Pangrapta albistigma* (Hampson); 533. 小折巾夜蛾 *Parallelia obscura* Bremer *et* Grey; 534. 洁口夜蛾 *Rhynchina cramboides* (Butler)

（536）黑点贫夜蛾 *Simplicia rectalis* (Eversmann, 1842)

翅展 30.0 mm。头部及胸部淡褐色,雄性触角具短鬃。前翅淡褐色,内线黑色,微波曲外弯,肾纹只现 1 黑点,外线黑色,自前缘脉外斜至 M_3 脉折向内斜,亚端线淡黄色,近直线,缘毛淡褐色,基部具 1 个淡黄斑。后翅褐白色,隐约可见黄白色亚端线,在 CuA_2 脉端部折角内斜。

分布:天津(八仙山等)、黑龙江、江苏;朝鲜,日本,欧洲。

（537）绕环夜蛾 *Spirama helicina* (Hübner, 1824)

翅展约 62.0 mm。前翅黑棕色,外线外方带红色,内线、亚端线及短线黑褐色后半内侧衬赭黄色,肾纹为蝌蚪形大斑,后端远超出中室,外线双线黑色强外弯,亚端线微波浪形,后半双线。后翅内半褐色,外半褐黄色,亚端线黑褐色双线,近端外缘具 2 条黑褐波浪形线。腹部红色,各节具黑条纹。

分布:天津(八仙山等)、江西;日本。

（538）庸肖毛夜蛾 *Thyas juno* (Dalman, 1823)

翅展 85.0 mm 左右。头、胸及前翅赭褐色或灰褐色。前翅布有细黑点,后缘红棕色；基线、内线及外线红棕色，内线后半及外线直内斜；环纹为 1 个黑点，肾纹灰褐色，亚端区具 1 条隐约的暗褐纹，翅外缘 1 列黑点。后翅黑色，端区红色，中部具粉蓝色钩形纹，外缘中段具密集黑点。腹部红色，背面大部暗灰棕色。

寄主：栎、李、木槿，成虫吸食多种果汁。

分布：天津（八仙山等）、安徽、福建、贵州、海南、河北、黑龙江、湖北、湖南、江西、辽宁、山东、四川、云南、浙江；日本，印度。

535. 棘翅夜蛾 *Scoliopteryx libatrix* (Linnaeus); 536. 黑点贫夜蛾 *Simplicia rectalis* (Eversmann);
537. 绕环夜蛾 *Spirama helicina* (Hübner); 538. 庸肖毛夜蛾 *Thyas juno* (Dalman)

瘤蛾科 Nolidae

（539）粉缘钻瘤蛾 *Earias pudicana* Staudinger, 1887

别名：柳金刚钻、粉缘金刚钻。

体长 8.0 mm 左右，翅展 23.0 mm 左右。头部及颈板黄白色带青，翅基片及胸背白色带粉红。触角黑褐色。前翅青黄色，前缘从基部起约 2/3 白色带粉红色，中室部具明显的紫褐色圆斑；外缘及缘毛黑褐色。后翅白色。腹部灰白色。

寄主：毛白杨、柳。

分布：天津（八仙山等）、河北、河南、黑龙江、湖北、湖南、江苏、江西、辽宁、宁夏、山东、山西、浙江；朝鲜，日本，印度。

（540）旋瘤蛾 *Eligma narcissus* (Cramer, 1776)

别名：臭椿夜蛾、臭椿皮夜蛾。

体长 28.0 mm 左右，翅展 76.0 mm 左右。头部和胸部灰褐色。前翅狭长，前缘区黑色，其后缘呈弧形，并覆有白色，翅其余部分为赭灰色，翅面上有黑点。后翅杏黄色，端带蓝黑色，前宽后窄，上具 1 列粉色斑点。足黄色。腹部橘黄色，各节背部中央有黑斑。

寄主：臭椿、香椿。

分布：天津（八仙山等）、福建、甘肃、贵州、河北、河南、湖北、湖南、辽宁、山西、陕西、四川、云南、浙江；日本，印度，马来西亚，菲律宾，印度尼西亚。

（541）暗影饰皮瘤蛾 *Garella ruficirra* (Hampson, 1905)

翅展 21.0 mm 左右。头部与胸部灰色杂褐色。前翅灰色，内线内侧带暗褐色，内线不清晰，双线黑色，由竖鳞组成，中线黑暗色波浪形，肾纹只出现 1 黑点，外线黑褐色，前段外侧具 1 条黑褐斜纹，亚端线黑褐色，端线由 1 列黑点组成。后翅淡褐色，翅脉和端区色暗。

寄主：栎。

分布：天津（八仙山等）、江西、山东；日本，印度。

（542）洼皮瘤蛾 *Nolathripa lactaria* (Graeser, 1892)

翅展 21.0–30.0 mm。头部白色，前胸背板黑褐色。前翅前半雪白色，后半褐色，近中室具 2 个烧焦状的黑斑，其下方具 1 条不明显的黑色横带，外缘锈褐色，缘毛具灰白、褐色的斑纹。后翅白色，端区浅褐色。腹部浅褐色间白色，基节白色。

寄主：苹果、枇杷。

分布：天津（八仙山等）、海南、河北、黑龙江、湖南、江西、陕西、四川；俄罗斯。

（543）饰瘤蛾 *Pseudoips fagana* (Fabricius, 1781)

翅展约 33.0 mm。头部及胸部黄绿色，下唇须外侧褐红色，翅基片及后胸带白色。前翅黄绿色，后缘黄色，内线绿色，内侧衬白，直线内斜，外线绿色，外侧衬白，直线内斜，亚缘线白色，自顶角直线内斜。后翅白色微带黄色。腹部背面黄白色。

分布：天津（八仙山等）、黑龙江；日本，欧洲。

（544）胡桃豹瘤蛾 *Sinna extrema* (Walker, 1854)

别名：核桃豹瘤蛾。

体长 15.0 mm 左右，翅展 32.0–40.0 mm。头部及胸部白色，颈板、翅基片及前后胸具橘黄斑。前翅橘黄色，具许多白色多边形斑，外线为完整曲折白带，顶角具 1 个大白斑，中有 4 个黑小斑，外缘后半部具 3 个黑点。后翅白色微带淡褐色。腹部黄白色，背面微带褐色。

寄主： 枫杨、胡桃属。

分布： 天津（八仙山）、福建、海南、河南、黑龙江、湖北、湖南、江苏、江西、陕西、四川、浙江；日本。

539. 粉缘钻瘤蛾 *Earias pudicana* Staudinger; 540. 旋瘤蛾 *Eligma narcissus* (Cramer); 541. 暗影饰皮瘤蛾 *Garella ruficirra* (Hampson); 542. 注皮瘤蛾 *Nolathripa lactaria* (Graeser); 543. 饰瘤蛾 *Pseudoips fagana* (Fabricius); 544. 胡桃豹瘤蛾 *Sinna extrema* (Walker)

夜蛾科 Noctuidae

（545）白斑剑纹夜蛾 *Acronicta catocaloida* (Graeser, [1890] 1889)

体长约 16.0 mm，翅展 41.0 mm。头部及胸部灰白色杂以黑色；下唇须白色，第 2 节具黑纹，翅基片边缘黑色。前翅黑灰色微带褐色，基线双线褐色，线间形成 2 个灰白斑；内线双线黑色，环纹及肾纹白色；端线为 1 列三角形黑点；后翅杏黄色，断区具 1 条弯曲的黑色宽带。足跗节具黑色和白色斑纹。

寄主：向日葵、杨、柳。

分布：天津（八仙山等）、河北、黑龙江、山西、浙江；俄罗斯，朝鲜，日本。

（546）桑剑纹夜蛾 *Acronicta major* (Bremer, 1861)

别名：大剑纹夜蛾、桑夜蛾、香椿灰斑夜蛾。

体长 27.0–29.0 mm，翅展 62.0–69.0 mm。头、胸部灰白色略带褐色。下唇须第 2 节具黑环。前翅灰白色至灰褐色，剑纹黑色，基剑纹树枝状，端剑纹 2 条；环纹灰白色较小，黑边；肾纹灰褐色较大，具黑边；内线前半部系双线曲折，后半部为单线；外线锯齿形双线，外黑内灰白，端线由 1 列小黑点组成。各足胫节侧面具黑纹，跗节腹面具褐色刺 3 纵列。

寄主：桑、桃、梅、李、柑橘类。

分布：天津（八仙山等）、安徽、福建、甘肃、河北、河南、黑龙江、湖北、湖南、吉林、江苏、江西、辽宁、内蒙古、山东、山西、陕西、四川、台湾、云南、浙江；俄罗斯，日本。

（547）小地老虎 *Agrotis ipsilon* (Hufnagel, 1766)

别名：土蚕、地蚕、黑土蚕、黑地蚕。

体长 20.0–23.0 mm，翅展 46.0–50.0 mm。头、胸部背面暗褐色。前翅褐色，前缘区黑褐色；内线黑色，黑色环纹内具 1 个圆灰斑，肾状纹黑色具黑边，其外中部具 1 条楔形黑纹伸至外横线，亚外缘线与外横线间在各脉上具小黑点。后翅灰白色，纵脉及缘线褐色。足褐色，中、后足各节末端具灰褐色环纹。

寄主：棉、玉米、小麦、高粱、烟草、马铃薯、麻、豆类等上百种作物。

分布：天津（八仙山等）、全国广布；世界性分布。

（548）黄地老虎 *Agrotis segetum* (Denis *et* Schiffermüller, 1775)

别名：土蚕、切根虫、夜盗虫。

体长 14.0–19.0 mm，翅展 32.0–43.0 mm。全体黄褐色。前翅灰褐色，亚基线及内、中、外横纹不很明显；肾形纹、环形纹和楔形纹均甚明显，各围以黑褐色边；翅外缘具 1 列三角形黑点。后翅白色半透明，前后缘及端区微褐，翅脉褐色。雌性色较暗，前翅斑纹不明显。

寄主：棉、玉米、小麦、高粱、烟草、甜菜等多种蔬菜及栎、山杨、云杉、松、柏等树苗。

分布：天津（八仙山等）、甘肃、河北、黑龙江、辽宁、内蒙古、青海、山东、山西、陕西、新疆；朝鲜，日本，印度，欧洲，非洲等。

545. 白斑剑纹夜蛾 *Acronicta catocaloida* (Graeser); 546. 桑剑纹夜蛾 *A. major* (Bremer); 547. 小地老虎 *Agrotis ipsilon* (Hufnagel); 548. 黄地老虎 *A. segetum* (Denis *et* Schiffermüller)

（549）大地老虎 *Agrotis tokionis* Butler, 1881

别名：黑虫、地蚕、土蚕、切根虫、截虫。

体长 20.0–22.0 mm，翅展 45.0–48.0 mm。头部及胸部褐色，下唇须第 2 节外侧具黑斑，颈板中部具 1 条黑横线。前翅灰褐色，外线以内的前缘区及中室暗褐色，基线双线褐色止于亚中褶，内线双线黑色波浪形，剑纹窄小，肾纹外侧具 1 条黑斑近达外线，亚端线淡褐色锯齿形，外侧暗褐色，端线为 1 列黑点。

寄主：棉、玉米、高粱、烟草等。

分布：天津（八仙山）、全国广布；俄罗斯，日本。

（550）三叉地老虎 *Agrotis trifurca* Eversmann, 1837

体长 20.0 mm 左右，翅展 42.0 mm 左右。头部及胸部褐色，下唇须及颈板杂有黑色，中部具 1 条黑横线，翅基片内侧具 1 条黑纵纹。前翅褐色或淡褐色带紫色，翅脉黑色，基线、内线、外线及各种斑纹黑色；亚端线灰白色，锯齿形，两侧具 1 列黑齿纹，端线为 1 列黑色三角形点。后翅褐黄色，端区及翅脉褐色。

寄主：板栗、高粱、玉米、甜菜幼苗及苦苣菜、苍耳、车前等。

分布：天津（八仙山等）、黑龙江、内蒙古、青海、陕西、新疆；俄罗斯。

（551）桦扁身夜蛾 *Amphipyra schrenkii* Ménétriès, 1859

别名：桦杂夜蛾。

体长 19.0 mm 左右，翅展 52.0 mm 左右。头部及胸部褐色，额及触角基节带白色。前翅黑褐色，基线黑色，内线黑色，波浪形，环纹白色，肾纹小，内缘具 1 个白纹，内侧具 1 条黑弧线；亚端线微白，前端外侧具 1 个大白斑，端线为 1 列黑点。后翅暗褐色。腹部暗灰色。

寄主：棘皮桦。

分布：天津（八仙山）、河南、黑龙江、湖北、陕西；朝鲜，日本。

（552）朽木夜蛾 *Axylia putris* (Linnaeus, 1761)

体长 11.0–12.0 mm，翅展 28.0–30.0 mm。头顶及颈板褐黄色；胸部赭黄色。前翅赭黄色，翅脉纹黑色，前缘区、中褶及内线内方均带褐色，中室前带黑色，基线、内线及外线均双线黑色，后者锯齿形，亚端线部分呈褐色并具黑纵纹，剑纹黑边，环、肾纹微黄，黑边。后翅黄白微带褐色，翅脉黑褐色。

寄主：繁缕属、滨藜属、车前属。

分布：天津（八仙山）、河北、黑龙江、湖南、山西、新疆；朝鲜，日本，印度，欧洲。

（553）胞短栉夜蛾 *Brevipecten consanguis* Leech, 1900

别名：短栉夜蛾。

体长 10.0 mm 左右，翅展 28.0 mm 左右。头部及胸部棕灰色，下唇须深棕色。前翅棕色杂灰白色，基线黑色，内线黑色直线外斜，中线后半可见，黑色外斜，肾纹灰褐色黑褐边，内侧具 1 个砧形黑棕斑，外线黑色外弯，后端与中线相遇，前端外方具 1 个三角形黑棕斑，翅脉及端线黑棕色；后翅灰褐色。

分布：天津（八仙山等）、福建、广西、海南、湖北、湖南、江苏、山东、四川、云南。

549. 大地老虎 *Agrotis tokionis* Butler; 550. 三叉地老虎 *A. trifurca* Eversmann; 551. 桦扁身夜蛾
Amphipyra schrenkii Ménétriès; 552. 朽木夜蛾 *Axylia putris* (Linnaeus)

（554）沟散纹夜蛾 *Callopistria rivularis* Walker, [1858]

体长 10.0 mm 左右，翅展 25.0 mm 左右。头部及胸部黄棕色，额两侧具白点，下唇须外侧及头顶具黑斑；颈板具楔形黑斑，端半部具半圆形黑斑。翅基片具黑环。前翅红棕色，内线以内、中室及亚端区带有黑色；环纹黑色白边，肾纹白色，中央具 1 个黑圈；亚端线白色。足胫节、第 1 跗节及距均有长毛。

分布：天津（八仙山等）、福建、广东、广西、海南、西藏；日本，印度，印度尼西亚。

（555）围星夜蛾 *Condica cyclicoides* (Draudt, 1950)

体长 11.0 mm 左右，翅展 28.0 mm 左右。头部及胸部黑灰色。前翅黑色带铜褐色，基线白色，内线前段白色；剑纹为 1 个具黑边的白点，环纹为 1 个白圈，肾纹中央为 1 条白带，四周围以白点；亚端线由各翅脉上的白点组成，端线为 1

列白点。后翅褐色。足跗节具灰白环。

分布：天津（八仙山、九龙山）、福建、河北、湖南、江苏、陕西、浙江。

（556）黑斑流夜蛾 *Chytonix albonotata* (Staudinger, 1892)

体长 30.0–40.0 mm。头、胸白色带褐色。前翅灰白带褐色，内线及外线内方的后缘区黑褐色；基线黑色锯齿形，不明显；内线黑色；环纹大，斜椭圆形；中线仅前半可见黑色斜斑，肾纹大，内外缘凹，中有黑纹；外线在亚中褶后具 1 条黑纵纹，亚端线灰白色，锯齿形。

分布：天津（八仙山等）、黑龙江、四川、云南；日本。

553. 胞短栉夜蛾 *Brevipecten consanguis* Leech；554. 沟散纹夜蛾 *Callopistria rivularis* Walker；
555. 围星夜蛾 *Condica cyclicoides* (Draudt)；556. 黑斑流夜蛾 *Chytonix albonotata* (Staudinger)

（557）怪苔藓夜蛾 *Cryphia bryophasma* (Boursin, 1951)

体长 10.0 mm 左右，翅展 21.0 mm 左右。体暗灰色。前翅暗灰色，内线及外线在中后部有黑线相连，其外侧具 1 黑色纵纹。

寄主：苔藓植物。

分布：天津（蓟州）、北京；日本，朝鲜，俄罗斯。

（558）黄条冬夜蛾 *Cucullia biornata* Fischer von Waldheim, 1840

体长 21.0 mm 左右，翅展 46.0 mm 左右。头部黄白色杂暗褐色；胸部灰色杂暗褐色；颈板具 2 条黑棕色细线。前翅褐灰色，翅脉黑棕色，亚中褶及中室外半部明显淡黄色，亚中褶基部具 1 条黑纵线，内线及外线黑棕色，仅在亚中褶后可见深锯齿形，端区各脉间具褐线及淡黄色细纵线。后翅黄白色，端区微带褐色。

分布：天津（八仙山等）、河北、辽宁、内蒙古、新疆；俄罗斯。

（559）莴苣冬夜蛾 *Cucullia fraterna* Butler, 1878

体长 20.0 mm 左右，翅展 46.0 mm 左右。头部、胸部灰色，颈板近基部具 1 条黑横线。前翅灰色或杂褐色，翅脉黑色，亚中褶基部具黑色纵线 1 条；内横线黑色呈深锯齿状；肾纹黑边隐约可见；中横线暗褐色，不清楚；缘线具 1 列黑色长点。后翅黄白色，翅脉明显，端区及横脉纹暗褐色。

寄主：莴苣。

分布：天津（八仙山等）、吉林、辽宁、浙江；日本，欧洲。

（560）艾菊冬夜蛾 *Cucullia tanaceti* (Denis *et* Schiffermüller, 1775)

体长 20.0–21.0 mm，翅展 48.0–50.0 mm。头部及胸部灰色；额有黑斑；颈板近基部具 1 条黑横线，中部具 2 个暗灰纹。前翅灰色带暗棕色；亚中褶具 1 条黑色细线，内线深锯齿状，剑纹长，黑边，外线黑色，亚端区具 1 个黑纹，端线为 1 列黑色长点。后翅灰白色，向外渐带褐色。

寄主：艾菊、艾蒿。

分布：天津（八仙山等）、河南、青海、新疆；土耳其，欧洲。

（561）三斑蕊夜蛾 *Cymatophoropsis trimaculata* (Bremer, 1861)

体长 15.0 mm 左右，翅展 35.0 mm 左右。头部黑褐色；胸部白色，翅基片端半部与后胸褐色。前翅黑褐色，基部、顶角及臀角各具 1 个大斑，底白色，中有暗褐色，基部的斑最大，外缘波曲外弯，斑外缘毛白色，其余黑褐色，CuA_2 脉端部外缘毛具白点。后翅褐色，横脉纹及外线暗褐色。

分布：天津（八仙山等）、福建、广西、河北、黑龙江、湖南、山东、云南；朝鲜，日本。

（562）基角狼夜蛾 *Dichagyris triangularis* (Moore, 1867)

翅展 36.0–46.0 mm。头、胸紫黑色。前翅前缘大部及中室前缘黄白色，亚中褶基部具 1 个黑色三角形斑，环纹"V"形，黄白色；肾纹内缘黄白色，两纹间黑色，内线与外线黑色，锯齿形，亚端线褐黄色锯齿形，内侧具 1 列齿形黑点。

后翅暗褐色。

分布：天津（八仙山等）、甘肃、四川、西藏、云南；日本，印度，克什米尔地区。

557. 怪苔藓夜蛾 *Cryphia bryophasma* (Boursin); 558. 黄条冬夜蛾 *Cucullia biornata* Fischer von Waldheim; 559. 莴苣冬夜蛾 *C. fraterna* Butler; 560. 艾菊冬夜蛾 *C. tanaceti* (Denis *et* Schiffermüller)

（563）谐夜蛾 *Emmelia trabealis* (Scopoli, 1763)

体长 8.0–10.0 mm，翅展 19.0–22.0 mm。头、胸暗赭色，下唇须黄色，颈板基部黄白色，翅基片及胸背具淡黄纹。前翅黄色，中室后及 2A 脉各具 1 条黑纵条伸至外线，外线黑灰色，粗，环纹、肾纹为黑点，前缘脉具 4 个小黑斑，顶角具 1 条黑斜线，臀角黑曲纹。后翅烟褐色。腹部黄白色，背面微带褐色。

寄主：甘薯、田旋花。

分布：天津（八仙山等）、广东、河北、黑龙江、江苏、内蒙古、山西、新疆；朝鲜，日本，亚洲，欧洲，非洲。

（564）白边切夜蛾 *Euxoa oberthuri* (Leech, 1900)

别名：白边地老虎、白边切根虫。

体长 18.0 mm 左右，翅展 40.0 mm。头部及胸部褐色，颈板中部具 1 条黑线。

前翅褐色具紫色调，前缘区淡褐白色，基线黑色间断，内线双线黑色，环纹与肾纹灰色黑边，环纹、肾纹间及环纹内线均为黑色，前端及中段内侧具齿形黑纹，端线黑色。后翅淡褐色，缘毛微白。腹部黑褐色。

寄主：谷子、高粱、玉米、大豆、甜菜、苍耳、车前等。

分布：天津（八仙山等）、河北、黑龙江、吉林、内蒙古、四川、西藏、云南；朝鲜，日本等。

561. 三斑蕊夜蛾 *Cymatophoropsis trimaculata* (Bremer); 562. 基角狼夜蛾 *Dichagyris triangularis* (Moore); 563. 谐夜蛾 *Emmelia trabealis* (Scopoli); 564. 白边切夜蛾 *Euxoa oberthuri* (Leech)

（565）棉铃虫 *Helicoverpa armigera* (**Hübner, 1809**)

别名：棉铃实夜蛾、玉米果穗螟蛉、番茄螟蛉。

体长 15.0–20.0 mm，翅展 31.0–40.0 mm。雌性赤褐色至灰褐色，雄性青灰色。复眼球形，绿色。前翅外横线外具深灰色宽带，带上具 7 个小白点，肾纹、环纹暗褐色。后翅灰白，沿外缘具黑褐色宽带，宽带中央具 2 个相连的白斑；后翅前缘具 1 个月牙形褐色斑。

寄主：棉、玉米、小麦、大豆、烟草、番茄、辣椒、茄、芝麻、向日葵、南瓜等。

分布：天津（八仙山等）、全国广布；世界性分布。

（566）苜蓿夜蛾 *Heliothis viriplaca* (Hufnagel, 1766)

别名：实夜蛾。

体长 14.0–17.0 mm，翅展 32.0–35.0 mm。头部及胸部淡褐色微带霉绿色。前翅黄褐或绿褐色，翅中部具深色宽横纹，外缘淡褐色，具 7 个小黑点，并有较明显的黑褐色肾状纹。后翅色浅，具黄白色缘毛，边缘具黑色宽带，带中具 1 个白色或粉红斑纹，前部具 1 个靴形黑斑。

寄主：苜蓿、柳穿鱼、矢车菊、芒柄花等。

分布：天津（八仙山等）、河北、黑龙江、江苏、西藏、新疆、云南；日本，印度，叙利亚，欧洲。

（567）海安夜蛾 *Lacanobia thalassina* (Hufnagel, 1766)

翅展约 40.0 mm。头、胸灰褐色。前翅灰色带暗褐色，亚中褶基部具 1 条黑波浪形纹；基线、内线、外线均双线黑色，剑纹明显，外侧具 1 条黑纹外伸；环纹、肾纹褐色，中线红褐色波浪形，外区亚中褶具 1 个灰白斑，亚端线双线黑色，内侧 1 列齿形黑斑，外侧翅脉纹黑色。后翅白色带褐。

寄主：桦、忍冬属、蓼属。

分布：天津（八仙山、九龙山）、黑龙江、内蒙古、新疆；欧洲。

（568）白点黏夜蛾 *Leucania loreyi* (Duponchel, 1827)

别名：劳氏黏虫。

体长 12.0–14.0 mm，翅展 31.0–33.0 mm。头部及胸部褐赭色，颈板具 2 条黑线。前翅褐赭色，翅脉微白，两侧衬褐色，各脉间褐色，亚中褶基部具 1 个黑纵纹，中室下角具 1 个白点，顶角具 1 条隐约的内斜纹，外线为 1 列黑点。后翅白色，翅脉及外缘带褐色。腹部白色微褐。

寄主：稻。

分布：天津（八仙山等）、福建、广东、广西、湖北、湖南、云南、西藏；日本，印度，缅甸，菲律宾，印度尼西亚，大洋洲，欧洲。

（569）瘦银锭夜蛾 *Macdunnoughia confusa* (Stephens, 1850)

体长 12.0–15.0 mm，翅展 31.0–34.0 mm。头部、胸部灰色带褐，腹部灰褐色。前翅灰褐色，内、外横线间在中室后方红棕色，前翅斑纹与银锭夜蛾相似，凹槽形银斑稍瘦一些。

寄主：稻、麦、菊花、牛蒡、胡萝卜、大豆、菜用大豆等。

分布：天津（八仙山等）、甘肃、内蒙古、黑龙江、新疆、青海、陕西；日本，朝鲜，印度，中亚，欧洲。

565. 棉铃虫 *Helicoverpa armigera* (Hübner); 566. 苜蓿夜蛾 *Heliothis viriplaca* (Hufnagel);
567. 海安夜蛾 *Lacanobia thalassina* (Hufnagel); 568. 白点黏夜蛾 *Leucania loreyi* (Duponchel)

（570）银锭夜蛾 *Macdunnoughia crassisigna* (Warren, 1913)

体长 13.0–16.0 mm，翅展 32.0–34.0 mm。头部、胸部灰色带褐，腹部黄褐色。前翅灰褐色，马蹄形银斑与银点连成一凹槽，锭形银斑较肥，肾形纹外侧具 1 条银色纵线，亚端线细锯齿形。后翅褐色。同上一种的区别就在于锭形银斑较上一种粗。

寄主：胡萝卜、牛蒡、亚麻、菊花等。

分布：天津（八仙山等）、北京、河北、黑龙江、内蒙古、山东、山西、陕西、江西、湖北、四川、贵州；日本，朝鲜，印度。

（571）标瑙夜蛾 *Maliattha signifera* (Walker, [1858] 1857)

翅展 15.0–18.0 mm。前翅白色，前缘区基部具 2 个褐斑，内斑之后有黑点，中室近基部具 1 个黑点；内线、中线黑色，后外侧具 1 条黑色带，呈二叉形沿中室后缘至 M_1 脉处，肾纹白色，中有 2 个黑点或黑曲纹，外侧具 1 个小黑斑，亚端线内侧 1 列楔形黑褐纹。后翅褐白，端区色暗。

分布：天津（八仙山等）、福建、广东、广西、河北、湖北、江苏、江西；朝鲜，日本，印度，缅甸，马来西亚，大洋洲。

（572）乌夜蛾 *Melanchra persicariae* (Linnaeus, 1761)

翅展约 40.0 mm。头、胸黑色。前翅黑色带褐，基线、内线均双线黑色，波浪形；环纹黑边，肾纹明显白色，中央具 1 条褐曲纹；中线黑色；外线双线黑色锯齿形，亚端线灰白色，内侧具 1 列黑色锯齿形纹，端线为 1 列黑点。后翅白色，翅脉及端区黑褐色，亚端线淡黄色，仅后半部明显。

食性：多食性，取食多种低矮草本植物，但秋季也为害柳、桦、楸等木本植物。

分布：天津（八仙山等）、河北、河南、黑龙江、内蒙古、山东、山西、四川、云南；日本，欧洲。

569. 瘦银锭夜蛾 *Macdunnoughia confusa* (Stephens); 570. 银锭夜蛾 *M. crassisigna* (Warren);
571. 标瑙夜蛾 *Maliattha signifera* (Walker); 572. 乌夜蛾 *Melanchra persicariae* (Linnaeus)

（573）缤夜蛾 *Moma alpium* (Osbeck, 1778)

别名：高山翠夜蛾。

体长约 13.0 mm，翅展 33.0 mm 左右。头部及胸部绿色，额两侧黑色；触角基部白色，具黑环；颈板黑色，端部白色和绿色。前翅绿色，前缘脉基部具 1 个黑斑，内线为 1 条黑带，在中室后紧缩并折成一角，环纹黑色，肾纹白色，中央及内缘各具 1 条黑色弧线，端线为 1 列三角黑点。腹部淡褐色，毛簇黑色。

寄主：山毛榉、桦、栎。

分布：天津（八仙山等）、福建、黑龙江、湖北、江西、四川、云南；朝鲜，日本，欧洲。

（574）黏虫 *Mythimna separata* (Walker, 1865)

别名：粟夜盗虫、剃枝虫、五彩虫、麦蚕。

体长 15.0–17.0 mm，翅展 36.0–40.0 mm。头部与胸部灰褐色。前翅灰黄褐色、黄色或橙色，变化很多；内横线往往只现几个黑点，环纹与肾纹褐黄色，界限不显著，肾纹后端具 1 个白点，其两侧各具 1 个黑点；外横线为 1 列黑点；缘线为 1 列黑点。后翅暗褐色，向基部色渐淡。

寄主：稻、麦、高粱、玉米等。

分布：天津（八仙山等），除新疆、西藏外其他各省均有分布；澳大利亚，古北区东部，东南亚。

（575）绿孔雀夜蛾 *Nacna malachitis* (Oberthür, 1880)

翅展 26.0–32.0 mm。前翅底色灰褐色，翅面近基部具 1 个绿色的大圆斑，近外缘具 1 条绿色宽横带，其上缘呈不规则的波状，下缘近顶角及臀角各具 1 个黑斑。

分布：天津（八仙山）、福建、河南、黑龙江、辽宁、山东、山西、四川、西藏、云南；俄罗斯，印度，日本。

（576）稻螟蛉夜蛾 *Naranga aenescens* Moore, 1881

别名：稻螟蛉。

体长 6.0–8.0 mm，翅展 16.0–18.0 mm。雄性头、胸、腹褐黄色。前翅金黄色，前缘基部红褐色，中部及近端部各具 1 条红褐色外斜带。后翅暗褐色，缘毛黄色。雌性色较淡，斜条不达前缘。

寄主：稻、高粱、玉米、茅草、茭白等。

分布：天津（八仙山等）、福建、广西、河北、湖南、江苏、江西、陕西、台湾、云南；朝鲜，缅甸，日本，印度尼西亚。

（577）乏夜蛾 *Niphonyx segregata* (Butler, 1878)

翅展 28.0–30.0 mm。前翅褐色，中央具暗褐宽带；基线灰白色，达中室；内线黑色，外斜至亚中褶折角；中线暗褐色，仅前半可见；肾纹褐色灰白边；外线黑色，前端内侧的 1 条灰白线在 R_5 和 M_1 脉各呈 1 外凸齿；亚端线灰白色，与外线间黑色约呈扭角形；端线黑棕色。后翅褐色。

寄主：葎草。

573. 缤夜蛾 *Moma alpium* (Osbeck); 574. 黏虫 *Mythimna separata* (Walker); 575. 绿孔雀夜蛾 *Nacna malachitis* (Oberthür); 576. 稻螟蛉夜蛾 *Naranga aenescens* Moore

分布：天津（八仙山等）、福建、河北、河南、黑龙江、云南；朝鲜，日本。

（578）太白胖夜蛾 *Orthogonia tapaishana* (Draudt, 1939)

翅展 55.0–57.0 mm。前翅褐灰带红棕色，中段带黑褐色，中脉及外线外方的翅脉灰色，内线内方及外线与亚端线间均有波曲黑细纹，亚端线灰黄色，其余各横线黑色；内线、外线均双线，内线后端具 1 个黑斑；剑纹大，环纹前端有 2 个灰黄色斑点，肾纹长。后翅黑棕色。

分布：天津（八仙山等）、陕西。

（579）稻俚夜蛾 *Protodeltote distinguenda* (Staudinger, 1888)

体长 8.0 mm 左右，翅展 22.0 mm 左右。全体褐色，腹部各节间色淡。前翅杂少许白色，基线黑色达中室后，内线黑色波浪形，剑纹端部为 1 条白色曲弧，黑边、环纹、肾纹白色具褐圈，中线黑褐色，后半部明显，在中室前为斜纹，亚端线内侧具 1 列楔形黑纹，端线为 1 列黑色半圆形点。后翅褐色。

寄主：稻。

分布：天津（八仙山等）、福建、广西、黑龙江、江西；朝鲜，俄罗斯，日本。

（580）宽胫夜蛾 *Protoschinia scutosa* (Denis *et* Schiffermüller, 1775)

体长 11.0–15.0 mm，翅展 31.0–35.0 mm。头部及胸部灰棕色，下胸白色。前翅灰白色，常具褐色点；内线黑色波浪形，后半外斜，后端内斜，剑纹大，肾纹褐色，中央具 1 条淡褐曲纹；亚端线黑色，不规则锯齿形，端线为 1 列黑点。后翅黄白色，翅脉及横脉纹黑褐色，端区具 1 条黑褐色宽带。

寄主：蒿属、藜属。

分布：天津（八仙山等）、河北、内蒙古、山东；朝鲜，日本，印度，亚洲中部，欧洲，美洲北部。

577. 乏夜蛾 *Niphonyx segregata* (Butler)；578. 太白胖夜蛾 *Orthogonia tapaishana* (Draudt)；
579. 稻俚夜蛾 *Protodeltote distinguenda* (Staudinger)；580. 宽胫夜蛾 *Protoschinia scutosa*
(Denis *et* Schiffermüller)

（581）殿夜蛾 *Pygopteryx suava* Staudinger, 1887

体长 15.0 mm 左右，翅展 33.0 mm 左右。头部及胸部灰红色，触角基节及触角干缘白色。前翅红褐色带白，端区深赤褐色，内线、中线白色内斜，肾纹为 1 条白线，外线白色，亚端线白色。后翅暗红色，基部前缘及臀角带灰白色。

分布：天津（八仙山等）、河北、黑龙江、山东；俄罗斯，日本。

（582）瑕夜蛾 *Sinocharis korbae* Püngeler, 1912

体长 18.0 mm 左右，翅展 39.0 mm 左右。头部深棕色杂少许白色。前翅白色，内线内区域黑色，基线白色曲折，亚端线白色，前半段不规则锯齿形，中段较直，后段内弯，端线白色，缘毛黑褐色。后翅白色，顶角及其外缘毛黑褐色。足外侧黑色，具白斑纹。

寄主：大丽花。

分布：天津（八仙山等）、黑龙江、吉林；朝鲜，日本。

（583）日月明夜蛾 *Sphragifera biplagiata* (Walker, 1865)

体长 9.0–12.0 mm，翅展 28.0–38.0 mm。头部及胸部白色，额上缘具 1 个黑横纹。前翅白色，后半部及端区带土灰色，前缘脉基部具 1 个褐点，近顶角具 1 条赤褐弯纹，亚端线白色，自弯纹外侧至 M_3 脉折角内斜，肾纹黑褐色，白边"8"字形，端线为 1 列内侧衬白的黑长点。后翅微黄，外半部带褐色。前足胫节有 2 个黑点。

分布：天津（八仙山等）、福建、贵州、河北、河南、湖北、湖南、江苏、浙江；朝鲜，日本。

581. 殿夜蛾 *Pygopteryx suava* Staudinger; 582. 瑕夜蛾 *Sinocharis korbae* Püngeler; 583. 日月明夜蛾 *Sphragifera biplagiata* (Walker); 584. 丹日明夜蛾 *S. sigillata* (Ménétriès)

（584）丹日明夜蛾 *Sphragifera sigillata* (Ménétriès, 1859)

翅展 33.0–36.0 mm。前翅表面白色，具 1 个大褐色圆斑。与日月明夜蛾相似，区别在于日月明夜蛾翅褐色圆斑较小，且另有 1 条褐色斜带。

分布：天津（八仙山等）、福建、河南、黑龙江、辽宁、陕西、四川、云南、浙江；朝鲜，日本。

（585）斜纹夜蛾 *Spodoptera litura* (Fabricius, 1775)

别名：莲纹夜蛾，俗称夜盗虫、乌头虫。

体长 14.0–16.0 mm，翅展 33.0–35.0 mm。前翅灰褐色，内横线和外横线灰白色，呈波浪形，具白色条纹，环状纹不明显，肾状纹前部呈白色，后部呈黑色，环状纹和肾状纹之间具 3 条白线组成的明显且较宽的斜纹，翅基部向外缘有 1 条白纹。后翅白色，外缘暗褐色。

寄主：甘薯、棉、芋、莲、向日葵、烟草、芝麻、玉米、高粱、瓜类、豆类及多种蔬菜。

分布：天津（八仙山等）、福建、广东、贵州、海南、湖南、江苏、内蒙古、山东、山西、云南、浙江；亚洲，非洲。

（586）纶夜蛾 *Thalatha sinens* (Walker, 1857)

体长 14.0 mm 左右，翅展 29.0 mm 左右。头部及胸部白色微带褐色，额中央具圆形突起，颈板端部棕色。前翅白色微带褐色，中室基部后方具 1 条黑色纵纹，基线为断续黑斑，外斜至亚中褶，内线双线淡棕色锯齿形，环纹及肾形纹白色，中央微带棕色，中线褐灰色，外线双线淡棕色锯齿形。腹部棕褐色。

寄主：木樨榄属。

分布：天津（八仙山等）、河北、福建、四川、云南；缅甸，印度。

（587）陌夜蛾 *Trachea atriplicis* (Linnaeus, 1758)

别名：白戟铜翅夜蛾。

体长 20.0 mm 左右，翅展 50.0 mm 左右。头部及胸部黑褐色，额带灰色，颈板具黑线及绿纹。前翅棕褐色带铜绿色；基线黑色，在中室后双线，线间白色；环纹中央黑色，具绿环及黑边，后方具 1 个戟形白纹；肾纹绿色带黑灰色，后内角具 1 个三角形黑斑。后翅基部白色，CuA_2 脉端部具 1 个白纹。跗节具灰白环。

寄主：酸模、蓼等多种植物。

分布：天津（八仙山等）、福建、黑龙江、湖南、江西；日本，俄罗斯西伯利亚，欧洲。

（588）后夜蛾 *Trisuloides sericea* Butler, 1881

体长 18.0 mm 左右，翅展 48.0 mm 左右。头部淡褐黄色，胸部褐色杂有黄色，翅基片内缘具深褐色纹。前翅褐色，亚端区和端区较灰白，中室基部具暗褐色斑。后翅基部黑褐色，中部为 1 条杏黄色弯曲宽带，端部具 1 条黑褐色弯曲宽带，臀角具 1 个黄白色纹，此处缘毛白色。腹部黄褐色，毛簇黑色。

寄主： 栎属植物。

分布： 天津（八仙山、梨木台）、福建、广西、湖北、云南；印度。

585. 斜纹夜蛾 *Spodoptera litura* (Fabricius)；586. 纶夜蛾 *Thalatha sinens* (Walker)；
587. 陌夜蛾 *Trachea atriplicis* (Linnaeus)；588. 后夜蛾 *Trisuloides sericea* Butler

钩蛾科 Drepanidae

波纹蛾亚科 Thyatirinae

（589）浩波纹蛾 *Habrosyne derasa* Linnaeus, 1767

翅展 45.0 mm 左右。头部黄棕色，具白色斑；颈板红褐色，前缘具 1 条白色带和 1 条黑褐色线。前翅中部黄红褐色，前缘白色；基部亚中褶上具 1 条由白色竖鳞组成的斜纹，内线外斜，外侧具 3–4 条赤褐色微弯曲的斜线；外线具 4

条赤褐色和白色"Z"字形纹，肾纹中央具 1 条白色短纹。后翅暗浅褐色，缘毛白色。

寄主：草莓等。

分布：天津（八仙山等）、河北、河南、黑龙江、吉林、辽宁；朝鲜，日本，印度，欧洲。

（590）白缘洒波纹蛾 *Tethea albicostata* (Bremer, 1861)

翅展 38.0–44.0 mm。头部浅黑红棕色，颈板暗浅棕色，后缘黑色。前翅暗浅棕色，基部和前缘白色，亚基线不规则外斜，内线外斜，中部向外弯曲，在中室后缘与臀脉处向内折角，环纹黄白色，中央具 1 个黑点，肾纹黄白色，具 2 个黑点，外线双重，亚端线波浪形，顶角为 1 条黑色斜纹，端线为 1 列黑色新月形纹。

分布：天津（八仙山等）、河北、河南、黑龙江、吉林、辽宁；朝鲜，俄罗斯，日本。

（591）阿泊波纹蛾 *Tethea ampliata* (Butler, 1878)

翅展 40.0–45.0 mm。头部暗黑褐色，颈板白棕黄色，后缘具棕褐色。前翅白灰色，微带暗黑色，翅顶具 1 个近三角形白斑；亚基线黑色，内线为 1 条由 4 条黑色波状横线组成的浅黑棕色宽带；外线黑色双重，具 1 个大锯齿；亚端线外缘翅脉上具黑色箭纹；翅顶具 1 条黑色斜纹，肾纹白灰色，中央具 1 个黑纹。

分布：天津（八仙山等）、黑龙江、吉林、江西、辽宁、浙江；朝鲜，日本。

钩蛾亚科 Drepaninae

（592）三线钩蛾 *Pseudalbara parvula* (Leech, 1890)

别名：眼斑钩蛾。

体长 6.0–8.0 mm，翅展 21.0–30.0 mm。头紫褐色；触角黄褐色。前翅灰紫褐色，具 3 条深褐色斜纹，中部的 1 条最明显；中室端具 2 个灰白色小点，上面 1 个略大；顶角端部具 1 个白色眼状斑。后翅色浅，中室端具 2 个不明显的小黑点；前、后翅反面灰至灰褐色，前翅中部条纹及中室小点隐约可见。

寄主：核桃、栎、化香树。

分布：天津（八仙山等）、北京、福建、广西、河北、黑龙江、湖北、湖南、江西、陕西、四川、浙江；朝鲜，俄罗斯，日本。

589. 浩波纹蛾 *Habrosyne derasa* Linnaeus; 590. 白缘洒波纹蛾 *Tethea albicostata* (Bremer);
591. 阿泊波纹蛾 *T. ampliata* (Butler); 592. 三线钩蛾 *Pseudalbara parvula* (Leech)

尺蛾科 Geometridae

（593）萝藦艳青尺蛾 *Agathia carissima* Butler, 1878

翅展 40.0–42.0 mm。头顶及胸部部分青色，腹部大部分焦枯色。前翅横线较
直，外缘与外线间约一半为焦枯色；后翅后角与尾突间具 1 大块焦斑。

寄主：萝藦、隔山消。

分布：天津（八仙山等）、北京、贵州、黑龙江、吉林、辽宁、陕西、四川；
朝鲜，日本。

（594）李尺蛾 *Angerona prunaria* (Linnaeus, 1758)

翅展 46.0–48.0 mm。体、翅颜色变化很大，从浅灰到橙黄、暗褐或橙黄、暗
褐相间，翅上散布黑褐色的横向细碎条纹；浅色型者，中室具 1 条较粗的横向纹，
脉端缘毛黑褐色。翅反面颜色同正面，亦有细碎条纹。

寄主：李、桦、乌荆子李、落叶松、山楂、榛、千金榆、稠李等。

分布：天津（八仙山等）、黑龙江、内蒙古；朝鲜，俄罗斯，日本，西欧。

（595）春尺蛾 *Apocheima cinerarius* (Erschoff, 1874)

别名：杨尺蛾、柳尺蛾、沙枣尺蛾。

雌性体长 7.0–19.0 mm，无翅。体灰褐色，腹部各节背面具数目不等的成排黑

刺，刺尖端圆钝，腹末端臀板有突起和黑刺列。雄性体长 10.0–15.0 mm，翅展 28.0–37.0 mm。前翅淡灰褐色至黑褐色，从前缘至后缘有 3 条褐色波状横纹，中间的 1 条不明显。

寄主： 沙枣、杨、柳、槐、苹果、梨、沙果、胡杨、槭、沙柳、葡萄、桑、榆。

分布： 天津（八仙山、各郊县）、北京、甘肃、河南、黑龙江、内蒙古、宁夏、青海、山东、陕西、四川、新疆；朝鲜，俄罗斯，中亚。

（596）桑褶翅尺蛾 *Apochima excavata* (Dyar, 1905)

别名： 桑刺尺蛾、桑褶翅尺蠖。

体长 12.0–15.0 mm，翅展 38.0–50.0 mm。体灰褐色，翅面具赤色和白色斑纹。前翅内、外横线外侧各具 1 条不太明显的褐色横线；后翅基部及端部灰褐色，中部有 1 条明显的灰褐色横线；静止时四翅皱叠竖起。尾部具 2 簇毛。

寄主： 桑、杨、槐、刺槐、核桃等。

分布： 天津（八仙山等）、北京、河北、宁夏、陕西；朝鲜，日本。

593. 萝藦艳青尺蛾 *Agathia carissima* Butler; 594. 李尺蛾 *Angerona prunaria* (Linnaeus);
595. 春尺蛾 *Apocheima cinerarius* (Erschoff); 596. 桑褶翅尺蛾 *Apochima excavata* (Dyar)

（597）银绿尺蛾 *Argyrocosma inductaria* (Guenée, 1857)

翅展 14.0–18.0 mm。头顶及胸背面绿色，前胸背面有和前缘相同的白色及红褐色带，雌性不明显，或被绿色鳞片覆盖。翅面绿色。前翅前缘区域白色，下缘红褐色，内线由 3 个较大白斑组成，斑周围红褐色；外线由脉上白点组成，在前缘、M_3 脉或后缘上的白斑较大；缘线在翅脉端白色，脉间褐色。后翅缘线在翅脉上为白点，在 M_3 脉端和臀角上的白斑大。前、后翅均有暗绿色小中点。腹部背面绿色，近端部具 1 大白斑。

寄主：山榛子等榛属植物。

分布：天津（八仙山等）、云南、四川。

（598）黄星尺蛾 *Arichanna melanaria fraterna* (Butler, 1878)

翅展 36.0–52.0 mm。下唇须深灰褐色，头、胸部、腹部色略浅。前翅黄至灰黄色，排列黑斑；亚基线为 2 个黑斑；内线和外线为双列黑斑；中点大而圆，其外侧有时具黑斑组成的中线；亚外缘和缘线各为 1 列黑斑。后翅基部附近灰褐色，在中点内侧逐渐过渡为黄色；中点大而圆；外线、亚缘线和缘线各为 1 列黑斑。

寄主：油松、杨、桦。

分布：天津（八仙山等）、福建、内蒙古、陕西；朝鲜，俄罗斯，日本。

（599）山枝子尺蛾 *Aspilates geholaria* Oberthür, 1887

翅展 36.0–48.0 mm。胸部白色，具长毛。前翅烟白色，前缘散布浅黑色，外缘浅黑色点和线相同，翅面具 3 条从亚前缘向内缘倾斜的浅黑色线，最外的 1 条约为另 2 条的 2 倍宽。后翅烟白色，隐约见 1 条浅黑色线与前翅最外 1 条宽线相连，前半部相当不明显。腹部褐色。

寄主：山枝子、苜蓿、刺槐等。

分布：天津（八仙山等）、福建、甘肃、河北、河南、黑龙江、湖北、湖南、辽宁、内蒙古、山西、陕西、四川。

（600）桦尺蛾 *Biston betularia* (Linnaeus, 1758)

翅展 37.0–49.0 mm。雌性触角具有长短不等的黑白纹。腹部背面各节具数目不等的成排黑刺，刺尖端圆钝，腹末端臀板有突起和黑刺。雄性体和翅的正面均为灰黑色，翅面上布满不规则的黑污点，但具明显的黑色线纹，前翅内线为弧形，外线呈灰白色。跗节具白色环纹。

寄主：桦、杨、柳、栎、落叶松等。

分布：天津（八仙山）、甘肃、河南、黑龙江、吉林、辽宁、内蒙古、山东、山西。

597. 银绿尺蛾 *Argyrocosma inductaria* (Guenée); 598. 黄星尺蛾 *Arichanna melanaria fraterna* (Butler); 599. 山枝子尺蛾 *Aspilates geholaria* Oberthür; 600. 桦尺蛾 *Biston betularia* (Linnaeus)

（601）焦边尺蛾 *Bizia aexaria* Walker, 1860

翅展 38.0–56.0 mm。下唇须尖端伸达额外。前翅顶角凸出，外缘浅波曲；前缘具 3 个小斑；中线上半段消失；外线为 1 列褐点；端部至后翅顶角为 1 个深褐色大斑。后翅外缘锯齿状；中线穿过中点。缘毛在前翅、后翅顶角和各翅脉端深褐色与深灰褐色掺杂，在后翅各翅脉间黄色。

寄主： 桑。

分布： 天津（八仙山等）、福建、河南、华西、吉林；朝鲜，日本。

（602）葡萄洄纹尺蛾 *Callabraxas ludovicaria* (Oberthür, 1879)

翅展 38.0–47.0 mm。下唇须白褐相间。胸腹部背面灰白色，腹部背中线两侧排列黑斑。翅银白色。前翅亚基线和内线各 4 条，中线和外线各 4 条，亚外缘线 3 条，均为褐色至深灰褐色线；臀角附近具 1 个黄斑，臀角具 1 个大黑斑。后翅臀角处具 1 个由数个大小不等的黑褐色点形成的大黄斑。翅反面白色。

寄主： 葡萄。

分布： 天津（八仙山）、北京、黑龙江、湖北、湖南、吉林、山东、山西、陕西、四川、云南、浙江；俄罗斯，朝鲜。

（603）丝棉木金星尺蛾 *Calospilos suspecta* Warren, 1894

体长 10.0–19.0 mm，翅展 32.0–44.0 mm。翅底色银白，具淡灰色及黄褐色斑纹；前翅外缘具 1 行连续的淡灰色纹，外横线成 1 行淡灰色斑，上端分叉，下端具 1 个红褐色大斑；中横线不成行，在中室端部具 1 个大灰斑；后翅外缘具 1 行连续的淡灰斑，外横线成 1 行较宽的淡灰斑。雌性腹部具由黑斑组成的条纹 9 行，后足胫节内侧无丛毛；雄性腹部具由黑斑组成的条纹 7 行，后足具 1 丛黄毛。

寄主：杨、柳、卫矛、榆等。

分布：天津（八仙山等）、安徽、福建、广东、广西、湖北、湖南、山东、山西、陕西、浙江；朝鲜，俄罗斯，日本。

（604）榛金星尺蛾 *Calospilos sylvata* Scopoli, 1763

翅展 28.0–33.0 mm。前翅底色白，基部红黑色及赭色混合斑突出；中室端具 1 个大黑斑，亚外缘具 2 列平行的黑斑；外缘具 4–5 个黑斑，中间黑斑显著大于其他黑斑。后翅底色白，基部具 1 个黑斑，在基斑与亚外缘斑列之间具数个黑斑呈 1 横列，亚外缘黑斑列由前至后渐大。

寄主：榛、榆、山毛榉、稠李、桦等。

分布：天津（八仙山等）、江苏、内蒙古、浙江；朝鲜，俄罗斯，日本，中欧，中亚。

（605）肾纹绿尺蛾 *Comibaena procumbaria* (Pryer, 1877)

翅展 18.0–24.0 mm。翅面青绿色，翅上白线不显著。前翅后缘外侧具 1 个肾形斑，外围褐色，中间白色，翅外缘具波浪形褐色线；后翅顶角及外缘处也具 1 个更大肾形斑，外围褐色，中间白色，具 2 条褐色线。

寄主：茶等。

分布：天津（八仙山等）、北京、河南、上海、四川、台湾、浙江；日本。

（606）黄连木尺蛾 *Culcula panterinaria* (Bremer *et* Grey, 1853)

别名：木橑尺蛾。

翅展 55.0–65.0 mm。体黄白色，头顶灰白色，颜面橙黄色。雄性触角双栉状，栉齿较长并丛生纤毛。翅底白色，具灰色和橙黄色斑；前、后翅的外线各具 1 串橙色和深褐色圆斑；中室端各具 1 个大灰斑；前翅基部具 1 个橙黄色大圆斑，内有褐纹；翅反面斑纹和正面相同，中室端灰斑中央橙黄色。

寄主：落叶松、刺槐、核桃楸、鼠李、胡枝子、李、柳、山楂、榆、珍珠梅等植物。

601. 焦边尺蛾 *Bizia aexaria* Walker; 602. 葡萄洄纹尺蛾 *Callabraxas ludovicaria* (Oberthür); 603. 丝棉木金星尺蛾 *Calospilos suspecta* Warren; 604. 榛金星尺蛾 *C. sylvata* Scopoli; 605. 肾纹绿尺蛾 *Comibaena procumbaria* (Pryer); 606. 黄连木尺蛾 *Culcula panterinaria* (Bremer *et* Grey)

分布：天津（蓟州等）、广西、河北、河南、辽宁、内蒙古、青海、山东、山西、陕西、四川、台湾、云南。

（607）枞灰尺蛾 *Deileptenia ribeata* (Clerck, 1759)

体、翅灰白色，胸部、腹部有黑色横纹。前翅具 3 条黑色波浪纹，亚端区横纹隐约可见。后翅可见 3 条黑色波浪纹。前、后翅外缘均有间断的黑边。

寄主：枞、杉、桦、栎等。

分布：天津（八仙山等）、河北、黑龙江、辽宁、山东、山西；朝鲜，日本。

（608）彩青尺蛾 *Eucyclodes gavissima aphrodite* (Prout, 1932)

翅展 40.0–45.0 mm。翅青色，具白色、黄色、棕红色等斑纹；前翅中线及内线波状白条纹，中线前段具 1 个棕色斑，外缘附近 2 行白点，缘毛白色间青色，中室上具 1 个白点；后翅白色中线曲度大，前端为 1 大棕红色斑，内线弧形白色，中线白中有棕红色及黄色条，外缘附近青色，上具 2–3 行星状白点。翅反面粉白色。

分布：天津（八仙山等）、福建、广东、广西、河南、湖北、湖南、四川、西藏。

（609）亚枯叶尺蛾 *Gandaritis fixseni* (Bremer, 1864)

翅展 44.0–60.0 mm。前翅中线和外线均 1 条；内线在中室下缘下方的凸齿特别小；顶角处大黄斑内常可见清晰的亚缘线。后翅基部黄色，无白色；端半部褐色波状纹较细弱。前、后翅中点较大。翅反面黄色，斑纹深褐色；后翅反面前缘外 1/3 处具 1 个大褐斑，外线下端在臀褶处具 1 个小褐斑，在中室端脉处为 1 个折角。

寄主：猕猴桃科、葡萄科、虎耳草、阳桃等。

分布：天津（八仙山）、河北、黑龙江、吉林、辽宁、陕西；朝鲜，俄罗斯，日本。

（610）黄枯叶尺蛾 *Gandaritis flavomacularia* Leech, 1897

翅展 50.0–65.0 mm。额褐色与黄白色掺杂，下唇须深褐色。翅深黄褐色至深褐色，后翅基半部灰褐色。前翅亚基线、内线、中线和外线白色，中点深褐色，顶角处无大黄斑。后翅中点黑灰色，中室端脉为强烈的双折角，后翅反面大部分浅灰褐色。

分布：天津（八仙山等）、甘肃、广西、河北、河南、湖北、湖南、四川。

（611）枯叶尺蛾 *Gandaritis sinicaria* (Leech, 1897)

形似枯叶。翅展 60.0–70.0 mm。下唇须黑褐色，额、头顶和胸腹部背面黄色。前翅枯黄色；亚基线、内线和中线间黄色；中室外侧具 2 条细纹，中点黑色短条纹。后翅白色到达翅外 1/3 处，翅中部具 1 条褐色带；中室端脉为极弱的双折角，M_2 略近于 M_1。前翅反面内线、外线和翅端部各具 1 个褐斑。

分布：天津（八仙山）、全国广布；印度。

（612）直脉青尺蛾 *Geometra valida* Felder *et* Rogenhofer, 1875

翅展 56.0–64.0 mm。下唇须 1/3 以上伸出额外。前、后翅外缘锯齿状，翅绿色，

607. 枞灰尺蛾 *Deileptenia ribeata* (Clerck); 608. 彩青尺蛾 *Eucyclodes gavissima aphrodite* (Prout); 609. 亚枯叶尺蛾 *Gandaritis fixseni* (Bremer); 610. 黄枯叶尺蛾 *G. flavomacularia* Leech; 611. 枯叶尺蛾 *G. sinicaria* (Leech)

线纹白色。前翅内线较细，外线倾斜，在前翅前缘处较细，向下逐渐加粗；亚缘线灰白色波状，极细弱；缘毛黄白色，在翅脉端深灰褐色。后翅具 1 条从前缘中部达后缘中部的白色线。尾突较显著；身体粉白色。

寄主：日本栗、麻栎、青冈等植物。

分布：天津（八仙山等）、北京、甘肃、广西、贵州、河南、黑龙江、吉林、辽宁、内蒙古、宁夏、山西、陕西、上海、四川、浙江；朝鲜，日本，俄罗斯。

（613）贡尺蛾 *Gonodontis aurata* Prout, 1915

翅展 55.0 mm 左右。整体土黄色。前翅外缘锯齿形，共 3 齿，愈后愈大，外线明显，灰黄两色，内线灰色不明显，中室具 1 个灰圆点，中空；后翅淡黄色，外线浅灰，上部不很明显，中室圆点比前翅上的略大；翅反面略浅灰，斑纹同正面。

分布：天津（八仙山等）、四川；日本。

（614）红双线尺蛾 *Hyperythra obliqua* (Warren, 1894)

翅展 38.0–40.0 mm。额中部黄色，边缘及下唇须端部、触角基部白色有红斑。前翅臀褶近基部处具 1 束翘起的鳞片；翅面黄色，散布灰褐色鳞；前缘外 1/4 处至后翅后缘中部具 2 条斜线，斜线外侧大部分红褐色。翅反面鲜黄色，前翅第 1 条斜线内侧散布红褐色，第 2 条斜线至外缘红褐色。

分布：天津（八仙山等）、北京、河北、山东、甘肃、江苏、浙江、湖北、江西、湖南、广东、广西、四川、贵州。

（615）小红姬尺蛾 *Idaea muricata* (Hufnagel, 1767)

翅展 20.0 mm 左右。体背桃红色，头、触角及足黄白色。翅桃红色，外缘及缘毛黄色；前翅基部、中部及后翅中部具黄色斑；近外缘具暗褐色横线，或不明显。

分布：天津（八仙山等）、北京、河北、山东、湖南；日本，朝鲜，俄罗斯。

（616）青辐射尺蛾 *Iotaphora admirabilis* (Oberthür, 1884)

翅展 45.0–53.0 mm。全身青灰色，颜面灰白色，头顶粉白色。雄性触角双栉齿状，雌性触角微锯齿状。翅浅绿色；外缘至亚外缘为宽大的白色边带，并有密集横列的黑色细线；亚外缘具黄色带；近基部具黄色弧形斑纹。

寄主：核桃楸。

分布：天津（八仙山）、山西、陕西、黑龙江、江西。

（617）黄辐射尺蛾 *Iotaphora iridicolor* (Butler, 1880)

翅展 54.0–60.0 mm。颜灰黄色，头顶粉黄色，下唇须外侧黑色。翅淡黄色，有杏黄色条纹，外缘较白，有辐射形黑线纹，前、后翅中室各具 1 黑纹。

寄主：核桃楸。

分布：天津（八仙山等）、北京、甘肃、河南、黑龙江、湖北、湖南、江西、山西、陕西、四川、西藏、云南；印度。

612. 直脉青尺蛾 *Geometra valida* Felder *et* Rogenhofer; 613. 贡尺蛾 *Gonodontis aurata* Prout;
614. 红双线尺蛾 *Hyperythra obliqua* (Warren); 615. 小红姬尺蛾 *Idaea muricata* (Hufnagel)

（618）双斜线尺蛾 *Megaspilates mundataria* (Stoll, [1782])

翅展 34.0–46.0 mm。触角双栉状，雄的栉枝比雌的长得多。头、胸白色。翅白色具丝光。前翅顶角尖，前缘具褐色条，从翅基部向前缘顶端 1/5 处具 1 条褐色斜条，顶角至后缘基部 2/3 处另具 1 条褐色斜条。后翅从顶角至后缘基部 2/3 处具 1 条褐色直线。腹部第 1 节白色，其余各节黄褐色具灰褐色边。

分布：天津（八仙山等）、北京、黑龙江、江苏、内蒙古、陕西、辽宁、河北、湖北、江西；俄罗斯，吉尔吉斯斯坦，克里米亚，蒙古，日本，朝鲜。

（619）女贞尺蛾 *Naxa (Psilonaxa) seriaria* (Motschulsky, 1866)

别名：丁香尺蛾。

翅展 31.0–40.0 mm。体、翅白色，微灰，具金属光泽。前翅亚缘具 1 个由 8 个脉点组成的弧形，内角由 3 个大点组成 1 条弧形，中室上端具 1 个点；后翅亚缘由 8 个脉点组成 1 个弧形，中室上端具 1 个大点。

寄主：暴马丁香、女贞等木樨科植物。

分布：天津（八仙山）、北京、贵州、河南、黑龙江、江苏、江西、辽宁、陕西、四川、云南、浙江；朝鲜，俄罗斯。

616. 青辐射尺蛾 *Iotaphora admirabilis* (Oberthür); 617. 黄辐射尺蛾 *I. iridicolor* (Butler); 618. 双斜线尺蛾 *Megaspilates mundataria* (Stoll); 619. 女贞尺蛾 *Naxa* (*Psilonaxa*) *seriaria* (Motschulsky)

（620）朴妮尺蛾 *Ninodes splendens* (Butler, 1878)

小型。翅面底色淡黄色，前翅有 3–4 条 S 状的黄褐色横带，中室端具 1 个灰色的圆斑，其中位于中室端下的横带最明显，此横带下缘至后缘具黑褐色分布；后翅的斑纹近似前翅。

分布：天津（九龙山）、北京、河北。

（621）核桃星尺蛾 *Ophthalmodes albosignaria juglandaria* Oberthür, 1880

别名：核桃目尺蠖、白四眼尺蠖、拟柿星尺蛾。

翅展 50.0–60.0 mm。触角栉齿较四星尺蛾短。翅污白至浅灰褐色，略带灰绿色调；前、后翅中点的 4 个星状斑大而清晰，其余斑纹均较弱；中线在后翅不形成宽带，外线不完整；翅反面白色至浅灰色，中点巨大，黑褐色；端带黑色清晰，在 M_3 附近间断。

寄主：核桃。

分布：天津（八仙山）、北京、河北、河南、山西、四川、云南；俄罗斯，日本。

（622）雪尾尺蛾 *Ourapteryx nivea* Butler, 1884

翅展 45.0–48.0 mm。整体白色。前翅散布灰白色小线条，内、外横线浅灰白色；后翅中线在翅中部明显，臀角区具灰白色小颗粒点斑分布，M_3 脉外缘处延伸呈尖锐突起，突起基部具 2 个黑斑。

寄主：朴、冬青、栓皮栎。

分布：天津（八仙山等）、安徽、河北、河南、黑龙江、吉林、辽宁、内蒙古、山东、山西、陕西、四川、浙江；日本。

（623）驼尺蛾 *Pelurga comitata* (Linnaeus, 1758)

翅展 25.0–38.0 mm。额极凸出，呈圆丘形；中胸前半部凸起呈驼峰状；各腹节背面后缘披长毛。前翅浅黄褐色至黄褐色；斑纹褐色至深灰褐色；亚基线弧形，在中室上缘处凸出 1 分岔的尖齿；中带邻近中线和外线处褐至深褐色，外线不规则锯齿状；外线外侧具 3 条黄白色伴线；后翅外线在 M_3 处弯折。

寄主：藜、滨藜。

分布：天津（八仙山等）、北京、河北、黑龙江、吉林、辽宁、内蒙古、青海、四川、新疆；朝鲜，日本，俄罗斯，蒙古，欧洲。

（624）桑尺蛾 *Phthonandria atrilineata* (Butler, 1881)

别名：桑造桥虫、剥芽虫、桑树桑尺蠖。

翅展 48.0–54.0 mm。整体灰色焦枯；翅面散生黑色短纹，并具黑色波浪形斜走横纹。前翅的外线和内线都很明显，细而曲折，后翅的外线比较直。

寄主：桑。

分布：天津（八仙山）、安徽、广东、广西、贵州、河北、湖北、湖南、吉林、江苏、辽宁、山东、四川、云南、浙江。

（625）角顶尺蛾 *Phthonandria emaria* (Bremer, 1864)

翅长 18.0–20.0 mm。体、翅灰褐色，翅面散布褐色细纹；前翅外缘向外弧弯过顶角；外线在近顶角处向外折成锐角几达翅外缘；中室端具黑褐点；内线在中室端黑褐点内侧曲折斜伸向后缘基部 1/4 处；顶角处具 1 个近三角形褐斑。后翅外线黑色，外侧具褐色长条。翅反面色暗，外线为 1 列弧形排列的黑点。

620. 朴妮尺蛾 *Ninodes splendens* (Butler); 621. 核桃星尺蛾 *Ophthalmodes albosignaria juglandaria* Oberthür; 622. 雪尾尺蛾 *Ourapteryx nivea* Butler; 623. 驼尺蛾 *Pelurga comitata* (Linnaeus)

分布：天津（九龙山）、北京、河北、黑龙江、吉林、辽宁、内蒙古、山西；日本，朝鲜，俄罗斯。

（626）苹烟尺蛾 *Phthonosema tendinosaria* (Bremer, 1864)

别名：苹果黑带尺蠖、苹烟尺蠖。

翅展 45.0–58.0 mm。翅灰褐色，内、外横线茶褐色，中线不明显，或端室处具 1 个茶褐斑；翅基及臀角处带红褐色斑纹，有时不明显。

分布：天津（八仙山等）、北京、河北、黑龙江、河南、辽宁、内蒙古、山东、山西、四川；日本，朝鲜，俄罗斯。

（627）猫眼尺蛾 *Problepsis superans* Butler, 1885

翅展 32.0–42.0 mm。头棕褐色，胸背部覆有白色鳞毛。前、后翅银白色；前缘灰色较窄到达眼斑上方；亚缘具 2 条灰褐色块状斑纹，分别由 5–6 个斑块组成，内侧斑块较大；中室具浅灰色的猫眼斑，上端开口，上具凸起银鳞，下方具 2 个黑斑。后翅中室具 1 条浅褐色肾形纹。足棕褐色，腿节内侧具白色绒毛。腹背白色，节间具银灰色圆斑，尾端具白色鳞毛。

寄主：小叶女贞。

分布：天津（八仙山等）、甘肃、河南、湖北、湖南、辽宁、山西、陕西、台湾、西藏、浙江；朝鲜，俄罗斯，日本。

624. 桑尺蛾 Phthonandria atrilineata (Butler)；625. 角顶尺蛾 P. emaria (Bremer)；626. 苹烟尺蛾 Phthonosema tendinosaria (Bremer)；627. 猫眼尺蛾 Problepsis superans Butler

（628）双珠严尺蛾 *Pylargosceles steganioides* (Butler, 1878)

翅展 19.0–24.0 mm。体、翅颜色多变，灰褐、黄色等。前翅具中点，前缘色深，具 3 条横纹，内线不明显，中线弧形，外线波形；后翅中线弧形。

寄主：蔷薇、草莓、秋海棠等。

分布：天津（八仙山等）、北京、山东、湖南、台湾、福建；日本，韩国。

（629）国槐尺蛾 *Semiothisa cinerearia* Bremer et Grey, 1853

别名：槐庶尺蛾、槐尺蛾、吊死鬼。

体长 14.0–17.0 mm，翅展 30.0–43.0 mm。体灰黄褐色。触角丝状，约为前翅 2/3 长。前翅亚基线及中横线深褐色，近前线处均向外缘急弯成 1 锐角；亚外缘为紧密排列的 3 列黑褐色长形斑块。后翅中横线及亚外线均近弧状；展翅时与前翅的中横线及亚外缘线相接；中室外缘具 1 个黑色斑点；外缘锯齿状。

寄主：槐、刺槐。

分布：天津（八仙山等）、安徽、甘肃、广西、河南、湖南、江苏、江西、内蒙古、青海、山东、陕西、四川、台湾、西藏、浙江；日本。

（630）曲紫线尺蛾 *Timandra comptaria* Walker, 1863

小型，浅褐色。前、后翅中部各具 1 条斜纹，暗紫色，连同腹部背面的暗紫色形成 1 个三角形的两边，后翅外缘中部显著突出，前、后翅外缘均有紫色线。

寄主：萹蓄。

分布：天津（八仙山等）、北京、黑龙江；朝鲜，日本。

网蛾科 Thyrididae

（631）一点斜线网蛾 *Striglina scitaria* Walker, 1862

翅展 30.0–38.0 mm。头及下唇须枯黄色。触角枯黄色，各节间有深色纹。前翅枯黄色，布满棕色网纹；自顶角内倾斜向后缘中部具 1 条棕色斜线，前细后粗；中室端具 1 个灰棕色椭圆形斑。后翅中部具 1 条棕色斜线与前翅斜线贯通，在斜线外侧具 1 条细斜线。翅反面色微深，各斜线比正面的细。

寄主：板栗。

分布：天津（八仙山、孙各庄）、广东、广西、海南、黑龙江、四川、台湾、云南；日本，缅甸，印度，斯里兰卡，巴布亚新几内亚，斐济，澳大利亚，加里曼丹岛。

灯蛾科 Arctiidae

（632）闪光鹿蛾 *Amata hoenei* Obraztsov, 1966

翅展 44.0–54.0 mm。触角黑色，端部白色。头、颈板、翅基片和胸部黑色，具蓝紫色光泽，后胸后方具窄黄条，下胸侧面具 2 块黄斑，胸足跗节第 1 节白色。前翅具 6 个基斑。后翅具 2 斑，基部的比中室端部的大。腹部黑色，具光泽，第 1 节具橙黄色宽带，之后腹节具或宽或窄的橙黄色带。

寄主：桑、榆。

分布：天津（八仙山等）、广东、浙江。

（633）米艳苔蛾 *Asura megala* Hampson, 1900

翅展 26.0–40.0 mm。翅面赭黄至赭色。前翅前缘基部黑边，亚基点黑色，中室端具 1 个黑点，亚端线具 1 列黑点，M_2 脉上的黑点距端部远，M_3 脉下方的点列斜置。

628. 双珠严尺蛾 *Pylargosceles steganioides* (Butler); 629. 国槐尺蛾 *Semiothisa cinerearia* Bremer et Grey; 630. 曲紫线尺蛾 *Timandra comptaria* Walker; 631. 一点斜线网蛾 *Striglina scitaria* Walker

分布：天津（八仙山）、北京、甘肃。

（634）异美苔蛾 *Barsine aberrans* (Butler, 1877)

翅展 22.0–26.0 mm。头、胸部橙黄色，腹部暗褐色，基部灰色。前翅橙红色，基点黑色，亚基点 2 个斜置于中室下方，前缘基部至内线处黑边；内线在中室折角，中线在中室向内折角与内线相遇然后向外弯，中室端具 1 个黑点，外线起点与中线起点靠近呈不规则齿状，亚端线为 1 列黑点，缘毛黄或黑色。

分布：天津（八仙山等）、福建、广东、黑龙江、湖南、江苏、江西、四川、浙江；日本。

（635）十字美苔蛾 *Barsine cruciata* (Walker, 1862)

翅展 32.0 mm。头、胸部橙红色，腹部红色，端部几节腹面黑色。前翅橙红色，前缘具黑带，中室基部具 1 个黑点；内线暗褐色，中室处折角；中线暗褐色，在中室折角与内线相接；外线暗褐色，在前缘与中线起点相接，在外线外方翅脉上具一些黑带。后翅黄色，染红色，端区明显。前、后翅反面翅顶具暗褐纹。

分布：天津（八仙山）、重庆、云南；印度，印度尼西亚。

632. 闪光鹿蛾 *Amata hoenei* Obraztsov; 633. 米艳苔蛾 *Asura megala* Hampson; 634. 异美苔蛾 *Barsine aberrans* (Butler); 635. 十字美苔蛾 *B. cruciata* (Walker); 636. 优美苔蛾 *B. striata* (Bremer *et* Grey)

（636）优美苔蛾 *Barsine striata* (Bremer et Grey, 1852)

翅展 28.0–52.0 mm。头、胸黄色，颈板及翅基片黄色红边。前翅底色黄或红色，雄性红色，雌性黄色占优势；后翅底色雄性淡红，雌性黄或红色。前翅亚基点、基点黑色；内线由黑灰色点连成；中线黑灰色点状，不相连；外线黑灰色，较粗，在中室上角外方分叉至顶角。前、后翅缘毛黄色。

寄主：地衣、玉米、棉、大豆。

分布：天津（八仙山等）、福建、广东、贵州、湖南、江苏、江西、山东、山西、陕西、四川、浙江、云南；日本。

（637）草雪苔蛾 *Cyana pratti* (Elwes, 1890)

翅展 25.0–35.0 mm。雌性白色。前翅亚基线红带从前缘至中室下方；内线红色，从前缘下方向外弯，在中室下方向内弯；中室端部具 1 个黑点，横脉纹上具 2 个黑点，斜置；外线红色波纹；端线红色，不达前缘和臀角。后翅红色，缘毛白色。雄性前翅中室横脉纹具 1 个黑点，前翅反面叶突分三叉。

分布：天津（八仙山等）、广西、河北、河南、湖北、湖南、江苏、江西、内蒙古、山东、山西、陕西、四川、浙江。

（638）灰土苔蛾 *Eilema griseola* (Hübner, 1803)

翅展 27.0–33.0 mm。头浅黄色，胸土灰色，腹部土灰色，末端及腹面黄色。前翅前缘带黄色，通常很窄，前缘基部黑边，翅顶缘毛通常黄色；后翅黄灰色，端部及缘毛黄色。

寄主：地衣及干枯叶。

分布：天津（八仙山等）、福建、河北、河南、黑龙江、辽宁、山西、陕西、西藏、云南；朝鲜，日本，印度，尼泊尔，欧洲。

（639）黄痣苔蛾 *Stigmatophora flava* (Bremer *et* Grey, 1852)

翅展 26.0–34.0 mm。整体黄色，头、颈板和翅基片色稍深。前翅前缘区橙黄色，前缘基部具黑边，亚基点黑色，内线处斜置 3 个黑点，外线处 6–7 个黑点，亚端线的黑点数目或多或少。前翅反面中央或多或少散布暗褐色，或无暗褐色。

寄主：玉米、桑、高粱、牛毛毡。

分布：天津（八仙山等）、福建、广东、贵州、河北、黑龙江、湖北、湖南、江苏、江西、辽宁、山东、山西、陕西、四川、新疆、云南、浙江；朝鲜，日本。

（640）明痣苔蛾 *Stigmatophora micans* (Bremer *et* Grey, 1852)

翅展 32.0–42.0 mm。体、翅灰白色，头、颈板、腹部染橙黄色。前翅前缘和端线区橙黄，前缘基部黑边，亚基点黑色，内线斜置 3 个黑点，外线为 1 列黑点，亚端线为 1 列黑点；后翅端线区橙黄，翅顶下方具 2 个黑色亚端点，有时 CuA_2

脉下方具 2 个黑点；前翅反面中央散布黑色。

分布：天津（八仙山等）、甘肃、河北、河南、黑龙江、江苏、辽宁、山西、陕西、四川；朝鲜。

637. 草雪苔蛾 *Cyana pratti* (Elwes); 638. 灰土苔蛾 *Eilema griseola* (Hübner); 639. 黄痣苔蛾 *Stigmatophora flava* (Bremer *et* Grey); 640. 明痣苔蛾 *S. micans* (Bremer *et* Grey)

（641）红缘灯蛾 *Aloa lactinea* (Cramer, 1777)

别名：红边灯蛾、红袖灯蛾。

体长 18.0–20.0 mm，翅展 46.0–64.0 mm。体、翅白色。前翅前缘及颈板端部红色；腹部背面除基节及肛毛簇外橙黄色，并有黑色横带，侧面具黑纵带，亚侧面为 1 列黑点，腹面白色。前翅中室上角常具黑点；后翅横脉纹常为黑色新月形纹，亚端点黑色，1–4 个或无。

寄主：玉米、大豆、谷子、棉花、芝麻、高粱、向日葵、绿豆、紫穗槐等 100 多种植物。

分布：天津（八仙山等）、安徽、福建、广东、广西、海南、河北、河南、湖北、湖南、江苏、江西、辽宁、山东、山西、陕西、四川、台湾、西藏、云南、浙江；朝鲜，日本，缅甸，印度，尼泊尔，斯里兰卡，印度尼西亚。

（642）豹灯蛾 *Arctia caja* (Linnaeus, 1758)

翅展 58.0–86.0 mm。此种颜色及花纹变异很大。头、胸红褐色，触角基节红色，颈板前缘白色；腹部红色或橙黄色，背面具黑带。前翅红褐色，亚基线白带，在中脉处折角，与基部不规则白纹相连；前缘在背线与中线处具黑斑。后翅红色或橙黄色，翅中央近基部具蓝黑色大圆斑，亚端线为 3 个蓝黑色大圆斑。

寄主：甘蓝、桑、菊花、蚕豆、醋栗、接骨木、大麻等。

分布：天津（八仙山等）、黑龙江、辽宁、河北、内蒙古、新疆；朝鲜，日本，欧洲，美洲。

（643）美国白蛾 *Hyphantria cunea* (Drury, 1773)

别名：美国灯蛾、秋幕毛虫、秋幕蛾。

体长 12.0–15.0 mm，翅展 32.0–36.0 mm。通体白色。前、后翅均为白色，斑点有或无；有斑点的，内线、中线、外线、亚端线具 1 列黑点在中脉处向外折角，再斜向后缘，中室末端具黑点，外缘中部具 1 列黑点。前足基节橘黄色有黑斑，腿节上方枯黄色，胫节和跗节具黑带。

寄主：糖槭、元宝枫、三球悬铃木、桑、榆、苹果、刺槐、槐、山楂、核桃楸、柳、枣、葡萄、文冠果、杏、山荆子、香椿、丁香、玉米、马铃薯、南瓜、辣椒、茄、三棱草和菊花等 90 余种植物。

分布：天津、河北、辽宁、山东、陕西、上海；日本，朝鲜，韩国，美国，加拿大，欧洲。

（644）褐点望灯蛾 *Lemyra phasma* (Leech, 1899)

体长 16.0–20.0 mm，翅展 30.0–56.0 mm。头部、腹面枯黄色，两边及触角黑色，触角干上方白色；下唇须黑色，基部黄色；颈板边缘橘黄色。翅基片具黑点，前翅前缘脉上具 4 个黑点，内横线、中线、外横线、亚外缘线为一系列灰褐色点；后翅亚外缘线为一系列褐点。腹部背面中央及两侧缘各具 1 列连续的黑点。

寄主：南瓜、茄、菜豆、辣椒等 55 科 111 种植物。

分布：天津（八仙山）、湖南、贵州、四川、云南。

（645）肖浑黄灯蛾 *Rhyparioides amurensis* (Bremer, 1861)

翅展 43.0–60.0 mm。雄性深黄色；下唇须上方黑色，下方红色；额黑色；触角暗褐色；腹部红色，背面及侧面具黑点列。雌性前翅黄色；前翅反面红色，中室内具黑点，中带在中室下方折角，横脉纹黑色，外线 3–4 个黑斑。

641. 红缘灯蛾 *Aloa lactinea* (Cramer); 642. 豹灯蛾 *Arctia caja* (Linnaeus); 643. 美国白蛾
Hyphantria cunea (Drury)

寄主：栎、柳、榆、蒲公英、染料木属植物。

分布：天津（八仙山等）、福建、广西、河北、黑龙江、湖北、湖南、江西、山西、陕西、四川、浙江；朝鲜，日本。

（646）浑黄灯蛾 *Rhyparioides nebulosa* Butler, 1877

翅展 47.0–54.0 mm。头、胸暗褐黄色；下唇须上方、额及触角黑褐色，下唇须下方红色；腹部红色，背面及侧面具黑点列。前翅褐黄色，前缘具黑边，中线由前缘斜向中脉折角再内斜至后缘，前缘处具 2 个黑点，中室上角具 1 个黑点。后翅红色，横脉纹为大黑色斑。前翅反面红色，中室中央具 1 黑点，横脉纹大黑斑。

寄主：车前、蒲公英、艾蒿。

分布：天津（八仙山）、河北、黑龙江、吉林、辽宁、内蒙古；日本。

（647）黄臀黑污灯蛾 *Spilarctia caesarea* (Goeze, 1781)

别名：黑灯蛾。

翅展 36.0–40.0 mm。头、胸及腹部第 1 节和腹面黑褐色，腹部其余各节橙黄色，背面和侧面具黑点列；翅黑褐色，后翅臀角具橙黄色斑。

644. 褐点望灯蛾 *Lemyra phasma* (Leech); 645. 肖浑黄灯蛾 *Rhyparioides amurensis* (Bremer); 646. 浑黄灯蛾 *R. nebulosa* Butler

寄主：柳、蒲公英、车前、珍珠菜。

分布：天津（八仙山等）、河南、黑龙江、湖南、吉林、江苏、江西、辽宁、内蒙古、山东、山西、陕西、四川；土耳其，俄罗斯，日本，欧洲。

（648）淡黄污灯蛾 *Spilarctia jankowskii* (Oberthür, 1880)

别名：污白灯蛾。

翅展 35.0–48.0 mm。体、翅淡橙黄色；下唇须上方、额的两边及触角黑色；腹部背面红色，基节、端节及腹面白色，背面、侧面具黑点列。前翅淡橙褐色，中室上角具 1 个暗褐点，M_2 脉至 2A 脉具 1 条斜列暗褐色点带。后翅白色，稍染黄色，中室端点暗褐；亚端点暗褐色，不明显。

寄主：榛、珍珠梅、柳、栎等。

分布：天津（蓟州）、甘肃、河北、黑龙江、江苏、江西、辽宁、青海、山西、陕西、四川、浙江。

（649）白污灯蛾 *Spilarctia neglecta* (Rothschild, 1910)

翅展 36.0 mm。头、胸白色，下唇须黑色具白毛，额两边黑色。触角分支黑色，触角干白色。翅白色。前胸足腿节上方和胫节内边黑色，跗节有黑带。腹部橙色，背、侧面具黑点列，肛毛簇和腹面白色。

分布：天津（八仙山等）、西藏；印度，缅甸。

（650）强污灯蛾 *Spilarctia robusta* (Leech, 1899)

翅展 52.0–74.0 mm。体、翅乳白色；下唇须基部红色，顶端黑色；触角黑色。雄性肩角与翅基片具黑点，腹部背面红色，背面、侧面及亚侧面具有黑点列。前翅中室上角具 1 个黑点，2A 脉中部的上、下方各具 1 黑点，黑色亚端点有时存在。后翅中室端 1 个黑点；亚端点黑色，不明显。

分布：天津（八仙山等）、北京、福建、广东、湖南、江苏、江西、山东、陕西、四川、浙江。

647. 黄臀黑污灯蛾 *Spilarctia caesarea* (Goeze); 648. 淡黄污灯蛾 *S. jankowskii* (Oberthür);
649. 白污灯蛾 *S. neglecta* (Rothschild); 650. 强污灯蛾 *S. robusta* (Leech)

（651）连星污灯蛾 *Spilarctia seriatopunctata* (Motschulsky, [1861])

翅展 42.0–54.0 mm。体、翅浅黄色；下唇须基部红色，顶端黑色；额与触角黑色；腹部背面除基节、端节外红色，背面与侧面具黑点列。前翅前缘基部具 1 条黑带向内点扩展，中室上角具 1 个黑点，翅顶至后缘中部具 1 列斜列黑点或短纹，中间的黑点常缺，后缘上方的黑点较大；后翅后缘区常染红色，中室端点黑色。

寄主：苹果、桑、蔬菜。

分布：天津（八仙山等）、河北、河南、黑龙江、吉林、江西、四川；朝鲜，日本。

（652）人纹污灯蛾 *Spilarctia subcarnea* (Walker, 1855)

别名：红腹白灯蛾、桑红腹灯蛾。

体长 17.0–23.0 mm，翅展 46.0–58.0 mm。雄性头、胸黄白色，下唇须红色，顶端黑色。腹部背面除基节与端节外红色，腹面黄白色，背面、侧面具黑点。前翅黄白色、染红色，通常在 2A 上方具 1 列黑色内线点，中室上角通常具 1 个黑点。后翅染红色，缘毛白色。前翅反面或多或少染红色，中室端黑点。

寄主：桑、木槿、十字花科植物、豆类等。

分布：天津（八仙山等）、安徽、福建、甘肃、广东、广西、贵州、河北、河南、黑龙江、湖北、湖南、吉林、江苏、江西、辽宁、内蒙古、青海、山东、山西、陕西、四川、台湾、云南、浙江；朝鲜，日本，菲律宾。

（653）净雪灯蛾 *Spilosoma album* (Bremer *et* Grey, [1852])

翅展 48.0–77.0 mm。体白色。下唇须上方、额两边以及触角黑色。肩角及翅基部下方具红带；腹部背面红色或黄色，中间几节的背面、侧面和亚侧面具黑点。前翅基部具黑点，前缘基半部有黑边，中室下角各方具黑点，M_2 脉上方具 1 条黑色短纹，后翅中室端点黑色。前足基节红色，具黑点，腿节上方红色。

分布：天津（八仙山等）、福建、河北、湖北、湖南、江西、陕西、四川、浙江；朝鲜。

（654）白雪灯蛾 *Spilosoma niveus* (Ménétriès, 1859)

别名：白灯蛾。

翅展 55.0–80.0 mm。体白色。下唇须基部红色，第 3 节红色；触角栉齿黑色。翅白色无斑纹。腹部白色，侧面除基部及端节外具红斑，背面、侧面各具 1 列黑点。前足基节红色具黑斑，前足、中足、后足腿节上方红色，前足腿节具黑纹。

寄主：高粱、大豆、麦、车前、蒲公英。

分布：天津（八仙山等）、福建、广西、河北、河南、黑龙江、湖北、湖南、辽宁、内蒙古、山东、陕西、四川、浙江；朝鲜，日本。

（655）稀点雪灯蛾 *Spilosoma urticae* (Esper, 1789)

体长 14.0–15.0 mm，翅展 40.0–44.0 mm。体白色。下唇须上方黑色，下方白色；触角端部黑色。前翅白色，内横线、外横线、亚缘线具或多或少的黑点，后翅无点纹。胸足具黑带，腿节上方黄色，腹部背面除基节、端节外均为黄色，腹面白色，腹背中央具 7 个黑点纹，侧面具 5 个黑点，个体差异比较大。

寄主：酸模属、玉米、棉花、小麦、谷子、花生、大豆、瓜类、多种蔬菜、桑、薄荷属等。

651. 连星污灯蛾 *Spilarctia seriatopunctata* (Motschulsky); 652. 人纹污灯蛾 *S. subcarnea* (Walker); 653. 净雪灯蛾 *Spilosoma album* (Bremer *et* Grey); 654. 白雪灯蛾 *S. niveus* (Ménétriès); 655. 稀点雪灯蛾 *S. urticae* (Esper)

分布：天津（八仙山等）、河北、黑龙江、江苏、辽宁、山东、江苏、浙江；欧洲。

燕蛾科 Uraniidae

（656）斜线燕蛾 *Acropteris iphiata* (Guenée, 1857)

翅展 25.0–32.0 mm。整体粉白色，棕褐色或褐色斜纹，斜纹可分为 5 组，前、后翅相通，中间为 1 条斜白带相隔，斜白带前方为浓褐色，中室全被覆盖；斜白带后侧 1 组浓褐色，尤其在后翅上具许多斜纹；第 2 组只两条斜线，在后翅为宽，中间具褐色散点；最外 1 组是两条细线组成；前翅顶角处具 1 个黄褐斑。

分布：天津（八仙山）、北京、湖北、湖南、江苏、西藏、浙江；日本，韩国，印度，缅甸。

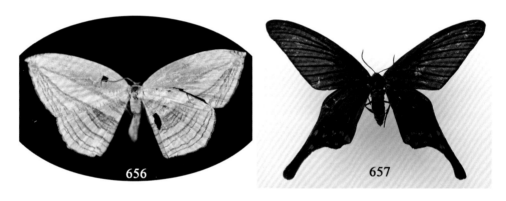

656. 斜线燕蛾 *Acropteris iphiata* (Guenée); 657. 榆凤蛾 *Epicopeia mencia* Moore

凤蛾科 Epicopeiidae

（657）榆凤蛾 *Epicopeia mencia* Moore, 1874

别名：长尾凤蛾、榆燕蛾、燕凤蛾、榆长尾蛾、榆燕尾蛾。

体长 20.0 mm 左右，翅展 80.0 mm 左右。形似凤蝶，体、翅灰黑或黑褐色。前翅外缘为黑色宽带，后翅外缘具 2 行红斑，新月形或圆形，雌性红斑浅，翅基片黑色具 1 个红斑；具 1 尾状突起。腹部背面黑色，节间黑色或橙黄色。

寄主：榆、大叶榉。

分布：天津（八仙山）、安徽、北京、福建、甘肃、黑龙江、湖南、吉林、江西、辽宁、山西、上海、四川、浙江；朝鲜。

枯叶蛾科 Lasiocampidae

（658）落叶松毛虫 *Dendrolimus superans* (Butler, 1877)

体长 25.0–45.0 mm，翅展 69.0–110.0 mm。成虫体色变化较大，由灰白到棕褐色。前翅中横线与外横线的间隔距离较外横线与亚外缘线的间隔距离阔；外横线呈锯齿状，亚外缘线具 8 个黑斑呈 "3" 字形排列。

寄主：红松、落叶松、云杉、冷杉、樟子松、油松。

分布：天津（八仙山）、北京、河北、黑龙江、吉林、辽宁、山西、新疆；朝鲜，俄罗斯，日本。

（659）油松毛虫 *Dendrolimus tabulaeformis* (Tsai *et* Liu, 1962)

体长 20.0–30.0 mm，翅展 45.0–75.0 mm。触角鞭节淡黄色或褐色，栉枝褐色。前翅花纹较清楚，中线内侧和齿状外线外侧具 1 条浅色纹，颇似双重；中室端白点小，可识别；亚外缘斑列内侧棕色，斑列常为 9 个组成，第 7、8、9 三斑斜列。后翅中间隐现深色弧形斑。雄性亚外缘斑列内侧呈浅色斑纹。

寄主：油松、赤松、马尾松、樟子松、华山松、白皮松。

分布：天津（蓟州）、北京、甘肃、河北、辽宁、内蒙古、山东、山西、陕西。

（660）赤松毛虫 *Dendrolimus spectabilis* (Butler, 1877)

别名：毛虫、火毛虫，古称松蚕。

体长 22.0–35.0 mm，翅展 45.5–75.5 mm。体色有灰白色、灰褐色。前翅中横线与外横线白色，亚外缘斑列黑色，呈三角形；雌性亚外缘线列内侧和雄性亚外缘斑列外侧具白斑；雌性前翅狭长，外缘较倾斜，横线条纹排列较稀。

寄主：赤松、黑松、油松。

分布：天津（蓟州）、河北、江苏、辽宁、山东、台湾；朝鲜，日本。

（661）杨褐枯叶蛾 *Gastropacha populifolia* (Esper, 1784)

别名：杨枯叶蛾、柳星枯叶蛾、白杨毛虫、杨柳枯叶蛾、白杨枯叶蛾。

翅展 40.0–77.0 mm。体、翅黄褐色。前翅顶角特长，外缘呈弧形波状纹，后缘极短，从翅基出发具 5 条黑色断续的波状纹，中室呈黑褐色斑纹；后翅具 3 条明显的黑色斑纹，前缘橙黄色，后缘浅黄色。以上基色和斑纹常有变化，或明显或模糊，静止时从侧面看形似枯叶。

寄主：苹果、李、杏、梨、桃、杨、柳等。

分布：天津（八仙山、古强峪）、甘肃、河北、河南、黑龙江、山东、陕西；朝鲜，俄罗斯，日本，欧洲。

658. 落叶松毛虫 *Dendrolimus superans* (Butler); 659. 油松毛虫 *D. tabulaeformis* (Tsai *et* Liu);
660. 赤松毛虫 *D. spectabilis* (Butler); 661. 杨褐枯叶蛾 *Gastropacha populifolia* (Esper)

（662）黄褐天幕毛虫 *Malacosoma neustria testacea* Motschulsky, 1860

别名： 天幕枯叶蛾，俗称顶针虫。

雄成虫体长约 15.0 mm，翅展 24.0–32.0 mm，全体淡黄色，前翅中央具 2 条深褐色细横线，两线间的部分色较深，呈褐色宽带，缘毛褐灰色相间；雌成虫体长约 20.0 mm，翅展 29.0–39.0 mm，体、翅褐黄色，腹部色较深，前翅中央具 1 条镶有米黄色细边的赤褐色宽横带。

寄主： 梨、桃、李、梅、樱桃、苹果、柳、栎、桦、沙果。

分布： 天津（八仙山、九龙山、古强峪）、安徽、福建、甘肃、河北、黑龙江、湖北、湖南、江苏、江西、辽宁、内蒙古、宁夏、青海、山东、陕西、新疆、云南。

（663）苹毛虫 *Odonestis pruni* Linnaeus, 1758

别名： 苹果枯叶蛾。

体长 23.0–30.0 mm，翅展 45.0–70.0 mm。全身赤褐色。前翅外缘略呈锯齿状，翅面具 3 条黑褐色横线，有的不明显；内、外横线呈弧形，两线间具 1 个明显白斑点。后翅色较淡，具 2 条不太明显的深褐色横带。

寄主：苹果、李、梅、樱桃。

分布：天津（八仙山等）、安徽、福建、甘肃、广东、广西、河北、河南、黑龙江、湖北、湖南、吉林、辽宁、宁夏、青海、山西、陕西、四川、云南；朝鲜、日本、欧洲。

（664）东北栎毛虫 *Paralebeda plagifera femorata* **(Ménétriès, 1858)**

翅展 51.0–81.0 mm。整体灰褐至赤褐色，雄性色泽较深，赤褐色；雌性色泽较浅，灰褐色。前翅中部斜行横带较窄，末端椭圆形黑斑亦较小。后翅淡褐色，雄性具明显斑纹。

寄主：落叶松、榛、栎、杨、杜鹃等。

分布：天津（八仙山）、河南、黑龙江、吉林、辽宁、内蒙古、山东、山西、陕西。

662. 黄褐天幕毛虫 *Malacosoma neustria testacea* Motschulsky; 663. 苹毛虫 *Odonestis pruni* Linnaeus; 664. 东北栎毛虫 *Paralebeda plagifera femorata* (Ménétriès)

天蛾科 Sphingidae

（665）灰天蛾 *Acosmerycoides leucocraspis* (Hampson, 1910)

翅长约 44.0 mm。体、翅灰褐色，触角污黄色，下唇须灰白色。翅基片灰褐色，外缘白色；前翅内线及中线灰黑色，外线灰黑锯齿形，端线灰黑，顶角具灰黑色三角形斑；后翅灰褐色，横带色较深，后角色略淡。翅反面灰红色，外线及中线灰褐色，沿翅脉成尖齿斑，前翅反面的基部至中室灰褐色。

寄主：葡萄属。

分布：天津（八仙山）、广东、海南、湖南、江西；印度。

（666）葡萄缺角天蛾 *Acosmeryx naga* (Moore, [1858])

翅长 55.0–60.0 mm。体灰褐色，触角背面褐色具白色，肩板边缘白色。前翅各横线棕褐色，亚外缘线达到后角，顶角端部缺，具深棕色三角形斑及灰白色月牙形纹，中室端近前缘具灰褐色盾形斑。后翅前缘及内缘灰褐色，中部及外缘茶褐色，具棕色横带，翅反面锈红色。

寄主：葡萄、猕猴桃、爬山虎、葛藤。

分布：天津（八仙山等）、北京、贵州、海南、河北、湖北、湖南、浙江；朝鲜，日本，印度。

（667）白薯天蛾 *Agrius convolvuli* (Linnaeus, 1758)

翅长 45.0–50.0 mm。体、翅暗褐色，肩板具黑色纵线。前翅内、中、外横带各为 2 条深棕色的尖锯齿线，顶角具黑色斜纹；后翅具 4 条暗褐色横带，缘毛白色及暗褐色相杂。前翅反面灰褐色，缘毛黑、灰、白三色相间。腹部背面灰色，两侧各节有白、红、黑 3 条横纹。

寄主：甘薯、牵牛花、旋花、扁豆、赤小豆等。

分布：天津（八仙山等）、安徽、广东、广西、河北、河南、山东、山西、台湾、浙江；朝鲜，俄罗斯，日本，印度，欧洲。

（668）鹰翅天蛾 *Ambulyx ochracea* Butler, 1885

体长 45.0–48.0 mm，翅长 48.0–50.0 mm。体、翅橙褐色。头顶及肩板绿色；胸部背面黄绿色，两侧浓绿至褐绿；第 6 腹节后的各节两侧具褐黑色斑。前翅暗黄，内线不明显；中线及外线绿褐色并呈波状纹；顶角尖向外下方弯曲而形似鹰翅；前缘及后缘处具 2 个褐绿色圆斑；后角内上方具褐绿色及黑色斑。

寄主：胡桃科、槭科植物。

分布：天津（八仙山等）、福建、广东、广西、贵州、河北、河南、湖北、辽宁、山东、山西、四川、台湾、浙江；日本，缅甸，印度。

（669）日本鹰翅天蛾 *Ambulyx japonica* **Rothschild, 1894**

翅长约 50.0 mm。体、翅粉灰色。颜面白色，头顶下方绿褐色；腹部背线不显著，第 6、7 节两侧具绿褐色斑。前翅基部具 1 个褐黑色小点，内线褐绿较宽大，中线为 2 条较细的波状线纹组成，外线黑褐色，顶角具 1 褐色斜线直达第 7 横线，中室端横脉上具 1 个黑点。后翅灰橙色，具棕黑色横线。

寄主：槭科树木。

665. 灰天蛾 *Acosmerycoides leucocraspis* (Hampson); 666. 葡萄缺角天蛾 *Acosmeryx naga* (Moore); 667. 白薯天蛾 *Agrius convolvuli* (Linnaeus); 668. 鹰翅天蛾 *Ambulyx ochracea* Butler; 669. 日本鹰翅天蛾 *A. japonica* Rothschild

分布：天津（八仙山等）、黑龙江、海南、河北、陕西、四川、台湾；朝鲜，日本。

（670）葡萄天蛾 *Ampelophaga rubiginosa* Bremer *et* Grey, 1853

别名：车天蛾。

翅长 45.0–50.0 mm。体、翅茶褐色。前翅各横线均为暗茶褐色，中线较宽，前缘近顶角处具 1 个暗色三角形斑。后翅黑褐色，外缘及后角附近各具 1 条茶褐色横带。翅展时前、后翅两线相接，外侧略呈波纹状。体背中央自前胸到腹端具 1 条灰白色纵线。

寄主：葡萄、黄荆、乌蔹莓。

分布：天津（八仙山等）、安徽、北京、广东、贵州、河北、河南、黑龙江、湖北、吉林、江苏、江西、辽宁、宁夏、山东、山西、陕西、四川、浙江；日本，朝鲜。

（671）榆绿天蛾 *Callambulyx tatarinovii* (Bremer *et* Grey, 1853)

别名：云纹天蛾。

翅长 35.0–40.0 mm。翅面粉绿色，具云纹斑；胸背墨绿色。前翅前缘顶角具 1 块较大的三角形深绿色斑，后缘中部有块褐色斑；内横线外侧连成 1 块深绿色斑，外横线呈 2 条弯曲的波状纹；翅的反面近基部后缘淡红色。后翅红色，后缘角有墨绿色斑，外缘淡绿。腹部背面粉绿色，每腹节有条黄白色线纹。

寄主：榆、刺榆、柳。

分布：天津（八仙山等）、北京、河北、河南、黑龙江、吉林、辽宁、内蒙古、宁夏、山东、山西、陕西；朝鲜，日本，俄罗斯。

（672）条背天蛾 *Cechenena lineosa* (Walker, 1856)

翅长约 50.0 mm。体、翅灰褐色，头和肩板两侧具白色鳞毛。前翅自顶角至后缘基部具橙灰色斜纹，前缘部位具黑斑，翅基部具黑、白毛丛，中室端具黑点；中室附近具 5 条倾斜的棕黑色条纹，顶角下方具 1 条向后倾斜的黑纹。后翅棕黑色，缘毛灰白色。

寄主：凤仙花、葡萄。

分布：天津（八仙山）、福建、广东、广西、贵州、海南、河北、河南、湖北、湖南、江西、陕西、四川、台湾、西藏、云南；日本，越南，印度，缅甸，斯里兰卡，马来西亚，印度尼西亚。

（673）平背天蛾 *Cechenena minor* (Butler, 1875)

翅长约 40.0 mm。体青褐色，头及肩板两侧具白色鳞毛，前胸背板中央具黑点，

670. 葡萄天蛾 *Ampelophaga rubiginosa* Bremer *et* Grey; 671. 榆绿天蛾 *Callambulyx tatarinovii* (Bremer *et* Grey); 672. 条背天蛾 *Cechenena lineosa* (Walker); 673. 平背天蛾 *C. minor* (Butler)

腹部背面具灰褐色背线。前翅灰褐，自顶角至后缘具棕色斜纹 6 条，各线间粉褐色；翅基部具黑斑，中室端具黑点。后翅灰黑色，中部具黄褐横带。翅反面橙黄略现灰色，并散布灰褐斑点，中线齿状灰色。

寄主：何首乌。

分布：天津（八仙山）、福建、广东、海南、河南、湖南、台湾、浙江；印度，泰国，马来西亚。

（674）豆天蛾 *Clanis bilineata tsingtauica* Mell, 1922

别名：大豆天蛾。

翅长 50.0–60.0 mm。体、翅黄褐色，头、胸具较细的暗褐色背线，腹部背面各节后缘具棕黑色横纹。前翅狭长，前缘近中央具较大的半圆形褐绿色斑，中室横脉处具 1 个淡白色小点，内横线及中横线不明显，外横线呈褐绿色波纹，顶角处具 1 条暗褐色斜纹，将顶角分为二等分。后翅暗褐色，基部上方具赭色斑。

寄主：大豆、刺槐、藤萝等多种豆科植物。

分布：天津（八仙山等），广布于除西藏外的国内各省区；朝鲜，日本，印度。

（675）南方豆天蛾 *Clanis bilineata* Walker, 1866

翅长 60.0–65.0 mm。体、翅棕黄色；胸部背线紫褐；腹部背面灰褐，两侧枯黄，第 5–7 节后缘具棕色横纹。前翅灰褐，前缘中央具灰白色近三角形斑，内横线、中横线及外横线棕褐色；后翅棕黑色，前线及后角附近枯黄色，中央具 1 条较细的灰黑色横带。

寄主：葛属、豲豆属等豆科植物。

分布：天津（八仙山等）、安徽、福建、甘肃、广东、广西、贵州、海南、湖南、浙江；印度。

（676）洋槐天蛾 *Clanis deucalion* (Walker, 1856)

翅长 75.0 mm。体、翅黄褐色，头及前胸背板暗紫色，背线棕黑色。前翅赭黄色，中部具浅色半圆形斑，翅面具 6 条波状横纹，翅顶具 1 条暗褐色斜纹将顶角分为两部分；后翅中部棕黑色，前缘及内缘黄色；前、后翅反面黄褐色，具连贯的波形横带。

寄主：豆科植物。

分布：天津（八仙山、孙各庄）、广西、湖南、江苏、辽宁、四川；印度。

（677）红天蛾 *Deilephila elpenor lewisi* (Butler, 1875)

别名：红夕天蛾。

翅长 25.0–35.0 mm。体、翅为红色，具黄绿色闪光。头部两侧及背部具 2 条纵行红色带，腹部背线红色，两侧黄绿色，外侧红色。前翅基部黑色，前缘及外横线、亚外缘线、外缘和缘毛均为暗红色；外横线近顶角较细，向后渐粗；中室具 1 个小白点。后翅红色，近基部黑色。翅反面颜色鲜艳，前缘黄色。

寄主：凤仙花、柳兰、千屈菜、葡萄、蓬子菜。

分布：天津（八仙山等）、福建、贵州、河北、湖北、湖南、吉林、江苏、江西、山东、四川、台湾、浙江；朝鲜，日本。

（678）绒星天蛾 *Dolbina tancrei* Staudinger, 1887

翅长 30.0–35.0 mm。体、翅黄灰色，混杂白色鳞毛，肩板具 2 条中部向内的弧形黑线。前翅中室端部具 1 个白色斑点，斑外具黑色晕环，内、外横线各由 3 条锯齿状褐色横纹组成，翅基也具褐色带。后翅棕褐色。腹部背中线黑色，两侧有褐色短斜纹，腹部背线具 1 列较大的黑点组成。

寄主：乌桕、女贞。

分布：天津（八仙山等）、河北、河南、黑龙江、湖北、山东、山西、陕西、四川；朝鲜，俄罗斯，日本，印度。

674. 豆天蛾 *Clanis bilineata tsingtauica* Mell; 675. 南方豆天蛾 *C. bilineata* Walker;
676. 洋槐天蛾 *C. deucalion* (Walker); 677. 红天蛾 *Deilephila elpenor lewisi* (Butler)

（679）深色白眉天蛾 *Hyles gallii* (Rottemburg, 1775)

别名：茜草天蛾、猪秧赛天蛾。

翅长 35.0–43.0 mm。体、翅墨绿色，头及肩板两侧具白色绒毛。前翅前缘墨绿色，翅基具白色鳞毛，自顶角至后缘接近基部具污黄色斜带，亚外缘线至外缘呈灰褐色带；后翅基部黑色，中部具污黄色横带；前、后翅反面灰褐色。胸部背面褐绿色，腹部背面两侧具黑白色斑，腹部腹面墨绿色，节间白色。

寄主：猫眼草、茜草、大戟、柳、甘遂。

分布：天津（八仙山）、北京、河北、黑龙江、内蒙古；朝鲜，日本，印度，大西洋。

（680）八字白眉天蛾 *Hyles livornica* (Esper, 1780)

别名：白眉天蛾、白条赛天蛾。

翅长 38.0–42.0 mm。体、翅褐绿色。前翅褐绿色，翅基及后缘白色，自顶角至后缘中部具黄白色较宽斜线，斜线下方具较宽的褐绿色带，中室端具 1 近三角形白斑；后翅基部黑色，前缘污黄色，中央具暗红色宽带；前翅及后翅反面灰黄色。腹部背面黄褐色，各节后缘毛黑色，背中及两侧具银白色点。

寄主：沙枣、拉拉藤属、柳穿鱼属、金鱼草属、葡萄属、酸模属、锦葵科。

分布：天津（八仙山等）、河北、黑龙江、湖南、江西、宁夏、山西、台湾、浙江；日本，印度，非洲，欧洲，美洲。

（681）白须天蛾 *Kentrochrysalis sieversi* Alphéraky, 1897

翅展 92.0–102.0 mm。头灰白色。触角腹面棕色，背面灰白色，近端部具 1 段黑斑；背板灰色，后缘具黑、白色斑各 1 对。前翅灰褐，内、中、外线棕黑色，锯齿形，唯中线较宽，中室端具白色斑；后翅灰褐色，中央有不甚明显的浅色横带，后角部位灰白色。腹面背线棕黑色，两侧具较宽的黑色纵带。

寄主：木樨科植物。

分布：天津（八仙山）、北京、河北、黑龙江；朝鲜。

（682）黄脉天蛾 *Lanthoe amurensis* (Staudinger, 1892)

翅长 40.0–45.0 mm。体、翅灰褐色。翅上斑纹不明显，内、中、外线棕褐色波状，外缘自顶角到中部具棕黑色斑，翅脉披黄褐色鳞毛，较明显；后翅颜色与前翅相同，横脉黄褐色明显。

678. 绒星天蛾 *Dolbina tancrei* Staudinger; 679. 深色白眉天蛾 *Hyles gallii* (Rottemburg); 680. 八字白眉天蛾 *H. livornica* (Esper); 681. 白须天蛾 *Kentrochrysalis sieversi* Alphéraky

寄主： 马氏杨、小叶杨、山杨、桦、椴树等。

分布： 天津（八仙山、孙各庄）、广西、黑龙江、湖北、湖南、吉林、辽宁、四川、新疆、云南；朝鲜，俄罗斯，日本。

（683）青背长喙天蛾 *Macroglossum bombylans* **Boisduval, 1875**

翅长约 25.0 mm。头部暗绿，下唇须白色。胸部背面及腹部第 3 节背面暗绿，第 1、2 节两侧橙黄，第 4、5 节上有黑斑，第 6 节后缘具白色横纹。前翅内线黑色较宽，外线由两条波形横线组成，顶角内侧具深色斑。后翅黑褐色，中部具橙黄色斑。前翅反面暗褐，各横线呈深色波形纹。腹部腹面赭色，第 3、4 节间具白斑。

寄主： 茜草、野木瓜。

分布： 天津（八仙山）、安徽、北京、福建、广东、广西、河北、河南、湖北、湖南、陕西、四川、云南；日本，印度。

（684）小豆长喙天蛾 *Macroglossum stellatarum* **(Linnaeus, 1758)**

翅长 22.0–25.0 mm。体、翅暗灰褐色，下唇须及胸部腹面白色，腹部暗灰色，

682. 黄脉天蛾 *Lanthoe amurensis* (Staudinger)；683. 青背长喙天蛾 *Macroglossum bombylans*
Boisduval；684. 小豆长喙天蛾 *M. stellatarum* (Linnaeus)

两侧具白色及黑色斑，尾毛棕色扩散为刷状。前翅内线及中线弯曲棕黑色，外线不明显，中室上具 1 个黑色小点；后翅橙黄色，基部及外缘具暗褐色带，翅的反面大半暗褐色，后小半橙色。

寄主：茜草科、小豆、蓬子菜、鸡眼藤、九节木、土三七等植物。

分布：天津（八仙山等）、北京、甘肃、广东、河北、河南、辽宁、内蒙古、山东、山西、陕西、四川；朝鲜，日本，印度，越南，尼日利亚，欧洲。

（685）椴六点天蛾 *Marumba dyras* (Walker, 1856)

体长 40.0–50.0 mm，翅展 90.0–100.0 mm。体、翅灰黄褐色，胸部、腹部背线呈深棕色细线。前翅各横线深棕色，外缘齿状棕黑色；后角内侧具棕黑色斑，中室端具 1 个小白点，白点上方具深褐色月牙纹。后翅茶褐色，后角向内具 2 个棕黑色斑。腹部各节间具棕色环。

寄主：椴树、栎。

分布：天津（八仙山）、广东、广西、海南、河北、湖南、江苏、辽宁、山西、云南、浙江；印度，斯里兰卡。

（686）梨六点天蛾 *Marumba complacens* (Walker, 1864)

翅长 45.0–50.0 mm。体、翅棕黄色。触角棕黄色。胸部及腹部背线黑色，腹面暗红色。前翅棕黄色，各横线深棕色，弯曲度大，顶角下方具棕黑色区域，后角具黑斑，中室端具黑点，自亚前缘至后缘呈棕黑色纵带。后翅紫红色，后角具 2 个黑斑。前、后翅反面暗红至杏色；前翅前缘灰粉色，各横线明显。

寄主：梨、桃、苹果、李、枣、葡萄、杏、樱桃、枇杷。

分布：天津（八仙山）、广东、广西、海南、河北、湖北、湖南、山东、山西、四川、浙江；日本。

（687）枣桃六点天蛾 *Marumba gaschkewitschii* (Bremer *et* Grey, 1853)

翅长 40.0–55.5 mm。体、翅黄褐色至灰紫褐色。前胸背板棕黄色，胸部及腹部背线棕色，腹部各节间具棕色横环。前翅具 4 条深褐色波状横带，近外缘部分黑褐色，后缘近后角处具 1 个黑斑。后翅枯黄至粉红色，外缘略呈褐色，近臀角处具 2 个黑斑。前翅反面自基部至中室呈粉红色，后翅反面呈灰褐色。

寄主：桃、枣、苹果、樱桃、梨、杏、枇杷、海棠。

分布：天津（八仙山等）、河北、河南、湖北、江苏、山东、山西、陕西。

（688）黄边六点天蛾 *Marumba maackii* (Bremer, 1861)

翅长约 40.0 mm。体、翅灰黄色。前翅各横线黄褐色，不甚显著，顶角与外缘间具棕褐色月牙斑，后角具 1 块棕黑色斑。后翅灰黄色，中间具 1 暗带，后角具 2 个棕黑色近圆形斑，外呈较宽的黄色边带。前、后翅反面灰黄色，各横线明显棕色，外线外侧呈灰白色横线；前翅顶角及后角基部黄色，后翅后角黄色。

寄主：栎。

分布：天津（蓟州）、河南、黑龙江、吉林；俄罗斯。

（689）菩提六点天蛾 *Marumba jankowskii* (Oberthür, 1880)

翅展 79.0–90.0 mm。体、翅灰黄褐色，头、胸部的背线暗棕褐色，腹部各节间具黄色环。前翅具较宽的 3 条黄褐色横带，亚端线下部向后缘迂回弯曲，后角近后缘处具 1 个暗褐色斑，稍下方又具 1 个暗褐色圆斑，中室上具 1 条纹。后翅淡褐色，后角附近具 2 个连在一起的暗褐色斑。

寄主：菩提、枣、椴树等。

分布：天津（八仙山、梨木台、孙各庄）、河南、黑龙江、吉林、辽宁；朝鲜，日本。

（690）栗六点天蛾 *Marumba sperchius* (Ménétriès, 1857)

翅长 50.0–60.0 mm。体、翅淡褐色，从头顶到尾端具 1 条暗褐色背线。前翅各线呈不甚明显的暗褐色条纹，共 6 条，后角具褐色斑 2 块，沿外缘绿色较浓。后翅暗褐色，后角处具 1 个白斑，其中包括 2 个暗褐色圆斑。

寄主：板栗、栎、核桃、果树、粮食、油料、糖料、蔬菜等。

分布：天津（八仙山等）、北京、福建、广西、海南、河北、黑龙江、湖南、吉林、辽宁、台湾、云南、浙江；朝鲜，日本，印度。

（691）盾天蛾 *Phyllosphingia dissimilis* (Bremer, 1861)

翅长 45.0–50.0 mm。体、翅棕褐色，下唇须红褐色。前翅基部色稍暗，内线及外线色稍深，前缘中央具 1 块较大紫色盾形斑，盾斑周围色显著加深，外缘色较深呈显著的波浪形；后翅具 3 条深色波浪状横带，后翅反面无白色中线，或只隐约可见。该种最大特征是停栖时下翅局部外露在上翅前方。

寄主：核桃、山核桃、柳。

分布：天津（八仙山等）、北京、广东、河北、黑龙江、海南、湖南、山东、陕西、浙江、台湾；日本，印度。

（692）霜天蛾 *Psilogramma menephron* (Cramer, 1780)

翅长 45.0–65.0 mm。体、翅灰褐色。胸部背板两侧及后缘具黑色纵线及 1 对黑斑。从前胸至腹部背线棕黑色，腹部背线两侧具棕色纵带。前翅中线呈双行波状棕黑色，中室下方具 2 条黑色纵带，下面 1 条较短，翅顶具 1 条黑色曲线。后翅棕色，后角具灰白色斑。前、后翅外缘由黑白相间的小方块斑连成。

685. 椴六点天蛾 *Marumba dyras* (Walker); 686. 梨六点天蛾 *M. complacens* (Walker); 687. 枣桃六点天蛾 *M. gaschkewitschii* (Bremer et Grey); 688. 黄边六点天蛾 *M. maackii* (Bremer); 689. 菩提六点天蛾 *M. jankowskii* (Oberthür); 690. 栗六点天蛾 *M. sperchius* (Ménétriès)

寄主：丁香、女贞、梧桐、泡桐、牡荆、楸、水蜡、白蜡、金叶女贞等。

分布：天津（八仙山等）、全国广布；朝鲜，日本，缅甸，印度，斯里兰卡，菲律宾，印度尼西亚，大洋洲。

（693）白肩天蛾 *Rhagastis mongoliana* (Butler, [1876])

翅长 23.0–30.0 mm。体、翅褐色，头部及肩板两侧白色，触角棕黄色，胸部后缘两侧具橙黄色毛丛；下唇须第 1 节具 1 坑为鳞片盖满。前翅中部具不甚明显的茶褐色横带，近外缘呈灰褐色，后缘近基部白色。后翅茶褐色，近后角具黄褐色斑。

寄主： 葡萄、乌蔹莓、凤仙花、伏牛花、小檗、绣球花。

分布： 天津（八仙山等）、福建、广东、广西、贵州、海南、河北、河南、黑龙江、湖南、吉林、江苏、辽宁、内蒙古、山西、台湾、浙江；朝鲜，日本，俄罗斯。

（694）蓝目天蛾 *Smerithus planus* Walker, 1856

别名： 柳天蛾、蓝目灰天蛾。

翅长 40.0–50.0 mm。体、翅灰黄至淡褐色。胸部背面中央褐色。前翅基部灰黄色，中外线间呈前后 2 块深褐色斑，中室端具 1 条"丁"字形浅纹，外横线呈 2 条深褐色波状纹，外缘自顶角以下色较深。后翅淡黄褐色，中央具 1 个深蓝色大眼斑，周围黑色，蓝目斑上方为粉红色，后翅反面眼状斑不明显。

寄主： 杨、柳、桃、樱桃、苹果、沙果、海棠、梅花、樱花等。

分布： 天津（八仙山等）、安徽、福建、甘肃、河北、河南、黑龙江、湖北、吉林、江苏、江西、辽宁、内蒙古、宁夏、山东、山西、陕西、云南、浙江；朝鲜，日本，俄罗斯。

（695）雀纹天蛾 *Theretra japonica* (Boisduval, 1869)

别名： 爬山虎天蛾。

翅长 34.0–38.0 mm。体绿褐色。头部及胸部两侧具白色鳞毛，背线中央具白色绒毛，两侧具橙黄色纵条。腹部背线棕褐色，两侧具数条不甚明显的暗褐色条纹，各节间具褐色横纹。前翅黄褐色，后缘中部白色，顶角达后缘方向具 6 条暗褐色斜条纹，上面 1 条最明显，中室端具 1 个小黑点。

寄主： 葡萄科、常春藤、虎耳草、绣球花。

分布： 天津（八仙山等）、福建、广东、广西、贵州、海南、河北、黑龙江、湖南、吉林、辽宁、山西、陕西、四川、台湾、云南、浙江；日本，印度，朝鲜，俄罗斯。

（696）芋双线天蛾 *Theretra oldenlandiae* (Fabricius, 1775)

别名： 凤仙花天蛾、芋叶灰褐天蛾。

翅长 33.0–38.0 mm。体褐绿色，头及胸部两侧具灰白色缘毛；胸部背线灰褐色，两侧具黄色纵条。前翅灰褐绿色，翅顶角至后缘基部附近具 1 条较宽的浅黄褐色斜带，斜带内具数条黑、白色条纹，中室端具 1 个黑点。后翅黑褐色，具 1 条灰黄横带，缘毛白色。前、后翅反面黄褐色，具 3 条暗褐色横线。

691. 盾天蛾 *Phyllosphingia dissimilis* (Bremer); 692. 霜天蛾 *Psilogramma menephron* (Cramer); 693. 白肩天蛾 *Rhagastis mongoliana* (Butler); 694. 蓝目天蛾 *Smerithus planus* Walker; 695. 雀纹天蛾 *Theretra japonica* (Boisduval); 696. 芋双线天蛾 *T. oldenlandiae* (Fabricius)

寄主：芋、甘薯、黄麻、凤仙花、水龙属、耳草属、山核桃属、葡萄属。

分布：天津（八仙山等）、安徽、北京、福建、广东、广西、海南、河北、河南、湖南、江西、山东、四川；朝鲜，日本，越南，缅甸，印度，斯里兰卡，马来西亚，澳大利亚，巴布亚新几内亚。

大蚕蛾科 Saturniidae

（697）长尾大蚕蛾 *Actias dubernardi* (Oberthür, 1897)

体长 25.0–30.0 mm，翅展 90.0–110.0 mm。体白色，触角黄褐色，前胸前缘紫红色，肩板后缘淡黄色。前翅粉绿色，外缘黄色；中室具 1 个眼纹，中央粉红色，内侧有较宽的波形黑纹，间杂白色鳞毛；外线黄褐不明显。后翅后角的尾突延长成飘带状，长达 85.0 mm；尾突橙红色，近端部黄绿色。

寄主：栎、樟、柳、杨、桦、苹果、梨、板栗、核桃、胡萝卜。

分布：天津（八仙山）、福建、广西、贵州、湖北、湖南、云南。

（698）绿尾大蚕蛾 *Actias selene ningpoana* C. *et* R. Felder, 1913

别名：绿尾天蚕蛾、柳蚕、月神蛾、燕尾蚕、长尾水青蛾、水青蛾、绿翅天蚕蛾。

体长 35.0–45.0 mm，翅展 110.0–130.0 mm。头灰褐色，头部两侧及肩板基部前缘有暗紫色横切带。翅浅绿色，基部具较长的白色茸毛。前翅中室端具 1 个眼形斑，斑中央在横脉处呈 1 条透明横带。后翅中室端具与前翅相同但略小的眼形斑；臀角长尾状。

寄主：柳、枫杨、板栗、乌桕、木槿、樱桃、苹果、核桃、樟、喜树、石榴、鸭脚木、山茱萸等。

分布：天津（八仙山等）、福建、广东、广西、海南、河北、河南、湖北、湖南、吉林、江苏、江西、辽宁、四川、台湾、西藏、云南、浙江；日本。

697. 长尾大蚕蛾 *Actias dubernardi* (Oberthür)；698. 绿尾大蚕蛾 *A. selene ningpoana* C. *et* R. Felder

（699）樗蚕 *Samia cynthia* (Drury, 1773)

别名：椿蚕、臭椿蚕、小乌桕蚕。

体长 25.0–30.0 mm，翅展 110.0–130.0 mm。头部四周、颈板前端、前胸后缘、

腹部背面、侧线及末端都为白色。前翅褐色，顶角圆而突出，粉紫色，具黑色眼状斑；前、后翅中央各具 1 个较大的新月形斑，上缘深褐色，中间半透明，下缘土黄色，外侧具 1 条纵贯全翅的宽带。腹部背面各节具 6 对白色斑纹。

寄主：椿、乌桕、冬青、含笑、喜树、黄檗、黄连木、盐肤木、悬铃木。

分布：天津（八仙山等）、安徽、北京、福建、甘肃、广东、广西、贵州、海南、河北、湖北、湖南、江苏、江西、辽宁、山东、陕西、上海、四川、台湾、云南、浙江；朝鲜，日本，美国，法国，奥地利，意大利。

（700）柞蚕 *Antheraea pernyi* (Guérin-Mèneville, 1855)

别名：野蚕、山蚕、春蚕、栎蚕、槲蚕。

体长 3.0–5.0 mm，翅展 110.0–160.0 mm。体灰褐或橙黄色，全身被鳞毛。前、后翅各具 1 对膜质眼状斑纹，斑纹四周绕有黑、红、蓝、白等色条。

寄主：栎、核桃、树、山楂、柏、青冈、枫杨、蒿柳。

分布：天津（八仙山）、贵州、河北、河南、黑龙江、湖北、湖南、吉林、江苏、辽宁、山东、四川、浙江；朝鲜，韩国，俄罗斯，乌克兰，印度，日本。

699. 樗蚕 *Samia cynthia* (Drury); 700. 柞蚕 *Antheraea pernyi* (Guérin-Mèneville)

蚕蛾科 Bombycidae

（701）黄波花蚕蛾 *Oberthueria caeca* (Oberthür, 1880)

体长 15.0–22.0 mm，翅展 40.0–55.0 mm。头部棕色，下唇须向前上方伸出。前翅霉黄，顶角外伸长，端部钝圆向下方稍弯曲，呈钩状；内线及中线灰褐色波浪形，外线为褐色及白色并行的双细线；顶角内侧具长条形浅色斑。后翅外线为褐黄色双线，外线下部外侧具 3 个棕褐色盾形斑。

寄主：栓皮栎、桑科、鸡爪枫、七角枫、五角枫。

分布：天津（八仙山）、福建、黑龙江、吉林、辽宁、四川、云南；日本。

（702）野蚕蛾 *Theophila mandarina* Moore, 1872

别名：桑蚕。

体长 13.0–21.0 mm，翅展 30.0–43.0 mm。体、翅由灰褐色至暗褐色。前翅顶角外伸，顶角钝，下方至 M$_3$ 脉间具内陷的月牙形槽；内线、外线色稍浓棕褐色，各由 2 条细线组成；中室端外具肾形纹。后翅色略深，内线及中线褐色较细，中间呈深色横带，后缘中央具 1 个半月形棕黑色斑。

寄主：桑、扶桑、构树。

分布：天津（八仙山等）、北京、河北、河南、湖北、湖南、江苏、江西、辽宁、内蒙古、山东、山西、陕西、四川、台湾、浙江；朝鲜，日本。

箩纹蛾科 Brahmaeidae

（703）黑褐箩纹蛾 *Brahmaea christophi* Staudinger, 1879

翅展 111.0–111.2 mm。体棕黑。前翅中带由 10 个长卵形横纹组成，中带内侧

701

702

703

701. 黄波花蚕蛾 *Oberthueria caeca* (Oberthür); 702. 野蚕蛾 *Theophila mandarina* Moore;
703. 黑褐箩纹蛾 *Brahmaea christophi* Staudinger

为 7 条波浪纹，中带外侧为 6 条褐色笋纹；翅顶淡褐色具 4 条灰白间断的线点。后翅中线白色，在后缘略向外弯或很直，后翅基部（尤其反面）深黑色。

寄主：桦属。

分布：天津（八仙山等）、北京、河北；俄罗斯。

膜翅目 HYMENOPTERA

　　膜翅目包括各种蜂和蚂蚁，是昆虫纲的第三大目。其大多数种类是对人类有益的传粉昆虫和寄生性或捕食性天敌昆虫，少数为植食性的农林作物害虫。

　　膜翅目昆虫中的一些种类，如胡蜂、蚁、蜜蜂等高等膜翅目昆虫具有不同程度的社会生活习性，有的已形成行为、生理及形态上的分级现象。

　　翅膜质、透明，两对翅质地相似，后翅前缘有翅钩列与前翅连锁，翅脉较特化；口器一般为咀嚼式，但在高等类群中下唇和下颚形成舌状构造，为嚼吸式；雌性产卵器发达，锯状、刺状或针状，在高等类群中特化为螫针。

　　膜翅目广布于世界各地，以热带和亚热带地区种类最多。全世界已知约 12 万种，中国已知 2300 余种。

蜜蜂科

土蜂科

土蜂科 Scoliidae

（704）白毛长腹土蜂 *Campsomeris annulata* (Fabricius, 1793)

体长 12.0–20.0 mm。体黑色，生有白色短柔毛。唇基的每一边、前胸背板中央、小盾片、前足和中足腿节外侧端部、前足和中足胫节外缘黄色。翅透明，近翅端色深，似烟色。雄性各腹节具稀疏的浅而粗的刻点，第 5 腹节及其后体节生有黑色毛；第 1–5 节的后缘具浅黄色带，第 2 腹节上的黄带两侧宽，第 5 腹节上黄带细；雌性腹部第 1–4 背板后缘和第 2–4 腹板后缘具白色毛带；腹部第 1–4 节光滑，几乎无刻点，第 5–6 节密而粗的刻点。

寄主：大黑鳃金龟、异丽金龟等。

分布：天津（水上公园、黑水河等）、安徽、福建、广东、江苏、江西、山东、云南、浙江。

（705）四点土蜂 *Scolia quadripustulata* Fabricius, 1781

雌蜂：体长 15.0–20.0 mm。体黑色，具强光泽。腹部具蓝色光泽；第 3、4 背板两侧各具 1 个红色斑，前方 1 对明显大；第 2 或第 5 背板有时具 2 个小斑点。体被黑色毛，头部毛白色，腹部红斑上级腹板上的毛白色。翅黑褐色，不透明。头部仅后头区及前额区两侧散生大刻点，密生灰黄色毛。胸部密生黑毛。腹部各节具不同程度的刻点。足明显粗短，有黑毛。

雄蜂：与雌蜂相似。整个体型较瘦弱。翅暗褐色，均具强光泽。第 3–4 背板两侧各有 1 个红色斑点。头、胸、腹均密生刻点。头、胸部及足有灰白色软毛。

寄主：白纹铜花金龟。

分布：天津（八仙山）、安徽、北京、福建、吉林、江苏、山东、上海、四川、浙江；日本，印度，缅甸，俄罗斯。

（706）大斑土蜂 *Scolia clypeata* Sickman, 1894

雌蜂：体长 18.0–25.0 mm。体黑色。唇基中间、前额区、眼凹、头顶、前胸背板间板、中胸盾片、接近盾纵沟的 2 条线、小盾片中间、中胸侧板上部的点、前足胫节外面的中央部分、腹部第 2 背板的 4 个点、第 3 背板中间带均为黄色。头、胸、足有红黄色及黄白色毛。腹部背板有黑毛。翅上具黄褐色毛。前胸背板、中胸盾片有刻点。并胸腹节水平中区具刻点。腹部第 1 背板具 1 瘤状突起的痕迹。

雄蜂：体长 14.0–18.0 mm。体黑色。唇基（除前缘）、触角窝、前额区、额、眼凹、头顶、前胸背板肩板、中胸盾片上接近肩板每一边的点、小盾片中间、中胸侧板上部的点、腹部背面第 1–3 节每节上的 2 个小点均黄色。前胸背板刻点细而密，唇基刻点粗，并胸腹节水平区前面平滑。

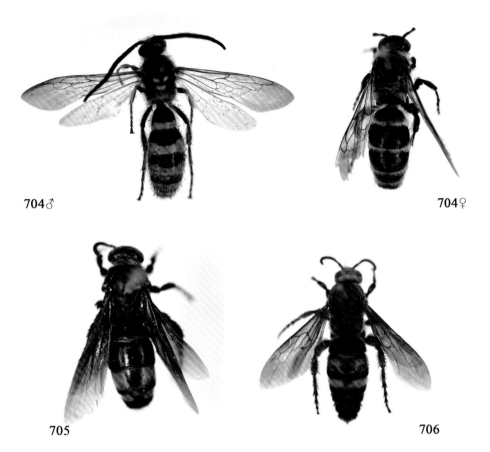

704♂   704♀

705   706

704. 白毛长腹土蜂 *Campsomeris annulata* (Fabricius); 705. 四点土蜂 *Scolia quadripustulata*
Fabricius; 706. 大斑土蜂 *S. clypeata* Sickman

寄生：产卵于各种蛴螬体表。

分布：天津（八仙山）、安徽、北京、河北、江苏、内蒙古、山东、山西、
四川。

胡蜂科 Vespidae

（707）黑盾胡蜂 *Vespa bicolor* Fabricius, 1787

雌蜂：体长 20.0–24.0 mm。体黄色，全身覆棕色较长毛。额部和颅顶黑色，
但两复眼内缘及下侧鲜黄色。唇基鲜黄色，端部为 2 钝圆形齿状突起。前胸背板
两肩角可见；中胸背板黑色，中央纵隆线明显。小盾片黄色，中央具 1 深色纵沟。
并胸腹节黄色，与后小盾片相邻处黑色，中央纵沟黑色，形成 1 "Y" 状黑纹。翅
基片黄色。翅棕色，前翅前缘色略深。足黄色，各跗节略呈棕色。腹部第 1 节背

板全呈黄色，仅基部细柄处黑色，垂直截面处中央及背面中部横向各有 1 条棕色线；第 2 背板黄色，基部具 1 条黑色窄线，中部两侧各具 1 个呈棕色的小斑；第 3–5 节背板黄色，中部两侧各具 1 个棕色小斑。

雄蜂：近似雌蜂，体长 18.0–21.0 mm。唇基端部无明显突起的 2 个齿。腹部 7 节。

分布：天津（八仙山）、新疆（北疆）、福建、广东、广西、海南、河北、陕西、四川、香港、西藏、云南、浙江；印度，越南，法国。

（708）德国黄胡蜂 *Vespula germanica* (Fabricius, 1793)

雌蜂：体长 17.0 mm 左右。头与胸宽略相等，两触角窝略隆起，具 1 个梯形黄斑。两复眼间凹陷处黄色，额及颅顶黑色，颊黄色。触角黑色。唇基端部具 2 个齿状突起，黄色，中央具 3 个黑斑。前胸背板前缘隆起，两侧具三角形黄斑，其余黑色。中胸背板黑色。小盾片横带状，黑色。并胸腹节黑色。中胸侧板黑色，上部具 1 个黄斑。后胸侧板黑色。翅基黄色。前、中足基节、转节及腿节基部大部黑色，腿节端部约 1/3 及胫、跗节第 1 节均黄色。后足基节黑色，外侧具 1 个黄斑，转节及腿节基部约 2/3 黑色。腹部第 1 节背板中央具 1 个菱形黑斑，两侧各具 1 个小黑点；第 2–6 节基部黑色，端部为 1 条黄色的中央凹陷宽带；除第 6 节外，背板两侧各具 1 个点状黑斑；第 2–5 腹板黑色；第 6 腹板黄色。

雄蜂：体长约 16.0 mm。触角柄节下侧黄色。腹部 7 节。

分布：天津（八仙山）、甘肃、河北、河南、黑龙江、江苏、内蒙古、新疆；欧洲。

707　　　　　　**708**

707. 黑盾胡蜂 *Vespa bicolor* Fabricius; 708. 德国黄胡蜂 *Vespula germanica* (Fabricius)

泥蜂科 Sphecidae

（709）皇冠大头泥蜂 *Philanthus coronatus* (Thunberg, 1784)

雌蜂：体长 13.0–18.0 mm。体黑色，被稀而短的黄毛，体具各种黄斑。触角第 1–3 节背面黄色，额中央的冠状斑较小。头顶毛褐色。头部前方、额中央冠状斑、前胸背板端缘两侧、翅基片、腹部第 1 节背板两侧的小斑、第 2 节背板两侧的大斑、第 3–5 节端缘、第 6 节背板基部均为黄色。上颚黄褐色，端部黑色。唇基端缘中央宽截状；复眼内缘 2/5 具深凹。中胸盾片及小盾片光滑。并胸腹节背区光滑，中央有 1 条具横皱的纵沟，两侧密被刻点。腹部光滑，刻点极稀少；臀板三角形，端缘中央凹。翅浅黄色透明，翅脉和翅痣黄褐色。后翅中脉与小脉正交。

雄蜂：体长 11.0–16.0 mm。与雌性的区别在于触角第 1–5 节背面黄色；额中央的斑大；唇基两侧具毛刷；复眼内缘具深凹；中胸盾片、小盾片及腹部第 1 节背板刻点较密。

分布：天津（八仙山）、北京、甘肃、河北、黑龙江、内蒙古、青海、山东、新疆；蒙古至欧洲，中东。

（710）黄柄壁泥蜂 *Sceliphron madraspatanum* (Fabricius, 1781)

别名：舍腰蜂、金腰蜂、泥水匠蜂。

雌蜂：体长 15.0–18.0 mm。体黑色具黄斑。触角第 1 节背面的 1 个斑、前胸背板、后小盾片、前中足腿节端部、胫节全部、后足转节、腿节基部和胫节端部、第 1 跗节中部及腹柄大部分黄色。上颚长，具 1 内齿；唇基长，端缘具 1 对宽的中突和 1 对小侧突；复眼内缘弯曲。前胸背板和中胸盾片具密的细横皱纹，侧板具小刻点；小盾片具纵皱。并胸腹节背区、侧区及端区具细密的横皱，背区具 "U" 形脊。腹柄直，腹部背板具极细的纵纹。

雄蜂：体长 11.0–18.0 mm。与雌性的区别在于额和唇基被银白色毡毛，胸部背板被褐色较长而稀的毛；唇基端缘具宽的齿突，中央具三角形凹陷；腹柄较长。

分布：天津（八仙山）、重庆、福建、广东、贵州、四川、云南、浙江；日本，朝鲜，俄罗斯，缅甸，印度，斯里兰卡至印度尼西亚。

叶蜂科 Tenthredinidae

（711）黑唇平背叶蜂 *Allantus nigrocaeruleus* (Smith, 1874)

雌蜂：体长 15.0–18.0 mm。体黑色，体毛银色；中后足基节外侧，后足转节，后足胫节基部，翅基片前缘，第 1、2、4、5 节背板侧缘，第 9、10 节背板中央白色。翅浅烟褐色，端部稍浓；痣黑褐色，基部白色。体光滑，小盾片两侧具稀疏

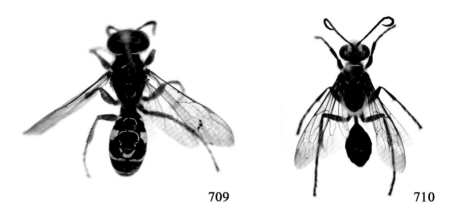

709   **710**

709. 皇冠大头泥蜂 *Philanthus coronatus* (Thunberg); 710. 黄柄壁泥蜂 *Sceliphron madraspatanum* (Fabricius)

刻点，体其余部分无刻点和刻纹。唇基中部具发达的中位横脊。触角粗短，端部数节稍呈锯齿状。后翅无封闭中室。锯鞘微伸出腹端，端部圆尖，锯腹片 20 刃，刃末端双齿状。

    雄蜂：与雌蜂近似。体长 17.0–18.0 mm。阳茎瓣与抱器均窄长。

    分布：天津（八仙山）、安徽、北京、福建、河北、黑龙江、湖北、吉林、江苏、江西、辽宁、内蒙古、山东、上海、浙江；东南亚广布。

（712）台湾真片叶蜂 *Eutomostethus formosanus* (Enslin, 1911)

    雌蜂：体长 5.0–5.5 mm。体黑色，前胸背板和中胸背板除附片、腹板中部和后小侧片黑褐色外均为红褐色；各足胫节基部 1/2 至 3/4 白色。触角短于头胸部之和。颜面和额区无刻纹，头部和中胸小盾片无粗大刻点。胸腹侧片狭肩状，腹侧片缝深沟状。中胸背板前叶具不明显的中脊。翅深烟灰色，后翅具闭中室。前足胫节内距具钝膜叶。

    雄蜂：与雌蜂近似。体长 4.0–4.5 mm。体全部黑色，各足胫节黑褐色。

    分布：天津（八仙山）、安徽、北京、福建、广东、广西、贵州、海南、河北、河南、湖北、湖南、江苏、江西、四川、云南、浙江。

切叶蜂科 Megachilidae

（713）长板尖腹蜂 *Coelioxys fenestrata* Smith, 1873

    雌蜂：体长 15.0–17.0 mm。体黑色，复眼黑色。颅顶端缘具深且宽的凹。颊边缘具脊。额脊明显。小盾片宽三角形，端缘中央小三角形突。头及胸部具粗皱状刻点。中胸及小盾片中央具纵脊。腹部第 1–3 节背板刻点大且均匀，但第 1 节

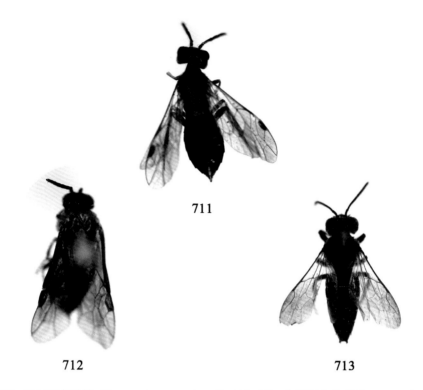

711. 黑唇平背叶蜂 *Allantus nigrocaeruleus* (Smith); 712. 台湾真片叶蜂 *Eutomostethus formosanus* (Enslin); 713. 长板尖腹蜂 *Coelioxys fenestrata* Smith

背板较稀；第 2–3 节背板仅两侧具浅的横沟；第 6 节背板顶端具 3 小齿，表面具 3 条纵脊，侧面观可见表面具小突。翅褐色，具蓝紫色光泽，基半部透明。唇基端部及胫节、跗节内表面被黄褐色毛；颜面密被黄毛或白毛；颅顶边缘、颊边缘、前胸肩、中胸前侧缘、并胸腹节两侧均被浅黄色稀的毛；腹部第 1–5 节背板端缘具细白毛带，第 2–5 节腹板端缘具白毛带。

雄蜂：体长约 14.0 mm。与雌性主要区别为：腹部末节具 6 齿；触角长达中胸端缘，第 4 腹板端缘中央具三角形凹，边缘密被白色毛，第 5 腹板端部中央稍凹，密被浅黄色至黄褐色毛。

分布：天津（八仙山）、安徽、北京、福建、广西、黑龙江、湖南、江苏、江西、内蒙古、山东、陕西、上海、四川、台湾、浙江；日本，朝鲜。

姬蜂科 Ichneumonidae

（714）广黑点瘤姬蜂 *Xanthopimpla punctata* (Fabricius, 1781)

成虫体长 10.0–14.0 mm。体黄色，触角赤褐色。翅透明，小翅室近菱形。翅基片上各具 1 个小黑点，并胸腹节中区近梯形，表面光滑。中胸盾片上具 3 个大斑。腹部第 1 节无侧纵脊；第 2 节背板光滑，刻点稀少；第 2–6 节近后缘处有显著横沟，并胸腹节及腹部第 1、3、5、7 节背板上各具 1 对黑色斑点。产卵器赤黑色。

寄主：小造桥夜蛾、玉米螟、二化螟、杨扇舟蛾、稻显纹纵卷叶螟、稻纵卷叶螟、马尾松毛虫、桑螟、鼎点金刚钻、棉卷叶野螟、棉铃虫、四斑绢野螟等多种鳞翅目昆虫。

分布：天津（八仙山）、安徽、北京、福建、广东、广西、贵州、海南、河北、河南、湖北、湖南、江苏、江西、山东、陕西、四川、台湾、西藏、香港、云南、浙江；东洋区。

蜜蜂科 Apidae

（715）西方蜜蜂 *Apis mellifera* Linnaeus, 1758

别名：简称意蜂。

工蜂体长 12.0–14.0 mm。上唇及唇基无明显黄斑；腹部基部几节常具大黄斑；后翅中脉不分叉。是我国养蜂产业中的主要蜂种。与中华蜜蜂的主要区别在于：唇基黑色，不具黄或黄褐色斑；体较大，为 12.0–14.0 mm；体色变化大，深灰褐色至黄或黄褐色；后翅中脉不分叉。

分布：天津（八仙山）、全国广布；欧洲。

木蜂科 Xylocopidae

（716）黄胸木蜂 *Xylocopa appendiculata* Smith, 1852

雌蜂：体长 24.0–25.0 mm。体黑色。颜面被深褐色毛，头顶后缘、胸部密被黄色长毛，腹部第 1 节背板前缘被稀的黄毛，腹部末端后缘被黑毛。触角第 1 鞭节短于第 2–4 节之和；唇基前缘及中央光滑；唇基及颜面刻点密且大，颅顶及颊刻点稀少；中胸背板中央光滑，四周刻点大而密；小盾片后缘及腹部第 1 节背板前缘垂直向下。腹部各节背板刻点不均匀。翅褐色，端部较深，稍闪紫光。

雄蜂：与雌蜂接近。体长 24.0–26.0 mm。主要区别为：后足第 1 跗节末端内侧具半圆形凹陷；唇基、额、上颚基部及触角前侧鲜黄色；腹部第 5–6 节背板被黑色长绒毛；各足第 1 跗节外缘被黄褐色长毛。

访花植物：苜蓿、荆条、木槿、蜀葵、珍珠梅、黄刺玫、千屈菜、小蓟、向日葵、紫藤。

分布：天津（八仙山）、安徽、北京、福建、甘肃、广东、广西、贵州、河北、河南、湖北、湖南、江苏、江西、辽宁、山东、山西、陕西、四川、西藏、浙江；朝鲜，俄罗斯远东地区。

714   715   716

714. 广黑点瘤姬蜂 *Xanthopimpla punctata* (Fabricius); 715. 西方蜜蜂 *Apis mellifera* Linnaeus;
716. 黄胸木蜂 *Xylocopa appendiculata* Smith

主要参考文献

彩万志, 庞雄飞, 花保祯, 等. 2001. 普通昆虫学. 北京: 中国农业大学出版社.

付新华. 2014. 中国萤火虫生态图鉴. 北京: 商务印书馆.

河南省林业厅. 1988. 河南森林昆虫志. 郑州: 河南科学技术出版社.

江世宏, 王书永. 1999. 中国经济叩甲图志. 北京: 中国农业出版社.

李后魂, 等. 2009. 八仙山蝴蝶. 北京: 科学出版社.

李后魂, 等. 2012. 秦岭小蛾类. 北京: 科学出版社.

李后魂, 任应党, 等. 2009. 河南昆虫志 鳞翅目 螟蛾总科. 北京: 科学出版社.

李后魂, 王淑霞, 等. 2009. 河北动物志 鳞翅目 小蛾类. 北京: 中国农业出版社.

李庆奎. 2009. 天津八仙山国家级自然保护区生物多样性考察. 天津: 天津科学技术出版社.

刘广瑞, 章有为, 王瑞. 1997. 中国北方常见金龟子彩色图鉴. 北京: 中国林业出版社.

刘国卿, 卜文俊. 2009. 河北动物志 半翅目: 异翅亚目. 北京: 中国农业出版社.

任国栋, 杨秀娟. 2006. 中国土壤拟步甲志 第一卷 土甲类. 北京: 高等教育出版社.

谭娟杰, 虞佩玉, 等. 1980. 中国经济昆虫志 第十八册 鞘翅目 叶甲总科(一). 北京: 科学出版社.

王洪建, 杨星科. 2006. 甘肃省叶甲科昆虫志. 兰州: 甘肃科学技术出版社.

吴鸿, 等. 2014. 天目山动物志 第 3 卷. 杭州: 浙江大学出版社.

萧采瑜, 等. 1977. 中国蝽类昆虫鉴定手册(半翅目异翅亚目)(第一册). 北京: 科学出版社.

萧采瑜, 等. 1981. 中国蝽类昆虫鉴定手册(半翅目异翅亚目)(第二册). 北京: 科学出版社.

萧刚柔. 1992. 中国森林昆虫. 北京: 中国林业出版社.

徐华鑫, 张启良, 张聪. 1994. 天津蓟州八仙山自然保护区的特点与功能. 自然资源, 2: 74–78.

许宁. 1990. 天津蓟州八仙桌子自然保护区综合调查. 天津: 天津科学技术出版社.

杨定, 张泽华, 张晓. 2013. 中国草原害虫图鉴. 北京: 中国农业出版社.

虞国跃. 2010. 中国瓢虫亚科图志. 北京: 化学工业出版社.

虞国跃. 2015. 北京蛾类图谱. 北京: 科学出版社.

章士美, 等. 1985. 中国经济昆虫志 第三十一册 半翅目 (一). 北京: 科学出版社.

章士美, 等. 1995. 中国经济昆虫志 第五十册 半翅目 (二). 北京: 科学出版社.

郑乐怡, 归鸿. 1999. 昆虫分类(上、下). 南京: 南京师范大学出版社.

中国科学院动物研究所. 1982–1983. 中国蛾类图鉴(I–IV). 北京: 科学出版社.

中国科学院中国动物志编辑委员会. 1991. 中国动物志 昆虫纲 第三卷 鳞翅目 圆钩蛾科 钩蛾科. 北京: 科学出版社.

中国科学院中国动物志编辑委员会. 1996. 中国动物志 昆虫纲 第五卷 鳞翅目 蚕蛾科 大蚕蛾科 网蛾科. 北京: 科学出版社.

中国科学院中国动物志编辑委员会. 1997. 中国动物志 昆虫纲 第十一卷 鳞翅目 天蛾科. 北京: 科学出版社.

中国科学院中国动物志编辑委员会. 1998. 中国动物志 昆虫纲 第十三卷 半翅目 异翅亚目 姬

蟏科. 北京: 科学出版社.

中国科学院中国动物志编辑委员会. 1999. 中国动物志 昆虫纲 第十六卷 鳞翅目 夜蛾科. 北京: 科学出版社.

中国科学院中国动物志编辑委员会. 1999. 中国动物志 昆虫纲 第十五卷 鳞翅目 尺蛾科 花尺蛾亚科. 北京: 科学出版社.

中国科学院中国动物志编辑委员会. 2001. 中国动物志 昆虫纲 第二十一卷 鞘翅目 天牛科 花天牛亚科. 北京: 科学出版社.

中国科学院中国动物志编辑委员会. 2002. 中国动物志 昆虫纲 第二十七卷 鳞翅目 卷蛾科. 北京: 科学出版社.

中国科学院中国动物志编辑委员会. 2003. 中国动物志 昆虫纲 第三十二卷 直翅目 蝗总科. 北京: 科学出版社.

中国科学院中国动物志编辑委员会. 2003. 中国动物志 昆虫纲 第三十一卷 鳞翅目 舟蛾科. 北京: 科学出版社.

中国科学院中国动物志编辑委员会. 2011. 中国动物志 昆虫纲 第三十卷 鳞翅目 毒蛾科. 北京: 科学出版社.

周尧, 路进生, 等. 1985. 中国经济昆虫志 第三十六册 同翅目 蜡蝉总科. 北京: 科学出版社.

Lawrence J F, Slipinski S A. 1995. Biology, phylogeny and classification of Coleoptera: Papers celebrating the 80th birthday of Roy A. Crowson. Museum i Instytut Zoologii PAN, Warszawa.

Nieukerken E J van *et al.* 2011. Order Lepidoptera Linnaeus, 1758. In: Zhang Z Q. Animal biodiversity: An outline of higher-level classification and survey of taxonomic richness. Zootaxa, 3148: 212–221.

Yao G, Yang D, Evenhuis N L. 2008. Species of *Hemipenthes* Loew, 1869 from Palaearctic China (Diptera: Bombyliidae). Zootaxa, 1870: 1–23.

附 录 一

八仙山森林昆虫名录

蜻蜓目 ODONATA

蜓科 Aeschnidae

(1) 碧伟蜓 *Anax parthenope julius* Brauer, 1865

(2) 黑纹伟蜓 *Anax nigrofasciatus* Oguma, 1915

蜻科 Libellulidae

(3) 红蜻 *Crocothemis servillia* (Drury, 1770)

(4) 异色多纹蜻 *Deielia phaon* (Selys, 1883)

(5) 白尾灰蜻 *Orthetrum albistylum speciosum* (Uhler, 1858)

(6) 线痣灰蜻 *Orthetrum lineostigma* (Selys, 1886)

(7) 吕宋灰蜻 *Orthetrum luzonicum* (Brauer, 1868)

(8) 黄蜻 *Pantala flavescens* (Fabricius, 1798)

(9) 竖眉赤蜻 *Sympetrum eroticum* (Selys, 1883)

(10) 秋赤蜻 *Sympetrum freauens* (Selys, 1883)

(11) 旭光赤蜻 *Sympetrum hypomelas* (Selys, 1884)

(12) 黄腿赤蜻 *Sympetrum imitans* Selys, 1886

(13) 小黄赤蜻 *Sympetrum kunckeli* (Selys, 1884)

(14) 条斑赤蜻 *Sympetrum striolatum* (Charpentier, 1840)

蟌科 Coenagrionidae

(15) 隼尾蟌 *Paracercion hieroglyphicum* (Brauer, 1865)

(16) 东亚异痣蟌 *Ischnura asiatica* (Brauer, 1865)

(17) 长叶异痣蟌 *Ischnura elegans* (Vander Linden, 1820)

扇蟌科 Platycnemididae

(18) 白扇蟌 *Platycnemis foliacea* Selys, 1886

蜚蠊目 BLATTODEA

姬蠊科 Blattellidae

(19) 德国小蠊 *Blattella germanica* Linnaeus, 1767

地鳖蠊科 Polyphagidae

(20) 中华真地鳖 *Eupolyphaga sinensis* (Walker, 1868)

螳螂目 MANTODEA

螳科 Mantidae

(21) 薄翅螳螂 *Mantis religiosa* (Linnaeus, 1758)

(22) 大刀螳螂 *Tenodera aridifolia* (Stoll, 1813)

(23) 中华大刀螳 *Tenodera sinensis* (Saussure, 1871)

(24) 棕污斑螳 *Statilia maculata* (Thunberg, 1784)

直翅目 ORTHOPTERA

蝼蛄科 Gryllotalpidae

(25) 东方蝼蛄 *Gryllotalpa orientalis* Burmeister, 1838

(26) 华北蝼蛄 *Gryllotalpa unispina* Saussure, 1874

草螽科 Conocephalidae

(27) 疑钩顶螽 *Ruspolia dubia* (Redtenbacher, 1891)

蛩螽科 Meconematidae

(28) 黑膝畸螽 *Teratura* (*Megaconema*) *geniculata* (Bey-Bienko, 1962)

螽斯科 Tettigoniidae

(29) 中华寰螽 *Atlanticus sinensis* Uvarov, 1923

(30) 优雅蝈螽 *Gampsocleis gratiosa* Brunner von Wattenwyl, 1862

蟋蟀科 Gryllidae

(31) 多伊棺头蟋 *Loxoblemmus doenitzi* Stein, 1881

(32) 黄脸油葫芦 *Teleogryllus emma* (Ohmachi *et* Matsumura, 1951)

(33) 北京油葫芦 *Teleogryllus mitratus* (Burmeister, 1838)

树蟋科 Oecanthidae

(34) 黄树蟋 *Oecanthus rufescens* Serrille, 1839

剑角蝗科 Acrididae

(35) 中华剑角蝗 *Acrida cinerea* (Thunberg, 1815)

(36) 二色夏蝗 *Gonista bicolor* (de Haan, 1842)

斑腿蝗科 Catantopidae

(37) 中华稻蝗 *Oxya chinensis* (Thunberg, 1815)

(38) 棉蝗 *Chondracris rosea* (De Geer, 1773)

(39) 日本黄脊蝗 *Patanga japonica* (Bolivar, 1898)

(40) 短角外斑腿蝗 *Xenocatantops brachycerus* (Willemse, 1932)

(41) 短星翅蝗 *Calliptamus abbreviatus* Ikonnikov, 1913

(42) 长翅素木蝗 *Shirakiacris shirakii* (Bolivar, 1914)

斑翅蝗科 Oedipodidae

(43) 东亚飞蝗 *Locusta migratoria manilensis* (Meyen, 1835)

(44) 云斑车蝗 *Gastrimargus marmoratus* (Thunberg, 1815)

(45) 大垫尖翅蝗 *Epacromius coerulipes* (Ivanov, 1887)

(46) 花胫绿纹蝗 *Aiolopus tamulus* (Fabricius, 1798)

(47) 亚洲小车蝗 *Oedaleus decorus asiaticus* (Bey-Bienko, 1941)

(48) 小赤翅蝗 *Celes skalozubovi* Adelung, 1906

(49) 疣蝗 *Trilophidia annulata* (Thunberg, 1815)

(50) 黄胫小车蝗 *Oedaleus infernalis infernalis* Saussure, 1884

网翅蝗科 Arcypteridae

(51) 隆额网翅蝗 *Arcyptera coreana* Shiraki, 1930

(52) 宽翅曲背蝗 *Pararcyptera microptera meridionalis* (Ikonnikov, 1911)

(53) 狭翅雏蝗 *Chorthippus dubius* (Zubovsky, 1898)

(54) 侧翅雏蝗 *Chorthippus latipennis* (Bolivar, 1898)

(55) 褐色雏蝗 *Chorthippus brunneus huabeiensis* Xia *et* Jin, 1982

(56) 黑翅雏蝗 *Chorthippus aethalinus* (Zubovsky, 1899)

(57) 素色异爪蝗 *Euchorthippus unicolor* (Ikonnikov, 1913)

癞蝗科 Pamphagidae

(58) 笨蝗 *Haplotropis brunneriana* Saussure, 1888

锥头蝗科 Pyrgomorphidae

(59) 长额负蝗 *Atractomorpha lata* (Motschulsky, 1866)

(60) 短额负蝗 *Atractomorpha sinensis* Bolivar, 1905

(61) 令箭负蝗 *Atractomorpha sagittaris* Bi *et* Xia, 1981

蚱科 Tetrigidae

(62) 日本蚱 *Tetrix japonica* (Bolivar, 1887)

蝼蛄科 Tridactylidae

(63) 日本蚤蝼 *Tridactylus japonicus* de Haan, 1842

半翅目 HEMIPTERA

黾蝽科 Gerridae

(64) 细角黾蝽 *Gerris gracilicornis* (Horváth, 1879)

蝎蝽科 Nepidae

(65) 日壮蝎蝽 *Laccotrephes japonensis* Scott, 1874

蜍蝽科 Notonectidae

(66) 黄边蜍蝽亚种 *Ochterus marginatus marginatus* (Latreille, 1804)

跳蝽科 Saldidae

(67) 毛顶跳蝽 *Saldula pilosella* (Thomson, 1871)

猎蝽科 Reduviidae

(68) 淡带荆猎蝽 *Acanthaspis cincticrus* Stål, 1859

(69) 天目螳瘤蝽 *Cnizocoris dimorphus* Maa *et* lin, 1956

(70) 中国螳瘤蝽 *Cnizocoris sinensis* Kormilev, 1957

(71) 中黑土猎蝽 *Coranus lativentris* Jakovlev, 1890

(72) 黑光猎蝽 *Ectrychotes andreae* (Thunberg, 1784)

(73) 疣突素猎蝽 *Epidaus tuberosus* Yang, 1940

(74) 二色赤猎蝽 *Haematoloecha nigrorufa* (Stål, 1866)

(75) 茶褐菱猎蝽 *Isyndus obscurus* (Dallas, 1850)

(76) 短斑普猎蝽 *Oncocephalus confusus* Hsiao, 1981

(77) 黄纹盗猎蝽 *Peirates atromaculatus* (Stål, 1871)

(78) 茶褐盗猎蝽 *Peirates fulvescens* Lindberg, 1939

(79) 污黑盗猎蝽 *Peirates turpis* Walker, 1873

(80) 中国原瘤蝽 *Phymata chinensis* Drake, 1947

(81) 双刺胸猎蝽 *Pygolampis bidentata* Goeze, 1778

(82) 黑腹猎蝽 *Reduvius fasciatus* Reuter, 1887

(83) 环斑猛猎蝽 *Sphedanolestes impressicollis* (Stål, 1861)

盲蝽科 Miridae

(84) 三点苜蓿盲蝽 *Adelphocoris fasciaticollis* Reuter, 1903

(85) 苜蓿盲蝽 *Adelphocoris lineolatus* (Goeze，1778)

(86) 四点苜蓿盲蝽 *Adelphocoris quadripunctatus* (Fabricius, 1794)

(87) 中国点盾盲蝽 *Alloeotomus chinensis* Reuter, 1903

(88) 东亚点盾盲蝽 *Alloeotomus simplus* (Uhler, 1896)

(89) 绿后丽盲蝽 *Apolygus lucorum* (Meyer-Dür, 1843)

(90) 暗乌毛盲蝽 *Cheilocapsus nigrescens* Liu et Wang, 1998

(91) 黑蓬盲蝽 *Chlamydatus pullus* (Reuter, 1870)

(92) 甘薯跃盲蝽 *Ectmetopterus micantulus* (Horváth, 1905)

(93) 小欧盲蝽 *Europiella artemisiae* (Becker, 1864)

(94) 眼斑厚盲蝽 *Eurystylus coelestialium* (Kirkaldy, 1902)

(95) 杂毛合垫盲蝽 *Orthotylus (Melanotrichus) flavosparus* (Sahlberg, 1841)

(96) 条赤须盲蝽 *Trigonotylus coelestialium* (Krikaldy, 1902)

网蝽科 Tingidae

(97) 古无孔网蝽 *Dictyla platyoma* (Fieber, 1861)

(98) 菊贝脊网蝽 *Galeatus spinifrons* (Fallén, 1807)

(99) 梨冠网蝽 *Stephanitis nashi nashi* Esaki et Takeya, 1931

扁蝽科 Aradidae

(100) 原扁蝽 *Aradus betulae* (Linnaeus, 1758)

姬蝽科 Nabidae

(101) 山高姬蝽 *Gorpis (Oronabis) brevilineatus* (Scott, 1874)

(102) 华海姬蝽 *Halonabis sinicus* Hsiao, 1964

(103) 北姬蝽 *Nabis reuteri* Jakovlev, 1876

(104) 华姬蝽 *Nabis sinoferus* Hsiao, 1964

(105) 暗色姬蝽 *Nabis stenoferus* Hsiao, 1964

(106) 角带花姬蝽 *Prostemma hilgendorffi* Stein, 1878

花蝽科 Anthocoridae

(107) 微小花蝽 *Orius minutus* (Linnaeus, 1758)

(108) 东亚小花蝽 *Orius sauteri* (Poppius, 1909)

(109) 仓花蝽 *Xylocoris cursitans* (Fallén, 1807)

跷蝽科 Berytidae

(110) 圆肩跷蝽 *Metatropis longirostris* Hsiao, 1974

(111) 大成山肩跷蝽 *Metatropis tesongsanica* Josifov, 1975

(112) 锤胁跷蝽 *Yemma exilis* Horváth, 1905

长蝽科 Lygaeidae

(113) 红褐肿鳃长蝽 *Arocatus rufipes* Stål, 1872

(114) 韦肿腮长蝽 *Arocatus melanostomus* Scott, 1874

(115) 大眼长蝽 *Geocoris pallidipennis* (Costa, 1843)

(116) 宽大眼长蝽 *Geocoris varius* (Uhler, 1860)

(117) 白边刺胫长蝽 *Horridipamera lateralis*

(Scott, 1874)

(118) 横带红长蝽 *Lygaeus equestris* (Linnaeus, 1758)

(119) 角红长蝽 *Lygaeus hanseni* Jakovlev, 1883

(120) 东亚毛肩长蝽 *Neolethaeus dallasi* (Scott, 1874)

(121) 小长蝽 *Nysius ericae* (Schilling, 1829)

(122) 河北全缝长蝽 *Plinthisus hebeiensis* Zheng, 1981

(123) 红褐蒴长蝽 *Pylorgus obscurus* Scudder, 1962

(124) 红脊长蝽 *Tropidothorax sinensis* (Reuter, 1888)

地长蝽科 Rhyparochromidae

(125) 黑褐微长蝽 *Botocudo flavicornis* (Signoret, 1880)

(126) 短胸叶缘长蝽 *Emblethis brachynotus* Horwáth, 1897

(127) 白斑地长蝽 *Panaorus albomaculatus* (Scott, 1874)

(128) 点边地长蝽 *Panaorus japonicus* (Stål, 1874)

束长蝽科 Malcidae

(129) 豆突眼长蝽 *Chauliops fallax* Scott, 1874

大红蝽科 Largidae

(130) 小斑红蝽 *Physopelta cincticollis* Stål, 1863

红蝽科 Pyrrhocoridae

(131) 地红蝽 *Pyrrhocoris tibialis* (Stål, 1874)

(132) 先地红蝽 *Pyrrhocoris sibiricus* Kuschakevich, 1866

蛛缘蝽科 Alydidae

(133) 亚蛛缘蝽 *Alydus zichyi* Horváth, 1901

(134) 点蜂缘蝽 *Riptortus pedestris* (Fabricius, 1775)

缘蝽科 Coreidae

(135) 斑背安缘蝽 *Anoplocnemis binotata* Distant, 1918

(136) 稻棘缘蝽 *Cletus punctiger* (Dallas, 1852)

(137) 宽棘缘蝽 *Cletus rusticus* Stål, 1860

(138) 平肩棘缘蝽 *Cletus tenuis* Kiritshenko, 1916

(139) 波原缘蝽 *Coreus potanini* (Jakovlev, 1890)

(140) 颗缘蝽 *Coriomeris scabricornis* (Panzer, 1809)

(141) 广腹同缘蝽 *Homoeocerus dilatatus* (Horváth, 1879)

(142) 环胫黑缘蝽 *Hygia lativentris* (Motschulsky, 1866)

(143) 黑长缘蝽 *Megalotomus junceus* (Scopoli, 1763)

(144) 波赭缘蝽 *Ochrochira potanini* (Kiritshenko, 1916)

(145) 钝肩普缘蝽 *Plinachtus bicoloripes* Scott, 1874

(146) 刺肩普缘蝽 *Plinachtus dissimilis* Hsiao, 1964

姬缘蝽科 Rhopalidae

(147) 粟缘蝽 *Liorhyssus hyalinus* (Fabricius, 1794)

(148) 黄边迷缘蝽 *Myrmus lateralis* Hsiao, 1964

(149) 黄伊缘蝽 *Rhopalus maculatus* (Fieber, 1837)

(150) 褐伊缘蝽 *Rhopalus sapporensis* (Matsumura, 1905)

(151) 开环缘蝽 *Stictopleurus minutus* Blöte, 1934

同蝽科 Acanthosomatidae

(152) 细齿同蝽 *Acanthosoma denticauda*

Jakovlev, 1880

(153) 宽铗同蝽 *Acanthosoma labiduroides* Jakovlev, 1880

(154) 黑背同蝽 *Acanthosoma nigrodorsum* Hsiao *et* Liu, 1977

(155) 直同蝽 *Elasmostethus interstinctus* (Linnaeus, 1758)

(156) 棕角匙同蝽 *Elasmucha angulare* Hsiao *et* Liu, 1977

(157) 背匙同蝽 *Elasmucha dorsalis* (Jakovlev, 1876)

(158) 齿匙同蝽 *Elasmucha fieberi* (Jakovlev, 1865)

(159) 光腹匙同蝽 *Elasmucha laeviventris* Liu, 1979

(160) 伊锥同蝽 *Sastragala esakii* Hasegawa, 1959

土蝽科 Cydnidae

(161) 大鳖土蝽 *Adrisa magna* (Uhler, 1860)

(162) 圆点阿土蝽 *Adomerus rotundus* (Hsiao, 1977)

(163) 三点阿土蝽 *Adomerus triiguttulus* (Motschulsky, 1886)

(164) 小佛土蝽 *Fromundus pygmaeus* (Dallas, 1851)

(165) 黑环土蝽 *Microporus nigritus* (Fabricius, 1794)

蝽科 Pentatomidae

(166) 尖头麦蝽 *Aelia acuminata* (Linnaeus, 1758)

(167) 华麦蝽 *Aelia fieberi* Scott, 1874

(168) 多毛实蝽 *Antheminia varicornis* (Jakovlev, 1874)

(169) 蝎蝽 *Arma chinensis* (Fallou, 1881)

(170) 朝鲜蝎蝽 *Arma koreana* Josifov *et* Kerzhner, 1978

(171) 北方辉蝽 *Carbula putoni* (Jakovlev, 1876)

(172) 紫翅果蝽 *Carpocoris purpureipennis* (De Geer, 1773)

(173) 斑须蝽 *Dolycoris baccarum* (Linnaeus, 1758)

(174) 麻皮蝽 *Erthesina fullo* (Thunberg, 1783)

(175) 菜蝽 *Eurydema dominulus* (Scopoli, 1763)

(176) 横纹菜蝽 *Eurydema gebleri* Kolenati, 1846

(177) 北二星蝽 *Eysarcoris aeneus* (Scopoli, 1763)

(178) 拟二星蝽 *Eysarcoris annamita* Breddin, 1909

(179) 二星蝽 *Eysarcoris guttiger* (Thunberg, 1783)

(180) 广二星蝽 *Eysarcoris ventralis* (Westwood, 1837)

(181) 谷蝽 *Gonopsis affinis* (Uhler, 1860)

(182) 赤条蝽 *Graphosoma rubrolineatum* (Westwood, 1837)

(183) 茶翅蝽 *Halyomorpha halys* (Stål, 1855)

(184) 灰全蝽 *Homalogonia grisea* Josifov *et* Kerzhner, 1978

(185) 全蝽 *Homalogonia obtusa obtusa* (Walker, 1868)

(186) 弯角蝽 *Lelia decempunctata* (Motschulsky, 1860)

(187) 紫蓝曼蝽 *Menida violacea* Motschulsky, 1861

(188) 北曼蝽 *Menida disjecta* (Uhler, 1860)

(189) 浩蝽 *Okeanos quelpartensis* Distant, 1911

(190) 碧蝽 *Palomena angulosa* (Motschulsky, 1861)

(191) 川甘碧蝽 *Palomena chapana* (Distant, 1921)

(192) 宽碧蝽 *Palomena viridissima* (Poda von Neuhaus, 1761)

(193) 褐真蝽 *Pentatoma semiannulata* (Motschulsky, 1859)

(194) 褐莽蝽 *Placosternum esakii* Miyamoto, 1990

(195) 庐山珀蝽 *Plautia lushanica* Yang, 1934

(196) 斯氏珀蝽 *Plautia stali* Scott, 1874

(197) 棱蝽 *Rhynchocoris humeralis* (Thunberg, 1783)

(198) 珠蝽 *Rubiconia intermedia* (Wolff, 1811)

(199) 点蝽 *Tolumnia latipes* (Dallas, 1851)

(200) 蓝蝽 *Zicrona caerulea* (Linnaeus, 1758)

龟蝽科 Plataspidae

(201) 双峰豆龟蝽 *Megacopta bituminata* (Montandon, 1896)

(202) 筛豆龟蝽 *Megacopta cribraria* (Fabricius, 1798)

(203) 狄豆龟蝽 *Megacopta distanti* (Montandon, 1893)

盾蝽科 Scutelleridae

(204) 金绿宽盾蝽 *Poecilocoris lewisi* (Distant, 1883)

荔蝽科 Tessaratomidae

(205) 硕蝽 *Eurostus validus* Dallas, 1851

异蝽科 Urostylididae

(206) 光壮异蝽 *Urochela licenti* (Yang, 1939)

(207) 短壮异蝽 *Urochela falloui* Reuter, 1888

(208) 红足壮异蝽 *Urochela quadrinotata* (Reuter, 1881)

(209) 黄脊壮异蝽 *Urochela tunglingensis* Yang, 1939

蜡蝉科 Fulgoridae

(210) 察雅丽蜡蝉 *Limois chagyabensis* Chou et Lu, 1981[1985]

(211) 斑衣蜡蝉 *Lycorma delicatula* (White, 1845)

袖蜡蝉科 Derbidae

(212) 甘蔗长袖蜡蝉 *Zoraida pterophoroides* (Westwood, 1851)

象蜡蝉科 Dictyopharidae

(213) 中野象蜡蝉 *Dictyophara nakanonis* (Matsumura, 1910)

(214) 丽象蜡蝉 *Orthopagus splendens* (Germar, 1830)

扁蜡蝉科 Tropiduchidae

(215) 罗浮傲扁蜡蝉 *Ommatissus lofouensis* Fieber, 1876

(216) 日本笠纹蜡蝉 *Trypetimorpha japonia* Ishihara, 1954

蝉科 Cicadidae

(217) 黑蚱蝉 *Cryptotympana atrata* (Fabricius, 1775)

(218) 桑黑蝉 *Cryptotympana facialis* (Walker, 1858)

(219) 蒙古寒蝉 *Meimuna mongolica* (Distant, 1881)

(220) 斑头蝉 *Oncotympana maculaticollis* (Motschulsky, 1866)

(221) 褐斑蝉 *Platypleura kaempferi* (Fabricius, 1794)

沫蝉科 Cercopidae

(222) 松沫蝉 *Aphrophora flavipes* Uhler, 1896

叶蝉科 Cicadellidae

(223) 大青叶蝉 *Cicadella viridis* (Linnaeus, 1758)

(224) 宽突长突叶蝉 *Batrachomorphus expansus* (Li, 1993)

(225) 阔颈叶蝉 *Drobescoides nuchails* (Jacobi, 1943)

(226) 黄斑锥头叶蝉 *Onukia flavopunctata* Li et Wang, 1991

绵蚧科 Margarodidae

(227) 草履蚧 *Drosicha contrahens* Walker, 1858

蚧科 Coccidae

(228) 枣大球蚧 *Eulecanium giganteum* (Shinji, 1935)

蚜科 Aphididae

(229) 夹竹桃蚜 *Aphis nerii* Boyer de Fonscolombe, 1841
(230) 刺槐蚜 *Aphis robiniae* Macchiati, 1885
(231) 玉米蚜 *Rhopalosiphum maidisi* (Fitch, 1861)
(232) 禾谷缢管蚜 *Rhopalosiphum padi* (Linnaeus, 1758)

瘿绵蚜科 Pemphigidae

(233) 秋四脉绵蚜 *Tetraneura akinire* Sasaki, 1904
(234) 榆四脉绵蚜 *Tetraneura ulmi* (Linnaeus, 1758)

短痣蚜科 Anoeeiidae

(235) 梾木短痣蚜 *Anoecia corni* (Fabricius, 1775)
(236) 大短痣蚜 *Anoecia major* Börner, 1950

脉翅目 NEUROPTERA

草蛉科 Chrysopidae

(237) 叶色草蛉 *Chrysopa phyllochroma* Wesmael, 1841
(238) 大草蛉 *Chrysopa septempunctata* Wesmael, 1841
(239) 中华草蛉 *Chrysoperla sinica* (Tjeder, 1936)

蚁蛉科 Myrmeleontidae

(240) 褐纹树蚁蛉 *Dendroleon pantherinus* (Fabricius, 1787)
(241) 条斑次蚁蛉 *Deutoleon lineatus* (Fabricius, 1798)
(242) 中华东蚁蛉 *Euroleon sinicus* (Navás, 1930)

缨翅目 THYSANOPTERA

蓟马科 Thripidae

(243) 花蓟马 *Frankliniella intonsa* (Trybom, 1895)
(244) 黄蓟马 *Thrips flavus* Schrank, 1776

鞘翅目 COLEOPTERA

长扁甲科 Cupedidae

(245) 长扁甲 *Tenomerga concolor* (Westwood, 1835)

虎甲科 Cicindelidae

(246) 中国虎甲 *Cicindela chinensis* De Geer, 1774
(247) 云纹虎甲 *Cicindela elisae* Motschulsky, 1859
(248) 多型虎甲红翅亚种 *Cicindela coerulea nitida* Lichtenstein, 1796
(249) 日本虎甲 *Cicindela japana* Motschulsky, 1858
(250) 断纹虎甲斜斑亚种 *Cicindela striolata dorsolineolata* Chevrolat, 1845

步甲科 Carabidae

(251) 三齿斑步甲 *Anisodactylus tricuspidatus* Morawitz, 1863
(252) 黑广肩步甲 *Calosoma maximowiczi*

Morawitz, 1863

(253) 麻步甲 *Carabus brandti* Faldermann, 1835

(254) 绿步甲 *Carabus smaragdinus* Fischer von Waldheim, 1823

(255) 黄斑青步甲 *Chlaenius (Achlaenius) micans* (Fabricius, 1792)

(256) *Chlaenius (Pachydinodes) pictus* Chaudoir, 1856

(257) 逗斑青步甲 *Chlaenius (Pachydinodes) virgulifer* (Chaudoir, 1876)

(258) 赤胸长步甲 *Dolichus halensis* (Schaller, 1783)

龙虱科 Dytiscidae

(259) 日本真龙虱 *Cybister (Scaphinectes) japonicus* Sharp, 1873

(260) 点条龙虱 *Hydaticus grammicus* Germar, 1827

水龟甲科 Hydrophilidae

(261) *Coelostoma (Coelostoma) stultum* Walker, 1858

(262) 红脊胸水龟虫 *Sternolophus rufipes* (Fabricius, 1775)

锹甲科 Lucanidae

(263) 荷陶锹甲 *Dorcus hopei* (Saunders, 1854)

(264) 红足半刀锹甲 *Hemisodorcus rubrofemoratus* (Vollenhoven, 1865)

(265) 斑股锹甲 *Lucanus maculifemoratus* Motschulsky, 1861

(266) 直颚莫锹甲 *Macrodorcas recta* (Motschulsky, 1857)

(267) 黄褐前凹锹甲 *Prosopocoilus astacoides blanchardi* (Parry, 1873)

(268) 扁锯颚锹甲 *Serrognathus titanus platymelus* (Saunders, 1854)

绒毛金龟科 Glaphyridae

(269) 泛长角绒毛金龟 *Amphicoma fairmairei* (Semenov, 1891)

金龟科 Scarabaeidae

(270) 神农洁蜣螂 *Catharsius molossus* (Linnaeus, 1758)

(271) 臭蜣螂 *Copris ochus* Motschulsky, 1860

(272) *Glycyphana (Glycyphana) fulvistemma* Motschulsky, 1858

(273) 掘嗡蜣螂 *Onthophagus fodiens* Waterhouse, 1875

(274) 台风蜣螂 *Scarabaeus typhon* (Fischer von Waldheim, 1823)

(275) 华扁犀金龟 *Eophileurus chinensis* (Faldermann, 1835)

(276) 双齿禾犀金龟 *Pentodon bidens* (Pallas, 1771)

(277) 疑禾犀金龟 *Pentodon dubius* Ballion, 1871

(278) 多色异丽金龟 *Anomala chamaeleon* Fairmaire, 1887

(279) 铜绿异丽金龟 *Anomala corpulenta* Motschulsky, 1854

(280) 漆黑异丽金龟 *Anomala ebenina* Fairmaire, 1886

(281) 蒙古异丽金龟 *Anomala mongolica* Faldermann, 1835

(282) 蓝边矛丽金龟 *Callistethus plagiicollis* Fairmaire, 1886

(283) 琉璃弧丽金龟 *Popillia flavosellata* Fairmaire, 1886

(284) 棉花弧丽金龟 *Popillia mutans* Newman, 1838

(285) 中华弧丽金龟 *Popillia quadriguttata* (Fabricius, 1787)

鳃金龟科 Melolonthidae

(286) 华阿鳃金龟 *Apogonia chinensis* Moser, 1918

(287) 黑阿鳃金龟 *Apogonia cupreoviridis* Kolbe, 1886

(288) 波婆鳃金龟 *Brahmina potanini* (Semenov, 1891)

(289) 粗婆鳃金龟 *Brahmina ruida* Zhang *et* Wang, 1997

(290) 五台婆鳃金龟 *Brahmina wutaiensis* Zhang *et* Wang, 1997

(291) 戴双缺鳃金龟 *Diphycerus davidis* Fairmaire, 1878

(292) 二色希鳃金龟 *Hilyotrogus bicoloreus* (Heyden, 1887)

(293) 华北大黑鳃金龟 *Holotrichia oblita* (Faldermann, 1835)

(294) 棕狭肋鳃金龟 *Holotrichia titanis* Reitter, 1902

(295) 毛黄鳃金龟 *Miridiba trichophora* (Fairmaire, 1891)

(296) 灰胸突鳃金龟 *Melolontha incana* (Motschulsky, 1854)

(297) 小阔胫绢金龟 *Maladera ovatula* (Fairmaire, 1891)

(298) 弟兄鳃金龟 *Melolontha frater* Arrow, 1913

(299) 小黄鳃金龟 *Pseudosymmachia flavescens* (Brenske, 1892)

(300) 鲜黄鳃金龟 *Pseudosymmachia tumidifrons* (Fairmaire, 1887)

(301) 小云鳃金龟 *Polyphylla gracilicornis* (Blanchard, 1871)

(302) 大云鳃金龟 *Polyphylla laticollis* Lewis, 1887

(303) 拟凸眼绢金龟 *Serica rosinae* (Pic, 1904)

(304) 东方绢金龟 *Serica orientalis* (Motschulsky, 1858)

(305) 海霉鳃金龟 *Sophrops heydeni* (Brenske, 1892)

(306) 赭翅臀花金龟 *Campsiura mirabilis* Faldermann, 1835

(307) 华美花金龟 *Cetonia magnifica* Ballion, 1871

(308) 暗绿花金龟 *Cetonia viridiopaca* (Motschulsky, 1858)

(309) 白斑跗花金龟 *Clinterocera mandarina* (Westwood, 1874)

(310) 钝毛鳞花金龟 *Cosmiomorpha setulosa* Westwood, 1854

(311) 带鹿花金龟 *Dicranocephalus adamsi* Pascoe, 1863

(312) 金斑甜花金龟 *Glycyphana fulvistemma* Motschulsky, 1860

(313) 斑青花金龟 *Oxycetonia bealiae* (Gory *et* Percheron, 1833)

(314) 小青花金龟 *Oxycetonia jucunda* (Faldermann, 1835)

(315) 白星花金龟 *Protaetia* (*Liocola*) *brevitarsis* (Lewis, 1879)

(316) 绿星花金龟 *Protaetia* (*Calopotosia*) *lewisi* (Janson, 1888)

(317) 亮绿星花金龟 *Protaetia* (*Potosia*) *nitididorsis* (Fairmaire, 1889)

(318) 日罗花金龟 *Rhomborrhina japonica* Hope, 1841

(319) 短毛斑金龟 *Lasiotrichus succinctus* (Pallas, 178)

吉丁科 Buprestidae

(320) 江苏纹吉丁 *Coraebus kiangsuanus* Obenberger, 1934

(321) 梨金缘吉丁 *Lamprodila limbata* (Gebler, 1832)

(322) 白蜡窄吉丁 *Agrilus planipennis* Fairmaire, 1888

叩甲科 Elateridae

(323) 细胸锥尾叩甲 *Agriotes subrittatus* Motschulsky, 1860

(324) 泥红槽缝叩甲 *Agrypnus argillaceus* (Solsky, 1871)

(325) 褐金针虫 *Lacon binodulus* Motschulsky, 1860

(326) 褐纹梳爪叩甲 *Melanotus caudex* Lewis, 1879

(327) 筛头梳爪叩甲 *Melanotus legatus* (Candeze, 1860)

(328) 沟线角叩甲 *Pleonomus canaliculatus* (Faldermann, 1835)

萤科 Lampyridae

(329) 北方锯角萤 *Lucidina biplagiata*

(Motschulsky, 1866)

(330) 胸窗萤 *Pyrocoelia pectoralis* Oliver, 1883

红萤科 Lycidae

(331) 赤缘吻红萤 *Lycostomus porphyrophorus* (Solsky, 1871)

(332) 素短沟红萤 *Plateros purus* Kleine, 1926

郭公甲科 Cleridae

(333) 皮氏郭公虫 *Xenorthrius pieli* (Pic, 1936)

(334) 中华毛郭公甲 *Trichodes sinae* Chevrolat, 1874

露尾甲科 Nitidulidae

(335) 四斑露尾甲 *Librodor japonicus* (Motschulsky, 1857)

瓢虫科 Coccinellidae

(336) 二星瓢虫 *Adalia bipunctata* (Linnaeus, 1758)

(337) 多异瓢虫 *Adonia variegate* (Goeze, 1777)

(338) 奇变瓢虫 *Aiolocaria mirabilis* (Motschulsky, 1860)

(339) 十九星瓢虫 *Anisosticta novemdecimpunctata* (Linnaeus, 1758)

(340) 隐斑瓢虫 *Ballia obscurosignata* Liu, 1963

(341) 十四星裸瓢虫 *Calvia quatuordecimguttata* (Linnaeus, 1758)

(342) 十五星裸瓢虫 *Calvia quindecimguttata* (Fabricius, 1777)

(343) 红点唇瓢虫 *Chilocorus kuwanae* Silvestri, 1909

(344) 黑缘红瓢虫 *Chilocorus rubidus* Hope, 1831

(345) 七星瓢虫 *Coccinella septempunctata* Linnaeus, 1758

(346) 十一星瓢虫 *Coccinella* (*Spilota*)

undecimpunctata Linnaeus, 1758

(347) 双七瓢虫 *Coccinula quatuordecimpustulata* (Linnaeus, 1758)

(348) 合子草瓢虫 *Epilachna operculata* Liu, 1963

(349) 异色瓢虫 *Harmonia axyridis* (Pallas, 1773)

(350) 茄二十八星瓢虫 *Henosepilachna vigintioctopunctata* (Fabricius, 1775)

(351) 十三星瓢虫 *Hippodamia tredecimpunctata* (Linnaeus, 1758)

(352) 多异瓢虫 *Hippodamia variegata* (Goeze, 1777)

(353) 四斑显盾瓢虫 *Hyperaspis leechi* Miyatake, 1961

(354) 中华显盾瓢虫 *Hyperaspis sinensis* (Crotch, 1874)

(355) 素鞘瓢虫 *Illeis cincta* (Fabricius, 1798)

(356) 菱斑巧瓢虫 *Oenopia conglobata* (Linnaeus, 1758)

(357) 龟纹瓢虫 *Propylaea japonica* (Thunberg, 1781)

(358) 暗红瓢虫 *Rodolia concolor* (Lewis, 1879)

(359) 红环瓢虫 *Rodolia limbata* (Motschulsky, 1866)

(360) 黑襟毛瓢虫 *Scymnus* (*Neopullus*) *hoffmanni* Weise, 1879

(361) 黑背小瓢虫 *Scymnus* (*Pullus*) *kawamurai* (Ohta, 1929)

(362) 深点食螨瓢虫 *Stethorus* (*Stethorus*) *punctillum* (Weise, 1891)

(363) 十二斑褐菌瓢虫 *Vibidia duodecimguttata* (Poda von Neuhaus, 1761)

拟步甲科 Tenebrionidae

(364) 杂色栉甲 *Cteniopinus hypocrita* (Marseul, 1876)

(365) 网目土甲 *Gonocephalum reticulatum* Motschulsky, 1854

(366) 林氏伪叶甲 *Lagria hirta* Linnaeus,

1758

(367) 类沙土甲 *Opatrum subaratum* Faldermann, 1835

(368) 中型临烁甲 *Plesiophthalmus spectabilis* Harold, 1875

芫菁科 Meloidae

(369) 中国豆芫菁 *Epicauta chinensis* (Laporte, 1840)

(370) 甜菜豆芫菁 *Epicauta xantusi* Kaszab, 1952

(371) 中突沟芫菁 *Hycleus medioinsignatus* (Pic, 1909)

(372) 绿芫菁 *Lytta caraganae* (Pallas, 1781)

(373) 绿边芫菁 *Lytta suturella* Motschulsky, 1860

幽甲科 Zopheridae

(374) 花绒坚甲 *Dastarcus longulus* Sharp, 1885

暗天牛科 Vesperidae

(375) 狭胸天牛 *Philus antennatus* (Gyllenhal, 1817)

天牛科 Cerambycidae

(376) 灰长角天牛 *Acanthocinus aedilis* (Linnaeus, 1758)

(377) 小灰长角天牛 *Acanthocinus griseus* (Fabricius, 1792)

(378) 毛角多节天牛 *Agapanthia pilicornis* (Fabricius, 1787)

(379) 光肩星天牛 *Anoplophora glabripennis* (Motschulsky, 1853)

(380) 中华锯花天牛 *Apatophysis sinica* (Semenov-Tian-Shanskij, 1901)

(381) 粒肩天牛 *Apriona germari* (Hope, 1831)

(382) 桃红颈天牛 *Aromia bungii* (Faldermann, 1835)

(383) 瘤胸簇天牛 *Aristobia hispida* (Saunders, 1853)

(384) 红缘亚天牛 *Asias halodendri* (Pallas, 1776)

(385) 云斑白条天牛 *Batocera horsfieldi* (Hope, 1839)

(386) 榆绿天牛 *Chelidonium provosti* (Fairmaire, 1887)

(387) 竹虎天牛 *Chlorophorus annularis* (Fabricius, 1787)

(388) 刺槐绿虎天牛 *Chlorophorus diadema* (Motschulsky, 1854)

(389) 黑角伞花天牛 *Corymbia succedanea* (Lewis, 1879)

(390) 曲牙土天牛 *Dorysthenes hydropicus* (Pascoe, 1857)

(391) 大牙土天牛 *Dorysthenes paradoxus* (Faldermann, 1833)

(392) 双带粒翅天牛 *Lamiomimus gottschei* Kolbe, 1886

(393) 曲纹花天牛 *Leptura annularis annularis* Fabricius, 1801

(394) 顶斑瘤筒天牛 *Linda fraterna* (Chevrolat, 1852)

(395) 黄绒缘天牛 *Margites fulvidus* (Pascoe, 1858)

(396) 栗山天牛 *Massicus raddei* (Blessig, 1872)

(397) 中华薄翅天牛 *Megopis sinica* (White, 1853)

(398) 峦纹象天牛 *Mesosa irrorata* Gressitt, 1939

(399) 四点象天牛 *Mesosa myops* (Dalman, 1817)

(400) 双簇污天牛 *Moechotypa diphysis* (Pascoe, 1871)

(401) 云杉大墨天牛 *Monochamus urussovi* (Fischer von Waldheim, 1806)

(402) 黑点粉天牛 *Olenecamptus clarus* Pascoe, 1859

(403) 苧麻天牛 *Paraglenea fortunei* (Saunders, 1853)

(404) 菊天牛 *Phytoecia rufiventris* Gautier, 1870

(405) 栎丽虎天牛 *Plagionotus pulcher* (Blessig, 1872)

(406) 黄带天牛 *Polyzonus fasciatus* (Fabricius, 1781)

(407) 二点紫天牛 *Purpuricenus* (*Sternoplistes*) *spectabilis* Motschulsky, 1857

(408) 竹红天牛 *Purpuricenus temminckii* Guérin-Mèneville, 1844

(409) 双条楔天牛 *Saperda bilineatocollis* Pic, 1924

(410) 青杨楔天牛 *Saperda populnea* (Linnaeus, 1758)

(411) 双条杉天牛 *Semanotus bifasciatus* (Motschulsky, 1875)

(412) 蚤瘦花天牛 *Strangalia fortunei* Pascoe, 1858

(413) 光胸断眼天牛 *Tetropium castaneum* (Linnaeus, 1758)

(414) 麻竖毛天牛 *Thyestilla gebleri* (Faldermann, 1835)

(415) 家茸天牛 *Trichoferus campestris* (Faldermann, 1835)

(416) 刺角天牛 *Trirachys orientalis* Hope, 1841

(417) 桑脊虎天牛 *Xylotrechus* (*Xylotrechus*) *chinensis* (Chevrolat, 1852)

(418) 巨胸脊虎天牛 *Xylotrechus magnicollis* (Fairmaire, 1888)

(419) 葡萄脊虎天牛 *Xylotrechus pyrrhoderus* Bates, 1873

(420) 咖啡脊虎天牛 *Xylotrechus grayii* White, 1855

叶甲科 Chrysomelidae

(421) 横斑豆象 *Bruchidius japonicus* (Harold, 1878)

(422) 蓝负泥虫 *Lema concinnipennis* Baly, 1865

(423) 红带负泥虫 *Lema delicatula* Baly, 1873

(424) 鸭跖草负泥虫 *Lema diversa* Baly, 1878

(425) 红胸负泥虫 *Lema fortunei* Baly, 1859

(426) 小负泥虫 *Lilioceris minima* (Pic, 1935)

(427) 山楂肋龟甲 *Alledoya vespertina* (Boheman, 1862)

(428) 东北龟甲 *Cassida amurensis* (Kraatz, 1879)

(429) 甜菜大龟甲 *Cassida nebulosa* Linnaeus, 1758

(430) 淡胸藜龟甲 *Cassida pallidicollis* Boheman, 1856

(431) 女萎龟甲 *Cassida* (*Alledoya*) *vespertina* (Boheman, 1862)

(432) 甘薯腊龟甲 *Laccoptera quadrimaculata* (Thunberg, 1789)

(433) *Dactylispa masonii* Gestro, 1923

(434) 锯齿叉趾铁甲 *Dactylispa Triplispa angulosa* Solsky, 1871

(435) 旋心异趾萤叶甲 *Apophylia flavovirens* (Fairmaire, 1878)

(436) 黑足黑守瓜 *Aulacophora nigripennis* (Motschulsky, 1841)

(437) 蒿金叶甲 *Chrysolina aurichalcea* (Mannerheim, 1825)

(438) 杨叶甲 *Chrysomela populi* Linnaeus, 1758

(439) 二纹柱萤叶甲 *Gallerucida bifasciata* Motschulsky, 1860

(440) 核桃扁叶甲 *Gastrolina depressa* Baly, 1859

(441) 金绿沟胫跳甲 *Hemipyxis plagioderoides* (Motschulsky, 1860)

(442) 黄曲条菜跳甲 *Phyllotreta striolata* (Fabricius, 1803)

(443) 角异额萤叶甲 *Macrima cornuta* (Laboissiere, 1936)

(444) 榆绿毛萤叶甲 *Pyrrhalta aenescens* (Fairmaire, 1878)

(445) 酸枣隐头叶甲 *Cryptocephalus japanus* Baly, 1873

(446) 艾蒿叶甲 *Cryptocephalus koltzei* Weise, 1887

(447) 黑额光叶甲 *Smaragdina nigrifrons* (Hope, 1842)

(448) 麦颈叶甲 *Colasposoma dauricum* (Mannerheim, 1849)

(449) 脊鞘樟叶甲 *Chalcolema costata* Chen et Wang, 1976

(450) 光背锯角叶甲 *Clytra laeviuscula* (Ratzeburg, 1837)

(451) 中华萝藦肖叶甲 *Chrysochus chinensis* Baly, 1859

(452) 桑窝额莹叶甲 *Fleutiauxia armata* (Baly, 1874)

(453) 粉筒胸叶甲 *Lypesthes ater* (Motschulsky, 1860)

叶卷象科 Attelabida

(454) 山梅卷叶象甲 *Byctiscus princeps* (Solsky, 1872)

象甲科 Curculionidae

(455) 柞栎象 *Curculio arakawai* (Matsumura et Kono, 1928)

(456) 栗实象 *Curculio davidi* (Fairmaire, 1878)

(457) 榛象 *Curculio dieckmanni* (Faust, 1887)

(458) 臭椿沟眶象 *Eucryptorrhynchus brandti* (Harold, 1881)

(459) 沟眶象 *Eucryptorrhynchus scrobiculatus* (Motschulsky, 1854)

(460) 波纹斜纹象 *Lepyrus japonicus* Roelofs, 1873

(461) 大球胸象 *Piazomias validus* Motschulsky, 1853

(462) 核桃横沟象 *Dyscerus juglans* Chao, 1980

(463) 枣飞象 *Scythropus yasumatsui* Kono et Morimoto, 1960

(464) 大灰象甲 *Sympiezomias velatus* (Chevrolat, 1845)

双翅目 DIPTERA

蚊科 Culicidae

(465) 尖音库蚊淡色变种 *Culex pipiens pallens* Coquillett, 1898

大蚊科 Tipulidae

(466) 环带尖头大蚊 *Brithura sancta* Alexander, 1929

摇蚊科 Chironomidae

(467) 片状棒脉摇蚊 *Corynoneura scutellata* Winnertz, 1846

(468) 钩附伪施密摇蚊 *Pseudosmittia danconai* (Marcuzzi, 1947)

(469) 欧流粗腹摇蚊 *Rheopelopia ornata* (Meigen, 1838)

瘿蚊科 Cecidomyiidae

(470) 食蚜瘿蚊 *Aphidoletes aphidimyza* (Rondani, 1847)

食虫虻科 Asilidae

(471) 虎斑食虫虻 *Astochia virgatipes* (Coquillett, 1899)

蜂虻科 Bombyliidae

(472) 北京斑翅蜂虻 *Bombylius beijingensis* (Yao, Yang et Evenhuis, 2008)

长足虻科 Dolichopodidae

(473) *Amblypsilopus bouvieri* (Parent, 1927)

水虻科 Stratiomyidae

(474) 金黄指突水虻 *Ptecticus aurifer* (Walker, 1854)

(475) 黄腹小丽水虻 *Microchrysa flaviventris* (Meigen, 1822)

(476) 日本小丽水虻 *Microchrysa japonica* Nagatomi, 1975

虻科 Tabanidae

(477) 莫斑虻 *Chrysops mlokosiewiczi* Bigot,

1880

(478) 中华斑虻 *Chrysops sinensis* Walker, 1856

(479) 密斑虻 *Chrysops suavis* Loew, 1858

(480) 华广虻 *Tabanus amaenus* Walker, 1848

(481) 江苏虻 *Tabanus kiangsuensis* Krober, 1934

(482) 山崎虻 *Tabanus yamasakii* Ouchi, 1943

食蚜蝇科 Syrphidae

(483) 黄股长角蚜蝇 *Chrysotoxum festivum* (Linnaeus, 1758)

(484) 黑带食蚜蝇 *Episyrphus balteatus* (De Geer, 1776)

(485) 短腹管蚜蝇 *Eristalis arbustorum* (Linnaeus, 1758)

(486) 长尾管食蚜蝇 *Eristalomyia tenax* (Linnaeus, 1758)

(487) 梯斑墨蚜蝇 *Melanostoma scalare* (Fabricius, 1794)

(488) 凹带后食蚜蝇 *Metasyrphus nitens* (Zetterstedt, 1843)

(489) 短翅细腹食蚜蝇 *Sphaerophoria scripta* (Linnaeus, 1758)

(490) 狭带贝食蚜蝇 *Betasyrphus serarius* (Wiedemann, 1830)

丽蝇科 Calliphoridae

(491) 大头金蝇 *Chrysomya megacephala* (Fabricius, 1794)

(492) 丝光绿蝇 *Lucilia sericata* (Meigen, 1826)

麻蝇科 Sarcophagidae

(493) 肥须隶麻蝇 *Sarcophaga (Liopygia) crassipalpis* (Macquart, 1839)

寄蝇科 Larvsevoridae

(494) 黏虫长须寄蝇 *Peleteria varia* (Fabricius, 1794)

缟蝇科 Lauxaniidae

(495) 中朝同脉缟蝇 *Homoneura (Homoneura) haejuana* Sasakawa *et* Kozanek, 1995

(496) 小龙门分鬃同脉缟蝇 *Homoneura (Euhomoneura) xiaolongmenensis* Gao *et* Yang, 2004

(497) 克氏同脉缟蝇 *Homoneura (Homoneura) kolthoffi* Hendel, 1938

厕蝇科 Fanniidae

(498) 瘤胫厕蝇 *Fannia scalaris* (Fabricius, 1794)

蚤目 SIPHONAPTERA

蚤科 Pulicidae

(499) 人蚤 *Pulex irritans* Linnaeus, 1758

鳞翅目 LEPIDOPTERA

谷蛾科 Tineidae

(500) 菇丝谷蛾 *Nemapogon gerasimovi* Zagulajev, 1961

(501) 梯纹谷蛾 *Monopis monachella* (Hübner, 1796)

(502) 螺谷蛾 *Tinea omichlopis* Meyrick, 1928

细蛾科 Gracillariidae

(503) 槭丽细蛾 *Caloptilia (Caloptilia) aceris* Kumata, 1966

(504) 朴丽细蛾 *Caloptilia (Caloptilia) celtidis* Kumata, 1982

(505) 柳丽细蛾 *Caloptilia (Caloptilia) chrysolampra* (Meyrick, 1936)

(506) 元宝枫丽细蛾 *Catopatilia (Caloptilia) dentata* Liu *et* Yuan, 1990

(507) 栾丽细蛾 *Caloptilia (Caloptilia) koelreutericola* Liu *et* Yuan, 1990

(508) 栗丽细蛾 *Caloptilia* (*Caloptilia*) *sapporella* (Matsumura, 1931)

(509) 大豆丽细蛾 *Caloptilia* (*Caloptilia*) *soyella* (van Deventer，1904)

(510) 一叶荻灸纹细蛾 *Conopomorpha flueggella* Li, 2011

(511) 圣突瓣细蛾 *Chrysaster hagicola* Kumata, 1961

巢蛾科 Yponomeutidae

(512) 矛雪巢蛾 *Niphonympha varivera* Yu *et* Li, 2002

(513) 稠李巢蛾 *Yponomeuta evonymellus* (Linnaeus, 1758)

(514) 瘤枝卫矛巢蛾 *Yponomeuta kanaiellus* Matsumura, 1931

(515) 卫矛巢蛾 *Yponomeuta polystigmellus* Felder, 1862

(516) 灰巢蛾 *Yponomeuta cinefactus* Meyrick, 1935

(517) 冬青卫矛巢蛾 *Yponomeuta griseatus* Moriuti, 1977

(518) 郑氏常巢蛾 *Euhyponomeuta zhengi* Jin *et* Wang, 2011

(519) 圆腹常巢蛾 *Euhyponomeuta rotunda* Jin *et* Wang, 2011

(520) 狭瓣光巢蛾 *Klausius angustus* Jin *et* Wang, 2011

(521) 银带巢蛾 *Cedestis exiguata* Moriuti, 1977

(522) 白头松巢蛾 *Cedestis gysselinella* (Zeller, 1839)

冠翅蛾科 Ypsolophidae

(523) 圆冠翅蛾 *Ypsolopha vittella* (Linnaeus, 1758)

(524) 白背冠翅蛾 *Ypsolopha leuconotella* (Snellen, 1884)

(525) 双斜冠翅蛾 *Ypsolopha parallela* (Caradja, 1939)

(526) 白条冠翅蛾 *Ypsolopha strigosa* (Butler, 1879)

(527) 白脉冠翅蛾 *Ypsolopha blandella* (Christoph, 1882)

菜蛾科 Plutellidae

(528) 小菜蛾 *Plutella xylostella* (Linnaeus, 1758)

小潜蛾科 Elachistidae

(529) 异凹宽蛾 *Acria emarginella* (Donovan, 1804)

(530) 背突异宽蛾 *Agonopterix abjectella* (Christoph, 1882)

(531) 沙异宽蛾 *Agonopterix arenella* (Denis *et* Schiffermüller, 1775)

(532) 双斑异宽蛾 *Agonopterix bipunctifera* (Matsumura, 1931)

(533) 多异宽蛾 *Agonopterix multiplicella* (Erschoff, 1877)

织蛾科 Oecophoridae

(534) 朴锦织蛾 *Promalactis parki* Lvovsky, 1986

(535) 三线锦织蛾 *Promalactis trilineata* Wang *et* Zheng, 1998

(536) 异形锦织蛾 *Promalactis varimorpha* Wang *et* Li, 2004

(537) 褐斑锦织蛾 *Promalactis fuscimaculata* Wang, 2006

(538) 四斑锦织蛾 *Promalactis quadKmacularis* Wang *et* Zheng, 1998

(539) 亚点线锦织蛾 *Promalactis subsuzukiella* Lvovsky, 1985

(540) 点线锦织蛾 *Promalactis suzukiella* (Matsumura, 1931)

(541) 刺爪锦织蛾 *Promalactis spiniformis* Wang, 2006

(542) 尖翅斑织蛾 *Ripeacma acuminiptera* Wang *et* Li, 1999

(543) 淡伪带织蛾 *Irepacma pallidia* Wang *et* Zheng, 1997

祝蛾科 Lecithoceridae

(544) 植素祝蛾 *Homaloxestis croceata* Gozmány, 1978

(545) 黄阔祝蛾 *Lecitholaxa thiodora* (Meyrick, 1914)

(546) 粗梗祝蛾 *Lecithocera tylobathra* Meyrick, 1935

(547) 貂祝蛾 *Athymoris martialis* Meyrick, 1935

尖蛾科 Cosmopterigidae

(548) 四点迈尖蛾 *Macrobathra nomaea* Meyrick, 1914

(549) 黑龙江星尖蛾 *Pancalia isshikii amurella* Gaedike, 1967

(550) 中华隐尖蛾 *Ashibusa sinensis* Zhang *et* Li, 2009

(551) 橙红离尖蛾 *Labdia semicoccinea* (Stainton, 1859)

(552) 柞栎尖蛾 *Ressia quercidentella* Sinev, 1988

麦蛾科 Gelechiidae

(553) 桃条麦蛾 *Anarsia lineatella* Zeller, 1839

(554) 胡枝子树麦蛾 *Agnippe albidorsella* (Snellen, 1884)

(555) 栎离瓣麦蛾 *Chorivalva bisaccula* Omelko, 1988

(556) 国槐林麦蛾 *Dendrophilia sophora* Li *et* Zheng, 1998

(557) 指角麦蛾 *Deltophora digitiformis* Li, Li *et* Wang, 2002

(558) 方瓣角麦蛾 *Deltophora quadrativalvatata* Li, Li *et* Wang, 2002

(559) 胡桃棕麦蛾 *Dichomeris christophi* Ponomarenko *et* Mey, 2002

(560) 山楂棕麦蛾 *Dichomeris derasella* (Denis *et* Schiffermüller, 1775)

(561) 远东棕麦蛾 *Dichomeris ehinganella* (Chrbtoph, 1882)

(562) 霍棕麦蛾 *Dichomeris hodgesi* Li *et* Zheng, 1996

(563) 螳棕麦蛾 *Dichomeris manticopodina* Li *et* Zheng，1996

(564) 秦岭棕麦蛾 *Dichomeris qinlingensis* Li *et* Zheng, 1996

(565) 艾棕麦蛾 *Dichomeris rasilella* (Herrich-Schäffer, 1854)

(566) 拟尖棕麦蛾 *Dichomeris spuracuminata* Li *et* Zheng, 1996

(567) 栎棕麦蛾 *Diehomeris praevacua* Meyriek, 1922

(568) 异脉筛麦蛾 *Ethmiopsis prosectrix* Meyrick, 1935

(569) 丽阳麦蛾 *Helcystogramma perelegans* (Omelko *et* Omelko, 1993)

(570) 甘薯阳麦蛾 *Helcystogramma triannulella* (Herrich-Schäffer, 1854)

(571) 白线荚麦蛾 *Mesophleps albilinella* (Park, 1990)

(572) 柱平麦蛾 *Parachronistis jiriensis* Park, 1985

(573) 核桃楸粗翅麦蛾 *Psoricoptera gibbosella* (Zeller, 1839)

(574) 三角毛黑麦蛾 *Pubitelphusa trigonalis* Park *et* Ponomarenko, 2007

(575) 斑黑麦蛾 *Telphusa euryzeucta* Meyrick, 1922

(576) 红铃麦蛾 *Pectinophora gossypiella* (Saunders, 1844)

(577) 饰光麦蛾 *Photodotis adornata* Omelko, 1993

羽蛾科 Pterophoridae

(578) 灰棕金羽蛾 *Agdistis adactyla* (Hübner, [1819])

(579) 胡枝子小羽蛾 *Fuscoptilia emarginata* (Snellen, 1884)

(580) 佳诺小羽蛾 *Fuscoptilia jarosi* Arenberger, 1991

(581) 甘草枯羽蛾 *Marasmarcha glycyrrihzavora* Zheng *et* Qin, 1997

(582) 扁豆蝶羽蛾 *Sphenarches anisodactylus* (Walker, 1864)

(583) 褐秀羽蛾 *Stenoptilodes taprobanes* (Felder *et* Rogenhofer, 1875)

(584) 甘薯异羽蛾 *Emmelina monodactyla* (Linnaeus, 1758)

(585) 点斑滑羽蛾 *Hellinsia inulae* (Zeller, 1852)

(586) 乳滑羽蛾 *Hellinsia lacteola* (Yano, 1963)

(587) 艾蒿滑羽蛾 *Hellinsia lienigiana* (Zeller, 1852)

(588) 黑指滑羽蛾 *Hellinsia nigridactyla* (Yano, 1961)

蛀果蛾科 Carposinidae

(589) 桃蛀果蛾 *Carposina sasakii* Matsumura, 1900

螟蛾科 Pyralidae

(590) 黄褐角斑螟 *Enosima leucotaeniella* (Ragonot, 1888)

(591) 黑斑尖斑螟 *Hypsotropha solipunctella* Ragonot, 1901

(592) 齿类毛斑螟 *Paraemmalocera gensanalis* (South, 1901)

(593) 斜纹隐斑螟 *Cryptoblabes bistriga* (Haworth, 1811)

(594) 中国软斑螟 *Asclerobia sinensis* (Caradja, 1937)

(595) 黑纹栉角斑螟 *Ceroprepes nigrolineatella* Shibuya, 1927

(596) 圆斑栉角斑螟 *Ceroprepes ophthalmicella* Christoph, 1881

(597) 马鞭草带斑螟 *Coleothrix confusalis* (Yamanaka, 2006)

(598) 栗色梢斑螟 *Dioryctria castanea* Bradley, 1969

(599) 果梢斑螟 *Dioryctria pryeri* Ragonot, 1893

(600) 微红梢斑螟 *Dioryctria rubella* Hampson, 1901

(601) 牙梢斑螟 *Dioryctria yiai* Mutuura *et* Munroe, 1972

(602) 豆荚斑螟 *Etiella zinckenella* (Treitschke, 1832)

(603) 锐瓣巢斑螟 *Faveria acutivalva* Ren *et* Li, 2012

(604) 眼斑蝶斑螟 *Morosaphycita maculata* (Staudinger, 1876)

(605) 三角蝶斑螟 *Morosaphycita morosalis* (Saalmüller, 1880)

(606) 双色云斑螟 *Nephopterix bicolorella* Leech, 1889

(607) 赤褐云斑螟 *Nephopterix exotica* Inoue, 1959

(608) 饰囊云斑螟 *Nephopterix immatura* Inoue, 1982

(609) 白角云斑螟 *Nephopterix maenamii* Inoue, 1959

(610) 类赤褐云斑螟 *Nephopterix paraexotica* Paek *et* Bae, 2001

(611) 山东云斑螟 *Nephopterix shantungella* Roesler, 1969

(612) 五角云斑螟 *Nephopterix quinquella* Roesler, 1975

(613) 富泽云斑螟 *Nephopterix tomisawai* Yamanaka, 1986

(614) 红云翅斑螟 *Oncocera semirubella* (Scopoli, 1763)

(615) 泰山簇斑螟 *Psorosa taishanella* (Roesler, 1975)

(616) 黄须腹刺斑螟 *Sacculocornutia flavipalpella* Yamanaka, 1990

(617) 中国腹刺斑螟 *Sacculocornutia sinicolella* (Caradja, 1926)

(618) 郑氏腹刺斑螟 *Sacculocornutia zhengi* Du, Li *et* Wang, 2002

(619) 小脊斑螟 *Salebria ellenella* (Roesler, 1975)

(620) 柳阴翅斑螟 *Sciota adelphella* (Fischer von Röslerstamm, 1836)

(621) 双线阴翅斑螟 *Sciota bilineatella* (Inoue, 1959)

(622) 烟灰阴翅斑螟 *Sciota fumella*

(Eversmann, 1844)

(623) 基红阴翅斑螟 *Sciota hostilis* (Stephens, 1834)

(624) 大理阴翅斑螟 *Sciota marmorata* (Alphéraki, 1877)

(625) 五角阴翅斑螟 *Sciota quinqueella* (Roesler, 1975)

(626) 银翅亮斑螟 *Selagia argyrella* Denis *et* Schiffermüller, 1775

(627) 秀峰斑螟 *Acrobasis bellulella* (Ragonot, 1893)

(628) 棕褐峰斑螟 *Acrobasis birgitella* (Roesler, 1975)

(629) 曲小峰斑螟 *Acrobasis curvella* (Ragonot, 1893)

(630) 黄带峰斑螟 *Acrobasis flavifasciella* Yamanaka, 1990

(631) 白条峰斑螟 *Acrobasis injunctella* (Christoph, 1881)

(632) 井上峰斑螟 *Acrobasis inouei* Ren, 2012

(633) 钝小峰斑螟 *Acrobasis obtusella* (Hübner, 1796)

(634) 梨峰斑螟 *Acrobasis pirivorella* (Matsumura, 1900)

(635) 红带峰斑螟 *Acrobasis rufizonella* Ragonot, 1887

(636) 山楂峰斑螟 *Acrobasis suavella* (Zincken, 1818)

(637) 亚朴峰斑螟 *Acrobasis subceltifoliella* Yamanaka, 2006

(638) 松蛀果斑螟 *Assara hoeneella* Roesler, 1965

(639) 白斑蛀果斑螟 *Assara korbi* (Caradja, 1910)

(640) 井上蛀果斑螟 *Assara inouei* Yamanaka, 1994

(641) 突蛀果斑螟 *Assara tumidula* Du, Li *et* Wang, 2002

(642) 葡萄果斑螟 *Cadra figulilella* (Gregson, 1871)

(643) 巴塘暗斑螟 *Euzophera batangensis* Caradja, 1939

(644) 煤褐暗斑螟 *Euzophera* (*Cymbalorissa*) *fuliginosella* (Heinemann, 1865)

(645) 双色叉斑螟 *Furcata dichromella* (Ragonot, 1893)

(646) 锯颚叉斑螟 *Furcata paradichromella* (Yamanaka, 1980)

(647) 拟叉纹叉斑螟 *Furcata pseudodichromella* (Yamanaka, 1980)

(648) 亮雕斑螟 *Glyptoteles leucacrinella* Zeller, 1848

(649) 须裸斑螟 *Gymnancyla* (*Gymnancyla*) *barbatella* Erschoff, 1874

(650) 尖裸斑螟 *Gymnancyla* (*Gymnancyla*) *termacerba* Li, 2010

(651) 纹线斑螟 *Hoeneodes vittatella* (Ragonot, 1887)

(652) 三角夜斑螟 *Nyctegretis triangulella* Ragonot, 1901

(653) 黑褐骨斑螟 *Patagoniodes nipponella* (Ragonot, 1901)

(654) 棘刺类斑螟 *Phycitodes albatella* (Ragonot, 1887)

(655) 绒同类斑螟 *Phycitodes binaevella* (Hübner, [1810-1813])

(656) 厚点类斑螟 *Phycitodes crassipunctella* (Caradja, 1927)

(657) 前白类斑螟 *Phycitodes subcretacella* (Ragonot, 1901)

(658) 印度谷斑螟 *Plodia interpunctella* (Hübner, [1813])

(659) 白条紫斑螟 *Calguia defiguralis* Walker, 1863

(660) 暗红锥斑螟 *Conobathra rubiginella* Inoue, 1982

(661) 红缘锥斑螟 *Conobathra rufilimbalis* (Wileman, 1911)

(662) 果叶锥斑螟 *Conobathra squalidella* (Christoph, 1881)

(663) 果外髓斑螟 *Ectomyelois pyrivorella* (Matsumura, 1899)

(664) 尖须双纹螟 *Herculia racilialis* (Walker, 1859)

(665) 灰巢螟 *Hypsopygia glaucinalis* (Linnaeus, 1758)

(666) 盐肤木黑条螟 *Arippara indicator* (Walker, 1864)

(667) 榄绿歧角螟 *Endotricha olivacealis* (Bremer, 1864)

(668) 金黄螟 *Pyralis regalis* Denis et Schiffermüller, 1775

(669) 齿纹丛螟 *Epilepia dentatum* (Matsumura *et* Shibuya, 1927)

(670) 黑基鳞丛螟 *Lepidogma melanobasis* Hampson, 1906

(671) 缀叶丛螟 *Locastra muscosalis* (Walker, 1866)

(672) 樟叶瘤丛螟 *Orthaga onerata* (Butler, 1879)

(673) 齿基纹丛螟 *Stericta kogii* Inoue *et* Sasaki, 1995

(674) 白带网丛螟 *Teliphasa albifusa* (Hampson, 1896)

(675) 阿米网丛螟 *Teliphasa amica* (Butler, 1879)

(676) 大豆网丛螟 *Teliphasa elegans* (Butler, 1881)

(677) 蜡螟 *Galleria mellonella* (Linnaeus, 1758)

草螟科 Crambidae

(678) 稻巢草螟 *Ancylolomia japonica* Zeller, 1877

(679) 岷山目草螟 *Catoptria mienshani* Bleszynski, 1965

(680) 蔗茎禾草螟 *Chilo sacchariphagus stramineellus* (Caradja, 1926)

(681) 二化螟 *Chilo suppressalis* (Walker, 1863)

(682) 角突金草螟 *Chrysoteuchia disasterella* Bleszynski, 1965

(683) 黑纹草螟 *Crambus nigriscriptellus* South, 1901

(684) 银光草螟 *Crambus perlellus* (Scopoli, 1763)

(685) 泰山齿纹草螟 *Elethyia taishanensis* (Caradja *et* Meyrick, 1936)

(686) 琥珀微草螟 *Glaucocharis electra* (Bleszynski, 1965)

(687) 金双带草螟 *Miyakea raddeellus* (Caradja, 1910)

(688) 三点并脉草螟 *Neopediasia mixtalis* (Walker, 1863)

(689) 饰纹广草螟 *Platytes ornatella* (Leech, 1889)

(690) 黄纹银草螟 *Pseudargyria interruptella* (Walker, 1866)

(691) 褐翅黄纹草螟 *Xanthocrambus lucellus* (Herrich-Schäffer, 1848)

(692) 长茎优苔螟 *Eudonia puellaris* Sasaki, 1991

(693) 囊刺苔螟 *Scoparia congestalis* Walker, 1859

(694) 黄纹塘水螟 *Elophila* (*Munroessa*) *fengwhanalis* (Pryer, 1877)

(695) 棉塘水螟 *Elophila interruptalis* (Pryer, 1877)

(696) 褐萍塘水螟 *Elophila* (*Cyrtogramme*) *turbata* (Butler, 1881)

(697) 小筒水螟 *Parapoynx diminutalis* Snellen, 1880

(698) 重筒水螟 *Parapoynx stratiotata* (Linnaeus, 1758)

(699) 稻筒水螟 *Parapoynx vittalis* (Bremer, 1864)

(700) 元参棘趾野螟 *Anania verbascalis* (Denis *et* Schiffermüller, 1775)

(701) 横线镰翅野螟 *Circobotys heterogenalis* (Bremer, 1864)

(702) 红纹细突野螟 *Ecpyrrhorrhoe rubiginalis* (Hübner, 1796)

(703) 旱柳原野螟 *Euclasta stoetzneri* (Caradja, 1927)

(704) 艾锥额野螟 *Loxostege aeruginalis* (Hübner, 1796)

(705) 网锥额野螟 *Loxostege sticticalis* (Linnaeus, 1761)

(706) 亚洲玉米螟 *Ostrinia furnacalis* (Guenée, 1854)

(707) 款冬玉米螟 *Ostrinia scapulalis*

(Walker, 1859)

(708) 眼斑脊野螟 *Proteurrhypara ocellalis* (Warren, 1892)

(709) 芬氏羚野螟 *Pseudebulea fentoni* Butler, 1881

(710) 黄缘红带野螟 *Pyrausta contigualis* South, 1901

(711) 褐小野螟 *Pyrausta despicata* Scopoli, 1763

(712) 黄斑野螟 *Pyrausta pullatalis* (Christoph, 1881)

(713) 直纹野螟 *Pyrausta simplicealis* (Bremer, 1864)

(714) 尖双突野螟 *Sitochroa verticalis* (Linnaeus, 1758)

(715) 白桦角须野螟 *Agrotera nemoralis* (Scopoli, 1763)

(716) 白点暗野螟 *Bradina atopalis* (Walker, 1858)

(717) 黄翅缀叶野螟 *Botyodes diniasalis* (Walker, 1859)

(718) 白缘苇野螟 *Calamochrous acutellus* (Eversmann, 1842)

(719) 长须曲角野螟 *Camptomastix hisbonalis* (Walker, 1859)

(720) 稻纵卷叶野螟 *Cnaphalocrocis medinalis* (Guenée, 1854)

(721) 水稻刷须野螟 *Cnaphalocrocis poeyalis* (Boisduval, 1833)

(722) 桃多斑野螟 *Conogethes punctiferalis* (Guenée, 1854)

(723) 尼泊尔锥野螟 *Cotachena nepalensis* Yamanaka, 2000

(724) 黄杨绢野螟 *Cydalima perspectalis* (Walker, 1859)

(725) 瓜绢野螟 *Diaphania indica* (Saunders, 1851)

(726) 桑绢丝野螟 *Glyphodes pyloalis* Walker, 1859

(727) 四斑绢丝野螟 *Glyphodes quadrimaculalis* (Bremer *et* Grey, 1853)

(728) 棉褐环野螟 *Haritalodes derogata* (Fabricius, 1775)

(729) 暗切叶野螟 *Herpetogramma fuscescens* (Warren, 1892)

(730) 葡萄切叶野螟 *Herpetogramma luctuosalis* (Guenée, 1854)

(731) 黑点蚀叶野螟 *Lamprosema commixta* (Butler, 1879)

(732) 黑斑蚀叶野螟 *Lamprosema sibirialis* (Millière, 1879)

(733) 三环须野螟 *Mabra charonialis* (Walker, 1859)

(734) 豆荚野螟 *Maruca vitrata* (Fabricius, 1787)

(735) 贯众伸喙野螟 *Mecyna gracilis* (Butler, 1879)

(736) 杨芦伸喙野螟 *Mecyna tricolor* (Butler, 1879)

(737) 异突丛野螟 *N eoanalthes variabilis* Du *et* Li, 2008

(738) 麦牧野螟 *Nomophila noctuella* (Denis *et* Schiffermüller, 1775)

(739) 斑点须野螟 *Nosophora maculalis* (Leech, 1889)

(740) 扶桑大卷叶野螟 *Notarcha quaternalis* (Zeller, 1852)

(741) 豆啮叶野螟 *Omiodes indicata* (Fabricius, 1775)

(742) 夜啮叶野螟 *Omiodes noctescens* (Moore, 1888)

(743) 白蜡绢须野螟 *Palpita nigropunctalis* (Bremer, 1864)

(744) 三条扇野螟 *Patania chlorophanta* (Butler, 1878)

(745) 亮斑扇野螟 *Patania expictalis* (Christoph, 1881)

(746) 黄斑紫翅野螟 *Rehimena phrynealis* (Walker, 1859)

(747) 楸蠹野螟 *Sinomphisa plagialis* (Wileman, 1911)

(748) 甜菜青野螟 *Spoladea recurvalis* (Fabricius, 1775)

(749) 齿纹卷叶野螟 *Syllepte invalidalis* South, 1901

(750) 曲纹卷叶野螟 *Syllepte segnalis* (Leech,

1889)

(751) 细条纹野螟 *Tabidia strigiferalis* Hampson, 1900

(752) 锈黄缨突野螟 *Udea ferrugalis* (Hübner, 1796)

(753) 粗缨突野螟 *Udea lugubralis* (Leech, 1889)

卷蛾科 Tortricidae

(754) 苹褐带卷蛾 *Adoxophyes orana* (Fischer von Röslerstamm, 1834)

(755) 后黄卷蛾 *Archips asiaticus* Walsingham, 1900

(756) 落黄卷蛾 *Archips issikii* Kodama, 1960

(757) 蔷薇黄卷蛾 *Archips rosana* (Linnaeus, 1758)

(758) 尖色卷蛾 *Choristoneura evanidana* (Kennel, 1901)

(759) 南色卷蛾 *Choristoneura longicellana* (Walsingham, 1900)

(760) 棉花双斜卷蛾 *Clepsis pallidana* (Fabricius, 1776)

(761) 忍冬双斜卷蛾 *Clepsis rurinana* (Linnaeus, 1758)

(762) 泰丛卷蛾 *Gnorismoneura orientis* (Filipjev, 1962)

(763) 截圆卷蛾 *Neocalyptis angustilineana* (Walsingham, 1900)

(764) 细圆卷蛾 *Neocalyptis liratana* (Christoph, 1881)

(765) 松褐卷蛾 *Pandemis cinnamomeana* (Treitschke, 1830)

(766) 榛褐卷蛾 *Pandemis corylana* (Fabricius, 1794)

(767) 苹褐卷蛾 *Pandemis heparana* (Denis *et* Schiffermüller, 1775)

(768) 菊双纹卷蛾 *Aethes cnicana* (Westwood, 1854)

(769) 长瓣灰纹卷蛾 *Cochylidia contumescens* (Meyrick, 1931)

(770) 圆瓣灰纹卷蛾 *Cochylidia oblonga* Liu

et Ge, 2012

(771) 一带灰纹卷蛾 *Cochylidia moguntiana* (Rössler, 1864)

(772) 尖瓣灰纹卷蛾 *Cochylidia richteriana* (Fischer von Röslerstamm, 1837)

(773) 红灰纹卷蛾 *Cochylidia subroseana roseotincta* (Razowski, 1960)

(774) 尖突窄纹卷蛾 *Cochylimorpha cuspidata* (Ge, 1992)

(775) 双带窄纹卷蛾 *Cochylimorpha hedemanniana* (Snellen, 1883)

(776) 沙果窄纹卷蛾 *Cochylimorpha jaculana* (Snellen, 1883)

(777) 短带窄纹卷蛾 *Cochylimorpha lungtangensis* (Razowski, 1964)

(778) 红带窄纹卷蛾 *Cochylimorpha nankinensis* (Razowski, 1964)

(779) 环针单纹卷蛾 *Eupoecilia ambiguella* (Hübner, 1796)

(780) 金翅单纹卷蛾 *Eupoecilia citrinana* Razowski, 1960

(781) 曲茎狭纹卷蛾 *Gynnidomorpha curviphalla* Sun *et* Li, 2013

(782) 泰国狭纹卷蛾 *Gynnidomorpha datetis* (Diakonoff, 1984)

(783) 河北狭纹卷蛾 *Gynnidomorpha permixtana* (Denis *et* Schiffermüller, 1775)

(784) 长突狭纹卷蛾 *Gynnidomorpha pista* (Diakonoff, 1984)

(785) 长刺褐纹卷蛾 *Phalonidia tenuispiniformis* Sun *et* Li, 2013

(786) 黑缘褐纹卷蛾 *Phalonidia zygota* Razowski, 1964

(787) 黄斑长翅卷蛾 *Acleris fimbriana* (Thunberg *et* Becklin, 1791)

(788) 白褐长翅卷蛾 *Acleris japonica* (Walsingham, 1900)

(789) 杜鹃长翅卷蛾 *Acleris laterana* (Fabricius, 1794)

(790) 榆白长翅卷蛾 *Acleris ulmicola* (Meyrick, 1930)

(791) 豌豆镰翅小卷蛾 *Ancylis badiana* (Denis *et* Schiffermüller, 1775)

(792) 草莓镰翅小卷蛾 *Ancylis comptana* (Frölich, 1828)

(793) 条斑镰翅小卷蛾 *Ancylis loktini* Kuznetzov, 1969

(794) 枣镰翅小卷蛾 *Ancylis sativa* Liu, 1979

(795) 钝镰翅小卷蛾 *Ancylis sculpta* Meyrick, 1912

(796) 苹镰翅小卷蛾 *Ancylis selenana* (Guenée, 1845)

(797) 鼠李镰翅小卷蛾 *Ancylis unculana* (Haworth, [1811])

(798) 白块小卷蛾 *Epiblema autolitha* (Meyrick, 1931)

(799) 白钩小卷蛾 *Epiblema foenella* (Linnaeus, 1758)

(800) 栎叶小卷蛾 *Epinotia bicolor* (Walsingham, 1900)

(801) 松叶小卷蛾 *Epinotia rubiginosana* (Herrich-Schäffer, 1851)

(802) 胡萝卜叶小卷蛾 *Epinotia thapsiana* (Zeller, 1847)

(803) 浅褐花小卷蛾 *Eucosma aemulana* (Schläger, 1848)

(804) 短斑花小卷蛾 *Eucosma brachysticta* Meyrick, 1935

(805) 黄斑花小卷蛾 *Eucosma flavispecula* Kuznetzov, 1964

(806) 韦花小卷蛾 *Eucosma wimmerana* (Treitschke, 1835)

(807) 青城突小卷蛾 *Gibberifera qingchengensis* Nasu *et* Liu, 1996

(808) 杨柳小卷蛾 *Gypsonoma minutana* (Hübner, [1796–1799])

(809) 丽江柳小卷蛾 *Gypsonoma rubescens* Kuznetzov, 1971

(810) 鼠李尖顶小卷蛾 *Kennelia xylinana* (Kennel, 1900)

(811) 节小卷蛾 *Noduliferola abstrusa* Kuznetzov, 1973

(812) 褪色刺小卷蛾 *Pelochrista decolorana* (Freyer, 1842)

(813) 松实小卷蛾 *Retinia cristata* (Walsingham, 1900)

(814) 远东实小卷蛾 *Retinia immanitana* Kuznetzov, 1969

(815) 粗刺筒小卷蛾 *Rhopalovalva catharotorna* (Meyrick, 1935)

(816) 李黑痣小卷蛾 *Rhopobota latipennis* (Walsingham, 1900)

(817) 苹黑痣小卷蛾 *Rhopobota naevana* (Hübner, [1814–1817])

(818) 松梢小卷蛾 *Rhyacionia pinicolana* (Doubleday, 1850)

(819) 桃白小卷蛾 *Spilonota albicana* (Motschulsky, 1866)

(820) 芽白小卷蛾 *Spilonota lechriaspis* Meyrick, 1932

(821) 棕白小卷蛾 *Spilonota semirufana* (Christoph, 1882)

(822) 窄端斜斑小卷蛾 *Andrioplecta angusticuculla* Lv, Sun *et* Li, 2014

(823) 黑龙江小卷蛾 *Cydia amurensis* (Danilevsky, 1968)

(824) 栗黑小卷蛾 *Cydia glandicolana* (Danilevsky, 1968)

(825) 日微小卷蛾 *Dichrorampha okui* Komai, 1979

(826) 华微小卷蛾 *Dichrorampha sinensis* Kuznetzov, 1971

(827) 柠条支小卷蛾 *Fulcrifera luteiceps* (Kuznetzov, 1962)

(828) 麻小食心虫 *Grapholita delineana* Walker, 1863

(829) 李小食心虫 *Grapholita funebrana* Treitschke, 1835

(830) 梨小食心虫 *Grapholita molesta* (Busck, 1916)

(831) 大豆食心虫 *Leguminivora glycinivorella* (Matsumura, 1898)

(832) 豆小卷蛾 *Matsumuraeses phaseoli* (Matsumura, 1900)

(833) 林超小卷蛾 *Pammene nemorosa* Kuznetzov, 1968

(834) 云杉超小卷蛾 *Pammene ochsenheimeriana* (Lienig *et* Zeller, 1846)

(835) 三角曲小卷蛾 *Strophedra magna*

Komai, 1999

(836) 褐水小卷蛾 *Aterpia flavens* Falkovitsh, 1966

(837) 金水小卷蛾 *Aterpia flavipunctana* (Christoph, 1881)

(838) 尖翅小卷蛾 *Bactra furfurana* (Haworth, [1811])

(839) 小凹尖翅小卷蛾 *Bactra lacteana* Caradja, 1916

(840) 香草小卷蛾 *Celypha cespitana* (Hübner, [1814-1817])

(841) 草小卷蛾 *Celypha flavipalpana* (Herrich-Schäffer, 1851)

(842) 植黑小卷蛾 *Endothenia genitanaeana* (Hübner, [1796–1799])

(843) 水苏黑小卷蛾 *Endothenia nigricostana* (Haworth, [1811])

(844) 缘广翅小卷蛾 *Hedya trushimaensis* Kawabe, 1978

(845) 葱花翅小卷蛾 *Lobesia bicinctana* (Duponchel, 1842)

(846) 忍冬花翅小卷蛾 *Lobesia coccophaga* Falkovitsh, 1970

(847) 栗新小卷蛾 *Olethreutes castaneanum* (Walsingham, 1900)

(848) 梅花新小卷蛾 *Olethreutes dolosana* (Kennel, 1901)

(849) 溲疏新小卷蛾 *Olethreutes electana* (Kennel, 1901)

(850) 中新小卷蛾 *Olethreutes moderata* Falkovitsh, 1962

(851) 桑新小卷蛾 *Olethreutes mori* (Matsumura, 1900)

(852) 角新小卷蛾 *Olethreutes nigricrista* Kuznetzov, 1976

(853) 倒卵新小卷蛾 *Olethreutes obovata* (Walsingham, 1900)

(854) 松针小卷蛾 *Piniphila bifasciana* (Haworth, [1811])

(855) 缩发小卷蛾 *Pseudohedya retracta* Falkovitsh, 1962

(856) 毛轮小卷蛾 *Rudisociaria velutinum* (Walsingham, 1900)

(857) 苏明小卷蛾 *Stathrotmantis shicotana* (Kuznetzov, 1969)

刺蛾科 Limacodidae

(858) 灰双线刺蛾 *Cania bilineata* (Walker, 1859)

(859) 客刺蛾 *Ceratonema retractata* (Walker, 1865)

(860) 艳刺蛾 *Demonarosa rufotessellata* (Moore, 1879)

(861) 黄刺蛾 *Monema flavescens* Walker, 1855

(862) 白眉刺蛾 *Narosa edoensis* Kawada, 1930

(863) 梨娜刺蛾 *Narosoideus flavidorsalis* (Staudinger, 1887)

(864) 黄缘绿刺蛾 *Parasa consocia* Walker, 1863

(865) 双齿绿刺蛾 *Latoia hilarata* (Staudinger, 1887)

(866) 中国绿刺蛾 *Parasa sinica* Moore, 1877

(867) 枣奕刺蛾 *Phlossa conjuncta* (Walker, 1855)

(868) 桑褐刺蛾 *Setora postornata* (Hampson, 1900)

(869) 中国扁刺蛾 *Thosea sinensis* (Walker, 1855)

木蠹蛾科 Cossidae

(870) 芳香木蠹蛾东方亚种 *Cossus cossus orientalis* Gaede, 1929

(871) 榆木蠹蛾 *Holcocerus vicarius* (Walker, 1865)

(872) 咖啡豹蠹蛾 *Zeuzera coffeae* Nietner, 1861

透翅蛾科 Sesiidae

(873) 白杨透翅蛾 *Paranthrene tabaniformis* (Rottemburg, 1775)

斑蛾科 Zygaenidae

(874) 梨叶斑蛾 *Illiberis pruni* Dyar, 1905

舟蛾科 Notodontidae

(875) 杨二尾舟蛾 *Cerura menciana* Moore, 1877

(876) 杨扇舟蛾 *Clostera anachoreta* (Denis et Schiffermüller, 1775)

(877) 黑蕊舟蛾 *Dudusa sphingiformis* Moore, 1872

(878) 绿斑娓舟蛾 *Ellida viridimixta* (Bremer, 1861)

(879) 黄二星舟蛾 *Euhampsonia cristata* (Butler, 1877)

(880) 辛氏星舟蛾 *Euhampsonia sinjaevi* Schintlmeister, 1997

(881) 银二星舟蛾 *Euhampsonia splendida* (Oberthür, 1881)

(882) 栎纷舟蛾 *Fentonia ocypete* (Bremer, 1861)

(883) 燕尾舟蛾 *Furcula furcula* (Clerck, 1759)

(884) 栎枝背舟蛾 *Harpyia umbrosa* (Staudinger, 1892)

(885) 弯臂冠舟蛾 *Lophocosma nigrilinea* (Leech, 1899)

(886) 云舟蛾 *Neopheosia fasciata* (Moore, 1888)

(887) 榆白边舟蛾 *Nerice davidi* Oberthür, 1881

(888) 黄斑舟蛾 *Notodonta dembowskii* Oberthür, 1879

(889) 厄内斑舟蛾 *Peridea elzet* Kiriakoff, 1963

(890) 侧带内斑舟蛾 *Peridea lativitta* (Wileman, 1911)

(891) 窄掌舟蛾 *Phalera angustipennis* Matsumura, 1919

(892) 栎掌舟蛾 *Phalera assimilis* (Bremer et Grey, 1853)

(893) 苹掌舟蛾 *Phalera flavescens* Bremer et Grey, 1853

(894) 刺槐掌舟蛾 *Phalera grotei* Moore, 1859

(895) 灰羽舟蛾 *Pterostoma griseum* (Bremer, 1861)

(896) 锈玫舟蛾 *Rosama ornata* (Oberthür, 1884)

(897) 艳金舟蛾 *Spatalia doerriesi* Graeser, 1888

(898) 丽金舟蛾 *Spatalia dives* Oberthür, 1884

(899) 富金舟蛾 *Spatalia plusiotis* (Oberthür, 1880)

(900) 核桃美舟蛾 *Uropyia meticulodina* (Oberthür, 1884)

毒蛾科 Lymantriidae

(901) 雪白毒蛾 *Arctornis nivea* Chao, 1987

(902) 叉带黄毒蛾 *Euproctis angulata* Matsumura, 1927

(903) 折带黄毒蛾 *Euproctis flava* (Bremer, 1861)

(904) 鲜黄毒蛾 *Euproctis lutea* Chao, 1984

(905) 榆黄足毒蛾 *Leucoma ochropoda* (Eversmann, 1847)

(906) 舞毒蛾 *Lymantria dispar* (Linnaeus, 1758)

(907) 模毒蛾 *Lymantria monacha* (Linnaeus, 1758)

(908) 侧柏毒蛾 *Parocneria furva* (Leech, [1889])

(909) 盗毒蛾 *Porthesia similis* (Fueszly, 1775)

(910) 戟盗毒蛾 *Porthesia kurosawai* Inoue, 1956

(911) 杨雪毒蛾 *Stilpnotia candida* Staudinger, 1892

裳夜蛾科 Erebidae

(912) 燕夜蛾 *Aventiola pusilla* (Butler, 1879)

(913) 弓巾夜蛾 *Bastilla arcuata* (Moore, 1877)

(914) 平嘴壶夜蛾 *Calyptra lata* (Butler,

1881)

(915) 布光裳夜蛾 *Catocala butleri* Leech, 1900

(916) 栎光裳夜蛾 *Catocala dissimilis* Bremer, 1861

(917) 柳裳夜蛾 *Catocala electa* (Vieweg, 1790)

(918) 光裳夜蛾浙江亚种 *Catocala fulminea chekiangensis* Mell, 1933

(919) 裳夜蛾 *Catocala nupta* (Linnaeus, 1767)

(920) 奥裳夜蛾 *Catocala obscena* Alphéraky, 1897

(921) 客来夜蛾 *Chrysorithrum amata* (Bremer *et* Grey, 1853)

(922) 钩白肾夜蛾 *Edessena hamada* (Felder *et* Rogenhofer, 1874)

(923) 涡猎夜蛾 *Eublemma cochylioides* (Guenée, 1852)

(924) 枯叶夜蛾 *Eudocima tyrannus* (Guenée, 1852)

(925) 大斑鬓须夜蛾 *Hypena narratalis* Walker, [1859]

(926) 豆鬓须夜蛾 *Hypena tristalis* Lederer, 1853

(927) 苹梢鹰夜蛾 *Hypocala subsatura* Guenée, 1852

(928) 勒夜蛾 *Laspeyria flexula* (Denis *et* Schiffermüller, 1775)

(929) 直影夜蛾 *Lygephila recta* (Bremer, 1864)

(930) 白痣眉夜蛾 *Pangrapta albistigma* (Hampson, 1898)

(931) 小折巾夜蛾 *Parallelia obscura* Bremer *et* Grey, 1853

(932) 洁口夜蛾 *Rhynchina cramboides* (Butler, 1879)

(933) 棘翅夜蛾 *Scoliopteryx libatrix* (Linnaeus, 1758)

(934) 黑点贫夜蛾 *Simplicia rectalis* (Eversmann, 1842)

(935) 绕环夜蛾 *Spirama helicina* (Hübner, 1824)

(936) 庸肖毛夜蛾 *Thyas juno* (Dalman, 1823)

瘤蛾科 Nolidae

(937) 粉缘钻瘤蛾 *Earias pudicana* Staudinger, 1887

(938) 旋瘤蛾 *Eligma narcissus* (Cramer, 1776)

(939) 暗影饰皮瘤蛾 *Garella ruficirra* (Hampson, 1905)

(940) 洼皮瘤蛾 *Nolathripa lactaria* (Graeser, 1892)

(941) 饰瘤蛾 *Pseudoips fagana* (Fabricius, 1781)

(942) 胡桃豹瘤蛾 *Sinna extrema* (Walker, 1854)

夜蛾科 Noctuidae

(943) 白斑剑纹夜蛾 *Acronicta catocaloida* (Graeser, [1890] 1889)

(944) 桑剑纹夜蛾 *Acronicta major* (Bremer, 1861)

(945) 小地老虎 *Agrotis ipsilon* (Hufnagel, 1766)

(946) 黄地老虎 *Agrotis segetum* (Denis *et* Schiffermüller, 1775)

(947) 大地老虎 *Agrotis tokionis* Butler, 1881

(948) 三叉地老虎 *Agrotis trifurca* Eversmann, 1837

(949) 桦扁身夜蛾 *Amphipyra schrenkii* Ménétriès, 1859

(950) 朽木夜蛾 *Axylia putris* (Linnaeus, 1761)

(951) 胞短栉夜蛾 *Brevipecten consanguis* Leech, 1900

(952) 沟散纹夜蛾 *Callopistria rivularis* Walker, [1858]

(953) 围星夜蛾 *Condica cyclicoides* (Draudt, 1950)

(954) 黑斑流夜蛾 *Chytonix albonotata* (Staudinger, 1892)

(955) 怪苔藓夜蛾 *Cryphia bryophasma* (Boursin, 1951)

(956) 黄条冬夜蛾 *Cucullia biornata* Fischer

von Waldheim, 1840

(957) 莴苣冬夜蛾 *Cucullia fraterna* Butler, 1878

(958) 艾菊冬夜蛾 *Cucullia tanaceti* (Denis *et* Schiffermüller, 1775)

(959) 三斑蕊夜蛾 *Cymatophoropsis trimaculata* (Bremer, 1861)

(960) 基角狼夜蛾 *Dichagyris triangularis* (Moore, 1867)

(961) 谐夜蛾 *Emmelia trabealis* (Scopoli, 1763)

(962) 白边切夜蛾 *Euxoa oberthuri* (Leech, 1900)

(963) 棉铃虫 *Helicoverpa armigera* (Hübner, 1809)

(964) 苜蓿夜蛾 *Heliothis viriplaca* (Hufnagel, 1766)

(965) 海安夜蛾 *Lacanobia thalassina* (Hufnagel, 1766)

(966) 白点黏夜蛾 *Leucania loreyi* (Duponchel, 1827)

(967) 瘦银锭夜蛾 *Macdunnoughia confusa* (Stephens, 1850)

(968) 银锭夜蛾 *Macdunnoughia crassisigna* (Warren, 1913)

(969) 标瑙夜蛾 *Maliattha signifera* (Walker, [1858] 1857)

(970) 乌夜蛾 *Melanchra persicariae* (Linnaeus, 1761)

(971) 缤夜蛾 *Moma alpium* (Osbeck, 1778)

(972) 黏虫 *Mythimna separata* (Walker, 1865)

(973) 绿孔雀夜蛾 *Nacna malachitis* (Oberthür, 1880)

(974) 稻螟蛉夜蛾 *Naranga aenescens* Moore, 1881

(975) 乏夜蛾 *Niphonyx segregata* (Butler, 1878)

(976) 太白胖夜蛾 *Orthogonia tapaishana* (Draudt, 1939)

(977) 稻俚夜蛾 *Protodeltote distinguenda* (Staudinger, 1888)

(978) 宽胫夜蛾 *Protoschinia scutosa* (Denis *et* Schiffermüller, 1775)

(979) 殿夜蛾 *Pygopteryx suava* Staudinger, 1887

(980) 瑕夜蛾 *Sinocharis korbae* Püngeler, 1912

(981) 日月明夜蛾 *Sphragifera biplagiata* (Walker, 1865)

(982) 丹日明夜蛾 *Sphragifera sigillata* (Ménétriès, 1859)

(983) 斜纹夜蛾 *Spodoptera litura* (Fabricius, 1775)

(984) 纶夜蛾 *Thalatha sinens* (Walker, 1857)

(985) 陌夜蛾 *Trachea atriplicis* (Linnaeus, 1758)

(986) 后夜蛾 *Trisuloides sericea* Butler, 1881

钩蛾科 Drepanidae

(987) 浩波纹蛾 *Habrosyne derasa* Linnaeus, 1767

(988) 白缘洒波纹蛾 *Tethea albicostata* (Bremer, 1861)

(989) 阿泊波纹蛾 *Tethea ampliata* (Butler, 1878)

(990) 三线钩蛾 *Pseudalbara parvula* (Leech, 1890)

尺蛾科 Geometridae

(991) 萝藦艳青尺蛾 *Agathia carissima* Butler, 1878

(992) 李尺蛾 *Angerona prunaria* (Linnaeus, 1758)

(993) 春尺蛾 *Apocheima cinerarius* (Erschoff, 1874)

(994) 桑褶翅尺蛾 *Apochima excavata* (Dyar, 1905)

(995) 银绿尺蛾 *Argyrocosma inductaria* (Guenée, 1857)

(996) 黄灰呵尺蛾 *Arichanna haunghui* Yang, 1978

(997) 黄星尺蛾 *Arichanna melanaria fraterna* (Butler, 1878)

(998) 山枝子尺蛾 *Aspilates geholaria* Oberthür, 1887

(999) 榆津尺蛾 *Astegania honesta* (Prout, 1908)

(1000) 桦尺蛾 *Biston betularia* (Linnaeus, 1758)

(1001) 焦边尺蛾 *Bizia aexaria* Walker, 1860

(1002) 葡萄洄纹尺蛾 *Callabraxas ludovicaria* (Oberthür, 1879)

(1003) 丝棉木金星尺蛾 *Calospilos suspecta* Warren, 1894

(1004) 榛金星尺蛾 *Calospilos sylvata* Scopoli, 1763

(1005) 紫线尺蛾 *Calothysanis comptaria* Walker, 1863

(1006) 白斑绿尺蛾 *Comibaena inductaria* (Guenée, 1857)

(1007) 肾纹绿尺蛾 *Comibaena procumbaria* (Pryer, 1877)

(1008) 黄连木尺蛾 *Culcula panterinaria* (Bremer *et* Grey, 1853)

(1009) 枞灰尺蛾 *Deileptenia ribeata* (Clerck, 1759)

(1010) 彩青尺蛾 *Eucyclodes gavissima aphrodite* (Prout, 1932)

(1011) 亚枯叶尺蛾 *Gandaritis fixseni* (Bremer, 1864)

(1012) 黄枯叶尺蛾 *Gandaritis flavomacularia* Leech, 1897

(1013) 枯叶尺蛾 *Gandaritis sinicaria* (Leech, 1897)

(1014) 直脉青尺蛾 *Geometra valida* Felder *et* Rogenhofer, 1875

(1015) 贡尺蛾 *Gonodontis aurata* Prout, 1915

(1016) 红双线尺蛾 *Hyperythra obliqua* (Warren, 1894)

(1017) 小红姬尺蛾 *Idaea muricata* (Hufnagel, 1767)

(1018) 青辐射尺蛾 *Iotaphora admirabilis* (Oberthür, 1884)

(1019) 黄辐射尺蛾 *Iotaphora iridicolor* (Butler, 1880)

(1020) 双斜线尺蛾 *Megaspilates mundataria* (Stoll, [1782])

(1021) 刺槐眉尺蛾 *Meichihuo cihuai* Yang, 1978

(1022) 女贞尺蛾 *Naxa* (*Psilonaxa*) *seriaria* (Motschulsky, 1866)

(1023) 朴妮尺蛾 *Ninodes splendens* (Butler, 1878)

(1024) 核桃星尺蛾 *Ophthalmodes albosignaria juglandaria* Oberthür, 1880

(1025) 雪尾尺蛾 *Ourapteryx nivea* Butler, 1884

(1026) 驼尺蛾 *Pelurga comitata* (Linnaeus, 1758)

(1027) 桑尺蛾 *Phthonandria atrilineata* (Butler, 1881)

(1028) 角顶尺蛾 *Phthonandria emaria* (Bremer, 1864)

(1029) 苹烟尺蛾 *Phthonosema tendinosaria* (Bremer, 1864)

(1030) 猫眼尺蛾 *Problepsis superans* Butler, 1885

(1031) 双珠严尺蛾 *Pylargosceles steganioides* (Butler, 1878)

(1032) 国槐尺蛾 *Semiothisa cinerearia* Bremer *et* Grey, 1853

(1033) 波翅青尺蛾 *Thalera fimbrialis chlorsaria* Graeser, 1890

(1034) 曲紫线尺蛾 *Timandra comptaria* Walker, 1863

网蛾科 Thyrididae

(1035) 一点斜线网蛾 *Striglina scitaria* Walker, 1862

灯蛾科 Arctiidae

(1036) 闪光鹿蛾 *Amata hoenei* Obraztsov, 1966

(1037) 米艳苔蛾 *Asura megala* Hampson, 1900

(1038) 异美苔蛾 *Barsine aberrans* (Butler, 1877)

(1039) 十字美苔蛾 *Barsine cruciata* (Walker, 1862)

(1040) 黄边美苔蛾 *Barsine pallida* (Bremer,

1684)

(1041) 优美苔蛾 *Barsine striata* (Bremer *et* Grey, 1852)

(1042) 草雪苔蛾 *Cyana pratti* (Elwes, 1890)

(1043) 灰土苔蛾 *Eilema griseola* (Hübner, 1803)

(1044) 黄痣苔蛾 *Stigmatophora flava* (Bremer *et* Grey, 1852)

(1045) 明痣苔蛾 *Stigmatophora micans* (Bremer *et* Grey, 1852)

(1046) 红缘灯蛾 *Aloa lactinea* (Cramer, 1777)

(1047) 豹灯蛾 *Arctia caja* (Linnaeus, 1758)

(1048) 美国白蛾 *Hyphantria cunea* (Drury, 1773)

(1049) 褐点望灯蛾 *Lemyra phasma* (Leech, 1899)

(1050) 肖浑黄灯蛾 *Rhyparioides amurensis* (Bremer, 1861)

(1051) 浑黄灯蛾 *Rhyparioides nebulosa* Butler, 1877

(1052) 黄臀黑污灯蛾 *Spilarctia caesarea* (Goeze, 1781)

(1053) 淡黄污灯蛾 *Spilarctia jankowskii* (Oberthür, 1880)

(1054) 白污灯蛾 *Spilarctia neglecta* (Rothschild, 1910)

(1055) 强污灯蛾 *Spilarctia robusta* (Leech, 1899)

(1056) 连星污灯蛾 *Spilarctia seriatopunctata* (Motschulsky, [1861])

(1057) 人纹污灯蛾 *Spilarctia subcarnea* (Walker, 1855)

(1058) 净雪灯蛾 *Spilosoma album* (Bremer *et* Grey, [1852])

(1059) 星白雪灯蛾 *Spilosoma lubricipedum* (Linnaeus, 1758)

(1060) 白雪灯蛾 *Spilosoma niveus* (Ménétriès, 1859)

(1061) 稀点雪灯蛾 *Spilosoma urticae* (Esper, 1789)

燕蛾科 Uraniidae

(1062) 斜线燕蛾 *Acropteris iphiata* (Guenée,

1857)

凤蛾科 Epicopeiidae

(1063) 榆凤蛾 *Epicopeia mencia* Moore, 1874

枯叶蛾科 Lasiocampidae

(1064) 落叶松毛虫 *Dendrolimus superans* (Butler, 1877)

(1065) 油松毛虫 *Dendrolimus tabulaeformis* (Tsai *et* Liu, 1962

(1066) 赤松毛虫 *Dendrolimus spectabilis* (Butler, 1877)

(1067) 杨褐枯叶蛾 *Gastropacha populifolia* (Esper, 1784)

(1068) 黄褐天幕毛虫 *Malacosoma neustria testacea* Motschulsky, 1860

(1069) 苹毛虫 *Odonestis pruni* Linnaeus, 1758

(1070) 东北栎毛虫 *Paralebeda plagifera femorata* (Ménétriès, 1858)

天蛾科 Sphingidae

(1071) 灰天蛾 *Acosmerycoides leucocraspis* (Hampson, 1910)

(1072) 葡萄缺角天蛾 *Acosmeryx naga* (Moore, [1858])

(1073) 白薯天蛾 *Agrius convolvuli* (Linnaeus, 1758)

(1074) 鹰翅天蛾 *Ambulyx ochracea* Butler, 1885

(1075) 日本鹰翅天蛾 *Ambulyx japonica* Rothschild, 1894

(1076) 葡萄天蛾 *Ampelophaga rubiginosa* Bremer *et* Grey, 1853

(1077) 榆绿天蛾 *Callambulyx tatarinovii* (Bremer *et* Grey, 1853)

(1078) 条背天蛾 *Cechenena lineosa* (Walker, 1856)

(1079) 平背天蛾 *Cechenena minor* (Butler, 1875)

(1080) 豆天蛾 *Clanis bilineata tsingtauica*

Mell, 1922

(1081) 南方豆天蛾 *Clanis bilineata* Walker, 1866

(1082) 洋槐天蛾 *Clanis deucalion* (Walker, 1856)

(1083) 红天蛾 *Deilephila elpenor lewisi* (Butler, 1875)

(1084) 绒星天蛾 *Dolbina tancrei* Staudinger, 1887

(1085) 深色白眉天蛾 *Hyles gallii* (Rottemburg, 1775)

(1086) 八字白眉天蛾 *Hyles livornica* (Esper, 1780)

(1087) 白须天蛾 *Kentrochrysalis sieversi* Alphéraky, 1897

(1088) 黄脉天蛾 *Lanthoe amurensis* (Staudinger, 1892)

(1089) 青背长喙天蛾 *Macroglossum bombylans* Boisduval, 1875

(1090) 小豆长喙天蛾 *Macroglossum stellatarum* (Linnaeus, 1758)

(1091) 椴六点天蛾 *Marumba dyras* (Walker, 1856)

(1092) 梨六点天蛾 *Marumba complacens* (Walker, 1864)

(1093) 枣桃六点天蛾 *Marumba gaschkewitschii* (Bremer *et* Grey, 1853)

(1094) 黄边六点天蛾 *Marumba maackii* (Bremer, 1861)

(1095) 菩提六点天蛾 *Marumba jankowskii* (Oberthür, 1880)

(1096) 栗六点天蛾 *Marumba sperchius* (Ménétriès, 1857)

(1097) 盾天蛾 *Phyllosphingia dissimilis* (Bremer, 1861)

(1098) 紫光盾天蛾 *Phyllosphingia sinensis* Jordan, 1911

(1099) 霜天蛾 *Psilogramma menephron* (Cramer, 1780)

(1100) 白肩天蛾 *Rhagastis mongoliana* (Butler, [1876])

(1101) 蓝目天蛾 *Smerithus planus* Walker, 1856

(1102) 雀纹天蛾 *Theretra japonica* (Boisduval, 1869)

(1103) 芋双线天蛾 *Theretra oldenlandiae* (Fabricius, 1775)

大蚕蛾科 Saturniidae

(1104) 长尾大蚕蛾 *Actias dubernardi* (Oberthür, 1897)

(1105) 绿尾大蚕蛾 *Actias selene ningpoana* C. *et* R. Felder, 1913

(1106) 柞蚕 *Antheraea pernyi* (Guérin-Mèneville, 1855)

(1107) 樗蚕 *Samia cynthia* (Drury, 1773)

蚕蛾科 Bombycidae

(1108) 黄波花蚕蛾 *Oberthueria caeca* (Oberthür, 1880)

(1109) 野蚕蛾 *Theophila mandarina* Moore, 1872

箩纹蛾科 Brahmaeidae

(1110) 黑褐箩纹蛾 *Brahmaea christophi* Staudinger, 1879

弄蝶科 Hesperiidae

(1111) 黑弄蝶 *Daimio tethys* (Ménétriès, 1857)

(1112) 深山珠弄蝶 *Erynnis montana* (Bremer, 1861)

(1113) 双带弄蝶 *Lobocla bifasciata* (Bermer *et* Grey, 1853)

(1114) 白斑赭弄蝶 *Ochlodes subhyalina* (Bermer *et* Grey, 1853)

(1115) 小赭弄蝶 *Ochlodes venata* (Bermer *et* Grey, 1853)

(1116) 直纹稻弄蝶 *Parnara guttatus* (Bermer *et* Grey, [1852])

(1117) 隐纹谷弄蝶 *Pelopidas mathias* (Fabricius, 1798)

(1118) 中华谷弄蝶 *Pelopidas sinensis*

(Mabille, 1877)

(1119) 飒弄蝶 *Satarupa gopala* Moore, [1866]

(1120) 密纹飒弄蝶 *Satarupa monbeigi* Oberthür, 1921

粉蝶科 Pieridae

(1121) 娟粉蝶 *Aporia crataegi* (Linnaeus, 1758)

(1122) 斑缘豆粉蝶 *Colias erate* (Esper, [1805])

(1123) 橙黄豆粉蝶 *Colias fieldii* Ménétriès, 1855

(1124) 云粉蝶 *Pontia daplidice* (Linnaeus, 1758)

(1125) 东方菜粉蝶 *Pieris canidia* (Linnaeus, 1768)

(1126) 菜粉蝶 *Pieris rapae* (Linnaeus, 1758)

凤蝶科 Papilionidae

(1127) 碧凤蝶 *Papilio bianor* Cramer, 1777

(1128) 绿带翠凤蝶 *Papilio maackii* Ménétriès, 1859

(1129) 金凤蝶 *Papilio machaon* Linnaeus, 1758

(1130) 柑橘凤蝶 *Papilio xuthus* Linnaeus, 1767

(1131) 丝带凤蝶 *Sericinus montela* Gray, 1852

蛱蝶科 Nymphalidae

(1132) 紫闪蛱蝶 *Apatura iris* (Linnaeus, 1758)

(1133) 柳紫闪蛱蝶 *Apatura ilia* (Denis *et* Schiffermüller, 1775)

(1134) 老豹蛱蝶 *Argronome laodice* (Pallas, 1771)

(1135) 绿豹蛱蝶 *Argynnis paphia* (Linnaeus, 1758)

(1136) 斐豹蛱蝶 *Argyreus hyperbius* (Linnaeus, 1763)

(1137) 曲纹银豹蛱蝶 *Childrena zenobia* (Leech, 1890)

(1138) 明窗蛱蝶 *Dilipa fenestra* (Leech, 1891)

(1139) 灿福蛱蝶 *Fabriciana adippe* (Denis *et* Schiffermüller, 1775)

(1140) 蟾福蛱蝶 *Fabriciana nerippe* (Felder, 1862)

(1141) 黑脉蛱蝶 *Hestina assimilis* (Linnaeus, 1758)

(1142) 琉璃蛱蝶 *Kaniska canacae* (Linnaeus, 1763)

(1143) 断眉线蛱蝶 *Limenitis doerriesi* Staudinger, 1890

(1144) 愁眉线蛱蝶 *Limenitis disjucta* (Leech, 1890)

(1145) 扬眉线蛱蝶 *Limenitis helmanni* Kinderman, 1853

(1146) 隐线蛱蝶 *Limenitis camilla* (Linnaeus, 1764)

(1147) 红线蛱蝶 *Limenitis populi* (Linnaeus, 1758)

(1148) 折线蛱蝶 *Limenitis sydyi* Lederer, 1853

(1149) 帝网蛱蝶 *Melitaea diamina* (Lang, 1789)

(1150) 斑网蛱蝶 *Melitaea didymoides* Eversmann, 1847

(1151) 罗网蛱蝶 *Melitaea romanovi* Grum-Grshimailo, 1891

(1152) 大网蛱蝶 *Melitaea scotosia* Butler, 1873

(1153) 白斑迷蛱蝶 *Mimathyma schrenckii* Ménétriès, 1858

(1154) 重环蛱蝶 *Neptis alwina* Bremer *et* Grey, [1852]

(1155) 折环蛱蝶 *Neptis beroe* Leech, 1890

(1156) 中环蛱蝶 *Neptis hylas* (Linnaeus, 1758)

(1157) 链环蛱蝶 *Neptis pryeri* Butler, 1871

(1158) 单环蛱蝶 *Neptis rivularis* (Scopoli, 1763)

(1159) 小环蛱蝶 *Neptis sappho* (Pallas, 1771)

(1160) 黄环蛱蝶 *Neptis themis* Leech, 1890

(1161) 白钩蛱蝶 *Polygonia calbum* (Linnaeus, 1758)

(1162) 黄钩蛱蝶 *Polygonia caureum* (Linnaeus, 1758)

(1163) 二尾蛱蝶 *Polyura narcaea* (Hewitson, 1854)

(1164) 大紫蛱蝶 *Sasakia charonda* (Hewitson, [1863])

(1165) 黄帅蛱蝶 *Sephisa princeps* (Fixsen, 1887)

(1166) 猫蛱蝶 *Timelaea maculata* (Bremer *et* Grey, [1852])

(1167) 小红蛱蝶 *Vanessa cardui* (Linnaeus, 1758)

(1168) 大红蛱蝶 *Vanessa indica* (Herbst, 1794)

喙蝶科 Libytheidae

(1169) 朴喙蝶 *Libythea celtis* (Laicharting, [1782])

眼蝶科 Satyridae

(1170) 大艳眼蝶 *Callerebia suroia* Tytler, 1914

(1171) 牧女珍眼蝶 *Coenonympha amaryllis* (Stoll, 1782)

(1172) 爱珍眼蝶 *Coenonympha oedippus* (Fabricius, 1787)

(1173) 斗毛眼蝶 *Lasiommata deidamia* (Eversmann, 1851)

(1174) 亚洲白眼蝶 *Melanargia asiatica* (Oberthür *et* Houlbert, 1922)

(1175) 白眼蝶 *Melanargia halimede* (Ménétriès, 1859)

(1176) 蛇眼蝶 *Minois dryas* (Scopoli, 1763)

(1177) 丝链荫眼蝶 *Neope yama* (Moore, 1857)

(1178) 矍眼蝶 *Ypthima balda* (Fabricius, 1775)

(1179) 东亚矍眼蝶 *Ypthima motschulskyi* (Bremer *et* Grey, 1853)

灰蝶科 Lycaenidae

(1180) 东北梳灰蝶 *Ahlbergia frivaldszkyi* (Lederer, 1855)

(1181) 癞灰蝶 *Araragi enthea* (Janson, 1877)

(1182) 中华爱灰蝶 *Aricia mandschurica* (Staudinger, 1892)

(1183) 琉璃灰蝶 *Celastrina argiolus* (Linnaeus, 1758)

(1184) 蓝灰蝶 *Everes argiades* (Pallas, 1771)

(1185) 艳灰蝶 *Favonius orientalis* (Murray, 1875)

(1186) 红珠灰蝶 *Lycaeides argyrognomon* (Bergsträsser, [1779])

(1187) 红灰蝶 *Lycaena phlaeas* (Linnaeus, 1761)

(1188) 黑灰蝶 *Niphanda fusca* (Bremer *et* Grey, 1853)

(1189) 古灰蝶 *Palaeochrysophanus hippothoe amurensis* (Staudinger, 1892)

(1190) 蓝燕灰蝶 *Rapala caerulea* (Bermer *et* Grey, 1853)

(1191) 霓纱燕灰蝶 *Rapala nissa* (Kollar, [1844])

(1192) 珞灰蝶 *Scolitantides orion matsumuranus* Bryk, 1946

(1193) 诗灰蝶 *Shirozua jonasi* (Janson, 1887)

(1194) 玄灰蝶 *Tongeia fischeri* (Eversmann, 1843)

绢蝶科 Parnassiidae

(1195) 冰清绢蝶 *Parnassius glacialis* Butler, 1866

膜翅目 HYMENOPTERA

土蜂科 Scoliidae

(1196) 白毛长腹土蜂 *Campsomeris annulata* (Fabricius, 1793)

(1197) 金毛长腹土蜂 *Campsomeris*

prismatica Smith, 1855

(1198) 四点土蜂 *Scolia quadripustulata* Fabricius, 1781

(1199) 大斑土蜂 *Scolia clypeata* Sickman, 1894

蜾蠃蜂科 Eumenidae

(1200) 日本佳盾蜾蠃 *Euodynerus nipanicus* (Schulthess, 1908)

胡蜂科 Vespidae

(1201) 拟大虎头蜂 *Vespa analis* Fabricius, 1775

(1202) 黑盾胡蜂 *Vespa bicolor* Fabricius, 1787

(1203) 德国黄胡蜂 *Vespula germanica* (Fabricius, 1793)

(1204) 额斑黄胡蜂 *Vespula maculifrons* (Buysson, 1905)

(1205) 黄胡蜂 *Vespula vulgaris* (Linnaeus, 1758)

泥蜂科 Sphecidae

(1206) *Ammophila infesta* F. Smith, 1873

(1207) 皇冠大头泥蜂 *Philanthus coronatus* (Thunberg, 1784)

(1208) 黄柄壁泥蜂 *Sceliphron madraspatanum* (Fabricius, 1781)

叶蜂科 Tenthredinidae

(1209) 黑唇平背叶蜂 *Allantus nigrocaeruleus* (Smith, 1874)

(1210) 中华淡毛三节叶蜂 *Arge sinensis* Wei, 2003

(1211) 横带淡毛三节叶蜂 *Arge potanini* (Jakovlev, 1882)

(1212) 斑唇后室叶蜂 *Asiemphytus maculoclypeatus* Wei, 2002

(1213) 黑尾大基叶蜂 *Beleses stigmaticalis* (Cameron, 1876)

(1214) 浙江拟齿角叶蜂 *Edenticornia*

zhejiangensis Wei, 2002

(1215) 台湾真片叶蜂 *Eutomostethus formosanus* (Enslin, 1911)

(1216) 异角钩瓣叶蜂 *Macrophya infumata* Rohwer, 1925

(1217) 宽斑钩瓣叶蜂 *Macrophya maculipennis* Wei et Li, 2009

(1218) 五斑钩瓣叶蜂 *Macrophya pentanalia* Wei et Chen, 2002

(1219) 红胫钩瓣叶蜂 *Macrophya rubitibia* Wei et Chen, 2002

(1220) 直脉钩瓣叶蜂 *Macrophya sibirica* Forsius, 1918

(1221) 中国多齿叶蜂 *Nesotomostethus continentialis* Malaise, 1935

(1222) 北京槌缘叶蜂 *Pristiphora beijingensis* Zhou et Huang, 1993

(1223) 暗蓝侧跗叶蜂 *Siobla careulea* Niu et Wei, 2012

(1224) 隆顶侧跗叶蜂 *Siobla eleviverticalis* Niu et Wei, 2012

(1225) 环丽侧跗叶蜂 *Siobla venusta* (Konow, 1903)

(1226) 橙足侧跗叶蜂 *Siobla zenaida* (Dovnar-Zapolskij, 1930)

(1227) 横带短角叶蜂 *Tenthredo brachycera* (Mocsáry, 1909)

(1228) 黑端刺斑叶蜂 *Tenthredo fuscoterminata* Marlatt, 1898

(1229) 黄尾棒角叶蜂单带亚种 *Tenthredo ussuriensis unicinctasa* Nie et Wei, 2002

树蜂科 Siricidae

(1230) 烟扁角树蜂 *Tremex fuscicornis* (Fabricius, 1787)

切叶蜂科 Megachilidae

(1231) 长板尖腹蜂 *Coelioxys fenestrata* Smith, 1873

姬蜂科 Ichneumonidae

(1232) 螟蛉悬茧姬蜂 *Charops bicolor*

(Szepligeti, 1906)

(1233) 广黑点瘤姬蜂 *Xanthopimpla punctata* (Fabricius, 1781)

蜜蜂科 Apidae

(1234) 西方蜜蜂 *Apis mellifera* Linnaeus, 1758

木蜂科 Xylocopidae

(1235) 黄胸木蜂 *Xylocopa appendiculata* Smith, 1852

赤眼蜂科 Trichogrammatidae

(1236) 松毛虫赤眼蜂 *Trichogramma dendrolimi* Matsumura, 1926

青蜂科 Chrysididae

(1237) 上海青蜂 *Chrysis shanghaiensis* Smith, 1874

附 录 二

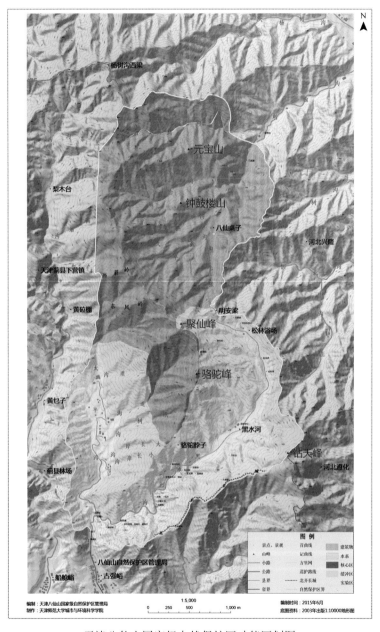

天津八仙山国家级自然保护区功能区划图

附 录 三

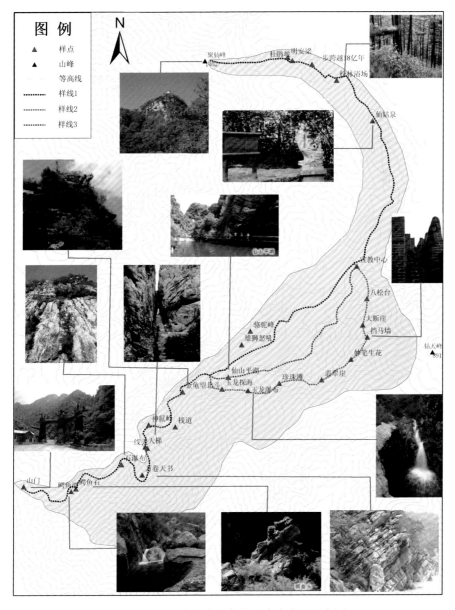

天津八仙山国家级自然保护区生态资源示意图

中文名索引

学 名 索 引